이론과 문제 중심

알기 쉬운 전기회로

ELECTRICAL CIRCUITRY

김수용 · 김근수 공저

화수목

머리말

오늘날 인류 사회는 고도의 정보화 사회로 발전하고 있는 시점에서 가장 중추적인 에너지원인 전기의 중요성과 편리함을 위하여 새로운 기술 개발에 주력하고 있다.

최근에는 신기술산업과 정보화산업을 넘어 제4차 산업이 발전하므로 학문적 이론의 배경을 정립하는데 어려움이 있다. 따라서 어려움을 극복하기 위하여 전기의 가장 기본이 되는 각종 법칙과 원리 및 학문적 이론을 배경으로 이 책을 편찬하였다. 이 책은 교과학습 및 자격증 취득에도 도움이 되고 어느 장소에서도 교재로 선정을 할 수 있도록 다년간 강의하면서 연구를 하여 이 책을 구성하였다.

제 1 장 직류회로 / 제 2 장 정 전 기 / 제 3 장 자 기 / 제 4 장 교류회로 / 실전연습문제 / 실전응용문제로 구성하였다.

1. 전기분야의 기본이론과 연습문제, 실전연습문제, 실전응용문제까지 수록을 하여 완벽하게 이해할 수 있도록 구성을 하였다.
2. 전기회로의 기초부터 응용까지 접할 수 있도록 구성을 하였다.
3. 학습 효율을 높일 수 있도록 이론과 문제, 풀이를 상세히 서술을 하였다.
4. 어느 장소에서도 강의교재로 채택하여 사용을 할 수 있도록 노력을 하였다.
5. 초보자라도 쉽게 접근을 할 수 있도록 알기 쉽게 서술을 하였다.

아무쪼록, 이 책이 학습을 하고자 하는 분들에게 도움이 되길 바라는 마음으로 심혈을 기우려 집필을 하였으며, 책의 내용에 미비한 점들이 있다면 수정 보완해 나갈 것이다.

끝으로 이 책이 출판이 되기까지 수고를 하여주신 화수목 출판사 대표님 및 직원분들께 감사드린다.

교육학/공학박사.기술자(특급) **김수용**, 공학박사 **김근수** 공저자 씀

차 례

application

실전응용문제

CHAPTER

01 직류회로

CHAPTER 01

직류회로

1.1 전기의 본질

(1) 물질과 전기

① 물질의 구성

㉠ 원가는 양(+)전기를 가진 원자핵과 그 주위를 일정한 궤도를 따라 돌고 있는 (−)전기를 가진 전자로 구성된다.

㉡ 원자핵 = 양자 + 중성자(원자내의 양자와 전자의 수는 같다.)

② 물질의 양

㉠ 전자의 질량 = 9.10955×10^{-31}[kg]

㉡ 양자의 질량 = 1.67261×10^{-27}[kg]

(양자의 질량은 전자의 질량에 약 1,840배이다.)

㉢ 전자 1개의 전기량 = 1.60219×10^{-19}[C]

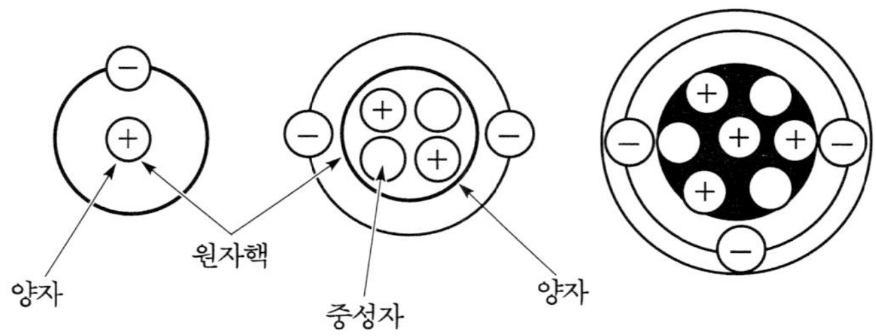

(a) 수소 (b) 헬륨 (c) 리튬

[원자의 구조]

③ 자유전자(free electric) : 원자핵의 가장 바깥 쪽 궤도를 돌고 있는 전자의 수가 원자의 화학 결합에 있어서 원자가를 결정하므로 가전자(valence electron)라고 하는데, 이와 같은 가전자는 원자핵과의 결합이 약하므로 외부의 자극에 의하여 쉽게 원자핵의 구속력을 벗어날 수 있다. 여기서 이러한 전자를 자유 전자라 한다.

(2) 전기의 발생

① 양전기(positive electricity) : 물질중의 자유 전자가 어떤 원인으로 인하여 그림 ⓑ와 같이 바깥으로 나가면 물질 내에서는 양전기가 음전기 보다 많아져 양전기를 띄게 된다.

② 음전기(negative electricity) : 그림ⓒ와 같이 바깥에서 자유 전자가 물질 내부로 들어오게 되면 음전기가 많아져 음전기를 띄게 된다.

③ 대전(electrification) : 물질이 전자가 부족하거나 과잉 상태에서 양전기가 음전기를 띄게 된 것을 그 물질이 양 또는 음으로 대전되었다고 한다.

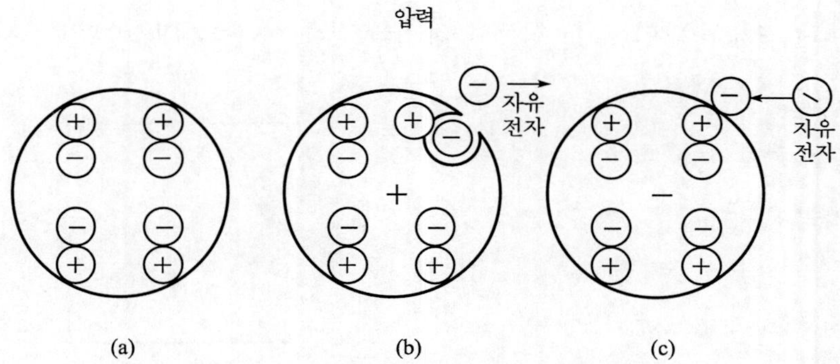

[전기의 발생]

(3) 전하와 전기량

① 전하(electric charge) : 어떤 물체가 대전되었을 때 이 물체가 가지고 있는 대전된 전기

② 전기량(quantity of electricity) : 전하가 가지고 있는 전기의 양

③ 전기량의 기호 및 단위

㉠ 전기량의 기호 : Q

㉡ 전기량의 단위 : 쿨롬(coulomb, 기호[C])

㉢ 1은 $1 \div (1.60219 \times 10^{-19}) 6.24 \times 10^{18}$

1.2 전기 회로의 전압과 전류

(1) 직류 회로의 전압과 전류

① 전류(electric current)

㉠ 금속선을 통하여 전자가 이동하는 현상을 말한다.

㉡ 전자의 흐름이 생길 때 이것을 금속선에 전류가 흐른다고 한다.

② 전류의 세기

㉠ 전류의 세기는 I 로 나타낸다.

㉡ 단위는 암페어(ampere, 기호[A])를 사용한다.

㉢ 어떤 도체의 단면을 t[sec]동안 Q[C]의 전하가 이동하였을 때의 전류(I)는 다음과 같이 나타낸다.

$$I = \frac{Q}{t}[C/\mathrm{sec}] = [A]$$

따라서, 1[sec]동안에 1[C]의 전기량이 이동하였다면 1[A]의 전류가 흐르는 것이 된다.

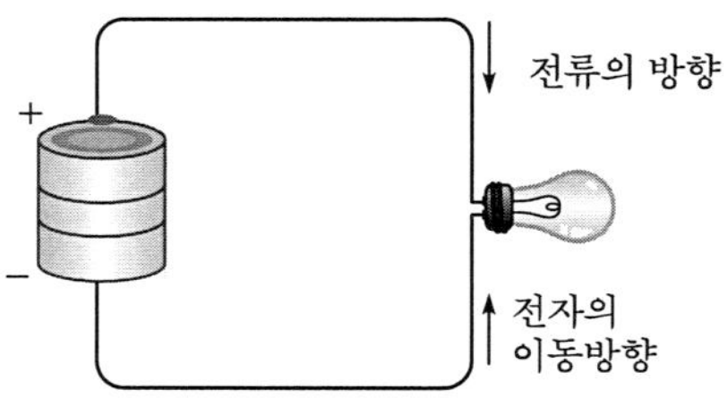

[전류의 방향]

③ 전압(electric voltage)

㉠ 전기적인 압력의 차를 말한다.

㉡ 전기 회로에 있어서 임의의 한 점의 전기적인 높이를 그 점의 전위라 한다.

㉢ 두 점 사이의 전위의 차를 전압으로 나타내며, 전류는 높은 전위에서 낮은 전위로 흐른다.

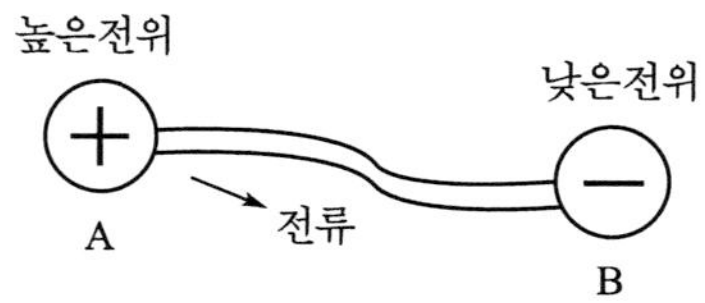

[전류와 전위차]

④ 전압의 크기

㉠ 전압의 크기는 V로 나타낸다.

㉡ 단위는 볼트(volt, 기호[V])를 사용한다.

㉢ 어떤 도체에 Q[C]의 전기량이 이동하여 W[J]의 일을 하였다면 이 때의 전압

V[V]는 다음과 같이 나타낸다.

$$V = \frac{W}{Q}[J/C] = [V]$$

따라서, 1[C]의 전기량이 두 점 사이를 이동하여 1[J]의 일을 할 때, 이 두 점 사이의 전위치는 1[V]이다.

(2) 옴의 법칙

① 전기 저항(electric resistance)과 컨덕턴스(conductance)

㉠ 전기 저항 : R(ohm, 기호[Ω])

- 전류의 흐름을 방해하는 전기적 양
- 1[Ω] : 1[V]의 전압을 가했을 때 1[A] 의 전류가 흐르는 저항

㉡ 컨덕턱스: G(mho, 기호[℧];siemens, 기호[S])

- 전류가 흐르기 쉬운 정도를 나타내는 전기적인 양
- 저항의 역수 : $R = \frac{1}{G}[\Omega]$, $G = \frac{1}{R}[\mho]$

② 옴의 법칙 : 도체에 흐르는 전류 I[A]는 전압 V[V]에 비례하고,
저항 R[Ω]에 반비례한다.

$$I = \frac{V}{R}[A],\ V = IR[V],\ R = \frac{V}{I}[\Omega]$$

(3) 저항의 접속법

① 직렬 접속 회로

㉠ 합성 저항(R)

$$R = R_1 + R_2 + R_3\,[\Omega]$$

㉡ 직렬 접속 회로에 있어서 각 저항에 흐르는 전류의 세기는 같다.

㉢ 전류(I)

$$I = \frac{V}{R} = \frac{V}{R_1 + R_2 + R_3}\,[A]$$

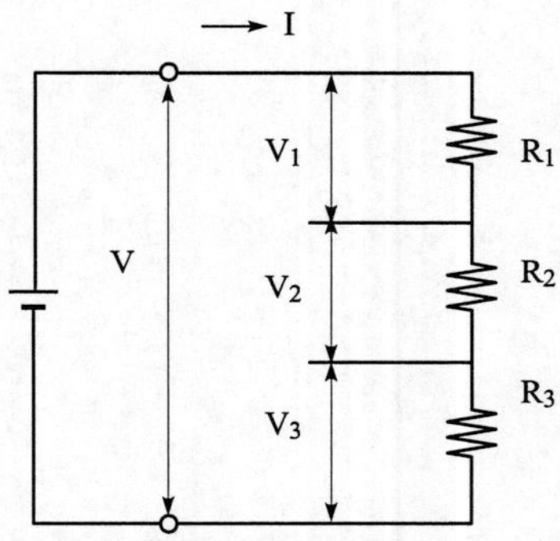

[저항의 직렬 접속 회로]

㉣ 각 저항 양단의 전압 V_1, V_2, V_3[V]는 옴의 법칙에 의하여 다음과 같다.

- $V_1 = R_1 I$ [V]
  $V_2 = R_2 I$ [V]
  $V_3 = R_3 I$ [V]
- $V = V_1 + V_2 + V_3$[V]
  $= R_1 I + R_2 I + R_3 I$[V]
  $= (R_1 + R_2 + R_3) \cdot I$[V]

㉤ 각 저창에 나타나는 전압은 각 저항값에 비례하여 분배된다.

$V_1 = \frac{R_1}{R} V[V]$, $V_2 = \frac{R_2}{R} V[V]$, $V_3 = \frac{R_3}{R} V[V]$

㉥ N개의 같은 크기의 저항이 직렬로 접속되었을 때의 합성 저항(RS)

$R_s = N \cdot R [\Omega]$

1개의 저항에 N배이다.

② 병렬 접속 회로

㉠ 합성저항(R)

$$R = \frac{1}{\frac{1}{R_1} + \frac{1}{R_2} + \frac{1}{R_3}} [\Omega]$$

㉡ 병렬 접속 회로에 있어서 각 저항 양단에 나타나는 접압은 같다.

㉢ 저항 R_1, R_2, R_3에 흐르는 전류는 각 저항의 크기에 반비례하여 흐른다.

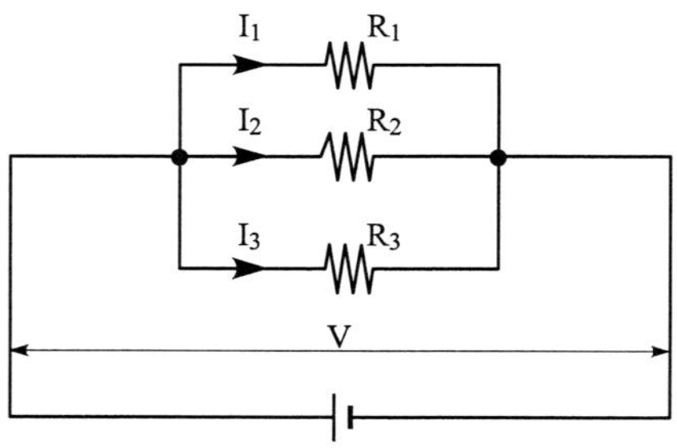

[저항의 병렬 접속 회로]

- $I_1 = \frac{V}{R_1} [A]$, $I_2 = \frac{V}{R_2} [A]$, $I_3 = \frac{V}{R_3} [A]$
- $I = I_1 + I_2 + I_3 [A] = \frac{V}{R_1} + \frac{V}{R_2} + \frac{V}{R_3} = (\frac{1}{R_1} + \frac{1}{R_2} + \frac{1}{R_3}) \cdot V[A]$

㉣ 각 분로에 흐르는 전류비는 저항값에 반비례하여 흐르고 각 분로에 흐르는 전류는 다음과 같다.

$$I_1 = \frac{R}{R_1} I[A],\ I_2 = \frac{R}{R_2} I[A],\ I_3 = \frac{R}{R_3} I[A]$$

㉤ N개의 같은 크기의 저항이 병렬로 접속되었을 때의 합성 저항(Rp)

$$R_p = \frac{R}{N}\,[\Omega]$$

1개의 저항에 $\frac{1}{N}$ 배이다.

③ 직 · 병렬 접속 회로

㉠ 그림ⓐ에서 a−b사이 병렬 회로의 합성 저항 R'

$$R' = \frac{1}{\frac{1}{R_1} + \frac{1}{R_2}} = \frac{R_1 R_2}{R_1 + R_2}\,[\Omega]$$

• 그림ⓑ에서 R'와 R_3의 직렬 회로에 있어서의 합성 저항

$$R = R' + R_3 = \frac{R_1 R_2}{R_1 + R_2} + R_3\,[\Omega]$$

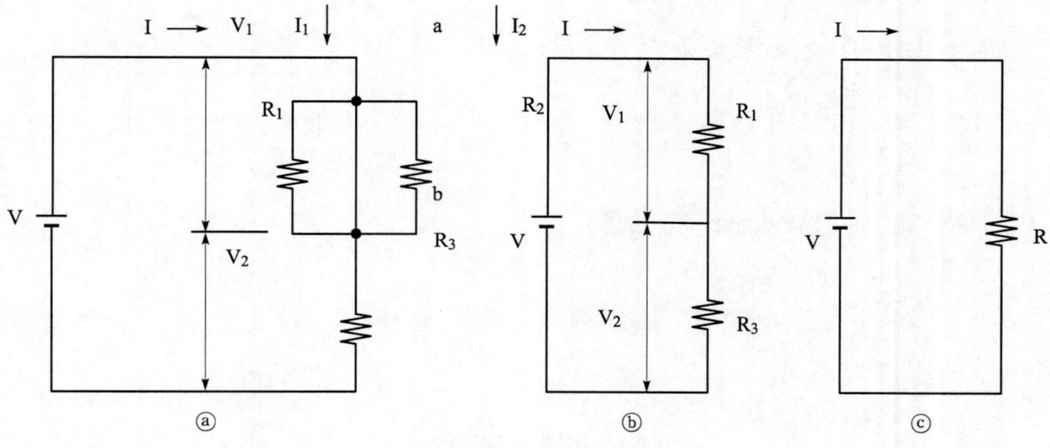

[저항의 직 · 병렬 접속 회로]

㉡ 그림ⓒ에서의 전전류 I [A]

$$I=\frac{V}{R}[\Omega]$$

- 각 분로의 전류 I_1, I_2는 다음과 같이 구할 수 있다.

$$I_1=\frac{R'}{R_1}I=\frac{\frac{R_1R_2}{R_1+R_2}}{R_1}I=\frac{R_2}{R_1+R_2}I[A]$$

$$I_2=\frac{R'}{R_2}I=\frac{\frac{R_1R_2}{R_1+R_2}}{R_2}I=\frac{R_1}{R_1+R_2}I[A]$$

(4) 휘트스톤 브리지의 평형 회로

① P, Q, R, X의 저항 4개를 그림과 같이 접속하고, 여기에 전류의 흐름을 알 수 있는 검류계 G를 접속한 것을 휘트스톤 브리지라한다.

② 브리지 평형

㉠ X가 미지의 저항이라 할 때 나머지 저항을 가감하여 I_g가 0이 되었을 때를 휘트스톤 브리지 평형이라 한다.

㉡ $I_g = 0$일 때, PR = QX가 성립된다.

$$X=\frac{PR}{Q}[\Omega]$$

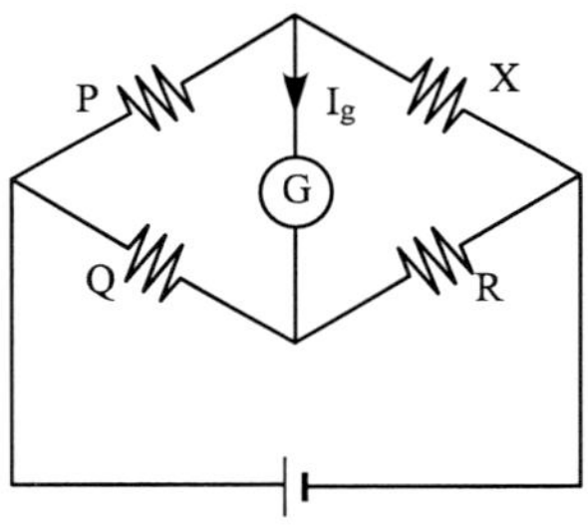

[휘트스톤 브리지 회로]

(5) 키르히호프의 법칙(Kirchhoff's law)

① 제1법칙(전류의 법칙)

㉠ 회로망 중 임의의 한 접속점에 유입하는 전류의 총합과 유출하는 전류의 총합은 서로 같다.

㉡ $I_1+I_2+I_4=I_3+I_5, \Sigma I=0$

② 제2법칙(전압의 법칙)

㉠ 회로망 중 임의의 폐회로에서 그 회로중의 기전력의 대수합은 전압 강하의 대수합과 같다.

㉡ $E_1-E_2+E_3=IR_1+IR_2+IR_3+IR_4, \Sigma V=\Sigma IR$

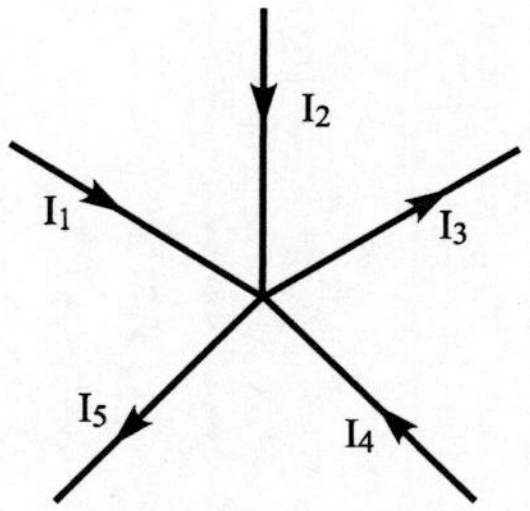

[키르히호프의 제1법칙]

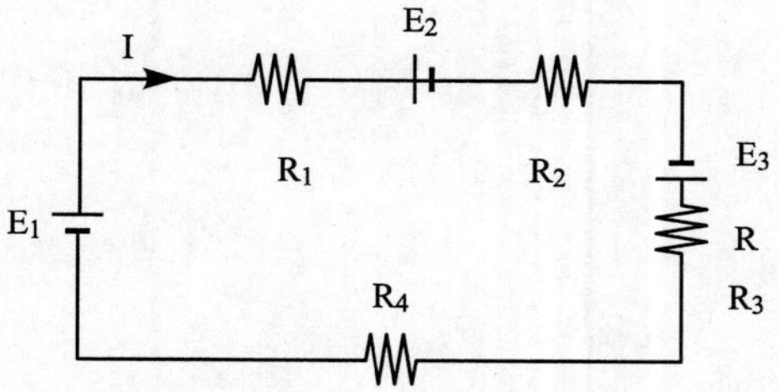

[키르히호프의 제2법칙]

1.3 전력과 전력량

(1) 전류의 발열 작용

① 줄의 법칙(Joule's law)

㉠ 저항 $R[\Omega]$에 I[A]의 전류를 t[sec]동안 흘릴 때 발생한 열을 줄열 또는 저항열이라고 한다.

$$H = \frac{1}{4.186} I_2 Rt \fallingdotseq 0.24 I_2 Rt\,[cal]$$

㉡ 물 m[kg]을 소비 전력 P[kW]로 T[h]동안 θ[℃]만큼 가열하였을 때 발생하는 열량

$$H = Cm\theta = 860PT\eta\,[kcal]$$

여기서, C : 비열[kcal/kg · ℃]

θ : 상승 온도$(t_2 - t_1)$

η : 전열기의 효율

② 열량의 단위 환산

㉠ 1[J] = 0.24[cal]

㉡ 1[cal] = 4.186[J]

㉢ 1[kWh] = 860[kcal]

(2) 전력량과 전력

① 전력(electric power) : P

㉠ 단위 시간당의 전기 에너지

㉡ 전력의 단위 : 와트(watt, 기호[W])

㉢ 1[W]는 1[sec]동안에 1[J]의 비율로 일을 하는 속도

1[W] = 1[J/sec]

㉣ V[V]의 전압을 가하여 I[A]의 전류가 t[sec]동안 Q[C]의 전하가 이동하였을 때의 전력

$$P = \frac{VQ}{t} = VI[W](\because Q = It)$$

㉤ R[Ω]의 저항에 V[V]의 전압을 가하여 I[A]의 전류가 흘렀을 때의 전력

$$P = VI = I_2R = \frac{V_2}{R}[W](\because V = IR)$$

㉥ 동력 또는 공률 : 단위 시간의 기계 에너지

- 기계 동력의 단위 : 마력(horse power, 기호[HP])
- 1[HP] = 746[W]

② 전력량 : W

㉠ 어느 일정 시간 동안의 전기 에너지의 총량

㉡ R[Ω]의 저항에 V[V]의 전압을 가하여 I[A]의 전류를 t[sec]동안 흘릴 때의 전력량

$$W = Pt = VIt = I^2Rt = \frac{v^2}{R}t[W]$$

㉢ 전력량의 실용 단위

1[kWh] = 10^3[Wh] = 3.6 × 10^6[J]

(3) 열과 전기

① 제어백 효과(seebeck dffect)

㉠ 그림과 같이 두 종류의 금속을 접속하고 접속점을 서로 다른 온도로 유지하면 기전력이 생겨 일정한 방향으로 전류가 흐르는 현상으로 열전 효과라고도 한다.

㉡ 열전 온도계, 열전형 계기에 이용된다.

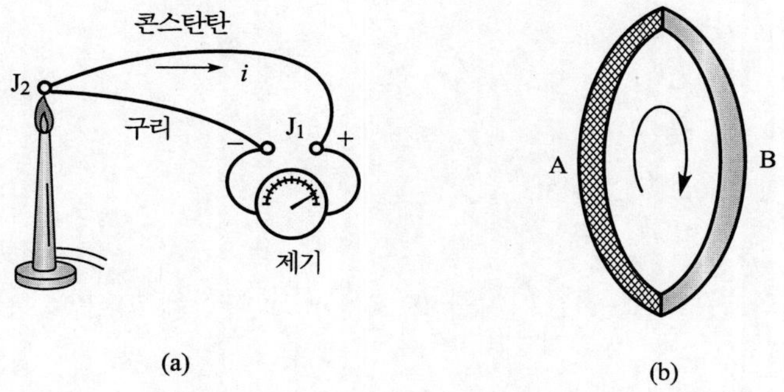

[제어백 효과]

㉢ 열전쌍을 이용하는 금속

- 구리 – 콘스탄탄
- 철 – 콘스탄탄
- 구리 – 니켈 합금
- 백금 – 백금 로듐
- 크로멜 – 알루멜

② 펠티에 효과(peltier effect)

㉠ 서로 다른 두 종류의 금속을 접속하고 한 쪽 금속에서 다른 쪽 금속으로 전류를 흘리면 줄열 이외에 열의 발생 또는 흡수가 일어나는 현상을 말한다.

㉡ 제에백 효과와 반대이다.

㉢ 항온조, 전자 냉동기에 이용된다.

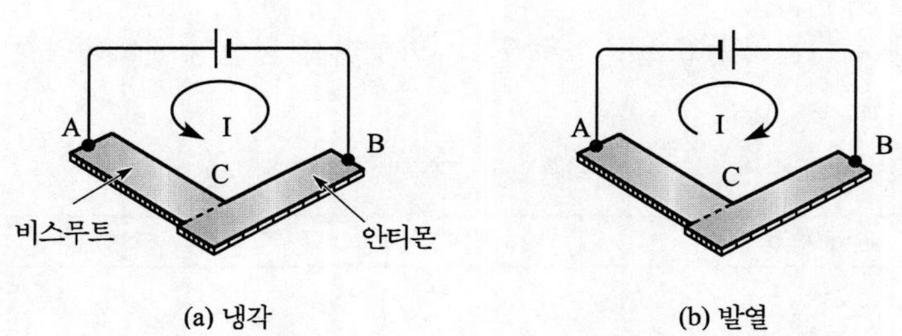

[펠티에 효과]

1.4 전기 저항

(1) 고유 저항과 전도율

① 고유 저항(specific resistinity)

㉠ 저항 : R

도체의 단면적을 A, 길이를 l이라 하고, 물질에 따라 결정되는 비례 상수를 ρ라 하면

$$R = \rho \frac{l}{A} [\Omega]$$

㉡ 고유 저항 : ρ

길이 1[m], 단면적 1[m^2]인 물체의 저항을 나타내며 물질에 따라 정해진 값이 된다. 이 ρ를 물질의 고유 저항 또는 저항률이라 한다.

$$\rho = R \frac{A}{l} [\Omega \cdot m]$$

② 전도율(conductivity)

㉠ 전류가 통하기 쉬운 정도를 나타내는 것

㉡ 기호 : σ

㉢ 단위 : [℧/m] = [Ω−1/m] = [S/m]

㉣ 고유 저항과 전도율의 역수 관계

$$\sigma = \frac{1}{\rho} = \frac{\frac{1}{RA}}{l} = \frac{1}{RA} [℧/m]$$

③ 퍼센트 전도율

㉠ 국제 표준 연동의 전도율을 100[%]로 하여 다른 전선의 전도율의 비를 나타낸 것

전선에 사용되는 도체의 전도율과 저항률

도체명	전도율[%]	저항률[Ω · mm^2/m]
연동선	100	1/58
경동선	97	1/55
알루미늄선	61	1/35

㉡ 국제 표준 연동의 전도율 $\sigma_s = \dfrac{1}{1.724. \times 10^{-8}}$

㉢ 퍼센트 전도율 = $\dfrac{\sigma}{\sigma_s} \times 100\,[\%]$

(2) 저항의 온도 계수

① 온도에 따라 저항이 변하는 상태는 물질에 다라 다르다. 일반적으로 금속은 온도가 올라가면 저항이 증가하지만 반도체, 전해액 등에서는 온도가 올라가면 저항이 감소한다.

② 저항의 온도 계수(temperature codfficient) : 저항의 온도가 1[℃] 올라갈 때의 저항값에 대한 저항의 증가 비율
$R_T = R_t[1 + \alpha_t(T - t)][\Omega]$

③ 순구리 0[℃]에서의 온도 계수

$$\alpha_0 = \frac{1}{234.5} = 0.00427$$

④ t[℃]에서의 온도 계수

$$\alpha_t = \frac{\alpha_0}{1 + \alpha_0} = \frac{1}{234.5 + t}$$

(3) 저항기

① 저항체의 필요조건
㉠ 고유 저항이 클 것
㉡ 저항의 온도 계수가 적을 것
㉢ 구리에 대한 열기전력이 적을 것
㉣ 내구성이 좋을 것
㉤ 가격이 저렴할 것

② 저항기의 종류
㉠ 고정 저항기 : 표준 저항기, 권선 저항기, 탄소 피막 저항기
㉡ 가변 저항기 : 슬라이드 저항기, 다이얼형 저항기, 플러그형 저항기
㉢ 물 저항기

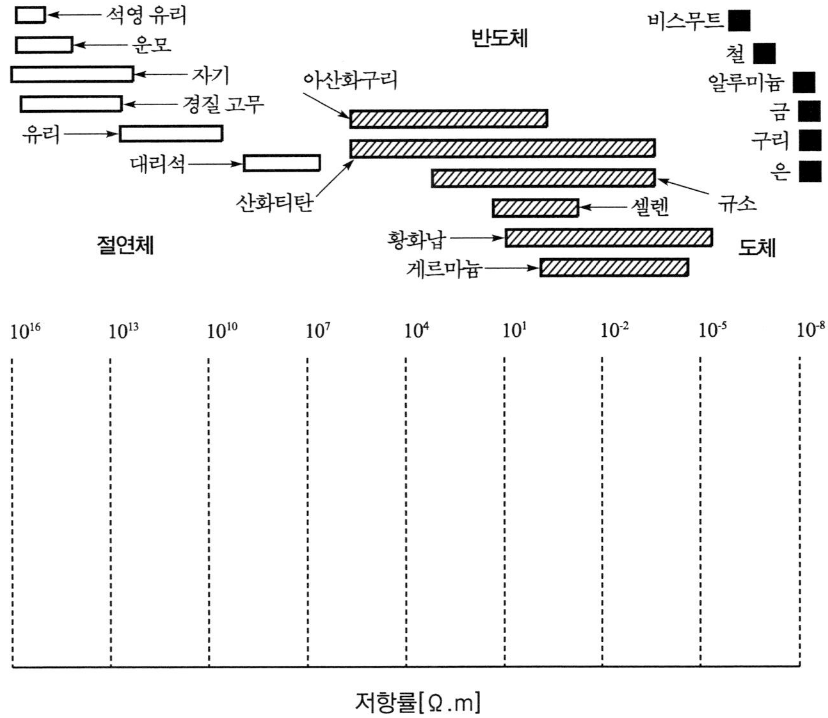

[여러 가지 물질의 고유 저항]

(4) 여러 가지 저항

① 도체 : 10^{-4}[Ω · m] 이하의 고유 저항을 갖는 물질(도전 재료)

② 부도체 : 10^{6}[Ω · m] 이상의 고유 저항을 갖는 물질(절연 재료)

③ 반도체 : 고유 저항이 10^{-4}~10^{6}[Ω · m]인 물질(규소(Si), 게르마늄(Ge))

1.5 전류의 화학 작용과 전류

(1) 전해액과 금속의 석출

① 전해액(electrolyte) : 산, 염기, 염류의 물질을 물 속에 녹이면 수용액중에서 양전기를 띤 양이온(cation)과 음전기를 띤 음이온(anion)으로 나누어지는 물질을 전해질이라 하고 전해질의 수용액을 전해액이라 한다.

② 금속의 석출

㉠ 전기 분해(electrlysis) : 산, 염기 또는 염류 등의 수용액에 직류를 통해 전해액을 화학적으로 분해하여 양, 음극판 위에 분해 생성물을 석출하는 현상

㉡ 물의 전기 분해 : H2O $\rightleftharpoons$ $2H^+$ + O^{--}

㉢ 알칼리의 전기 분해 : Nacl $\rightleftharpoons$ Na^+ + Cl^{--}

(2) 패러데이 법칙(Faraday's law)

① 전기 분해의 의해서 전극에 석출되는 물질의 양은 전해액 속을 통과한 전기량에 비례한다.

② 총 전기량이 같으면 물질의 석출량은 그 물질의 화학당량(원자량/원자가)에 비례한다.

$W = kQ = kIt[g]$

여기서, k(전기 화학 당량) : 1[C] 의 전하에서 석출되는 물질의 양

전기 화학 당량

원소	이온	원자량	원자가	전기화학당량[mg/C]	석출량[g/Ah]
은	Ag^+	107.868	1	1.1180	4.0247
구리	Cu^{2+}	63.546	2	0.3293	1.185
니켈	Ni^{2+}	58.70	2	0.3043	1.095
아연	Zn^{2+}	65.38	2	0.3388	1.220
나트륨	Na^+	22.98977	1	0.23827	0.85777
산소	$O2^-$	15.9994	2	0.082910	0.29848
염소	Cl^-	35.453	1	0.36744	1.3228

(3) 전지

- 1차 전기(primary cell) : 반응이 불가역적이며 재생할 수 없는 전지
- 2차 전지(secondary cell) : 외부에서 에너지를 주면 반응이 가역적이 되는 전지

① 납 축전지(lead sterage battery)

- 양극 : 이산화 납(PbO_2)
- 음극 : 납(Pb)
- 전해액 : 묽은 황산(H_2SO_4)

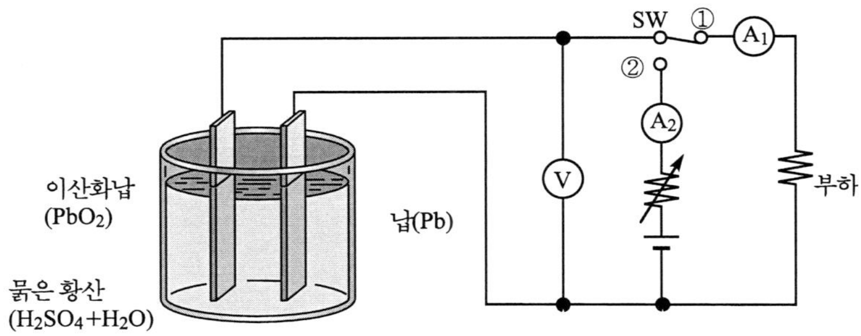

[납축전지의 원리]

㉠ 납 축전지의 화학 방정식

$$PbO:_2 + 2H_2SO_4 + Pb \underset{\text{충전}}{\overset{\text{방전}}{\rightleftarrows}} PbSO4 + 2H_2O + PbSO_4$$

(양극)　(음극)　　(양극)　　(음극)

㉡ 전해액의 비중과 농도

- 비중 : 1.2 ~ 1.3
- 농도 : 30 ~ 34[%]

㉢ 축전지의 기전력

- 기전력 : 약 2[V]
- 방전 종기 전압 : 1.8[V]

㉣ 축전지의 용량 = 방전 전류(I) × 방전시간(t) [Ah]

② 국부 작용과 분극 작용

㉠ 국부 작용 : 전지에 포함되어 있는 불순물에 의해 전극과 불순물이 국부적인 하나의 전지를 이루어 전지 내부에서 순환하는 전류가 생겨 화학 변화가 일어나 기전력을 감소시키는 현상을 말한다.

- 방지법 : 전극에 수은 도금, 순도가 높은 재료 사용

㉡ 분극 작용(성극 작용) : 전지에 전류가 흐르면 양극에 수소 가스가 생겨 이온의 이동을 방해하여 기전력을 감소하는 것으로 감극제를 사용하여 수소 가스를 제거한다.

- 감극제 : 화학적 방법으로 다니엘 전기, 웨스톤 카드뮴 전지와 같이 양극판 금속의 염류를 두어 방전할 때 금속 이온을 양극판 위에 석출시켜 양극판 위의 수소 유리를 방해하는 방법과 수소를 물로 산화시키는 방법

(4) 전지의 접속

① 전지의 직렬 접속 : 기전력 E[V], 내부저항 $r[\Omega]$인 전지 n개를 직렬 접속하고 여기에 부하 저항 $R[\Omega]$을 접속하였을 때, 부하에 흐르는 전류는

$$I = \frac{nE}{R+nr}[A]$$

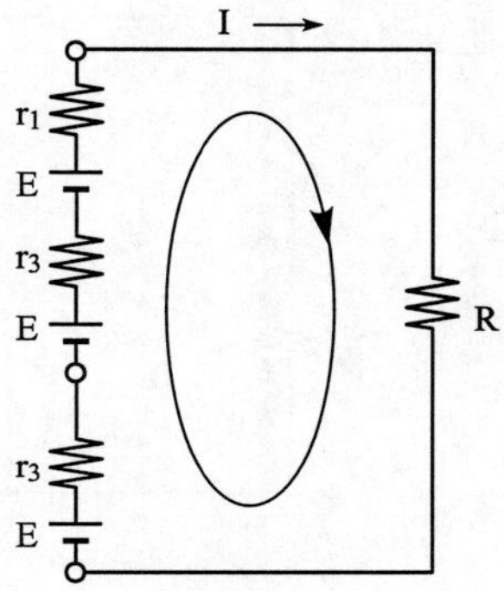

(a)

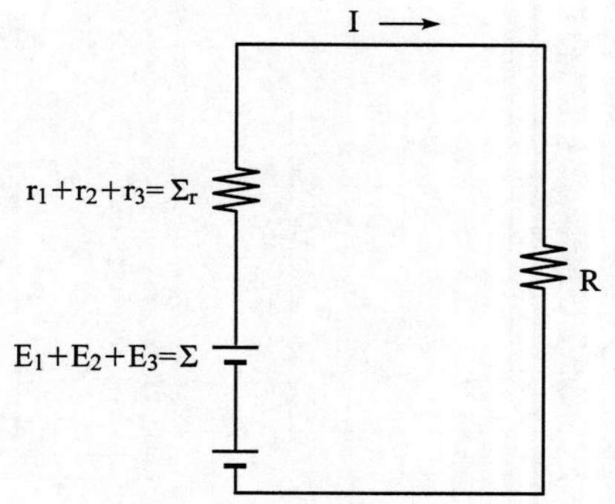

(b)

[전지의 직렬접속]

② 전지의 병렬 접속 : 기전력 E[V], 내부 저항 $r[\Omega]$인 전자 N조를 병렬 접속하고 여기에 부하 저항 $R[\Omega]$을 접속하였을 때 부하에 흐르는 전류는

$$I = \frac{E}{\frac{r}{N}+R}[A]$$

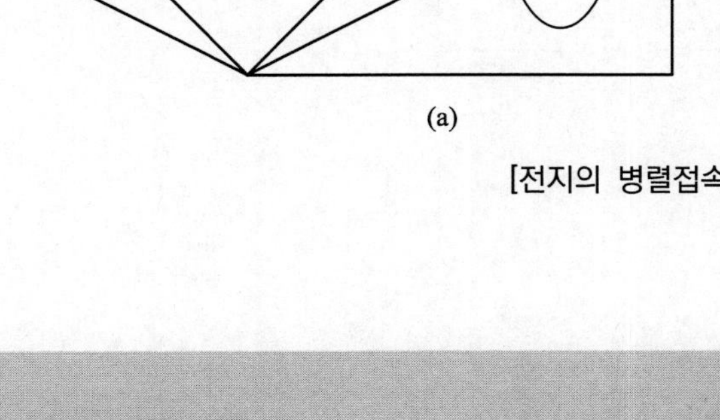

(a)

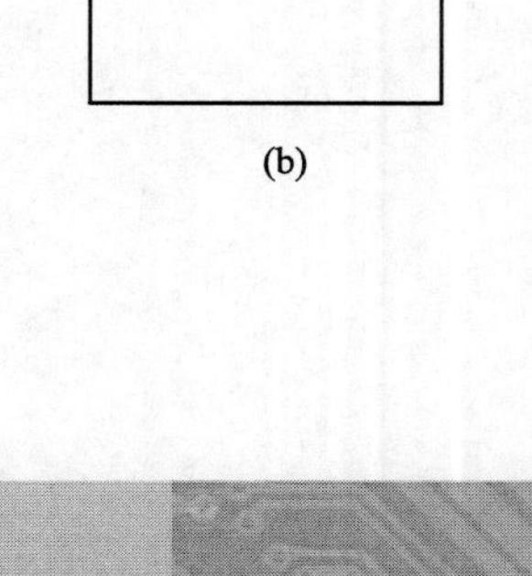

(b)

[전지의 병렬접속]

③ 전지의 직 · 병렬 접속 : 기전력 E[V], 내부 저항 r[Ω]인 전지, n개를 직렬로 접속하고 이것을 다시 병렬로 N조를 접속하였을 때 부하 저항 R[Ω]에 흐르는 전류는

$$I = \frac{nE}{\frac{nR}{N} + R} = \frac{E}{\frac{r}{N} + \frac{R}{n}}$$

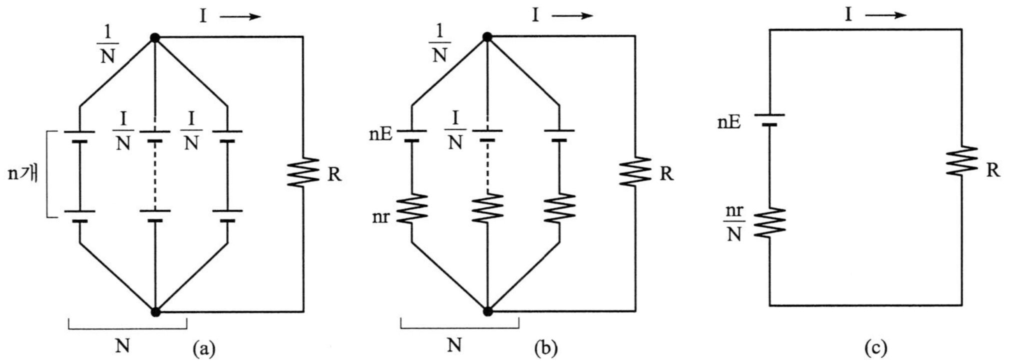

[같은 전지의 직 · 병렬 접속]

(5) 전압과 전류의 측정

① 배율기 : 전압계의 측정 범위의 확대를 위해 전압계와 직렬로 접속하는 저항

㉠ 배율 : $m = \frac{V}{V_a} = (1 + \frac{R_m}{r_a})$

㉡ 배율 저항 : $R_m = r_a(M-1)[\Omega]$

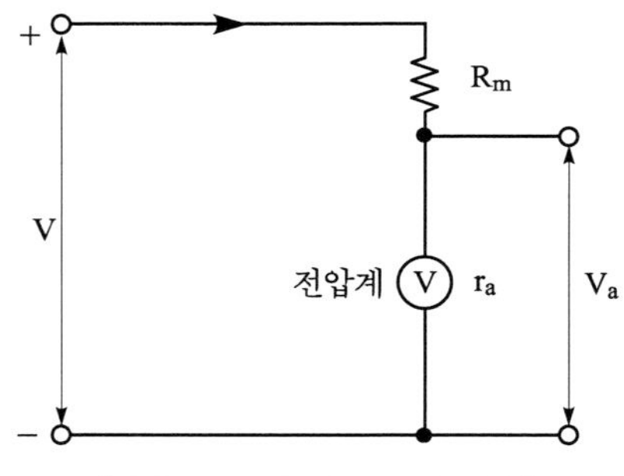

[같은 전지의 직 · 병렬 접속]

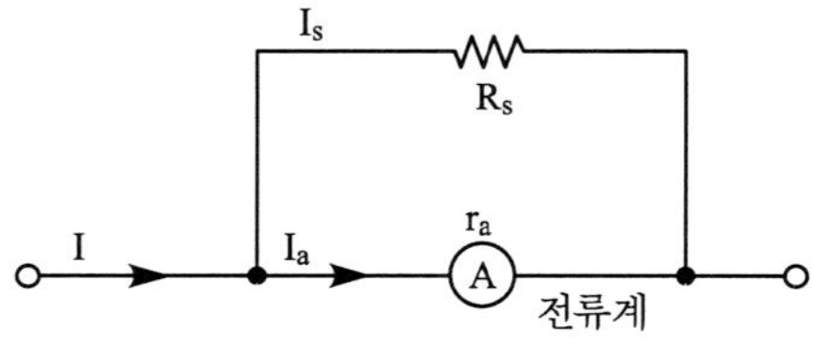

② 분류기 : 전류계의 측정 범위의 확대를 위해 전류계와 병렬로 접속하는 저항

㉠ 배율 : $m = \frac{I}{I_a} = (1 + \frac{r_a}{R_s})$

㉡ 분류 저항 : $R_s = \frac{r_a}{m-1}\,[\Omega]$

연습문제

01 전자 1개가 갖는 전기량은?

㉮ $e = 1.602 \times 10^{-18}$[C]　㉯ $e = 1.602 \times 10^{-17}$[C]
㉰ $e = 1.602 \times 10^{-19}$[C]　㉱ $e = 1.602 \times 10^{-16}$[C]

◆ 풀이　• 전자의 전기량 e : 1.60219×10^{-19}[C]

답 ㉰

02 1[W]와 같은 것은?

㉮ 1[J]　㉯ 1[J/sec]　㉰ 1[cal]　㉱ 1[cal/sec]

◆ 풀이　1[sec] 동안에 1[J]의 비율로 일을 하는 것을 1[W]라 하며,
1[W · s]=1[J] ∴1[W]=1[s/sec]

답 ㉮

03 양자의 질량은 전자의 약 몇 배인가?

㉮ 같다　㉯ 1840배　㉰ 0.624배　㉱ 1.602배

답 ㉯

04 1 [C]의 전기량은 몇 개의 전자 이동으로 발생하는가?

㉮ 6.24×10^{18}　㉯ 1.602×10^{-19}
㉰ 9.109×10^{-31}　㉱ 1.672×10^{-27}

◆ 풀이　• $1\,[\mathrm{C}] = \dfrac{1}{1.60219 \times 10^{-19}} \fallingdotseq 6.24 \times 10^{18}$개의
전자의 과부족으로 생기는 전하의 전기량이다.

답 ㉮

05 보통 물질의 전기적인 상태는?

㉮ 중성 상태 ㉯ 양전기 상태
㉰ 음전기 상태 ㉱ 일정하지 않음

답 ㉮

06 원자핵의 구속력을 벗어나서 물질내에서 자유로이 이동할 수 있는 것은?

㉮ 중성자 ㉯ 양자 ㉰ 분자 ㉱ 자유전자

◆ 풀이 자유 전자는 전자들 중에서 가장 바깥쪽의 전자로 원자핵과의 결합력이 약해서 외부의 작은 힘에 의하여 쉽게 핵의 구속력을 벗어나 자유롭게 움직인다. 답 ㉱

07 전자의 질량 [kg]은?

㉮ 1.672×10^{18} ㉯ 9.109×10^{-31}
㉰ 1.602×10^{-19} ㉱ 1.76×10^{-11}

◆ 풀이
• 전자의 잘량 : 9.10955×10^{-31} [kg]
• 양자의 지량 : 1.67261×10^{-27} [kg] (전자의 약 1840배)

답 ㉯

08 어떤 물질이 정상 상태보다 전자의 수가 많거나 적어졌을 경우를 무엇이라고 하는가?

㉮ 방전 ㉯ 전기량 ㉰ 대전 ㉱ 전하

◆ 풀이 어떤 물질이 전자의 과부족으로 양전기나 음전기를 띄게 된 것을 대전(electrification)이라고 한다. 답 ㉰

09 어느 도체에 3 [A]의 전류를 1시간 동안 흘렸다. 이동된 전기량은 얼마인가?

㉮ 180 [C] ㉯ 900 [C] ㉰ 10,800 [C] ㉱ 20,800 [C]

◆ 풀이 $Q = It = 3 \times 60 \times 60 = 10{,}800$ [C] 답 ㉰

10 1 [Ah]는 몇 [C]인가?

㉮ 60 ㉯ 120 ㉰ 3600 ㉱ 7200

◆ 풀이 $Q = I \cdot t$ [A·sec] = [C]. $Q = 1$ [A] $\times 3600$ [sec] $= 3600$ [C] 답 ㉰

11 어떤 도체를 t초 동안에 Q[C]의 전기량이 이동하면 이때 흐르는 전류 I는?

㉮ $I = Q \quad t$ ㉯ $I = \dfrac{1}{Qt}$ ㉰ $I = \dfrac{t}{Q}$ ㉱ $I = \dfrac{Q}{t}$

◆ 풀이 $Q = I \cdot t$ 에서 $I = \dfrac{Q}{t}$ [c/s] = [A] 답 ㉱

12 어떤 도체의 단면을 30분 동안에 5400 [C]의 전기량의 이동했다고 하면 전류의 크기는 몇 [A]인가?

㉮ 1 ㉯ 2 ㉰ 3 ㉱ 4

◆ 풀이 $I = \dfrac{Q}{t} = \dfrac{5{,}400}{30 \times 60} = 3$ [A] 답 ㉰

13 어떤 도체의 단면을 2시간에 7200[C]의 전기량이 이동했다고 하면 전류 I의 크기는 얼마인가?

㉮ [A] ㉯ [A] ㉰ 3[A] ㉱ 4[A]

◆ 풀이 $I = \dfrac{Q}{t}$ [A]에서 $I = \dfrac{7200}{7200} = 1$ [A] 답 ㉮

14 3 [V]의 기전력으로 300 [C]의 전기량이 이동할 때 몇 [J]의 일을 하게 될 것인가?

㉮ 900 ㉯ 600 ㉰ 3000 ㉱ 150

◆ 풀이 $W = V \cdot Q = 3 \times 300 = 900$ [J]

답 ㉮

15 3 [V]의 전위차로 1 [A]의 전류가 2분 동안 흐를 때 한 일[J]은?

㉮ 3 ㉯ 6 ㉰ 30 ㉱ 360

◆ 풀이 $W = Q \cdot V = I \cdot t \cdot V = 1 \times 120 \times 3 = 360$ [J]

답 ㉱

16 24 [V]의 전원전압에 의해 6 [A] 전류가 흐르는 전기회로의 콘덕턴스는?

㉮ 0.25 ㉯ 0.4 ㉰ 2.5 ㉱ 4

◆ 풀이 $R = \frac{V}{I} = \frac{24}{6} = 4$ [Ω] • 컨덕턴스 $G = \frac{1}{R} = \frac{1}{4} = 0.25$ [℧]

답 ㉮

17 다음 중 저항기의 저항체로서 필요한 조건이 아닌 것은 어느 것인가?

㉮ 고유 저항이 클 것
㉯ 저항의 온도 계수가 작을 것
㉰ 구리에 대한 열기전력이 클 것
㉱ 화학적으로 오래 변하지 않을 것

◆ 풀이 저항체의 필요 조건

답 ㉰

- 고유 저하이 클 것
- 저항의 온도 계수가 적을 것
- 구리에 대한 열기전력이 적을 것
- 화학적으로 오래 변하지 않을 것
- 가격이 저렴할 것

18 30 [S]의 콘덕턴스를 가진 저항체에 1.5 [V]의 전압을 가하면 전류 [A]는?

㉮ 20 ㉯ 45 ㉰ 60 ㉱ 80

◆ 풀이 $I = GV = 30 \times 1.5 = 45$ [A]

답 ㉯

19 일정한 직류 전원에 저항을 접속하여 전류를 흘릴 때 이 전류값을 10 [%] 증가시키려면 저항은 처음의 몇 [%]가 되어야 하는가?

㉮ 0.1 ㉯ 0.91 ㉰ 1.1 ㉱ 1.8

◆ 풀이 처음 저항 $R = \frac{V}{I}$. 전류 10 [%] 증가시 저항 $R = \frac{1}{1.1} = 0.91$

답 ㉰

20 부하의 전압과 전류를 측정할 때 전압계와 전류계를 연결하는 방법이 옳게 된 것은?

㉮ 전압계는 병렬연결, 전류계는 직렬 연결한다.
㉯ 전압계는 직렬연결, 전류계는 병렬 연결한다.
㉰ 전압계는 전류계는 모두 직렬 연결한다.
㉱ 전압계는 전류계는 모두 병렬 연결한다.

◆ 풀이 전류계는 직렬, 전압계는 병렬로 연결한다.

답 ㉮

21 4 [S]와 6 [S]의 콘덕턴스를 병렬로 접속하면 합성 콘덕턴스는 몇 [S]인가?

㉮ 2.4 ㉯ 10 ㉰ 12 ㉱ 24

◆ 풀이 콘덕턴스 병렬 합성값 $G = G_1 + G_2 = 4 + 6 = 10$ [S]

답 ㉯

22 그림과 같은 회로에서 각 저항에 생기는 전압 강하와 단자 전압[V]은 얼마인가?

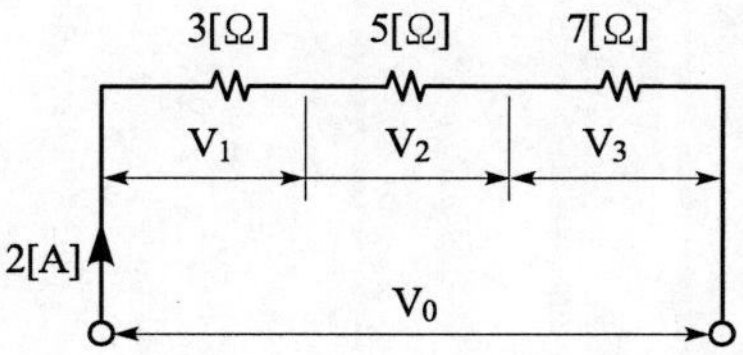

㉮ $V_1 = 10,\ V_2 = 6,\ V_3 = 14,\ V_0 = 25$
㉯ $V_1 = 6,\ V_2 = 10,\ V_3 = 14,\ V_0 = 30$
㉰ $V_1 = 10,\ V_2 = 5,\ V_3 = 10,\ V_0 = 25$
㉱ $V_1 = 10,\ V_2 = 5,\ V_3 = 7,\ V_0 = 22$

◆ 풀이 • $V_1 = IR_1 = 2 \times 3 = 6\,[\text{V}]$

• $V_2 = IR_2 = 2 \times 5 = 10\,[\text{V}]$

• $V_3 = IR_3 = 2 \times 7 = 14\,[\text{V}]$

$\therefore V_0 = V_1 + V_2 + V_3 = 6 + 10 + 14 = 30\,[\text{V}]$

답 ㉯

23 저항 $R_1[\Omega]$과 $R_2[\Omega]$을 직렬로 연결하고 $V[\text{V}]$의 전압을 가할 때 저항 R_1양단의 전압은?

㉮ $\dfrac{R_1}{R_1 + R_2} V$ ㉯ $\dfrac{R_1 R_2}{R_1 + R_2} V$

㉰ $\dfrac{R_2}{R_1 + R_2} V$ ㉱ $\dfrac{R_1 + R_2}{R_1 R_2} V$

◆ 풀이 • $I = \dfrac{V}{R_T} = \dfrac{V}{R_1 + R_2}\,[\text{A}]$ • $V = IR_1 = \dfrac{R_1}{R_1 + R_2} V\,[\text{V}]$

답 ㉮

24 저항 R_1, R_2, R_3가 병렬로 접속되어 있을 때 합성 저항은?

㉮ $\dfrac{R_2R_3 + R_1R_2 + R_1R_3}{R_1R_2R_3}$ ㉯ $\dfrac{R_1 + R_2 + R_3}{R_2R_3 + R_1R_2 + R_1R_3}$

㉰ $\dfrac{R_1R_2R_3}{R_2R_3 + R_1R_2 + R_1R_3}$ ㉱ $\dfrac{R_2R_3 + R_1R_2 + R_1R_3}{R_1 + R_2 + R_3}$

◆ 풀이 $R_0 = \dfrac{1}{\dfrac{1}{R_1} + \dfrac{1}{R_2} + \dfrac{1}{R_3}} = \dfrac{R_1R_2R_3}{R_1R_2 + R_2R_3 + R_3R_1}\,[\Omega]$

답 ㉰

25 다음 회로에 전압 100[V]를 가할 때 10[Ω]의 저항에 흐르는 전류는 얼마인가?

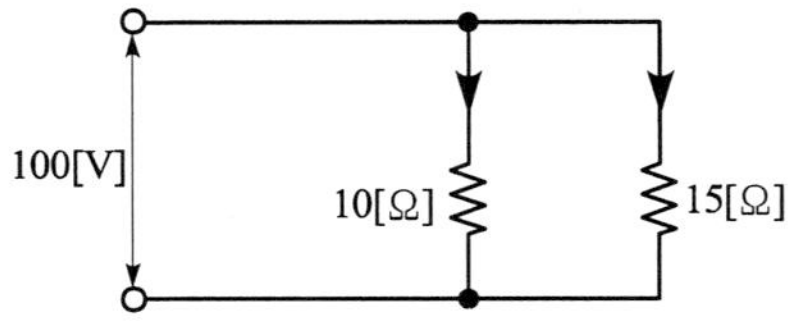

㉮ 4[A]
㉯ 6[A]
㉰ 8[A]
㉱ 10[A]

◆ 풀이 합성 저항 $R_0 = 4 + \frac{10 \times 15}{10+15} = 10[\Omega]$ **답** ㉯

전전류 $I_0 = \frac{100}{10} = 10[A]$

전류는 저항에 반비례하여 흐르므로

$I_{10} = \frac{15}{15+10} \times 10 = 6[A]$

26 8 [Ω], 6 [Ω], 11 [Ω]의 저항 3개가 직렬접속된 회로에 4 [A]의 전류가 흐르면 가해준 전압은 몇 [V]인가?

㉮ 60 ㉯ 80 ㉰ 100 ㉱ 120

◆ 풀이 합성저항 $R_0 = 8+6+11 = 25[\Omega]$, $V = IR_0 = 4 \times 25 = 100[V]$ **답** ㉰

27 120 [Ω]의 저항 4개를 접속하여 얻을 수 있는 가장 작은 값은?

㉮ 30 [Ω] ㉯ 50 [Ω] ㉰ 12 [Ω] ㉱ 420 [Ω]

◆ 풀이 ① 모두 직렬 접속시 가장 큰 저항값을 얻는다. **답** ㉮

$R_0 = NR = 4 \times 120 = 480[\Omega]$

② 모두 병렬 접속시 가장 작은 저항값을 얻는다.

$R_0 = \frac{R}{N} = \frac{120}{4} = 30[\Omega]$

28 그림과 같은 회로에서 4 [Ω]에 흐르는 전류 [A]는?

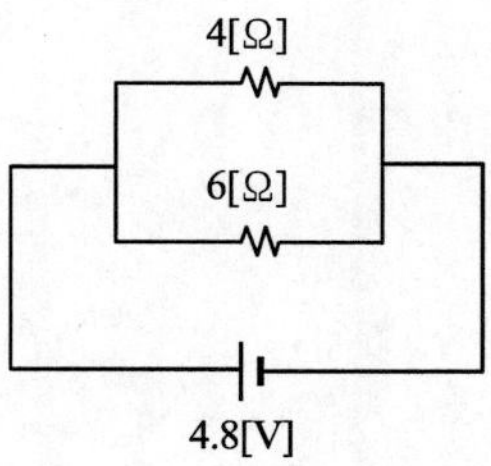

㉮ 0.8 [A]
㉯ 1.0 [A]
㉰ 1.2 [A]
㉱ 2.0 [A]

◆ 풀이 $I=\dfrac{V}{R}$ 에서 4 [Ω]에 흐르는 전류 $I=\dfrac{4.8}{4}=1.2$[A]

답 ㉰

29 4 [Ω], 5 [Ω], 8 [Ω]의 저항 3개를 병렬로 접속하고 여기에 40 [V]의 전압을 가했을 때 전 전류는 몇 [A]인가?

㉮ 5 [A] ㉯ 8 [A] ㉰ 12 [A] ㉱ 23 [A]

◆ 풀이 $R_0=\dfrac{R_1R_2R_3}{R_1R_2+R_2R_3+R_3R_1}=\dfrac{4\times5\times8}{4\times5+5\times8+8\times4}=\dfrac{160}{92}\fallingdotseq 1.74$[Ω]

$I=\dfrac{V}{R_0}=\dfrac{40}{1.74}\fallingdotseq 23$[A]

답 ㉱

30 그림의 회로에서 I_1[A]은?

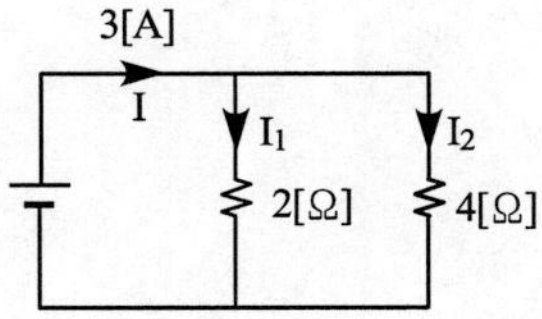

㉮ 4
㉯ 3
㉰ 2
㉱ 1

◆ 풀이 $I_1=\dfrac{R_2}{R_1+R_2}\times I=\dfrac{4}{2+4}\times 3=2$[A]

답 ㉰

31 동일한 저항을 가진 2개의 도선을 병렬로 연결하였을 때의 합성 저항은?

㉮ 한 도선 저항의 2배　　㉯ 한 도선 저항의 1/2배
㉰ 한 도선 저항과 같다.　　㉱ 한 도선 저항의 2/3배

◆ 풀이　같은 저항을 갖는 도선 2개가 병렬이므로 $R_0 = \frac{R}{n}$에서 $R_0 = \frac{1}{2}R$　　답 ㉯

32 그림에서 전류 I_1[A]는?

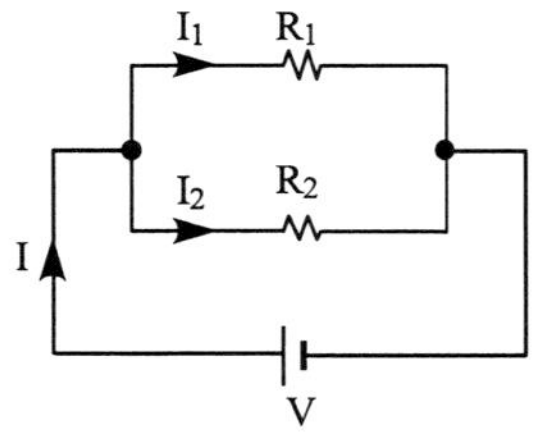

㉮ $I + I_2$
㉯ $\frac{R_2}{R_1 + R_2} I$
㉰ $\frac{R_1}{R_1 + R_2} I$
㉱ $\frac{R_1 + R_2}{R_2} I$

◆ 풀이　$I_1 = \frac{R_2}{R_1 + R_2} \cdot I$[A] $I_2 = \frac{R_1}{R_1 + R_2} \cdot I$[A]　　답 ㉯

• 병렬회로의 전류 분배는 각 저항에 반비례한다.

33 10 [Ω]과 15 [Ω]의 병렬회로에서 10 [Ω]에 흐르는 전류가 3 [A]이라면 전체 전류 [A]는?

㉮ 2　　㉯ 3　　㉰ 4　　㉱ 5

◆ 풀이　저항 10 [Ω]에 흐르는 전압 $V_{10} = IR = 3 \times 10 = 30$[V]　　답 ㉱

병렬회로이므로 저항 15 [Ω]에도 30 [V]가 흐른다.

$I_{15} = \frac{V}{R} = \frac{30}{15} = 2$[A]

$\therefore I_0 = I_{10} + I_{15} = 3 + 2 = 5$[A]

34 그림과 같은 회로에 저항이 $R_1 > R_2 > R_3 > R_4$ 일 때 전류가 최소로 흐르는 저항은?

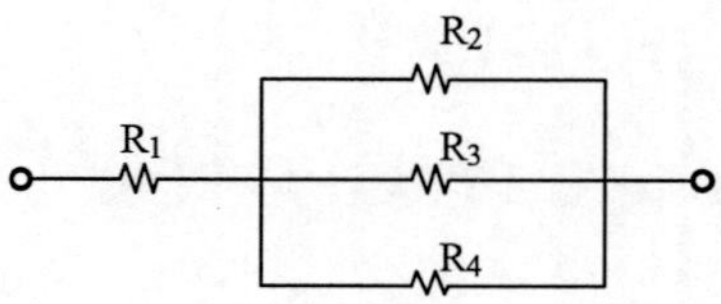

㉮ R_1
㉯ R_2
㉰ R_3
㉱ R_4

◆ 풀이 ① 병렬 접속된 저항에 흐르는 전류의 크기는 저항에 반비례하여 흐른다. **답** ㉯
② R_1에 흐르는 전류 $I_1 = I_2 + I_3 + I_4$
$\therefore I_1 > I_4 > I_3 > I_2$

35 그림에서 a, b 간의 합성 저항은?

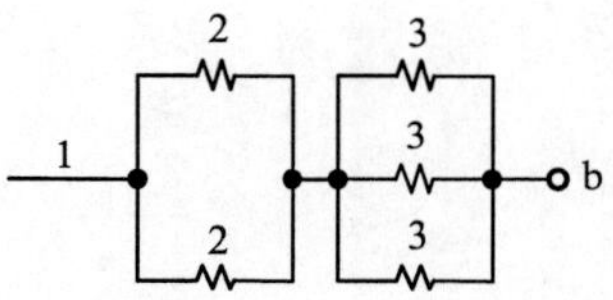

㉮ 1 [Ω]
㉯ 2 [Ω]
㉰ 3 [Ω]
㉱ 4 [Ω]

◆ 풀이 $R_{ab} = 1 + \frac{2}{2} + \frac{3}{3} = 3\,[\Omega]$ **답** ㉰

36 그림과 같은 회로에서 2 [Ω]에 흐르는 전류 [A]는?

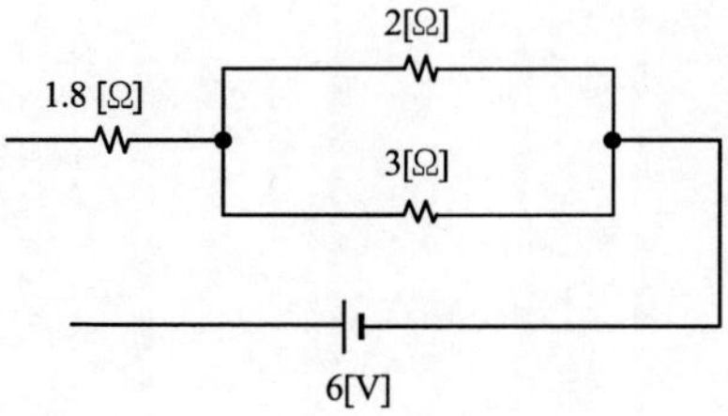

㉮ 0.8
㉯ 1
㉰ 1.2
㉱ 2

◆ 풀이 합성저항 $R_0 = 1.8 + \frac{2 \times 3}{2+3} = 3\,[\Omega]$ 전체전류 $I = \frac{6}{3} = 2\,[A]$ **답** ㉰

2 [Ω]에 흐르는 전류 $I = \frac{3}{2+3} \times 2 = 1.2\,[A]$

37 키르히호프의 법칙을 이용하여 방정식을 세우는 방법이 잘못된 것은?

㉮ 키르히호프의 제 1 법칙을 적용한다.

㉯ 각 폐회로에서 키르히호프의 제 2 법칙을 적용한다.

㉰ 계산결과 전류가 +로 표시된 것은 처음에 정한 방향과 반대방향임을 나타낸다.

㉱ 각 회로의 전류를 문자로 나타내고 방향을 가정한다.

◆ 풀이 키르히호프 법칙으로 계산할 때
처음에 정한 방향과 반대일 경우에는 (−)값이 된다. 답 ㉰

38 다음 폐회로에 흐르는 전류 [A]는?

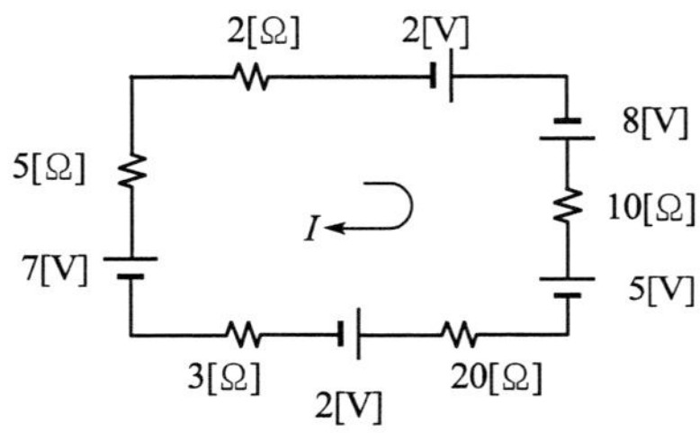

㉮ 0.45 [A]

㉯ 0.35 [A]

㉰ 0.25 [A]

㉱ 0.15 [A]

◆ 풀이 • 키르히호프의 제 2 법칙(Σ기전력= Σ전압 강하)을 적용한다. 답 ㉰

Σ기전력 $= 7+2+8-5-2 = 10$ [V]

Σ전압 강하 $= I\cdot R = I\cdot(5+2+10+20+3) = I\cdot 40$ [V]

$\therefore I = \dfrac{V}{R} = \dfrac{10}{40} = 0.25$ [A]

39 다음 회로에서 단자 a, b 간의 합성저항 [Ω]은?

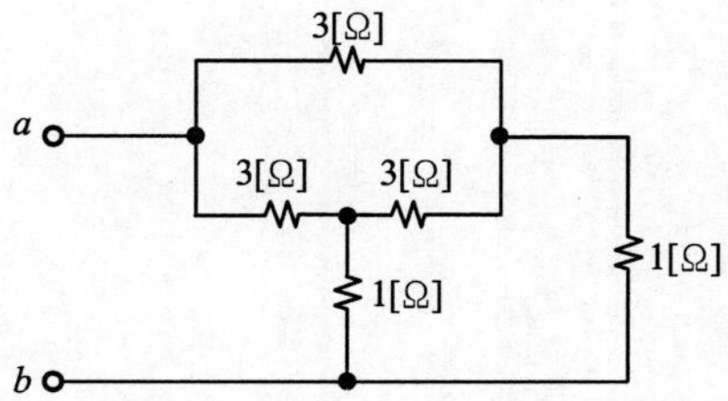

㉮ 2
㉯ 3
㉰ 4
㉱ 5

◆ 풀이 • 평형 조건에 의해서 3 [Ω]은 개방 상태가 된다. 답 ㉮

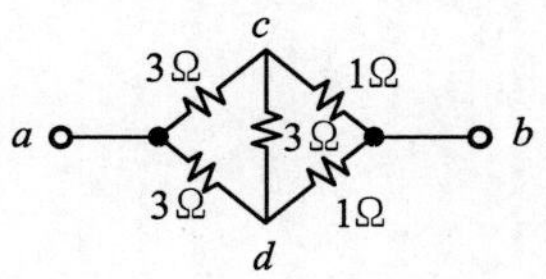

$$\therefore R = \frac{4 \times 4}{4+4} = 2\,[\Omega]$$

40 같은 규격의 축전지 2개를 병렬로 연결하면 어떻게 되는가?

㉮ 전압과 용량이 같이 2배가 된다.
㉯ 전압과 용량이 같이 1/2배가 된다.
㉰ 전압은 2배, 용량은 불변이다.
㉱ 전압은 불변, 용량은 2배가 된다.

◆ 풀이 • 직렬 접속 : 전압은 n 배, 용량은 불변 답 ㉱
• 병렬 접속 : 전압은 불변, 용량은 n 배

41 기전력 V, 내부저항 r 인 전지 n 개를 직렬로 연결하여 R 의 외부저항에 연결할 때 흐르는 전류 [A]는?

㉮ $I = \dfrac{V}{r+R}$ ㉯ $I = \dfrac{V}{\dfrac{r}{n}+R}$ ㉰ $I = \dfrac{nV}{r+nR}$ ㉱ $I = \dfrac{nV}{nr+R}$

◆ 풀이 직렬 접속시 전지 합성 내부저항 $R_n = n \cdot r\,[\Omega]$, 전체 기전력 $V_n = nV$ 답 ㉱

$$I = \frac{nV}{nr+R}\,[\mathrm{A}]$$

42 기전력 2 [V], 용량 10 [Ah]인 축전지를 6개 직렬로 연결하여 사용할 때의 기전력은 12 [V]로 된다. 이 때 용량은?

㉮ 60 [Ah] ㉯ 30 [Ah] ㉰ 120 [Ah] ㉱ 10 [Ah]

◆ 풀이 전지 직렬 연결시 용량은 불변이다. 답 ㉱

43 내부저항 0.1 [Ω]인 건전지 10개를 직렬로 접속하고 이것을 한 조로하여 5조 병렬로 접속하면 합성내부저항 [Ω]은?

㉮ 0.2 ㉯ 0.3 ㉰ 1 ㉱ 5

◆ 풀이 직 $R=\dfrac{nr}{N}=\dfrac{10\times 0.1}{5}=0.2\,[\Omega]$ 답 ㉮

44 충전시 납축전지의 양극은?

㉮ PbO_2 ㉯ $PbSO_4$ ㉰ PbO ㉱ Pb

◆ 풀이 직(+)극 : P_bO_2 (이산화 납), (−)극 : P_b(납) 답 ㉮

45 다음은 연축전지에 대한 설명이다. 옳지 않은 것은?

㉮ 전해액은 황산을 물에 섞어서 비중을 1.2~1.3 정도로 하여 사용한다.
㉯ 충전시 양극은 PbO로 되고 음극은 $PbSO_4$로 된다.
㉰ 방전전압의 한계는 1.8 [V]로 하고 있다.
㉱ 용량은 방전전류×방전시간으로 표시하고 있다.

◆ 풀이 직(+)극 : P_bO_2(이산화 납), (−)극 : P_b(납) 답 ㉯

46 용량 180 [Ah]의 납축전지를 10 [h]의 방전율로 사용하면 방전 전류 [A]는?

㉮ 18 ㉯ 180 ㉰ 1800 ㉱ 3600

◆ 풀이 직전지용량 [Ah] = 방전전류 [A]×방전시간 [h] 답 ㉮

$\therefore$ 방전전류 $= \frac{180}{10} = 18\,[\mathrm{A}]$

47 전지를 쓰지 않고 오래 두면 못쓰게 되는 까닭은?

㉮ 성극 작용 ㉯ 분극 작용 ㉰ 국부 작용 ㉱ 전해 작용

◆ 풀이 직 · 국부 작용 : 전지 내부의 불순물에 의해 순환 전류가 흘러 기전력을 감소시키는 작용 답 ㉰

48 패러데이의 법칙을 설명한 것은?

㉮ 전극에서 석출되는 물질의 양은 통과한 전기량의 제곱에 비례한다.
㉯ 전극에서 석출되는 물질의 양은 통과한 전기량의 제곱에 반비례한다.
㉰ 전극에서 석출되는 물질의 양은 통과한 전기량에 비례한다.
㉱ 전극에서 석출되는 물질의 양은 통과한 전기량에 반비례한다.

◆ 풀이 패러데이의 법칙 답 ㉰

- 전기 분해에 의해서 전극에 석출되는 물질의 양은 전해액 속을 통과한 전기량에 비례한다.
- 총 전기량이 같으면 물질의 석출량은 그 물질의 화학 당량(K)에 비례한다.

$\therefore W = KQ = KIt$

49 다음 중 패러데이 법칙과 관계 없는 것은?

㉮ 전극에서 석출되는 물질의 양은 통과한 전기량에 비례한다.

㉯ 전해질이나 전극이 어떤 것이라도 같은 전기량이면 항상 같은 화학당량의 물질을 석출한다.

㉰ 화학당량이란 $\frac{\text{원자량}}{\text{원자가}}$ 을 말한다.

㉱ 석출되는 물질의 양은 전류의 세기와 전기량의 곱으로 나타낸다.

◆ 풀이 패러데이의 법칙 답 ㉱

- 전기 분해에 의해서 전극에 석출되는 물질의 양은 전해액 속을 통과한 전기량에 비례한다.
- 총 전기량이 같으면 물질의 석출량은 그 물질의 화학 당량(K)에 비례한다.

$\therefore W = KQ = KIt$

50 전기분해에 의하여 석출된 물질의 양을 W[g], 시간을 t[sec] 전류를 I[A]라 하면 패러데이 법칙은 어느 것인가?

㉮ $W = KIt$ ㉯ $W = KtI^2$ ㉰ $W = KIt^2$ ㉱ $W = KIt \times 3{,}600$

답 ㉮

51 전기 도금을 하려고 할 때 도금하려는 물체가 접속해야 하는 극은?

㉮ 양극 ㉯ 음극

㉰ 어디든지 관계없다. ㉱ 접속할 수 없다.

◆ 풀이 황산구리 용액 중에 백금판 전극을 넣고, 답 ㉯
직류 전류를 흘리면 음극판에 구리가 석출된다.

52 다음 중 전기 분해가 가장 적합한 전기는?

㉮ 교류 100 [V] ㉯ 직류 전압 ㉰ 60 [Hz]의 교류 ㉱ 고압의 교류

답 ㉯

53 은 전량계에 1시간 동안 전류를 통과시켜 8.054 [g]의 은이 석출되면 이때 흐른 전류의 세기는 약 얼마인가? (단, 은의 전기화학당량은 $K = 0.001118$ [g/C])

㉮ 2 [A] ㉯ 4 [A] ㉰ 6 [A] ㉱ 8 [A]

◆ 풀이 석출량 $W = KQ = KIt$ [g]에서

답 ㉮

54 2개의 서로 다른 금속을 접합하여 두 접합점에 온도 차를 주면 기전력이 발생하는 현상은?

㉮ 줄의 법칙 ㉯ 펠티어 효과
㉰ 제베크 효과 ㉱ 패러데이 법칙

◆ 풀이 제벡 효과(열전 효과) : 서로 다른 두 종류의 금속을 접합하여 한 개의 폐회로를 만들고, 두 접속점에 온도의 차이를 주면 회로 내에 기전력이 발생하여 전류가 흐르는 현상으로 두 종류의 금속을 열전쌍이라고 한다.

답 ㉰

55 두 종류의 금속의 접합부에 전류를 흘리면 전류의 방향에 따라 줄열 이외의 열의 흡수 또는 발생 현상이 생긴다. 이러한 현상을 무엇이라 하는가?

㉮ 제어벡 효과 ㉯ 페란티 효과
㉰ 펠티어 효과 ㉱ 초전도 효과

◆ 풀이 펠티어 효과 : 두 종류의 금속으로 폐회로를 만들어 접합부에 전류를 흘리면 전류의 방향에 따라 각 접합점 주위에 줄열 이외에 열의 발생 또는 열의 흡수 현상이 일어나는 제벡 효과의 역현사이다.

답 ㉰

56 전기 냉동기는 다음 어떤 효과를 응용한 것인가?

㉮ 제베크 효과 ㉯ 톰슨 효과
㉰ 펠티어 효과 ㉱ 줄 효과

◆ 풀이 펠티어 효과는 전자 냉열 장치(항온조)에 이용된다.

답 ㉰

57 최대눈금 150 [V], 내부저항 18 [KΩ]의 전압계로 750 [V]전압을 측정하기 위한 배율기 저항 [KΩ]은?

㉮ 36 ㉯ 48 ㉰ 54 ㉱ 72

◆ 풀이 $R_m = \left(\frac{V_0}{V} - 1\right)r = \left(\frac{750}{150} - 1\right) \times 18 = 72\,[\text{k}\Omega]$ 답 ㉱

58 어떤 전압계의 비율을 10배로 하려면 배율기의 저항을 전압계 내부저항의 몇 배로 하여야 하는가?

㉮ 9 ㉯ 10 ㉰ $\frac{1}{9}$ ㉱ $\frac{1}{10}$

◆ 풀이 $R_m = (n-1)r = (10-1) \cdot r = 9 \cdot r$ 답 ㉮

59 전류용량 30 [mA], 내부저항 5 [Ω]의 전류계가 있다. 이것을 30 [A]까지 측정할 수 있는 전류계로 하려면 분류기 저항은 몇 [Ω]으로 해야 하는가?

㉮ 약 0.0005 [Ω] ㉯ 약 0.005 [Ω]
㉰ 약 0.05 [Ω] ㉱ 약 0.5 [Ω]

◆ 풀이 $R_s = \frac{r}{n-1} \cdot \frac{r}{\frac{I_0}{I} - 1} = \frac{5}{\frac{30}{30 \times 10^{-3}} - 1} = 0.005\,[\Omega]$ 답 ㉯

60 어떤 전류계의 측정 범위를 10배로 하자면 분류기의 저항은 전류계 내부 저항의 몇 배로 하여야 하는가?

㉮ 99 배 ㉯ 9 배 ㉰ $\frac{1}{99}$ 배 ㉱ $\frac{1}{9}$ 배

◆ 풀이 $R_s = \frac{r}{n-1} = \frac{r}{10-1} = \frac{1}{9}r$ 답 ㉱

61 전류계의 측정 범위를 확대하기 위하여 전류계와 병렬접속하는 저항기는?

㉮ 배율기 ㉯ 분류기 ㉰ 분임기 ㉱ 변압기

◆ 풀이 분류기 — 전류계와 병렬로 접속
배율기 — 전압계와 직렬로 접속

답 ㉯

62 $1[\Omega \cdot m]$와 같은 것은?

㉮ $1[\mu\Omega \cdot cm]$ ㉯ $10^6[\Omega \cdot mm^2/m]$

㉰ $10^2[\Omega \cdot mm^2]$ ㉱ $10^4[\Omega \cdot cm]$

◆ 풀이 고유 저항의 단위 $[\Omega \cdot m]$($1[\Omega \cdot m] = 10^2[\Omega \cdot mm] = 10^6[\Omega \cdot mm^2/m]$)

답 ㉯

63 고유저항 ρ, 길이 l, 지름 D인 전선의 저항은?

㉮ $\rho \cdot \dfrac{4l}{\pi D^2}$ ㉯ $\rho \cdot \dfrac{2l}{\pi D^2}$ ㉰ $\rho \cdot \dfrac{l}{2\pi D^2}$ ㉱ $\rho \cdot \dfrac{l}{\pi D^2}$

◆ 풀이 지름이 $D[m]$인 전선의 단면적 $A = \pi\left(\dfrac{D}{2}\right)^2 = \dfrac{\pi D^2}{4}$

$$\therefore R = \rho\frac{l}{A} = \rho\frac{l}{\pi D^2/4} = \rho \cdot \frac{4l}{\pi D^2}[\Omega]$$

답 ㉮

64 M.K.S 단위계로 고유저항과 도전도의 단위는 다음 중 어느 것인가?

㉮ $[\Omega \cdot m][\mho/cm]$ ㉯ $[\mu\Omega \cdot cm][\mho \cdot mm^2/m]$

㉰ $[\Omega \cdot mm^2/m][\mho/m]$ ㉱ $[\Omega \cdot m][\mho/m]$

◆ 풀이 고유 저항은 길이 $1[m]$, 단면적 $1[m^2]$의 물체가 가지고 있는 저항값으로 단위는 $[\Omega \cdot m]$이다.

답 ㉱

65 굵기 4 [mm], 길이 1 [km]의 경동선의 전기저항은?
(단, 경동선의 고유저항 ρ는 1/55 [Ω · mm²/m]이다.)

㉮ 1.2 [Ω] ㉯ 1.4 [Ω] ㉰ 1.6 [Ω] ㉱ 1.8 [Ω]

◆ 풀이 $R=\rho\frac{l}{A}=\frac{4\cdot\rho\cdot l}{\pi D^2}=\frac{4\times\frac{1}{55}\times 1000}{\pi\times 4^2}\fallingdotseq 1.4[\Omega]$ 답 ㉯

66 국제 표준 연동의 고유저항은 몇 [Ω · m]인가?

㉮ 1.7241×10^{-6} ㉯ 1.7241×10^{-7}
㉰ 1.7241×10^{-8} ㉱ 1.7241×10^{-9}

답 ㉰

67 고유저항이 가장 큰 것은 어느 것인가?

㉮ 니켈 ㉯ 구리 ㉰ 백금 ㉱ 알루미늄

◆ 풀이 니켈($6.9\times 10^{-8}[\Omega\cdot \mathrm{m}]$), 구리($1.69\times 10^{-8}[\Omega\cdot \mathrm{m}]$)
백금($10.5\times 10^{-8}[\Omega\cdot \mathrm{m}]$), 알루미늄($2.62\times 10^{-8}[\Omega\cdot \mathrm{m}]$) 답 ㉰

68 모선의 길이를 A배, 단면적을 B배로 하면 전기저항은 몇 배가 되는가?

㉮ AB ㉯ A/B ㉰ B/A ㉱ $2/AB$

◆ 풀이 $R=\rho\frac{l}{A}[\Omega]$, ($l$: 길이, A : 단면적) 답 ㉯

$R'=\rho\frac{A\cdot l}{B\cdot A}=\frac{A}{B}\cdot\ \rho\frac{l}{A}=\frac{A}{B}\cdot R$

69 어떤 도선의 길이가 l인 것을 잡아 늘려서 nl로 할 때 이 도선의 저항은 몇 배로 증가하는가?

㉮ n 배　　㉯ $\sqrt{n}$ 배　　㉰ $\frac{1}{n}$ 배　　㉱ n^2 배

◆ 풀이　체적은 변하지 않으므로 길이가 n 배로 되면 단면적은 $\frac{1}{n}$배로 줄어든다.　답 ㉱

$$R' = \rho\frac{nl}{A/n} = n^2\rho\frac{l}{A}$$

∴ 길이를 n 배로 잡아 늘리면 저항은 n^2배로 증가한다.

70 50 [V]를 가하여 30 [C]을 3초 걸려서 이동시켰다. 이때의 전력은?

㉮ 1.5 [kW]　　㉯ 1 [kW]　　㉰ 0.5 [kW]　　㉱ 0.498 [kW]

◆ 풀이　$W = QV$[V]　답 ㉰

$$P = \frac{W}{t} = \frac{Q \cdot V}{t} = \frac{30 \times 50}{3} = 0.5\,[\text{kW}]$$

71 다음 설명 중 틀린 것은?

㉮ 전력은 칼로리 단위로 환산할 수 없다.
㉯ 전력량은 마력으로 환산된다.
㉰ 전력은 전력량과 다르다.
㉱ 전력량은 칼로리 단위로 환산된다.

답 ㉯

72 20 [A]의 전류를 흘렸을 때의 전력이 60 [W]인 저항이 30 [A]를 흘렸을 때의 전력 [W]은 얼마인가?

㉮ 80 [W]　　㉯ 90 [W]　　㉰ 120 [W]　　㉱ 135 [W]

◆ 풀이　$P = I^2R$[W]에서, 저항 $R = \frac{P}{I^2} = \frac{60}{20^2} = 0.15\,[\Omega]$　답 ㉱

0.15 [Ω]의 저항에 30 [A]의 전류를 흘리면 전력은 $P = I^2R = 30^2 \times 0.15 = 135$ [W]

73 100 [V]에서 5 [A]가 흐르는 전열기에 120 [V]를 가하면 흐르는 전류 [A]는 얼마인가?

㉮ 4.1 ㉯ 6.0 ㉰ 7.2 ㉱ 8.4

◆ 풀이 • 전열기의 저항 $R = \frac{V}{I} = \frac{100}{5} = 20\,[\Omega]$ 답 ㉯

• 전류 $I = \frac{V}{R} = \frac{120}{20} = 6\,[\text{A}]$

74 5 마력은 몇 [W]인가?

㉮ 1500 ㉯ 2750 ㉰ 3000 ㉱ 3730

◆ 풀이 1마력 $= 746\,[\text{W}]$, $5 \times 746 = 3730\,[\text{W}]$ 답 ㉱

75 10 [KΩ] 저항의 허용 전력은 10 [kW]라 한다. 이 때의 허용 전류는 몇 [A]인가?

㉮ 100 ㉯ 10 ㉰ 1 ㉱ 0.1

◆ 풀이 $P = I^2 R\,[\text{W}] \quad \therefore I = \sqrt{\frac{P}{R}} = \sqrt{\frac{10 \times 10^3}{10 \times 10^3}} = 1\,[\text{A}]$ 답 ㉰

76 100 [V]용 전구 30 [W], 60 [W] 두 개를 직렬 연결하고, 직류 100 [V] 전원에 접속하면 어느 전구가 더 밝은가?

㉮ 30 [W]가 더 밝다. ㉯ 60 [W]가 더 밝다.
㉰ 두 전구 모두 안 켜진다. ㉱ 두 전구의 밝기가 같다.

◆ 풀이 직렬 회로이므로 흐르는 전류는 같아서 저항값이 큰 전구가 밝다. 답 ㉮

30 [W] 전구의 저항 값 $R_{30} = \frac{V^2}{P_1} = \frac{100^2}{30} = 333.3\,[\Omega]$

60 [W] 전구의 저항 값 $R_{60} = \frac{V^2}{P_1} = \frac{100^2}{60} = 166.7\,[\Omega]$

30 [W]에서 소비되는 전력은 60 [W]에서 소비되는 전력의 2배가 된다.

77 저항값이 일정한 저항에 가해지고 있는 전압을 3배로 하면 소비 전력은 몇 배가 되는가?

㉮ $\frac{1}{3}$ 배　　㉯ 9 배　　㉰ 6 배　　㉱ 3 배

◆ 풀이 $P=\frac{V^2}{R}$ 에서, $P\propto V^2$ ∴ $P=3^2=9$ 배이다. 답 ㉯

$$P'=\frac{V^2}{R_0}=\frac{100^2}{\frac{40}{3}}=750\,[\mathrm{W}]$$

78 20 [A]의 전류를 흘렸을 때의 전력이 60 [W]인 저항이 30 [A]를 흘렸을 때의 전력 [W]은 얼마인가?

㉮ 80 [W]　　㉯ 90 [W]　　㉰ 120 [W]　　㉱ 135 [W]

◆ 풀이 $P=I^2R$[W]에서, 저항 $R=\frac{P}{I^2}=\frac{60}{20^2}=0.15\,[\Omega]$ 답 ㉱

0.15 [Ω]의 저항에 30 [A]의 전류를 흘리면 전력은 $P=I^2R=30^2\times0.15=135$ [W]

79 [V · A · sec]는 다음 중 어느 단위와 같은가?

㉮ [J]　　㉯ [kW]　　㉰ [J/sec]　　㉱ [sec/C]

◆ 풀이 [V · A · sec] = [W · s] = [J] 답 ㉮

80 1 [W]와 같은 것은?

㉮ 1 [J]　　㉯ 1 [J/sec]　　㉰ 1 [cal]　　㉱ 1 [cal/sec]

◆ 풀이 1 [W] = 1 [J/sec] 답 ㉯

81 1 [J]과 같은 것은 다음 중 어느 것인가?

㉮ 1 [cal]　　㉯ 1 [W · sec]　　㉰ 1 [kg · m]　　㉱ 1 [N · m]

◆ 풀이
• 전력의 단위는 [J/s], [W], 전력량의 단위는 [W]×시간 [s]
• [J/s]×[s]=[J], [W]×[s]=[W · s]
∴ 1 [J]=1 [W · s]

답 ㉯

82 전류의 열작용과 관계가 있는 것은 어느 것인가?

㉮ 키르히호프의 법칙 ㉯ 주울의 법칙
㉰ 플레밍의 법칙　　㉱ 전류의 옴의 법칙

◆ 풀이 저항 $R[\Omega]$에서 전류 I[A]의 전류를 t [sec]동안 흘렸을 때 발생한 열을 줄열이라고 한다.

$H = I^2Rt$ [J]

답 ㉯

83 1 [J]은 몇 [cal]인가?

㉮ 860　　㉯ 0.00024　　㉰ 4.18605　　㉱ 0.24

◆ 풀이 1 [cal]=4.186 [J], 1 [J]=0.24 [cal], 1 [kWh]=860 [kcal]

답 ㉱

84 전력에 대한 설명 중 틀리게 된 것은?

㉮ 단위는 [J/sec]이다.
㉯ 단위시간의 전기에너지이다.
㉰ 공률과 같은 단위를 갖는다.
㉱ 열량으로 환산할 수 있다.

◆ 풀이
• 1 [J]= 1 [W·S]= 0.24 [cal]로 전력량은 열량으로 환산할 수 있다.
• 전력 자체는 열량을 환산할 수 없다.

답 ㉱

85 다음 설명 중 틀린 것은?

㉮ 전력은 칼로리 단위로 환산할 수 없다.
㉯ 전력량은 마력으로 환산된다.
㉰ 전력은 전력량과 다르다.
㉱ 전력량은 칼로리 단위로 환산된다.

◆ 풀이 1 마력=746 [W], 전력은 마력으로 환산가능하고,
전력량은 열량으로 환산 가능하다. 답 ㉯

86 서로 관계가 먼 것은?

㉮ 3.6×10^6 [J] ㉯ 3.6×10^6 [W·sec]
㉰ 860 [kcal] ㉱ 4186 [J]

◆ 풀이 1 [kWh] = 3.6×10^6 [J] = [W·sec] = 860 [*kcal*] 답 ㉱

87 10 [Ω]의 저항에 1 [A]의 전류를 20분 동안 흘렸다. 이 경우 발생한 열량은 몇 [J]인가?

㉮ 2,000 ㉯ 12,000 ㉰ 20,000 ㉱ 120,000

◆ 풀이 $H = I^2 R \cdot t$ [J] = $1^2 \times 10 \times 20 \times 60 = 12{,}000$ [J] 답 ㉯

88 줄(Joule)의 법칙에서 발열량 계산식을 옳게 표시한 것은 어느 것인가?
(단, I : 전류 [A], R : 저항 [Ω], t : 시간 [sec]이다.)

㉮ $H = 0.24 I^2 R$ ㉯ $H = 0.024 I^2 Rt$
㉰ $H = 0.024 I^2 R^2$ ㉱ $H = 0.24 I^2 Rt$

◆ 풀이 $H = 0.24 I^2 Rt$ [cal] 답 ㉱

89 100 [V]의 전압에서 5 [A]의 전류가 흐르는 전기 다리미를 1시간 사용했을 때 발생되는 열량 [kcal]은?

㉮ 약 260 ㉯ 약 430 ㉰ 약 860 ㉱ 약 940

◆ 풀이 $H = 0.24I^2Rt = 0.24\,VIt = 0.24 \times 100 \times 5 \times 3600 \times 10^{-3} = 432\,[\text{kcal}]$

답 ㉯

90 어떤 저항에 100 [V]의 전압을 가하였더니 3 [A]의 전류가 흐르고 360 [cal]의 열량이 생겼다. 전류가 흐른 시간은 몇 초인가?

㉮ 5 초 ㉯ 10 초 ㉰ 6.5 초 ㉱ 13 초

◆ 풀이 $H = 0.24Pt = 0.24\,VIt\,[\text{cal}]$

$$\therefore t = \frac{H}{0.24\,VI} = \frac{360}{0.24 \times 100 \times 3} = 5\,[\text{sec}]$$

답 ㉮

91 반도체로 만든 PN 접합은 무슨 작용을 하는가?

㉮ 증폭작용 ㉯ 발진작용 ㉰정류작용 ㉱ 변조작용

답 ㉰

92 [188] 10[l]의 물을 30분 동안 5[℃]에서 45[℃]로 상승시키는데 전열기의 용량[kW]은? 단, 전열기의 효율은 75[%]라 한다.

㉮ 12 ㉯ 120 ㉰ 1.2 ㉱ 0.12

◆ 풀이 $$P = \frac{Cm\,\theta}{0.860\,T\eta} = \frac{10 \times (45-5)}{860 \times \frac{1}{2} \times 0.75} = \frac{400}{322.5} = 1.2\,[kW]$$

답 ㉰

CHAPTER

02 정전기

CHAPTER 02 정전기

2.1 콘덴서와 정전 용량

(1) 정전기의 성질

① 정전기의 발생

㉠ 대전 현상 : 종류가 다른 두 물체를 마찰시키면 한 쪽에는 양(+), 다른 쪽에는 음(−) 전기가 발생하여 물체 간에 끌어당기는 현상

㉡ 마찰 전기 계열(ticbo electric series)

모피 < 유리 < 운모 < 비단 < 면 < 목재 < 호박 < 수지 < 금속 < 황 < 셀룰로이드

② 정전력(electrostatic force)

㉠ 음, 양이 전하가 대전되어 생기는 현상을 정전기에 의하여 작용하는 힘

㉡ 반발력 : 같은 종류의 전하 사이에 작용하는 힘

흡인력 : 다른 종류의 전하 사이에 작용하는 힘

③ 쿨롱의 법칙(coulomb's law)

㉠ 두 점 전하 사이에 작용하는 정전력의 크기는 두 전하(전기량)의 곱에 비례하고, 전하 사이의 거리의 제곱에 반비례한다.

㉡ 두 점 전하 Q_1, Q_2[C]이 r[m]떨어져 있을 때 진공 중에서의 정전력의 크기 F는

$$F = \frac{1}{4\pi\epsilon_0} \cdot \frac{Q_1 Q_2}{r^2} [N]$$

여기서, ϵ_0: 진공중의 유전율(dielectric constant), 단위[F/m]

$$\epsilon_0 = 8.855 \times 10^{-12} [F/m]$$

$$\frac{1}{4\pi\epsilon_0} \fallingdotseq 9 \times 10^9 = k$$

$$\therefore \quad F = k \cdot \frac{Q_1 Q_2}{r^2} = 9 \times 10^9 \cdot \frac{Q_1 Q_2}{r^2} [N]$$

④ 정전 유도와 정전 차폐

㉠ 정전 유도(electrostatic induction) : 그림 (a)와 같이 절연된 중심 상태의 도체 대전체를 가까이 하면 대전체에 가까운 쪽에서는 대전체와 다른 종류의 정전기가, 그 반대쪽에는 같은 종류의 정전기가 유도되는 현상

㉡ 정전 차폐(electrostatic shielding) : 그림(b)와 같이 금속 B를 금속 C로 둘러서고 이것을 접지하면, 금속 B에는 정전기가 유도되지 않는 상태

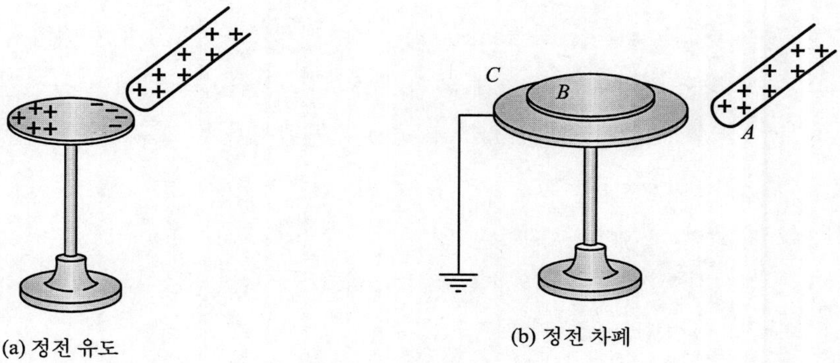

[정전 유도와 차폐]

(2) 콘덴서

① 콘덴서(condenser)의 종류

㉠ 콘덴서 : 두 도체 사이에 유전체를 넣어 절연하여 전하를 축적할 수 있게 한 것

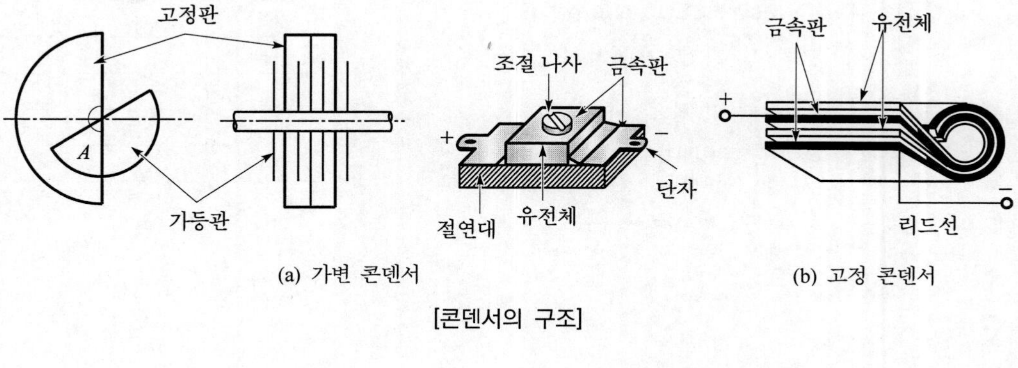

[콘덴서의 구조]

㉡ 콘덴서의 종류

- 가변 콘덴서(variable condenser) : 그림(a)와 같이 한 쪽의 금속판을 이동시켜 용량을 변화시킬 수 있는 콘덴서
- 고정 콘덴서(fixde condenser) : 그림 (b)와 같이 용량을 변화시킬 수 없는콘 콘덴서

② 콘덴서의 성질

㉠ 절연 파괴(dielectric breakdown) : 콘덴서 양단에 가하는 전압을 점차 높여서 어느 정도 전압에 도달하게 되면 유전체의 절연이 파괴되어 통전되는 상태

㉡ 콘덴서의 내압(with standboltage) : 콘덴서가 어느 정도의 전압까지 견딜 수 있는가를 나타내는 값

③ 정전 용량(electrostatic capacity)

㉠ 콘덴서가 전하를 축적할 수 있는 능력을 표시하는 양

㉡ 단위 : 패럿(farad, 기호[F])을 사용

㉢ 1[F] : 1[V]의 전압을 가하여 1[C]의 전하를 축적하는 경우의 정전 용량

㉣ 실용화 단위

$1\,[\mu F] = 10^{-6}\,[F], 1\,[pF] = 10^{-12}\,[F]$

④ 비례 상수 C : 콘덴서에 축적되는 전하 Q[C]은 전압 V[V]에 비례하는데, 그 비례 상수를 C라 하면 다음과 같은 식이 성립한다.

$Q = CV\,[C]$

⑤ 정전 에너지(electrostatic energy) : 콘덴서에 전압 V[V]가 가해져서 Q[C]의 전하가 축적되어 있을 때 축적되는 에너지(삼각형 OST의 면적)

$$W = \frac{1}{2}QV = \frac{1}{2}CV^2 = \frac{1}{2}\frac{Q^2}{C}\,[J]$$

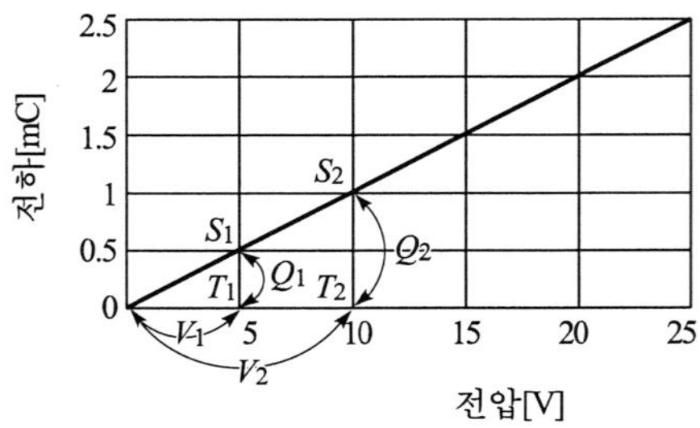

[전압과 전하의 관계]

(3) 콘덴서의 접속법

① 콘덴서의 직렬접속

㉠ 각 콘덴서에 가해지는 전압

$$V_1 = \frac{Q}{C_1}[V],\quad V_2 = \frac{Q}{C_2}[V],\quad V_3 = \frac{Q}{C_3}[V]$$

㉡ 각 콘덴서에 가해진 전압의 합은 전원 전압과 같다.

$$V = V_1 + V_2 + V_3 = \frac{Q}{C_1} + \frac{Q}{C_2} + \frac{Q}{C_3}[V]$$

$$= A\left(\frac{1}{C_1} + \frac{1}{C_2} + \frac{1}{C_3}\right)[V]$$

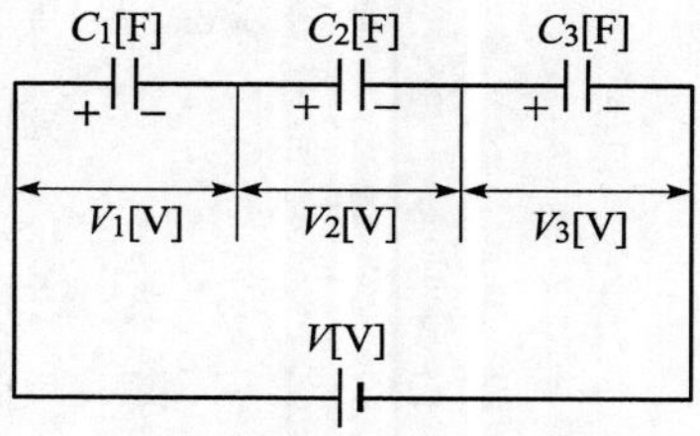

[콘덴서의 직렬 접속]

㉢ 위 식에서 합성 정전 용량을 구하면

$$C = \frac{Q}{V} = \frac{1}{\frac{1}{C_1} + \frac{1}{C_2} + \frac{1}{C_3}}[F]$$

㉣ 각 콘덴서에 가해진 전압의 비는 각 콘덴서의 정전 용량에 반비례한다.

$$V_1 = \frac{C}{C_1}V[V],\quad V_2 = \frac{C}{C_2}V[V],\quad V_3 = \frac{C}{C_3}V[V]$$

② 콘덴서의 병렬 접속

㉠ 각 콘덴서에 축적되는 전하

$$Q_1 = C_1 V[C]$$

$$Q_2 = C_2 V[C]$$

$$Q_3 = C_3 V[C]$$

㉡ 회로 전체에 축적되는 전하 Q[C]은 각 콘덴서에 축적되는 전하의 합과 같다.

$$Q = Q_1 + Q_2 + Q_3$$

$$= C_1 V + C_2 V + C_3 V[C]$$

$$= V(C_1 + C_2 + C_3)[C]$$

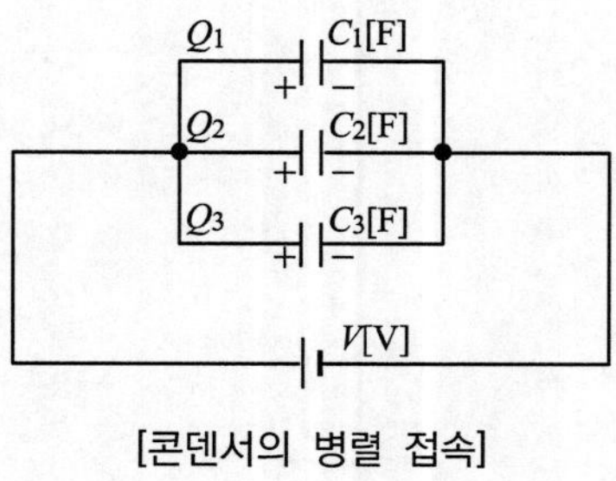

[콘덴서의 병렬 접속]

㉢ 위 단위식에서 합성 정전 용량을 구하면

$$C = \frac{Q}{V} = C_1 + C_2 + C_3[F]$$

㉣ 각 콘덴서에는 동일한 전압이 가해진다.

2.2 전장과 전위

(1) 전장

① 전장의 세기(intensity of electric field)

㉠ 전장 : 정전력이 작용하는 공간

㉡ 전장의 세기 : 전장내에 이 전장의 크기에 영향을 미치지 않을 정도의 미소 전하를 놓았을 때 이 전하에 작용하는 힘의 방향을 전장의 방향으로, 작용하는 힘의 크기를 단위 양전하 +1[C]에 대한 힘의 크기로 환산한 것을 전자의 세기로 정한다.

㉢ 전장의 세기의 단위 : [V/m], [N/C]

㉣ Q[C]의 전하로부터 r[m]의 거리에 있는 P점에서의 전기장의 크기 E[V/m]는 다음과 같다.

$$E = \frac{1}{4\pi\epsilon} \cdot \frac{Q}{r^2}$$

$$= 9 \times 10^9 \cdot \frac{Q}{\epsilon_s r^2}\,[V/m]$$

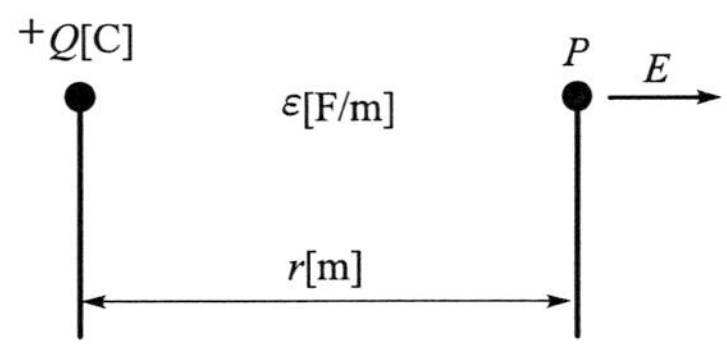

[전장의 세기]

㉤ 전자의 세기 E[V/m]의 장소에 Q[C]의 전하를 놓으면 이 전하가 받는 정전력 F[N[은 다음과 같다.

F = QE[N]

② 전기력선(line of electric force) : 전자에 의해 정전력이 작용하는 것을 설명하기 위해 전기력선이라는 작용선을 가상한다.

*** 전기력선의 성질**

㉠ 전기력선을 양전하 표면에서 나와 음전하 표면에서 끝난다.

㉡ 전기력선은 접선 방향이 그 점에서의 전자의 방향이다.

㉢ 전기력선은 수축하려는 성질이 있으면 같은 전기력선은 반발한다.

㉣ 단위 전하에서는 $1/\epsilon_0$개의 전기력선이 출입한다.

㉤ 전기력선은 수직한 단면적의 전기력선 밀도가 그 곳의 전장의 세기를 나타낸다.

㉥ 전기력선은 그 자신만으로는 폐곡선이 되는 일이 없다.

㉦ 전기력선을 고체 표면에 수직으로 출입하며 도체 내부에는 전기력선이 없다.

㉧ 전기력선을 서로 교차하지 않는다.

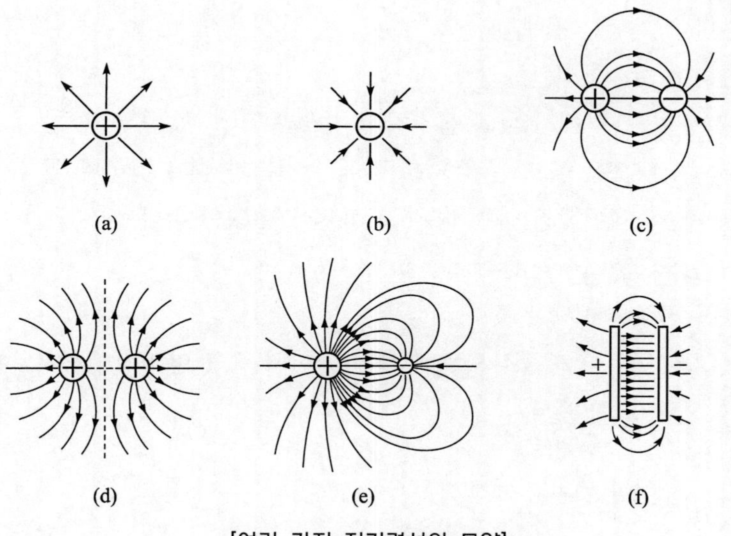

[여러 가지 전기력선의 모양]

③ 가우스의 정리(Gauss theorm)

㉠ 점전하가 아닌 전하 분포인 경우에는 쿨롬의 법칙에서 직접 구하기 어렵다. 따라서 이와 같은 경우에는 쿨롬의 법칙에서 유도된 가우스의 정리를 쓰는 것이 편리하다.

㉡ 가우스의 정리 : 임의의 폐곡면 내에 전체 전하량 Q[C]이 있을 때 이 폐곡면을 통해서 나오는 전기력선의 총수는 $\frac{Q}{\epsilon}$개 이다.

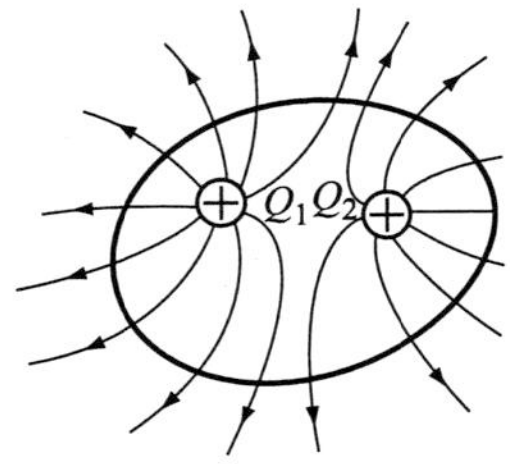

[가우스의 정리]

④ 전속(dielectricflux)

㉠ 전속(유전속) : 주위 매질의 종류에 관계없이 Q[C]의 전하에서 Q개의 역선이 나온다고 가상한 선

㉡ 전속의 성질

- 전속은 양전하에서 나와 음전하에서 끝난다.
- 전속이 나오는 곳 또는 끝나는 곳에는 전속과 같은 전하가 있다.
- 전속은 도체에 출입하는 경우 그 표면에 수직이 된다.

㉢ 전속 밀도(dielectric flux density) : D

- 단위 면적을 지나는 전속
- Q[C[의 점전하를 중심으로 반지름 r[m]의 구 표면 1[m^2]를 지나는 전속 D

$$D = \frac{Q}{A} = \frac{Q}{4\pi r^2}\,[C/m^2]$$

- 전속 밀도와 전장과의 관계

$$D = \epsilon E = \epsilon_0 \epsilon_s E[C/m^2]\ (\because E = \frac{Q}{4\pi\epsilon r^2}\,[V/m])$$

(2) 전위

① 전위 : Q[C]의 전하에서 r[m]떨어진 점의 전위 V

$$V = Er = \frac{Q}{4\pi r} = 9 \times 10^9 \times \frac{Q}{\epsilon_s r}\,[V]$$

② 전위차 : 전장 안의 한 점 P_0에서 +1[C]의 전하를 정전력과 반대 방향으로 P_1까지 이동시키는데 필요한 일 W[J]을 점 P_1과 점 P_0사이의 전위차라 하며 단위는 [V]이다.

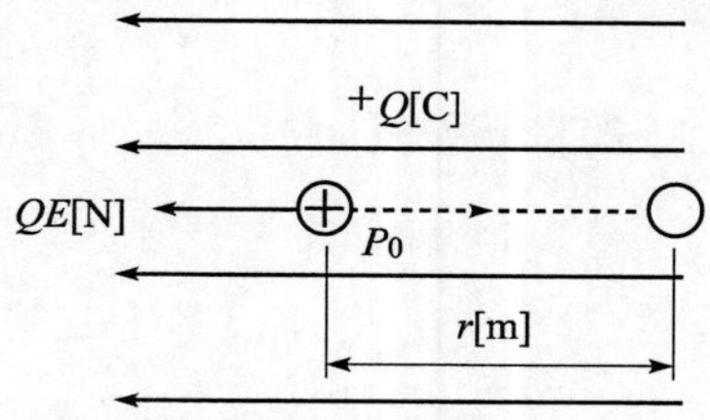

[전하를 이동시키는데 필요한]

③ 등전위면(equipotential surface)

㉠ 전장 내에서 전위가 같은 각 점을 포함한 면을 말한다.

㉡ 등전위면과 전기력선은 수직으로 만난다.

㉢ 등전위면끼리는 만나지 않는다.

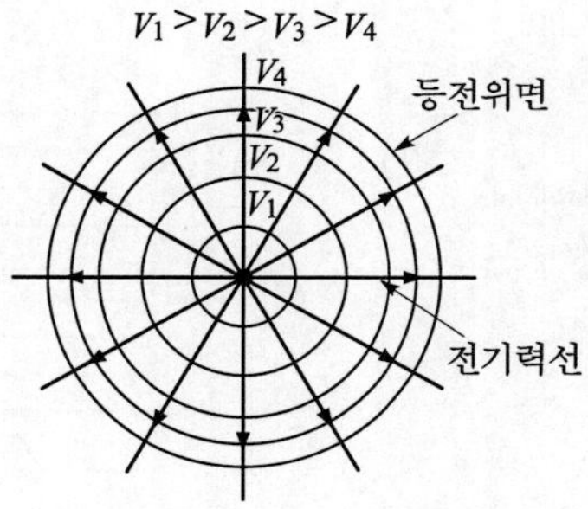

(a) 점전하에 의한 등전위면

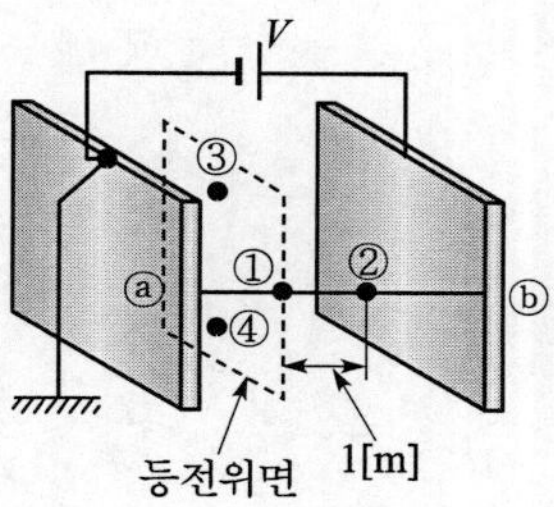

(b) 평행판 사이의 등전위면

[등전위면]

④ 전위의 기울기(potential gradient)

㉠ 전장의 방향을 따라서 진행한 거리에 대하여 전위가 강하하는 비율

㉡ 전위의 기울기

$$G = \frac{V_d}{r}\,[V/m]$$

㉢ 전장의 세기를 E[V/m]라 하면 $E = \frac{V}{r}$가 되므로 전위의 기울기의 크기와 전장의 세기는 같다.

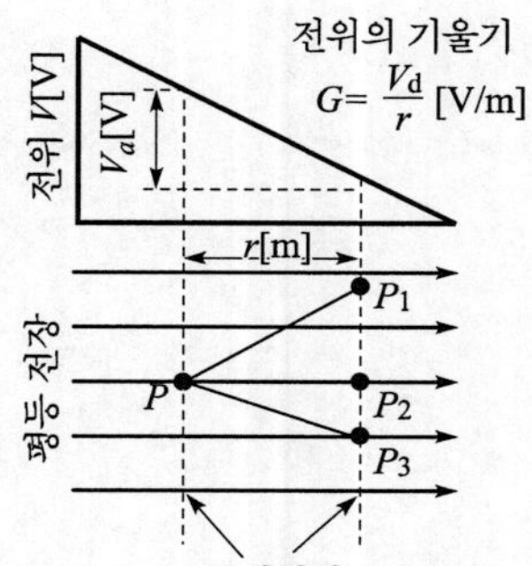

[전위의 기울기]

2.3 정전 용량의 계산과 비유전율

(1) 정전 용량의 계산

① 구도체의 정전 용량

㉠ 반지름 r[m]의 구도체 Q[C]의 전하를 줄 때 구도체의 전위 V

$$V = \frac{Q}{4\pi\epsilon r} = 9 \times 10^9 \cdot \frac{Q}{\epsilon_s r}\,[V]$$

㉡ 구도체의 정전 용량 C

$$C = \frac{Q}{V} = 4\pi\epsilon r = \frac{\epsilon_s r}{9 \times 10^9}\,[F]$$

② 평행판 도체의 정전 용량

㉠ 절연물 내의 전장의 세기 : $E = \frac{V}{l}\,[V/m]$

㉡ 절연물 내의 전속 밀도 : $D = \frac{Q}{A}\,[C/m^2]$

㉢ 평행판 도체의 정전 용량

$$C = \frac{Q}{V} = \frac{D \cdot A}{E \cdot l} = \frac{D}{E} \cdot \frac{A}{l}\,[F]$$

㉣ D/E의 값을 비례 상수 ϵ으로 나타내면

$$C = \epsilon\frac{A}{l}\,[F]\;(D = \epsilon \cdot E[C/m^2])$$

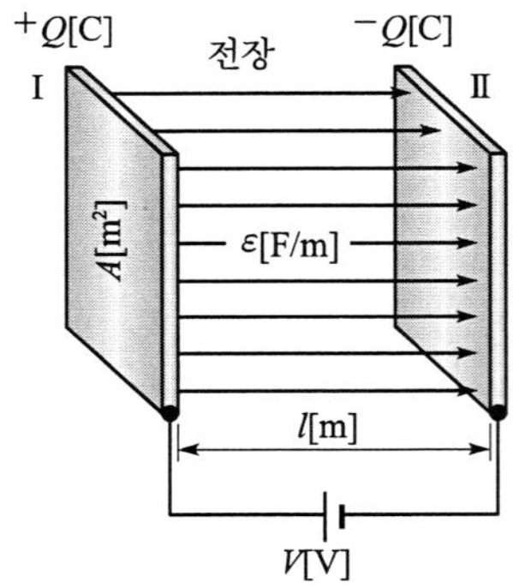

[평행판 콘덴서]

(2) 비유전율

① 유전율(dielectric constant) : ϵ

전속 밀도 D와 전장의 세기 E의 비

$$C = \epsilon\frac{A}{l}\,[F] \rightarrow \epsilon\frac{l}{A}\,C[\frac{m}{m^2} \cdot F] = \frac{l}{A}\,C[F/m])$$

$\epsilon = \epsilon_0 \cdot \epsilon_s [F/,m]$

② 진공중의 유전율 : $\epsilon_0 = 8.855 \times 10^{-12}\,[F/m]$

③ 비유전율(specific dielectric constant) : ϵ_s

ϵ과 ϵ_0와의 비 : $\epsilon_s = \frac{\epsilon}{\epsilon_0}\,[F/m]$

여러 가지 물질의 비유전율

물질	ϵ_s	물질	ϵ_s
공기	1.00059	질연니스	5~6
유리	3.8~10	결 연 유	2.2~2.4
운모	4.5~7.5	베이클라이트	51.~9.9
종이	2~2.5	규소수지	3.1~3.2
사기	4.4~6.8	산화 티탄	88~183

2.4 유전체 내의 에너지

(1) 유전체 내의 에너지

① 평행판 콘덴서에 V[V]의 전압을 가하여 Q[C]의 전하가 축적되었을 때의 정전 에너지는

$$W = \frac{1}{2}QV = \frac{1}{2}CV^2[J]$$

② 정전 용량 $C = \frac{\epsilon A}{l}[F]$

전장의 세기 $E = \frac{V}{l}[V/m]$

$$W = \frac{1}{2}\frac{\epsilon A}{l}(El)^2 = \frac{1}{2}\epsilon E^2 Al[J]$$

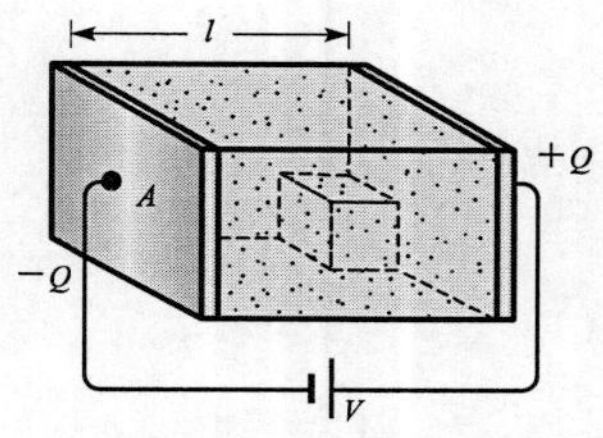

[유전체 내의 에너지]

③ 위 식에서 Al은 유전체의 체적이므로 유전체 1[m^3]안에 저장되는 정전 에너지

$$w = \frac{W}{Al} = \frac{1}{2}\epsilon E^2 = \frac{1}{2}ED = \frac{1}{2}\frac{D^2}{\epsilon}[J/m^3]$$

(2) 정전 흡인력

① 작용하는 흡인력

$$F = \frac{ED}{2}A = \frac{\epsilon E^2}{2}A[N]$$

② 전극판의 단위 면적마다의 에너지

$$f = \frac{F}{A} = \frac{ED}{2} = \frac{\epsilon E^2}{2}[N/m^2]$$

③ 전장의 세기 : $E = \frac{V}{l}$ [V/m]

㉠ $f = \frac{\epsilon}{2l^2} V^2 [N/m^2]$

㉡ 정전 흡인력은 전압의 제곱에 비례한다.

㉢ 정전 흡인력을 이용한 것에는 정전 전압계와 정전 집진 장치 등이 있다.

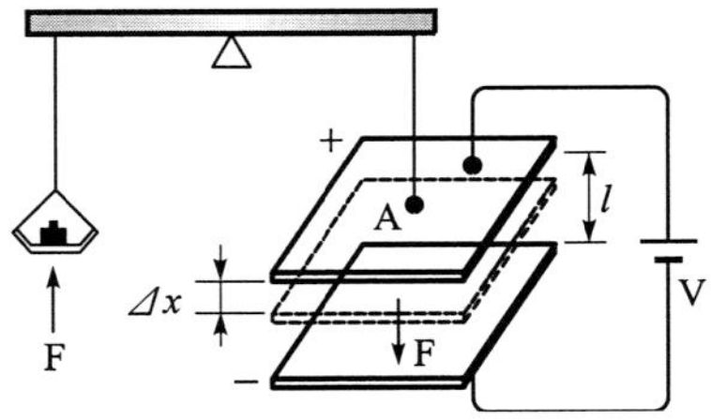

[정전 흡인력]

2.5 정전기의 특수 현상

(1) 접속 전기 현상

① 접촉 전기(contact electricity)

㉠ 온도가 균등한 구리와 아연 막대를 접촉시키면 그 사이에 약 0.75[V]의 전위차가 나타나는데, 이와 같은 전기 현상을 말한다.

㉡ 접촉 전위차 : 접촉 전기로 인하여 생기는 전위차

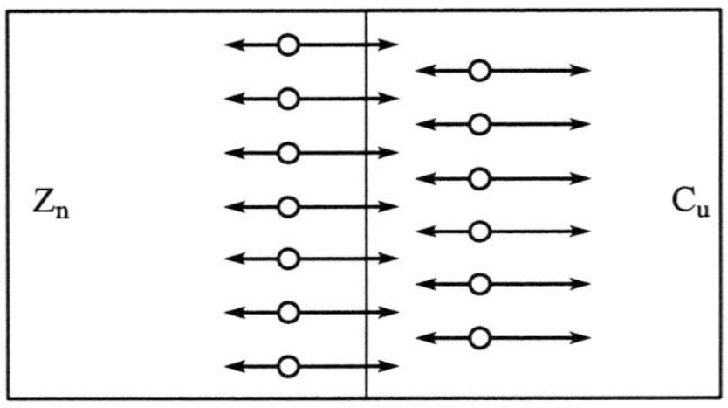

[접촉 전위차]

② 볼타 효과(Volta effect) : 접촉 전위차는 온도와 두 금속의 종류에만 관계Gk고 모양이나 크기에는 관계가 없다. 이와 같은 현상은 두 종류의 서로 다른 금속 사이에서 일어난다.

(2) 압전기 현상

① 유전체 결정에 기계적 변형을 가하면, 결정 표면에 양, 음의 전하가 나타나서 대전한다. 또 반대로, 이들 결정을 전장 안에 놓으면 결정 속에서 기계적 변형이 생기는 현상을 말한다.

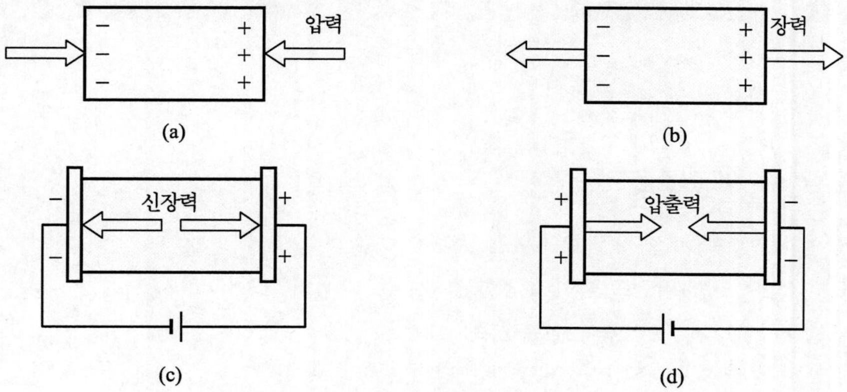

[압전기 현상]

② 압전기 현상에 이용되는 물질

: 수정(SiO_2), 로셀염(rochelle salt), 인산칼륨(KH_2PO_4), 티탄산바륨($BaTiO_3$)

③ 용도

㉠ 초음파나 고주파 전압의 발생

㉡ 압력의 측정

㉢ 마이크로폰(microphone)

연습문제

01 다음 중 설명이 잘못된 것은?

㉮ 양전하를 많이 가진 물질은 전위가 낮다.
㉯ 1초 동안에 1 [C]의 전기량이 이동하면 전류는 1 [A]이다.
㉰ 전위차가 높으면 높을수록 전류는 잘 흐른다.
㉱ 전류의 방향은 전자의 이동 방향과는 반대 방향으로 정한다.

◆ 풀이 양전하를 많이 가진 물질은 전위도 높다. **답** ㉮

02 유전율의 단위는?

㉮ [F/m] ㉯ [V/m] ㉰ [C/m^2] ㉱ [H/m]

◆ 풀이 ϵ[F/m] **답** ㉮

03 비유전율이 가장 큰 것은?

㉮ 공기 ㉯ 유리 ㉰ 운모 ㉱ 산화티탄

◆ 풀이 공기(1), 유리(3.8∼10), 운모(4.5∼7.5), 산화티탄(88∼183) **답** ㉱

04 M.K.S 단위계에서 진공의 유전율 [F/m]은?

㉮ 9×10^9 ㉯ 8.85×10^{-12} ㉰ 6.33×10^4 ㉱ $4\pi \times 10^{-7}$

◆ 풀이 $\epsilon = 8.855 \times 10^{-12}$[F/m] **답** ㉯

05 쿨롱의 단위를 갖는 것은?

㉮ 자계의 세기 ㉯ 힘 ㉰ 전위 ㉱ 전기량

답 ㉱

06 다음 중 진공중의 두 점전하 Q_1, Q_2가 거리 r 사이에서 작용하는 정전력의 크기를 올바르게 나타낸 것은?

㉮ $F = 6.33 \times 10^4 \dfrac{Q_1 Q_2}{r^2}$ ㉯ $F = 6.33 \times 10^4 \dfrac{Q_1 Q_2}{r}$

㉰ $F = 9 \times 10^9 \dfrac{Q_1 Q_2}{r^2}$ ㉱ $F = 9 \times 10^9 \dfrac{Q_1 Q_2}{r}$

◆ 풀이 쿨롱의 법칙은 두 점전하 사이에 작용하는 힘은 전하량의 곱에 비례하고 거리의 제곱에 반비례한다.

$$F = 9 \times 10^9 \frac{Q_1 Q_2}{r^2} [\text{N}]$$

답 ㉰

07 같은 양의 점전하가 진공 중에 1 [m]의 간격으로 있을 때 9×10^9[N]의 힘이 작용했다면, 이때 점전하의 전기량 [C]은 얼마인가?

㉮ 9×10^9 ㉯ 9×10^4 ㉰ 3×10^3 ㉱ 1

◆ 풀이 $F = 9 \times 10^9 \dfrac{Q^2}{r^2} = 9 \times 10^9 [\text{N}]$

$$\therefore Q^2 = \frac{9 \times 10^9 \times 1^2}{9 \times 10^9} = 1$$

$$\therefore Q = 1 [\text{C}]$$

답 ㉱

08 진공 중에서 10^{-6}[C]과 10^{-7}[C]의 두 전하가 1[m]의 거리에 있을 때 두 전 사이에 작용하는 힘은?

㉮ 9×10^{9}[N] ㉯ 10^{-9}[N] ㉰ 9×10^{-4}[N] ㉱ 10^{-13}[N]

◆ 풀이 $F=9\times10^{9}\dfrac{Q_1Q_2}{\epsilon_s r^2}=9\times10^{9}\times\dfrac{10^{-6}\times10^{-7}}{1\times1^2}=9\times10^{-4}$[N]

답 ㉰

09 진공 중에 1 [m]의 거리로 10^{-5}[C] 및 10^{-6}[C]의 두 점전하가 놓여 있다. 그 사이에 작용하는 힘은 몇 [N]인가?

㉮ 3×10^{-2}[N] ㉯ 5×10^{-2}[N] ㉰ 7×10^{-2}[N] ㉱ 9×10^{-2}[N]

◆ 풀이 $F=9\times10^{9}\dfrac{Q_1Q_2}{r^2}=9\times10^{9}\times\dfrac{10^{-5}\times10^{-6}}{1^2}=9\times10^{-2}$[N]

답 ㉱

10 전장 중에 단위 전하를 놓았을 때 그것에 작용하는 힘은 다음 어느 값과 같은가?

㉮ 전장의 세기 ㉯ 전하 ㉰ 전위 ㉱ 전위차

◆ 풀이 전장 중에 +1 [C]의 전하를 놓았을 때 이 전하에 작용하는 정전력의 크기와 방향을 전장의 세기라 한다.

답 ㉮

11 전장의 세기의 단위 [V/m]와 같은 것은?

㉮ [N/C] ㉯ $[N^2/m]$ ㉰ [C/N] ㉱ $[C/m^2]$

◆ 풀이 [N/C]=[V/m], $F=QE$, $E=\dfrac{F}{Q}$ [N/C]

답 ㉮

12 가우스의 정리를 이용하여 구하는 것은?

㉮ 전위 ㉯ 전장의 세기 ㉰ 전장의 에너지 ㉱ 전하간의 힘

답 ㉯

13 공기 중에 놓여 있는 2×10^{-7}[C]의 점전하로부터 10 [cm]의 거리에 있는 점의 전장의 세기 [V/m]는?

㉮ 1.2×10^5 ㉯ 1.8×10^5 ㉰ 3.6×10^5 ㉱ 4.2×10^5

◆ 풀이 $E=9\times10^9\dfrac{2\times10^{-7}}{(0.1)^2}=1.8\times10^5$

답 ㉯

14 100 [V/m]의 전장에 어떤 전하를 놓으면 0.1 [N]의 힘이 작용한다고 한다. 이 때 전하의 양은 몇 [C]인가?

㉮ 10 ㉯ 1000 ㉰ 0.1 ㉱ 0.001

◆ 풀이 $F=QE$

$\therefore Q=\dfrac{F}{E}=\dfrac{0.1}{100}=0.001\,[\mathrm{C}]$

답 ㉱

15 전장의 세기가 100 [V/m]의 전장에 $5\,[\mu\mathrm{C}]$의 전하를 놓을 때 작용하는 힘 [N]은?

㉮ 5×10^{-4} ㉯ 20×10^{-4} ㉰ 5×10^{-6} ㉱ 20×10^{-6}

◆ 풀이 $F=QE=5\times10^{-6}\times100=5\times10^{-4}\,[\mathrm{N}]$

답 ㉮

16 공기 중 7×10^{-9}[C]의 전하에서 70 [cm] 떨어진 점의 전위 [V]는?

㉮ 9 ㉯ 54 ㉰ 90 ㉱ 324

◆ 풀이 $V=9\times10^9\dfrac{Q}{r}=9\times10^9\dfrac{7\times10^9}{0.7}=90\,[\mathrm{V}]$

답 ㉰

17 100 [V/m]의 전장에 어떤 전하를 놓으면 0.1 [N]의 힘이 작용한다고 한다. 이 때 전하의 양은 몇 [C]인가?

㉮ 10 ㉯ 1000 ㉰ 0.1 ㉱ 0.001

◆ 풀이 $F = QE$

$$\therefore Q = \frac{F}{E} = \frac{0.1}{100} = 0.001\,[\mathrm{C}]$$

답 ㉱

18 전장의 세기가 100 [V/m]의 전장에 $5\,[\mu\mathrm{C}]$의 전하를 놓을 때 작용하는 힘 [N]은?

㉮ 5×10^{-4} ㉯ 20×10^{-4} ㉰ 5×10^{-6} ㉱ 20×10^{-6}

◆ 풀이 $F = QE = 5\times10^{-6}\times100 = 5\times10^{-4}\,[\mathrm{N}]$

답 ㉮

19 공기 중 7×10^{-9}[C]의 전하에서 70 [cm] 떨어진 점의 전위 [V]는?

㉮ 9 ㉯ 54 ㉰ 90 ㉱ 324

◆ 풀이 $V = 9\times10^{9}\dfrac{Q}{r} = 9\times10^{9}\dfrac{7\times10^{9}}{0.7} = 90\,[\mathrm{V}]$

답 ㉰

20 평등전장 40 [V/m]의 전장방향으로 10 [cm] 떨어진 두 점 사이의 전위차는?

㉮ 0.04 [V] ㉯ 0.4 [V] ㉰ 4 [V] ㉱ 40 [V]

◆ 풀이 $V = rE = 0.1\times40 = 4\,[\mathrm{V}]$

답 ㉰

21 유전율 ϵ의 유전체 내에 있는 전하 Q[C]에서 나오는 전기력선 수는 얼마인가?

㉮ Q ㉯ $\frac{Q}{\epsilon_0}$ ㉰ $\frac{Q}{\epsilon_s}$ ㉱ $\frac{Q}{\epsilon}$

◆ 풀이 가우스의 정리에 의해서 임의의 폐곡면 내에 전하 Q[C]이 있을 때 이 폐곡면을 통해 나오는 전기력선의 총수는 $\frac{Q}{\epsilon}$ 개다.

답 ㉱

22 다음 전기력선의 성질 중 맞지 않는 것은?

㉮ 양전하에서 나와 음전하에서 끝난다.
㉯ 전기력선의 접선 방향이 전장의 방향이다.
㉰ 전기력선 밀도가 그 곳의 전장의 세기와 같다.
㉱ 등전위면과 전기력선은 교차하지 않는다.

◆ 풀이 등전위면과 전기력선은 수직으로 만난다.

답 ㉱

23 전기력선 밀도와 같은 것은?1

㉮ 정전력 ㉯ 유전속 밀도
㉰ 전하 밀도 ㉱ 전장의 세기

답 ㉱

24 유전율 ϵ의 유전체 내에 있는 전하 Q[C]에서 나오는 유전속 수는?

㉮ Q ㉯ $\frac{Q}{\epsilon}$ ㉰ $\frac{Q}{\epsilon_s}$ ㉱ $\frac{Q}{\epsilon_0}$

답 ㉮

25 다음 중 전속의 성질 중 맞지 않는 것은?

㉮ 전속은 양전하에서 나와 음전하에서 끝난다.
㉯ 전속이 나오는 곳 또는 끝나는 곳에서는 전속과 같은 전하가 있다.
㉰ $+Q$[C]의 전하로부터 $\frac{Q}{\epsilon}$ 개의 전속이 나온다.
㉱ 전속은 금속판에 출입하는 경우 그 표면에 수직이 된다.

◆ 풀이 $+Q$[C]의 전하로부터 Q 개의 전속이 나온다. 답 ㉰

26 M.K.S 유리화 단위계에서 유전속 밀도의 단위는 어느 것인가?

㉮ [F/m] ㉯ [C] ㉰ [Wb] ㉱ [C/m²]

◆ 풀이 $D=\frac{Q}{A}$ [C/m²] 답 ㉱

27 정전용량에 가장 적합한 것은?

㉮ $C=QV$ ㉯ $Q=CV$ ㉰ $V=CQ$ ㉱ $C=PV$

답 ㉯

28 1 [V]의 전압을 가하여 1 [C]의 전하를 축적하는 콘덴서의 정전용량은?

㉮ 1 [F] ㉯ 1 [V/m] ㉰ 1 [C/m²] ㉱ 1 [N]

◆ 풀이 1 [F]은 1 [V]의 전압을 가하여 1 [C]의 전하가 축적되는 경우의 정전용량이다. 답 ㉮

29 정전용량 4 [μF]의 콘덴서에 1000 [V]의 전압을 가할 때 축적되는 전하는 얼마인가?

㉮ 2×10^{-3}[C] ㉯ 3×10^{-3}[C] ㉰ 4×10^{-3}[C] ㉱ 5×10^{-3}[C]

◆ 풀이 $Q=CV=4\times10^{-6}\times1000=4\times10^{-3}$[C] 답 ㉰

30 평행 평판의 정전용량은 간격을 d, 평행판의 면적을 S라 하면 콘덴서의 정전용량식은?
(단, ε은 유전율이다.)

㉮ $C=\epsilon Sd$　㉯ $C=\dfrac{d}{\epsilon S}$　㉰ $C=\dfrac{\epsilon S}{d}$　㉱ $C=\dfrac{S}{\epsilon d}$

답 ㉰

31 콘덴서의 유전율이 2배로 변화하면 그 때의 용량은 몇 배가 되는가?

㉮ $\dfrac{1}{2}$배　㉯ 2배　㉰ 4배　㉱ $\dfrac{1}{4}$배

답 ㉯

32 그림에서 ab 간의 합성정전용량 C_0는?

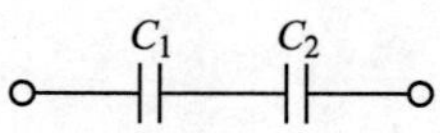

㉮ $C_0=\dfrac{C_1 C_2}{C_1+C_2}$

㉯ $C_0=\dfrac{C_1+C_2}{C_1 C_2}$

㉰ $C_0=C_1+C_2$

㉱ $C_0=\dfrac{C_1+C_2}{C_1}$

답 ㉮

33 $2[\mu\text{F}]$, $3[\mu\text{F}]$, $4[\mu\text{F}]$의 콘덴서 3개를 병렬로 연결할 때 합성정전용량 $[\mu\text{F}]$은?

㉮ 0.7　㉯ 9　㉰ 1.5　㉱ 12

◆ 풀이　$C_0=C_1+C_2+C_3=2+3+4=9[\mu\text{F}]$

답 ㉯

34 그림에서 $C_1+C_2+C_3=2[\mu\mathrm{F}]$, $V=90[V]$일 때 합성 저항 정전 용량 $[\mu F]$은?

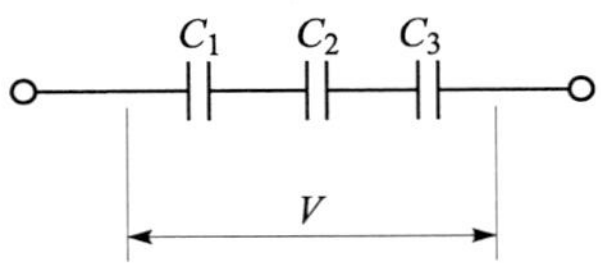

㉮ $\frac{3}{2}$

㉯ $\frac{2}{3}$

㉰ $\frac{3}{5}$

㉱ $\frac{1}{60}$

◆ 풀이 $C_s=\dfrac{1}{\dfrac{1}{C_1}+\dfrac{1}{C_2}+\dfrac{1}{C_3}}=\dfrac{1}{\dfrac{1}{2}+\dfrac{1}{2}+\dfrac{1}{2}}=\dfrac{1}{\dfrac{3}{2}}=\dfrac{2}{3}[\mu\mathrm{F}]$

답 ㉯

35 그림에서 콘덴서의 합성정전용량은 얼마인가?

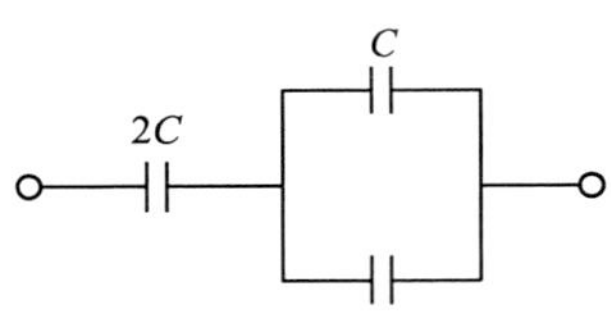

㉮ C

㉯ $2C$

㉰ $3C$

㉱ $4C$

◆ 풀이 병렬 회로의 합성용량은 $2C$

따라서 전체 합성용량은 $C_0=\dfrac{2C\cdot 2C}{2C+2C}=C$

답 ㉮

36 그림과 같이 접속된 회로에서 콘덴서의 합성용량은?

㉮ C_1+C_2

㉯ C_1C_2

㉰ $\dfrac{C_1C_2}{C_1+C_2}$

㉱ $\dfrac{1}{C_1+C_2}$

답 ㉮

37 A-B 사이 콘덴서의 합성정전용량은 얼마인가?

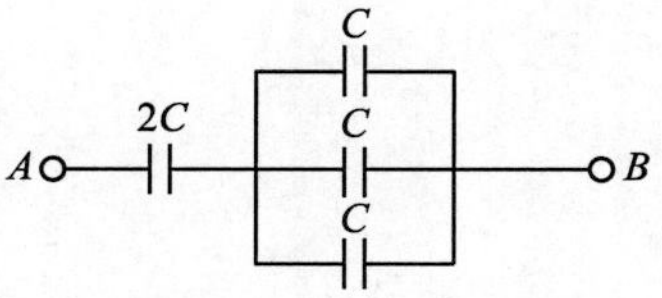

㉮ $1C$
㉯ $1.2C$
㉰ $2C$
㉱ $2.4C$

답 ㉯

38 8[μF]와 2[μF]의 콘덴서를 병렬로 접속하고 100 [V]의 전압을 가했을 때 축적되는 전 전하량은 몇[μC]인가?

㉮ 200[μC] ㉯ 800[μC] ㉰ 1000[μC] ㉱ 1600[μC]

◆ 풀이 $C_0 = 10[\mu F]$ 답 ㉰

$Q = C_0 \cdot V = 10 \times 100[\mu F] = 1000\ [\mu C]$

39 콘덴서를 그림과 같이 접속했을 때 C_x의 정전용량은? (단, $C_1 = 2[\mu F]$, $C_2 = 3[\mu F]$, ab 간의 합성정전용량 $C_0 = 3.4[\mu F]$이다.)

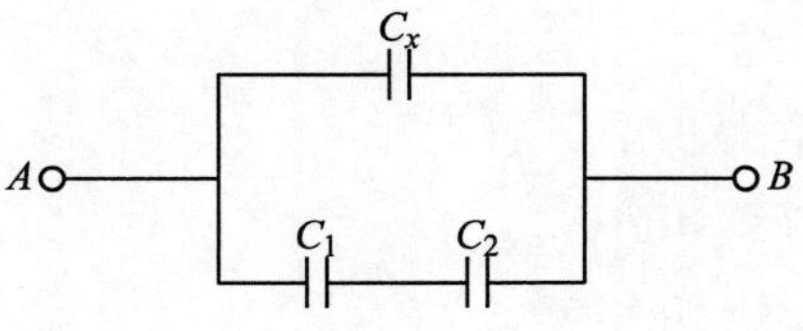

㉮ 0.2[μF]
㉯ 1.2[μF]
㉰ 2.2[μF]
㉱ 3.2[μF]

◆ 풀이 C_x 와 C_1, C_2는 병렬 답 ㉰

$$C_0 = C_x + \frac{C_1 \cdot C_2}{C_1 + C_2}$$

$$\therefore C_x = C_0 - \frac{C_1 \cdot C_2}{C_1 + C_2} = 3.4 - \frac{2 \times 3}{2+3} = 2.2[\mu F]$$

40 정전용량이 $10[\mu F]$인 콘덴서 2개를 병렬로 했을 때의 합성용량은 직렬로 했을 때의 합성용량의 몇 배인가?

㉮ $\frac{1}{4}$　㉯ $\frac{1}{2}$　㉰ 2　㉱ 4

◆ 풀이 직렬시 $C_0 = \frac{10 \cdot 10}{10+10} = 5[\mu F]$

병렬시 $C_0 = 10+10 = 20[\mu F]$

$\therefore C_0 = \frac{C_{병}}{C_{직=4}}$

답 ㉱

41 재질과 두께가 같은 $1, 2, 3[\mu F]$ 콘덴서 3개를 직렬 접속하고 전압을 가하여 증가시킬 때 먼저 절연이 파괴되는 콘덴서는?

㉮ $1[\mu F]$　㉯ $2[\mu F]$　㉰ $3[\mu F]$　㉱ 동시

◆ 풀이 용량이 적은 콘덴서부터 파괴된다.

답 ㉮

42 그림과 같은 회로에서 1 [C]의 전하를 충전하려면 몇 [V]의 전압을 가해야 하는가?

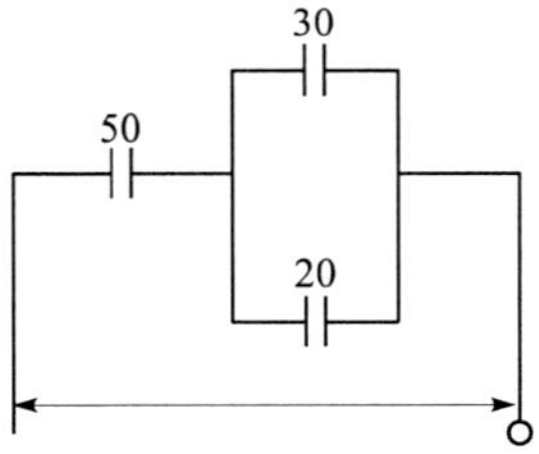

㉮ 20 [V]
㉯ 2×10^4[V]
㉰ 4×10^3[V]
㉱ 4×10^4[V]

◆ 풀이
- $C = \frac{50\times(20+30)}{50+(20+30)} = 25[\mu F]$
- $Q = CV[C]$
- $V = \frac{Q}{C} = \frac{1}{25\times10^{-6}} = 4\times10^4[V]$

답 ㉱

43 C_1과 C_2의 직렬회로에서 V[V]의 전압을 가할 때 C_1에 걸리는 전압 V_1은?

㉮ $\dfrac{C_1}{C_1+C_2}V$ ㉯ $\dfrac{C_1+C_2}{C_1}V$ ㉰ $\dfrac{C_2}{C_1+C_2}V$ ㉱ $\dfrac{C_1+C_2}{C_2}V$

◆ 풀이 $V_1=\dfrac{C_2}{C_1+C_{2V}}$

답 ㉰

44 4[μF]와 6[μF] 콘덴서를 직렬로 접속하고 100[V]의 전압을 가했을 경우 6[μF]의 콘덴서에 걸리는 단자 전압 [V]은?

㉮ 40[V] ㉯ 60[V] ㉰ 80[V] ㉱ 100[V]

◆ 풀이 $V_2=\dfrac{C_1}{C_1+C_2}V=\dfrac{4}{4+6}\times 100=40$[V]

답 ㉮

45 어떤 콘덴서에 V[V]의 전압을 가해서 Q[C]의 전하를 충전할 때 저장되는 에너지 [J]는?

㉮ $2QV$ ㉯ $\dfrac{1}{2}QV^2$ ㉰ $2QV^2$ ㉱ $\dfrac{1}{2}QV$

◆ 풀이 $W=\dfrac{1}{2}QV=\dfrac{1}{2}CV^2=\dfrac{Q^2}{2C}$[J]

답 ㉱

46 정전용량 C[F]의 콘덴서에 W[J]의 에너지를 축적하려면 이 콘덴서에 가해줄 전압 [V]은?

㉮ $\dfrac{2W}{C}$ ㉯ $\sqrt{\dfrac{2W}{C}}$ ㉰ $\dfrac{2C}{W}$ ㉱ $\sqrt{\dfrac{2C}{W}}$

◆ 풀이 $W=\dfrac{1}{2}CV^2 \;\therefore\; V=\sqrt{\dfrac{2W}{C}}$

답 ㉯

47 어떤 콘덴서를 300 [V]로 충전하는데 9 [J]의 전력량이 필요하였다. 이 콘덴서의 정전용량은 얼마인가?

㉮ 0.2 [μF]　　㉯ 2 [μF]　　㉰ 20 [μF]　　㉱ 200 [μF]

◆ 풀이　$W=\frac{1}{2}CV^2$　　답 ㉱

$\therefore C=\frac{2W}{V^2}=\frac{2\times 9\times 10^6}{300^2}=200\,[\mu\text{F}]$

48 어떤 콘덴서에 전압 $V=20\,[\text{V}]$를 가할 때 전하 $Q=800\,[\mu\text{C}]$이 축적되었다면 이 때 축적되는 에너지는 몇 [J]인가?

㉮ 8　　㉯ 0.8　　㉰ 0.08　　㉱ 0.008

◆ 풀이　$W=\frac{1}{2}QV=\frac{1}{2}\times 800\times 10^{-6}\times 20=0.008\,[\text{J}]$　　답 ㉱

49 C[F]의 콘덴서에 100 [V]의 직류 전압을 가하였더니 축적된 에너지가 100 [J]이었다면 콘덴서는 몇 [F]인가?

㉮ 0.01　　㉯ 0.02　　㉰ 0.03　　㉱ 0.04

◆ 풀이　$W=\frac{1}{2}CV^2=100\,[\text{J}]$　　답 ㉯

$\therefore C=\frac{2W}{V^2}=\frac{2\times 100}{100^2}=0.02\,[\text{F}]$

50 정전 콘덴서의 전위차와 축적된 에너지와의 관계식을 나타내는 선은 어느 것인가?

㉮ 직선　　㉯ 포물선　　㉰ 타원　　㉱ 쌍곡선

◆ 풀이　$W=\frac{1}{2}CV^2$, 에너지는 전압의 제곱에 비례　　답 ㉯

51 유전율이 ϵ, 전장의 세기가 E일 때 유전체의 단위부피에 저축되는 에너지 $[J/m^3]$는 얼마인가?

㉮ $\frac{E}{2\epsilon}$　　㉯ $\frac{\epsilon E}{2}$　　㉰ $\frac{\epsilon E^2}{2}$　　㉱ $\frac{\epsilon^2 E}{2}$

◆ 풀이　$W = \frac{1}{2}\epsilon E^2$　　답 ㉰

52 전계의 세기 50 [V/m], 전속밀도 $100[C/m^2]$인 유전체의 단위 체적에 축적되는 에너지 $[J/m^3]$는?

㉮ 2　　㉯ 250　　㉰ 2500　　㉱ 5000

◆ 풀이　$W = \frac{1}{2}ED = \frac{1}{2} \times 50 \times 100 = 2500\,[J/m^3]$　　답 ㉰

53 다음 전기력선의 성질 중 맞지 않는 것은?

㉮ 양전하에서 나와 음전하에서 끝난다.
㉯ 전기력선의 접선 방향이 전장의 방향이다.
㉰ 전기력선의 수가 그곳의 전장의 세기와 같다.
㉱ 등전위면과 전기력선은 교차하지 않는다.

◆ 풀이　전위가 다른 두 등전위면은 교차하지 않으나 전기력선은 직각으로 교차한다.　　답 ㉱

54 전기력선의 성질 중 옳지 않은 것은?

㉮ 양전하에서 나와 음전하로 끝난다.
㉯ 전기력선의 접선 방향이 전장의 방향이다.
㉰ 전기력선에 수직한 단면적 $1[m^2]$당 전기력선의 수가 그곳의 전자의 세기와 같다.
㉱ 전하 사시에는 흡인력 또는 유전율이 발생한다.

◆ 풀이　㉮, ㉯, ㉰는 맞으나 ㉱에서 흡인력과 반발력이 양전하와 음전하에 따라 발생한다.　　답 ㉱

55 콘덴서의 용량을 결정하는 요소가 아닌 것은?

㉮ 서로 대면하는 극판의 넓이
㉯ 극판간의 거리
㉰ 극판을 만드는 금속체의 종류
㉱ 극판 사이의 유전체의 종류

◆ 풀이 • 큰 정전용량을 얻기 위한 방법 답 ㉰
① 극판의 면적을 넓게 한다.
② 극판의 간격을 작게 한다.
③ 극판 사이의 절연물을 비유전율(ϵ_s)이 큰 것으로 사용

56 평행판 콘덴서에 ϵ_s의 유전체를 채워 놓았을 때 이 때의 정전용량은 처음의 몇 배가 되겠는가?

㉮ ϵ_s ㉯ $\dfrac{1}{\epsilon_s}$ ㉰ $\sqrt{\epsilon_s}$ ㉱ $\dfrac{1}{\sqrt{\epsilon_s}}$

답 ㉮

57 콘덴서의 유전율이 2배로 변화하면 그 때의 용량은 몇 배가 되는가?

㉮ $\dfrac{1}{2}$ 배 ㉯ 2배 ㉰ 4배 ㉱ $\dfrac{1}{4}$ 배

답 ㉯

58 평행판 전극에 일전 전압을 가하면서 극판의 간격을 2배로 하면 내부 전계의 세기는 어떻게 되는가?

㉮ $\frac{1}{2}$ 배로 작아진다. ㉯ 2배로 커진다.

㉰ $\frac{1}{4}$ 배로 작아진다. ㉱ 4배로 커진다.

◆ 풀이 $E=\frac{V}{l}[V/m]$ 에서 간격 l을 2배로 하면 전계의 세기 $E=\frac{1}{2}$ 로 작아진다. 답 ㉮

59 평행 평판의 정전용량은 간격을 d, 평행판의 면적을 S라 하면 콘덴서의 정전용량식은? (단, ϵ은 유전율이다.)

㉮ $C=\epsilon Sd$ ㉯ $C=\frac{d}{\epsilon S}$

㉰ $C=\frac{\epsilon S}{d}$ ㉱ $C=\frac{S}{\epsilon d}$

답 ㉰

60 Q[C]의 전하에서 나오는 전기력선의 총수는?

㉮ ϵQ ㉯ $\frac{\epsilon}{Q}$ ㉰ $\frac{Q}{\epsilon}$ ㉱ Q

◆ 풀이 $N=4\pi r^2 E=\frac{Q}{\epsilon}=\frac{Q}{\epsilon_0\epsilon_s}$ 답 ㉰

61 수정으로 마이크로폰을 만든 것은 어떤 현상을 이용한 것인가 ?

㉮광전효과 ㉯ 열전기 ㉰ 핀치 효과 ㉱ 압전기

◆ 풀이 압전기 현상은 수정, 로셀염, 인산칼륨, 티탄산 바륨 등의 유전체 결정에 압력이나 장력을 가하면 결정 표면에 양, 음의 전하가 나타나 대전한다. 반대로 이들 결정을 전장 안에 놓으면 결정 속에 전기적 변형이 생긴다. 답 ㉱

62 정전 흡인력은 ?

㉮ 전압의 제곱에 반비례한다.
㉯ 전압의 제곱에 비례한다.
㉰ 전압의 제곱근에 반비례한다.
㉱ 전압의 제곱근에 비례한다.

◆ 풀이 $f = \frac{\epsilon}{2d^2} V^2 [\mathrm{N/m^2}]$ 답 ㉯

CHAPTER

03 자기

CHAPTER 03 자기

3.1 자기 회로

(1) 자석에 의한 자기 현상

① 자석의 성질

㉠ 자기(magnetism) : 자철광(Fe_3O_4)은 쇠를 끌어당기는 성질을 가지고 있는데 이와 같은 성질의 근원

㉡ 자석(magnet) : 자기를 가지고 있는 물체

㉢ 자극(magnetic pole) : 자석을 쇠붙이에 가까이 하면 쇠붙이를 끌어당기는 힘은 양 끝에서 가장 강하며 이 양 끝을 자극이라 한다.

㉣ 자력(magnetic force)

- 흡인력 : 서로 다른 극 사이에 작용하는 자석의 힘
- 반발력 : 같은 자극 사이에 작용하는 자석의 힘

㉤ 자장(magnetic field) : 자력이 미치는 공간

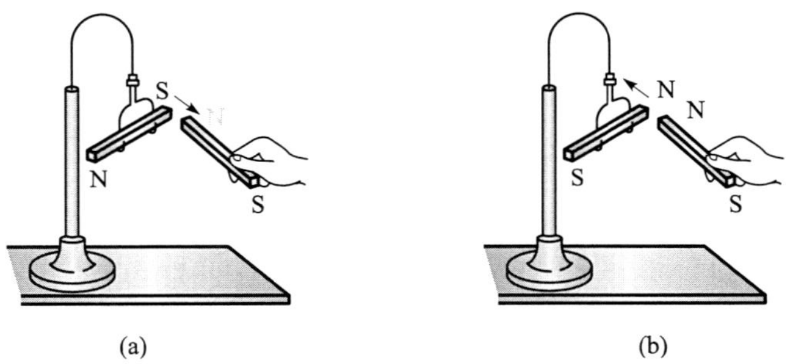

[자력]

㉥ 자력선(line of magnetic force)

- 자력이 미치는 작용을 역학적으로 나타내기 위한 가상적인 역선을 말한다.
- 자력선은 N극에서 나와 S극에서 끝난다.
- 자력선 그 자신은 수축하려고 하며 같은 방향의 자력선끼리는 서로반발하려고 한다.
- 임의의 한 점을 지나는 자력선의 접선 방향이 그 점에서의 자장의 방 향이다.
- 자장내의 임의의 한 점에서의 자력선 밀도는 그 점의 자장의 세기를 나타낸다.
- 자력선은 서로 만나거나 교차하지 않는다.

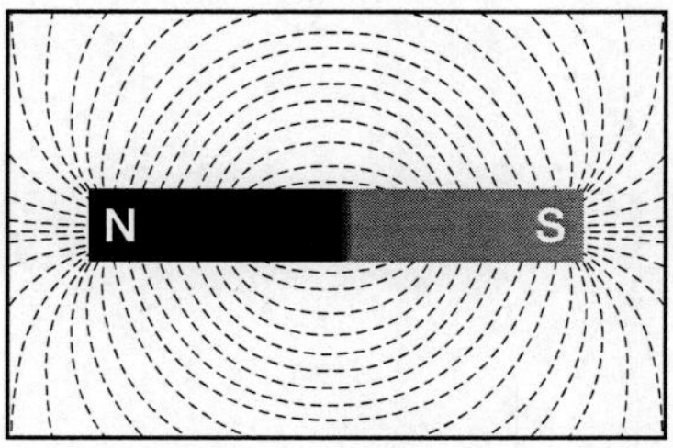

[자석의 자력선 분포]

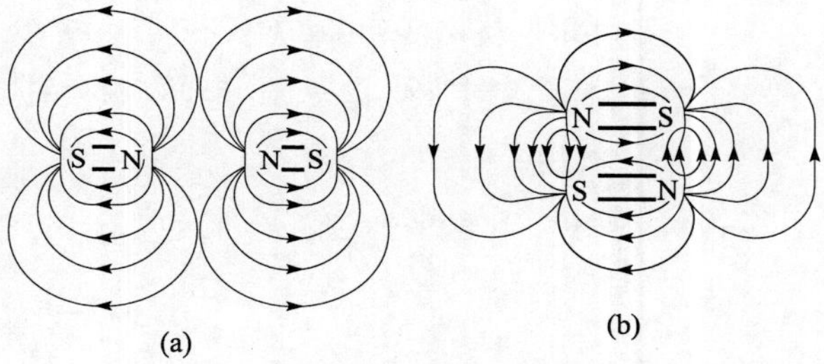

[두 개의 자력선이 만드는 자력선]

② 자기 유도

㉠ 자화(magnetization) : 자석에 쇳조각을 가까이 하면 쇳조각이 자석이 되는 것

㉡ 자기 유도(magnetic induction) : 쇳조각이 자석에 의하여 자화되는 현상

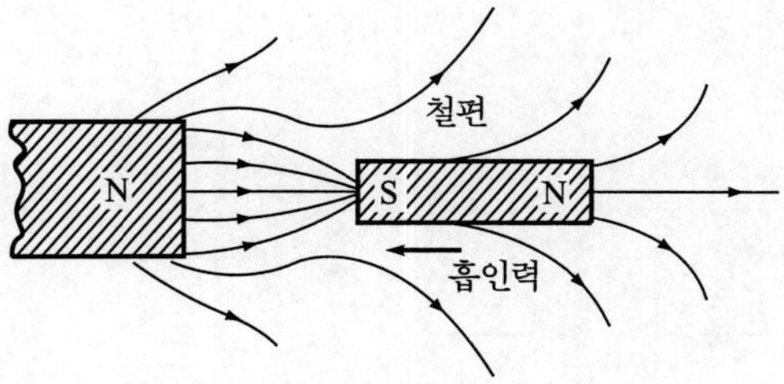

[자기유도]

㉢ 자성체(magnetic substance) : 자석에 의해 자화되는 물질

㉣ 자성체의 종류

ⓐ 강자성체(ferromagnetic substance)

- 자기 유도에 의해 강하게 자화되어 쉽게 자석이 되는 물질
- 철(Fe), 니켈(Ni), 코발트(Co), 망간(Mn) 및 이들의 합금

ⓑ 약자성체(비자성체)

– 반자성체(diamagnetic substance)

- 강자성체와는 반대로 자화대는 물질
- 구리(Cu), 아연(Zn), 비스무트(Bi), 납(Pb), 게르마늄(Ge)

– 상자성체(paramagnetic substance)

- 강자성체와 같은 방향으로 자화된느 물질
- 알루미늄(Al), 공기, 산소(O), 백금(Pt)

③ 자극 사이에 작용하는 힘

*** 쿨롱의 법칙 (Coulomb's law)**

㉠ 두 자극 사이에 작용하는 힘은 두 자극의 세기의 곱에 비례하고, 두 자극 사이의 거리의 제곱에 반비례한다.

㉡ 두 자극 m_1[Wb], m_2[Wb]를 r[m]거리에 두었을 때, 두 자극 사이에 작용하는 힘 F는

$$F = \frac{1}{4\pi\mu_0} \cdot \frac{m_1 m_2}{r^2}\,[N]$$

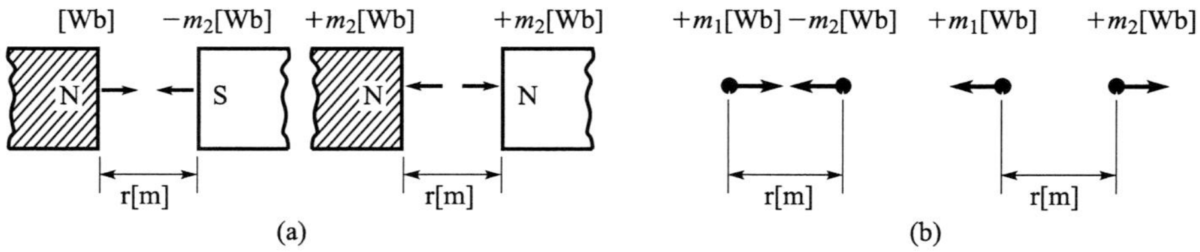

[쿨롱의 법칙]

- μ_0 : 진공의 투자율(permeability), 단위[H/m]

  $\mu_0 = 4\pi \times 10^{-7} [H/m]$

- $\frac{1}{4\pi\mu_0} \fallingdotseq 6.33 \times 10^4 = k$

  k : 힘이 미치는 공간의 매질과 단위계에 따라 정해지는 상수

- $F = k \cdot \frac{m_1 m_2}{r^2} = 6.33 \times 10^4 \cdot \frac{m_1 m_2}{r^2} [N]$

㉢ 1[Wb] : M.K.S단위계에서 진공중에서 같은 크기의 자극을 1[m]거리에 놓았을 때 작용하는 힘이 6.33×10^4[N]이 되는 자극의 크기

④ 비투자율

㉠ 진공의 투자율

$\mu_0 = 4\pi \times 10^{-7} = 1.257 \times 10^{-6} [H/m]$

㉡ 비투자율(relative permeability)

- 매질의 종류에 따라 정해지는 값
- 물질의 자성 상태를 나타낸다.

  상자성체 : μ_s〉1, 강자성체 : $\mu_s \gg 1$, 반자성체 μ_s〈1

㉢ 투자율 : 자속이 통하기 쉬운 정도

$\mu = \mu_0 \mu_s = 4\pi \times 10^{-7} \mu_s [F/m]$

여러 가지 물질의 비투자율

물질	μ_s	물질	μ_s
은	0.9999736	산소	1.0000179
구리	0.9999906	알루미늄	1.0000214
물	0.999912	규 소 강	103
공기	1.0000000365	퍼멀로이	104

⑤ 자장의 세기

㉠ 자장 : 자기의 작용이 미치는 공간

㉡ 자장내의 어떤 점에 +1[Wb]의 자극을 두었을 대, 이 자극에 작용하는 힘으로 그 점의 자장의 세기를 나타내며 자극에 작용하는 힘의 방향을 자장의 방향으로 하고 자장의 세기는 H로 나타낸다.

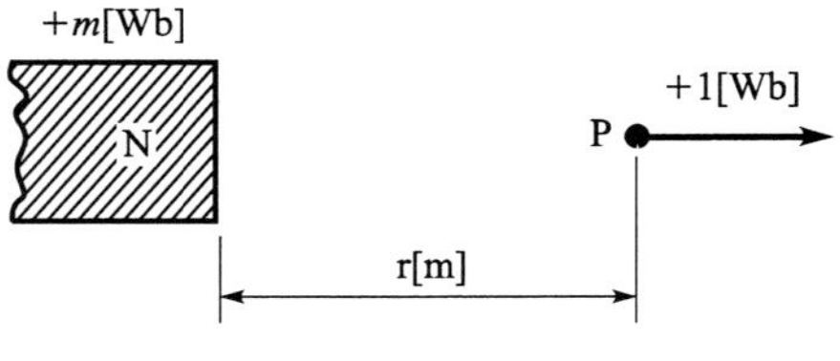

[자장의 세기]

㉢ 자장의 세기의 단위 : [AT/m]

㉣ 진공 중에 있는 m[Wb]의 자극에서 r[m]떨어진 점 P점에서의 자장의 세기 H

$$H = \frac{1}{4\pi\mu_0} \cdot \frac{m}{r^2} = 6.33 \times 10^4 \cdot \frac{m}{r^2} [AT/m]$$

㉤ 자장의 세기 H[AT/m]가 되는 자장 안에 m[Wb]의 자극을 두었을 대 이것에 작용하는 힘 F[N]

F = mH [N]

⑥ 자력선의 밀도

㉠ 자력선의 밀도는 그 점의 자장의 세기와 같으며 자력선의 접선 방향이 그 점의 자장의 방향과 일치한다.

㉡ +m[Wb]의 점 자극에서 진공 중에 나오는 자력선의 수

⑤ 자장의 세기

㉠ 자장 : 자기의 작용이 미치는 공간

㉡ 자장내의 어떤 점에 +1[Wb]의 자극을 두었을 대, 이 자극에 작용하는 힘으로 그 점의 자장의 세기를 나타내며 자극에 작용하는 힘의 방향을 자장의 방향으로 하고 자장의 세기는 H로 나타낸다.

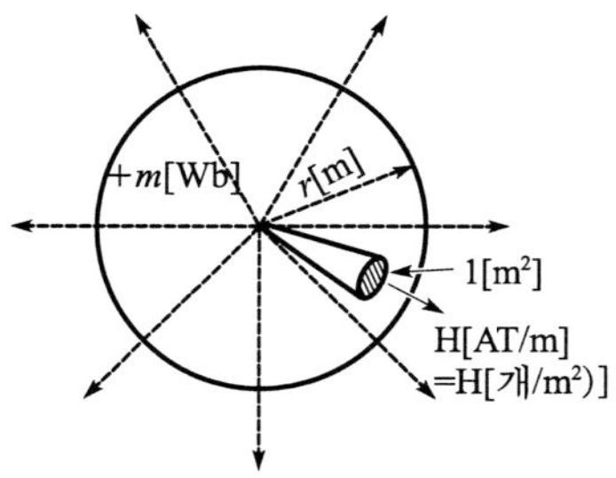

[점 자극에서 나오는 자력선의 수]

자장의 세기(H) $= \frac{1}{4\pi\mu_0} \cdot \frac{m}{r^2} [AT/m]$

구의 표면적 $4\pi r^2\,[m^2]$

$$N = H \times 4\pi r^2 = \frac{m}{4\pi\mu_0 r^2} \times 4\pi r^2 = \frac{m}{\mu_0} = \frac{10^7}{4\pi} m\ [\text{개}]$$

⑦ 자기 모멘트

㉠ 자기 모멘트(magnetic moment) : M

자극의 세기가 m[Wb]이고 길이가 l[m]인 자석에서 자극의 세기오 자석의 길이의 곱은

M=ml[Wb.m]

㉡ 자장의 세기 H[AT/m]인 평등 자장내에 자극의 세기 m[Wb]의 자침을 자장의 방향과 θ의 각도로 놓았을 때 토크 T

$$T = 2 \times \frac{l}{2} \times f_2 = mHlsin\theta\,[N.m] = MHsin\theta\,[N.m]$$

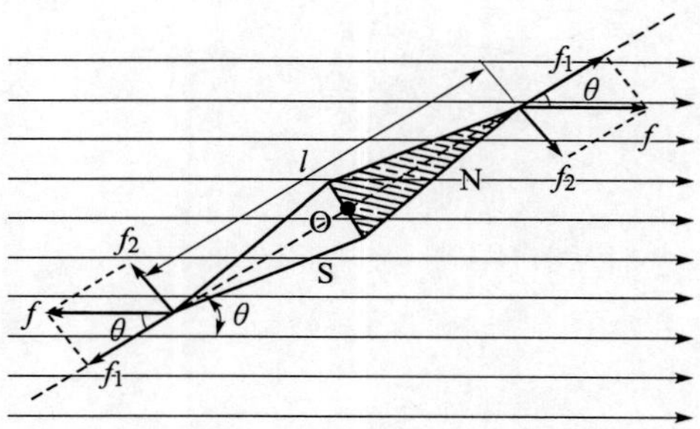

[자장 내의 자침에 작용하는 토크]

(2) 전류에 의한 자기 현상

① 전류에 의한 자장의 방향

㉠ 전류의 방향

○ : 지면에서 들어가는 방향

◉ : 지면에서 나오는 방향

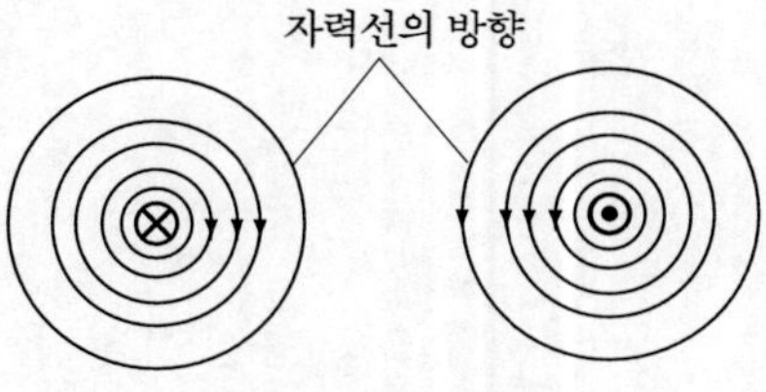

[직선 전류와 자력선의 관계]

㉡ 앙페르의 오른 나사의 법칙(Ampere's righthanded screw rule) : 전류에 의하여 생기는 자장의 자력선의 방향을 결정

ⓐ 직선 전류에 의한 자장의 방향 : 전류가 흐르는 방향으로 오른 나사를 진행시키면 나사가 회전하는 방향으로 자력선이 생긴다.

ⓑ 코일에 의한 자장의 방향 : 오른 나사를 전류의 방향으로 회전시키면 나사가 진해하는 방향이 자력선의 방향이 되고 오른손 네 손가락을 전류의 방향으로 하면 엄지손가락의 방향이 자력선의 방향이 된다.

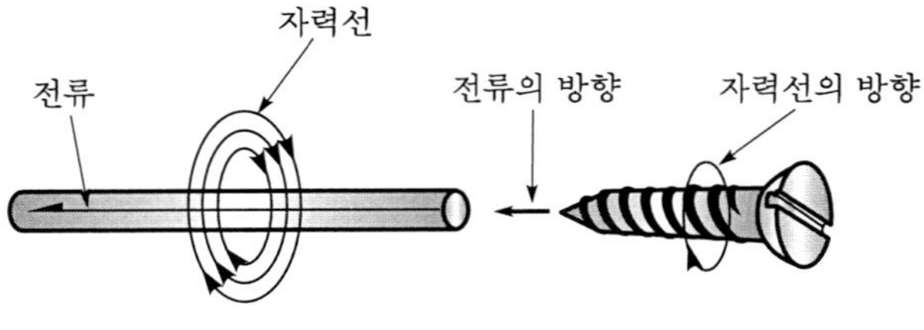

[직선 전류에 의한 자력선의 방향]

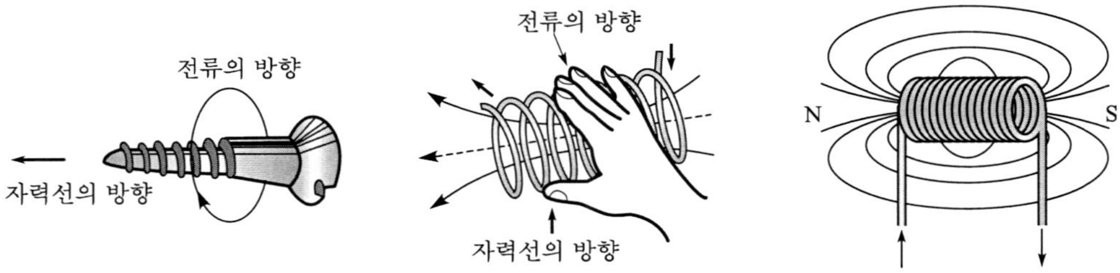

[환상 전류에 의한 자력선의 방향]

② 전류에 의한 자장의 세기

㉠ 비오-사바르이 법칙(Biot-Savart's law) : 도선에 I[A]의 전류를 흘릴 때 도선의 미소 부분 △l에서 r[m]떨어지고 △l과 이루는 각도가 θ인 점 P에서 △l에 의한 자장의 세기 △H[AT/m]는

$$\triangle H = \frac{I \triangle l}{4\pi r^2} sin\theta \, [AT/m]$$

㉡ 원형 코일 중심의 자장 : 반지름이 r[m]이고 감은 횟수가 N회인 원형 코일에 I[A]의 전류를 흘릴 때 코일 중심 O에 생기는 자장의 세기 H[AT/m]는

$$H = \frac{NI}{2r} \, [AT/m]$$

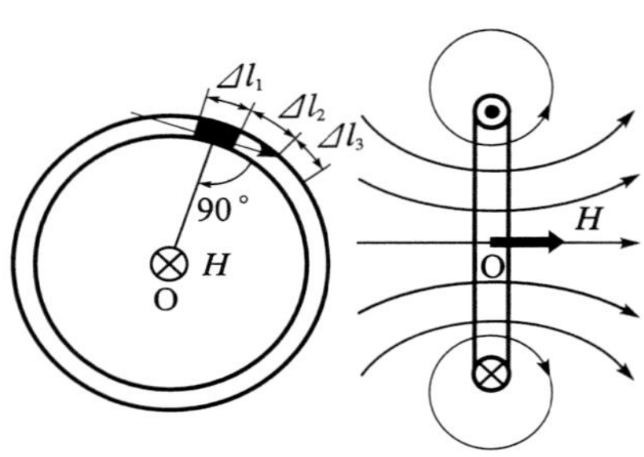

㉢ 직선 전류에 의한 자장 : 무한 직선 도체 I[A]의 전류가 흐를 때 도선에서 r[m] 떨어진 점의 자장의 세기 H[AT/m]는

$$H = \frac{I}{2\pi r}\,[AT/m]$$

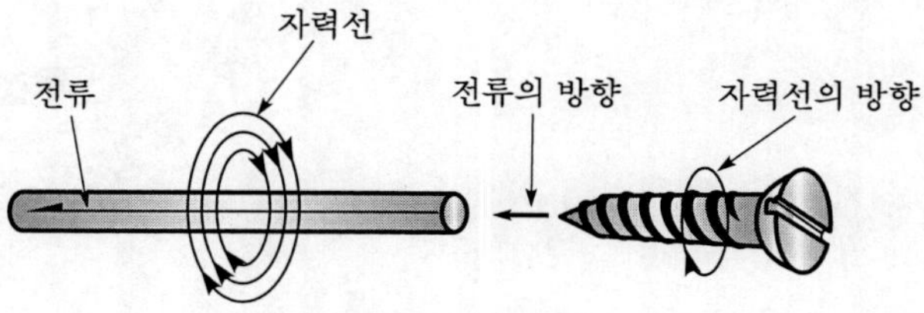

[직선 전류에 의한 자력선의 방향]

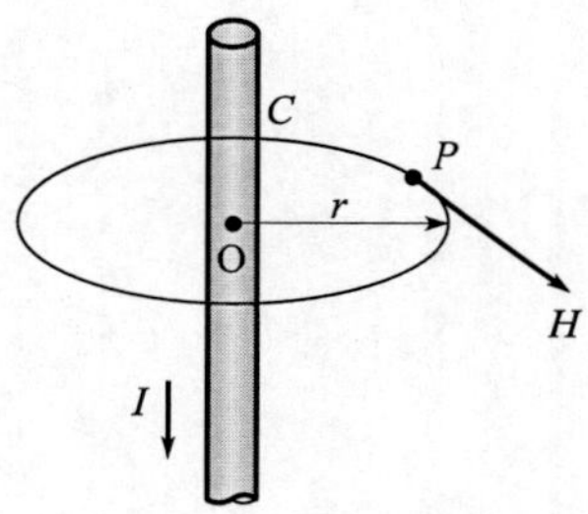

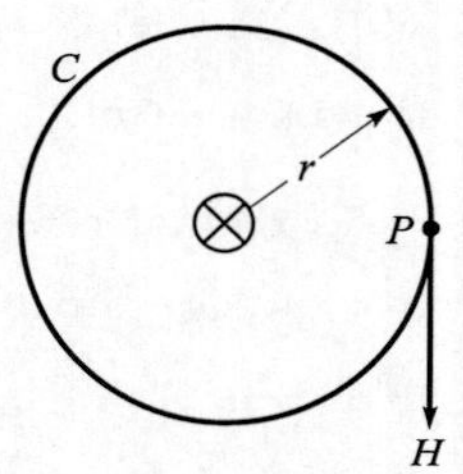

㉣ 무한장 솔레노이드에 의한 자장 : 무한장 솔레노이드의 코일에 전류 I[A]가 흐를 때 솔레노이드 내부 자장의 세기 H[AT/m]는

H=nI[AT/m](단, n는 단위 길이당 권수)

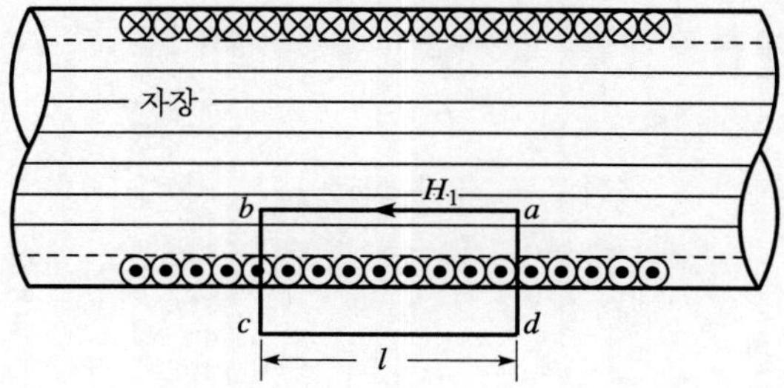

㉤ 환상 솔레노이드에 의한 자장 : 감은 권수가 N, 반지름이 r[m]인 환상 솔레노이드에 I[A]의 전류를 흘릴 때 솔레노이드 내부에 생기는 자장의 세기 H[AT/m]는

$$H = \frac{NI}{2\pi r}[AT/m]$$

(단, l는 자로의 평균 길이[m]

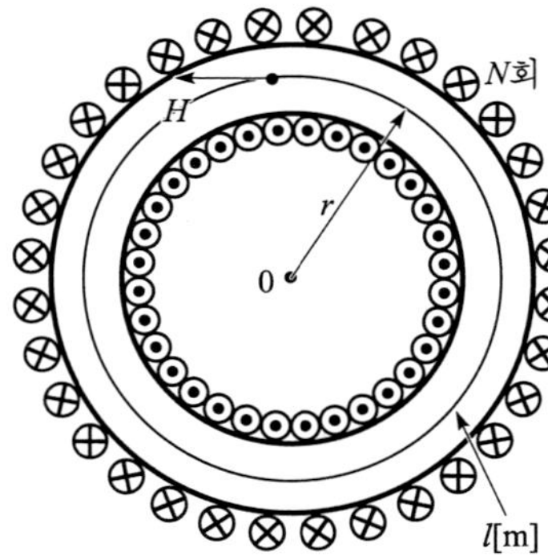

③ 자기 회로

㉠ 자속(magnetic flux)

- 자화된 철의 내부를 관통하여 자화 상태 등을 나타내는 가상의 선
- 자속의 기호 : Φ
- 자속의 단위 : [Wb]

㉡ 자속 밀도(magnetic flux density)

- 자속의 방향에 수직인 단위 면적 1[m^2]을 통과하는 자속
- 자속 밀도의 기호 : B
- 자속 밀도의 단위 : [Wb/m^2], 테슬라(tesla, 기호[T]),[ATH/m^2]

$$B = \frac{\Phi}{A}[Wb/m^2]$$

㉢ 자속 밀도와 자장의 세기와의 관계

- 투자율 μ 인 물질에서 자속 밀도와 자장의 세기와의 관계

$$B = \mu H = \mu_0 \mu_s H[Wb/m^2]$$

- 비투자율이 큰 물질일수록 자속을 잘 통과한다.

㉣ 자기 회로(magnetic)와 자기 저항

- 자속이 통과하는 폐회로를 자기 회로 또는 자로라 한다.

$$Hl = NI$$

ⓐ 기자력(magnetic motive force) : F

- 자속을 만드는 원동력

$F = NI[AT]$

여기서, N : 코일의 감은 횟수[T]

I : 코일에 흐르는 전류[A]

ⓑ 자기 저항(relucatance) : R

- 자기 회로에 기자력 NI[AT]에 의하여 자속 Φ[Wb]가 통할 때 이들 사이의 비는
- 자기 회로에 기자력 NI[AT]에 의하여 자속 Φ[Wb]가 통할 때 이들 사이의 비는

$$B = \frac{NI}{\Phi}[AT/Wb];[H^{-1}]$$

$$= \frac{NI}{\mu HA}$$

$$= \frac{NI}{\mu A(NI/l)}$$

$$= \frac{l}{\mu A}[AT/Wb]$$

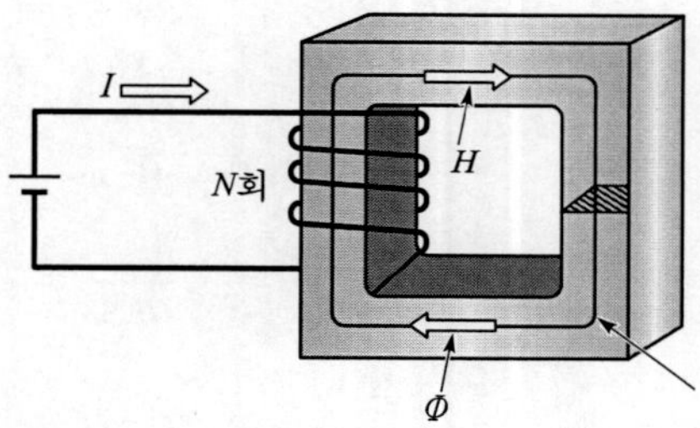

[자기 회로]

- 기자력이 일정하면 철심의 단면적이 클수록 자속이 통하기 쉽고 자기 회로의 길이가 길수록 자속이 통하기 어렵다.

ⓜ 누설 자속(leakage flux)

- 자기 회로 밖의 공간에 존재(누설)하는 자속

$$누설계수 = \frac{전자속}{유효자속} = \frac{유효자속 + 누설자속}{유효자속} = 1.1 \sim 1.4$$

- 자기 차례(magnetic shielding) : 누설 자속과 같은 불필요한 자속이 존재하는 공간 상태를 없애기 위해서 강자성체로 싸주는 것

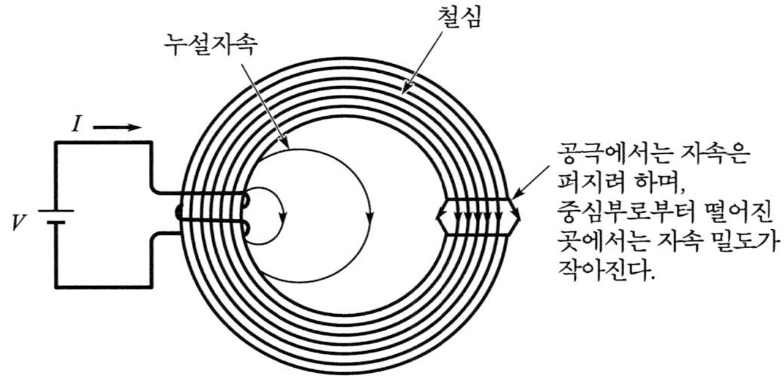

[누설 자속]

㉥ 자기 회로의 계산 : 그림과 같이 환형 철심에 N회 코일을 감고 I[A]를 흘릴 때, 철심의 평균 길이를 l[m], 단면적을 A[m^2], 투자율을 μ라 하면

- 철심중의 자속 Φ

$$\Phi = \frac{NI}{R} = \frac{NI}{l/\mu A} = \frac{\mu ANI}{l}\,[Wb]$$

- 자속 밀도 B

$$B = \frac{\Phi}{A} = \frac{\mu NI}{l}\,[Wb/m^2]$$

- 자장의 세기 H

$$H = \frac{NI}{l}\,[AT/m]$$

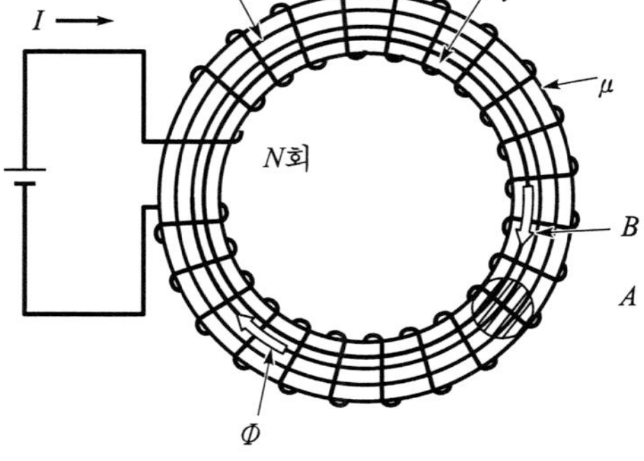

3.2 전자력

(1) 전자력의 방향과 크기

전자력(electromagnetic force)이란 자장내에서 전류가 흐르는 도체에 작용하는 힘을 말한다.

① 전자력의 방향 : 플레밍의 왼손 법칙 (Fleming;s left-hand rule)

㉠ 직류 전동기의 회전 방향을 결정

㉡ 엄지 손가락 : 힘의 방향

㉢ 집게 손가락 : 자장의 방향

㉣ 가운데 손가락 : 전류의 방향

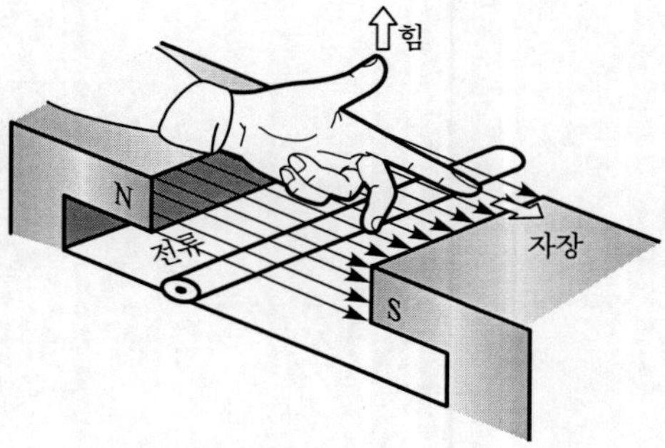

② 전자력의 크기

㉠ 자속 밀도 B[Wb/m²]의 평등 자장 내에 자장과 직각 방향으로 l[m]의 도체를 놓고 I[A]의 전류를 흘리면 도체가 받는 힘 F[N]

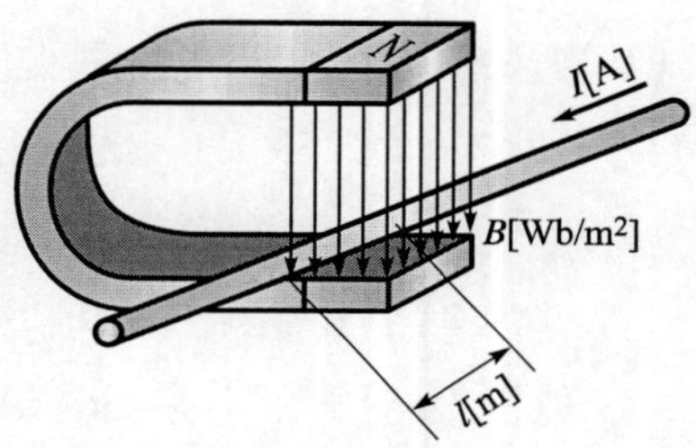

F=BI[N]

㉡ 그림(c)와 같이 자장에 대하여 θ의 각도로 놓인 도체에 작용하는 힘 F[N]은

$F = BIl sin\theta \, [N]$

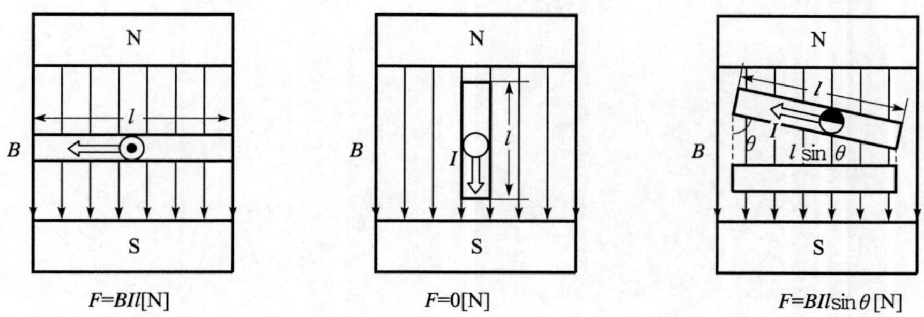

F=BIl[N] F=0[N] F=BIlsinθ[N]

(a) (b) (c)

(2) 자장내의 사각형 코일이 받는 힘

자속 밀도 B[Wb/m^2], 도체의 유효 길이 a[m], 나비 b[m], 코일의 감은 횟수 N회인 도체에 흐르는 전류를 I[A]라 하고 코일면이 자장과 이루는 각도를 θ라 하면 Nro의 도체면에 작용하는 토크T[N.m]는

$T = BIabNcos\theta = BIANcos\theta\,[N.m]$

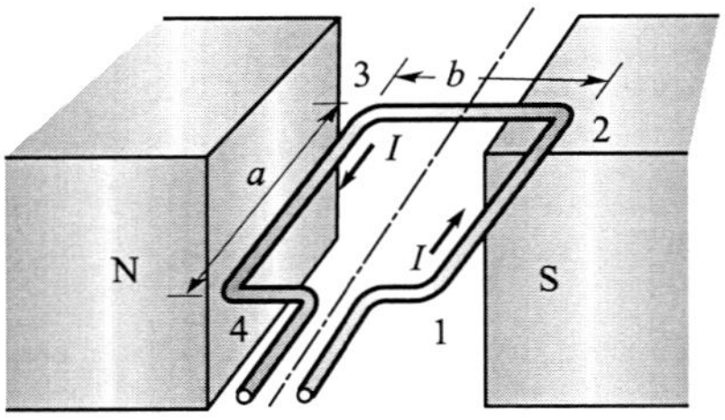

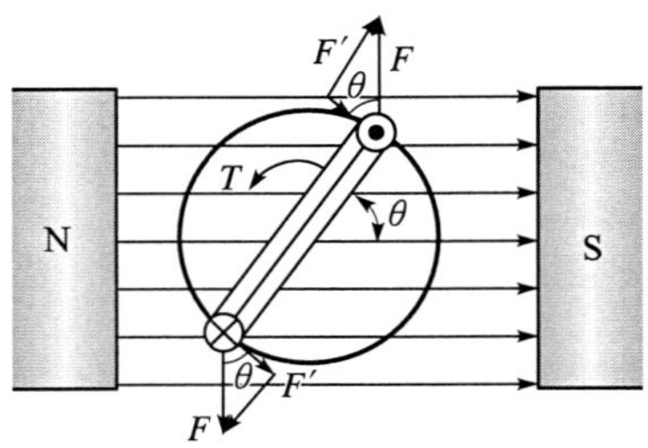

(3) 평행 도체 사이에 작용하는 힘

① 평행 도체 사이에 작용하는 힘의 방향

㉠ (a) : 같은 방향의 전류에 의한 흡인력, 같은 방향의 전류가 흐르면 두 도체 안쪽의 자력선은 서로 반대 방향이므로 상쇄되어 밀도가 낮아지고 바깥쪽의 자력선 밀도는 같은 방향으로 합성되어 밀도가 높아져 두 도체 사이에는 흡인력이 생긴다.

㉡ (b) : 반대 방향의 전류에 의한 반발력, 서로 다른 방향의 전류가 흐르면 두 도체 안쪽의 자력선 밀도는 높아지고 바깥쪽 자력선 밀도는 낮아지므로 두 도체 사이에는 반발력이 생긴다.

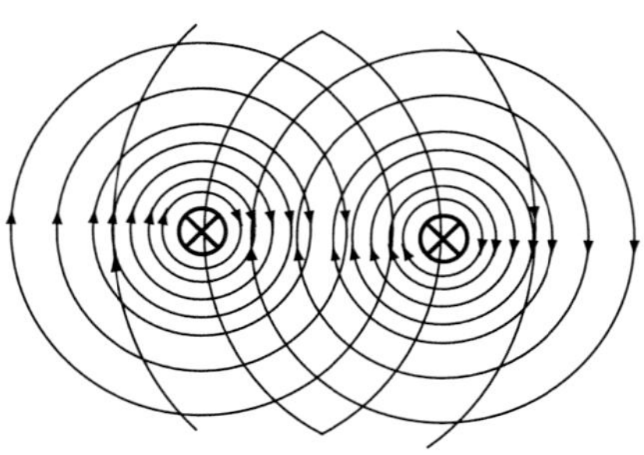

(a)

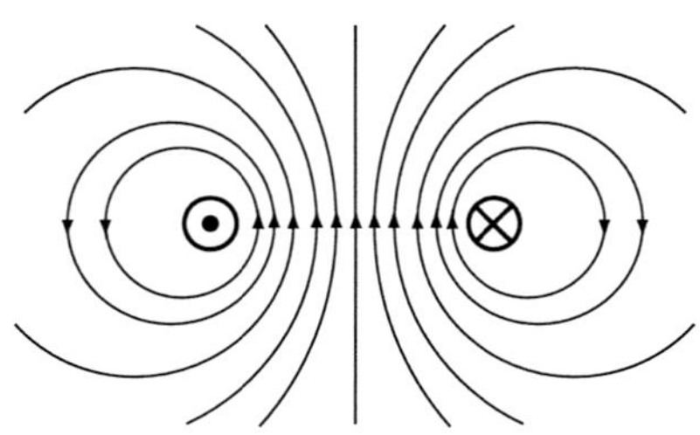

(b)

② 전자력 : 평행한 두 도체가 r[m]떨어져 있고 각 도체에 흐르는 전류가 I1[A], I2[A] 라 할 때 두 도체 사이에 작용하는 힘 F는

$$F = \frac{2I_1I_2}{r} \times 10^{-7}\,[N/m]$$

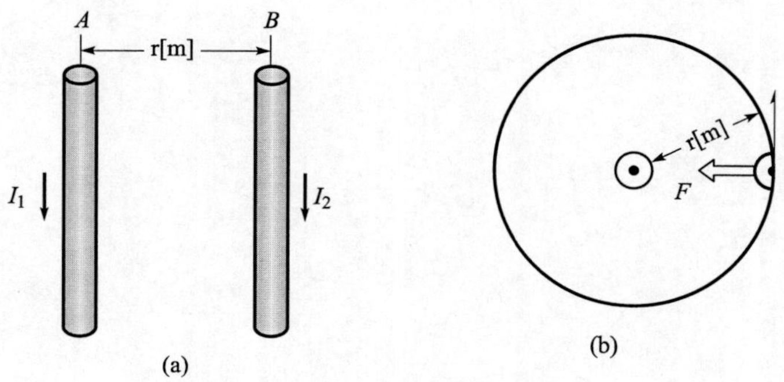

[평행한 직선 전류 사이에 작용하는 힘]

(4) 전자력의 특수 현상

① 홀 효과(hall effect)

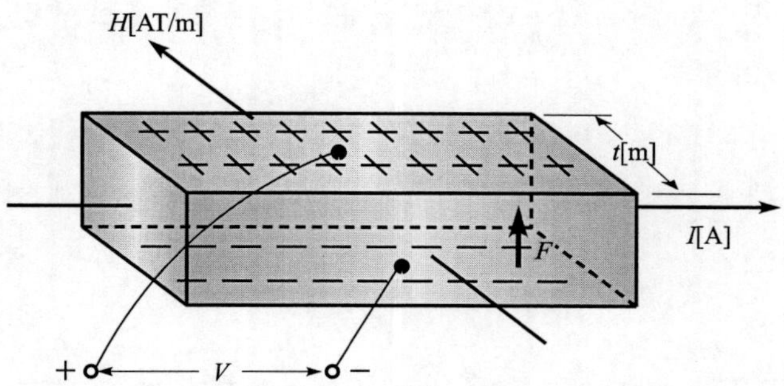

㉠ 자장 H안에 도체를 직각으로 놓고 전류 I를 흘리면 그림과 같이 도체의 위쪽으로 양전하가 이동하여 도체의 양단에 양과 음의 전하가 생겨 전압 V가 나타나는 현상

㉡ 게르마늄, 규소, 셀렌 등의 반도체에 나타난다.

② 핀치 효과(pinch effect)

㉠ 도체에 전류가 흐르면 그 주위에 생긴 자장과의 사이에 전자력이 생겨 중심 방향으로 힘을 받아 수축하고 다시 원래 상태로 되돌아가는 현상을 반복하는 현상

㉡ 저주파 유도로 등에서 볼 수 있다.

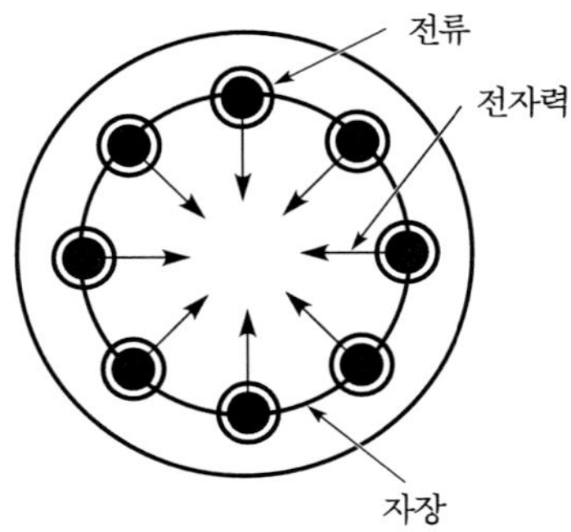

3.3 전자 유도

(1) 전자 유도 작용

① 전자 유도

㉠ 전자 유도(electromagnetic induction) : 도체 주변의 자장의 세기를 변화시키거나 도체가 가장 내에서 운동하면, 즉 도체를 관통하는 자속이 변화하면 도체에 전압이 발생하는 현상

㉡ 유도 기전력(induced electromotive force) : 전자 유도에 의하여 발생한 전압

㉢ 유도 전류(induced current) : 전자 유도에 의하여 흐르는 전류

② 유도 기전력의 방향

㉠ 렌츠의 법칙(Lenz's law) : 전자 유도에 의하여 발생한 기전력의 방향은 그 유도 전류가 만든 자속이 항상 원래의 자속의 증가 또는 방해하려는 방향이다.

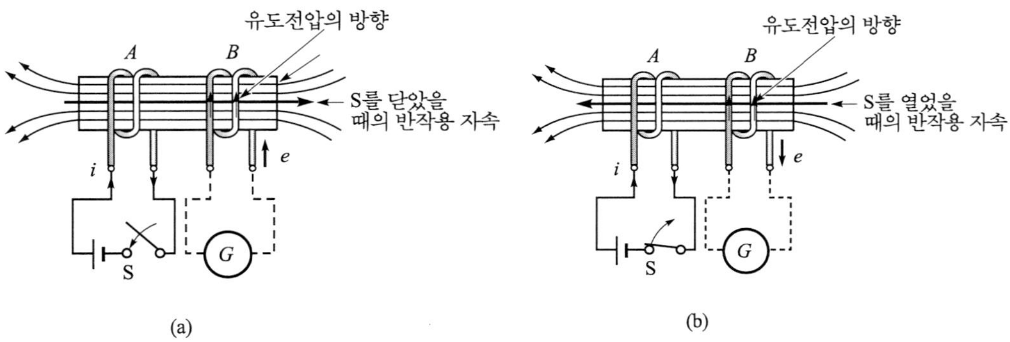

㉡ 플레밍의 오른손 법칙
(Fleming's right-hand rule)

- 직류 발전기의 유도 기전력의 방향을 결정
- 엄지 손가락 : 도체의 운동 방향
- 집게 손가락 : 자속의 방향
- 가운데 손가락 : 유도 기전력의 방향

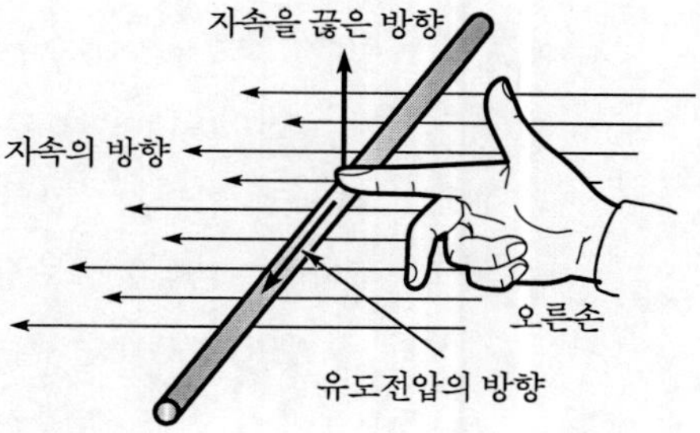

③ 유도 기전력의 크기 : 패러데이 법칙(Faraday's law)

㉠ 전자 유도에 의해서 생기는 유도 기전력의 크기는 코일을 쇄교하는 자속의 변화율과 코일의 권수의 곱에 비례한다.

$v = -N\frac{\triangle\Phi}{\triangle t}\,[V]$ (- : 유도 기전력의 방향을 나타냄)

㉡ 권수 1회의 코일을 쇄교하고 있는 자속이 1[sec]동안에 1[Wb]의 비율로 변화했을 때 1[V]의 기전력이 발생한다.

④ 직선 도체에 발생하는 기전력

㉠ (a)와 같이 자속 밀도 B[Wb/m^2]의 평등 자장 내에서 길이 l[m]인 도체를 자장과 직각 방향으로 u[m/sec]의 일정한 속도로 운동하는 경우에 도체 유기된 기전력 v[V]는

$v = N\frac{\triangle\Phi}{\triangle t} = Blu\,[V]$

㉡ (b)와 같이 직선 도체가 자장의 방향과 θ의 각도를 이루면서 u[m/sec]로 운동하는 경우 도체에 유기된 기전력 v[V]는

$v = Blusin\theta\,[V]$

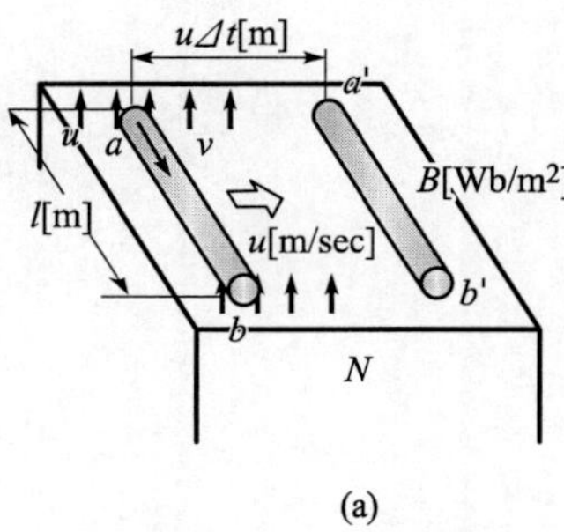

(a)

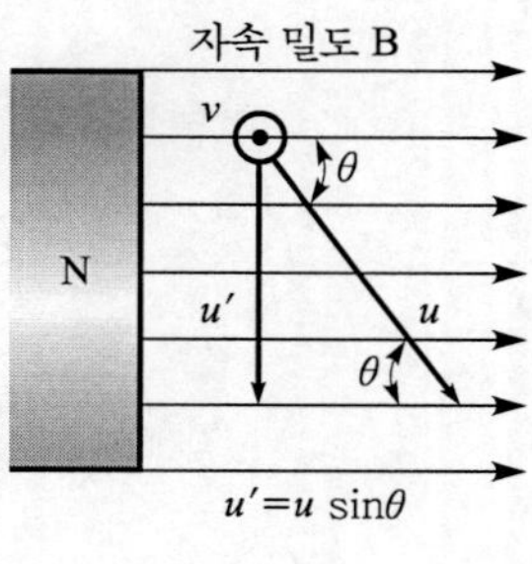

(b)

(2) 인덕턴스

① 자체 인덕턴스

㉠ 자체 유도(self−induction) : 코일에 흐르는 전류가 변화하면 쇄교 자속도 변화하므로 코일 자체에 전압이 발생하는 작용

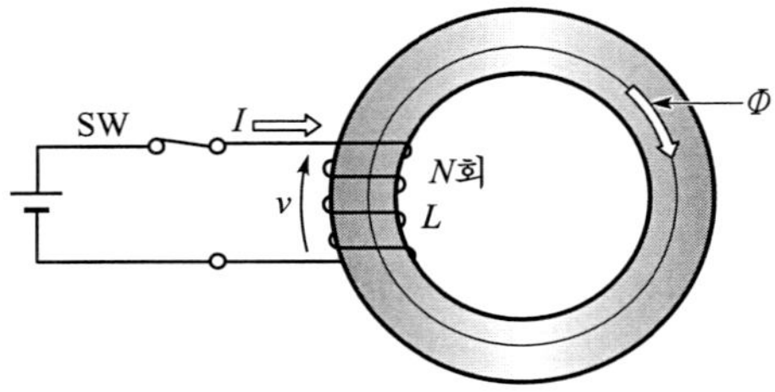

[자체 유도]

㉡ 자체 인덕턴스(self−inductance) : 감은 횟수 N회의 코일에 흐르는 전류 Irk △t[A]만큼 변화하여 코일과 쇄교하여 자속 Φ가 $\triangle\Phi$[Wb]만큼 변화하였다면 자체 유도에 의한 전압

$$v = -L\frac{\triangle I}{\triangle t}[V] = -N\frac{\triangle \Phi}{\triangle t}[V]$$

- 비례 상수 L은 코일의 특유의 값으로 자체 인덕턴스라 하며 단위는 헨리(henry, 기호[H])
- 1[H] : 1[sec]동안에 전류의 변화가 1[A]일 때 1[V]의 전압이 발생하는 코일의 자체 인덕턴스

㉢ 위 식에서 $N\Phi = NI$이므로 자체 인덕턴스는

$$L = \frac{N\Phi}{I}[H]$$

② 환상 코일의 자체 인덕턴스

자기 회로의 자속 Φ는

$$\Phi = BA = \mu HA = \frac{\mu ANI}{l} Wb]$$

환상 코일의 자체 인덕턴스 L은

$$L = \frac{N\Phi}{I} = \frac{\mu AN^2}{l} = \frac{\mu_0\mu_s AN^2}{l} Wb]$$

$\therefore L \propto N^2$

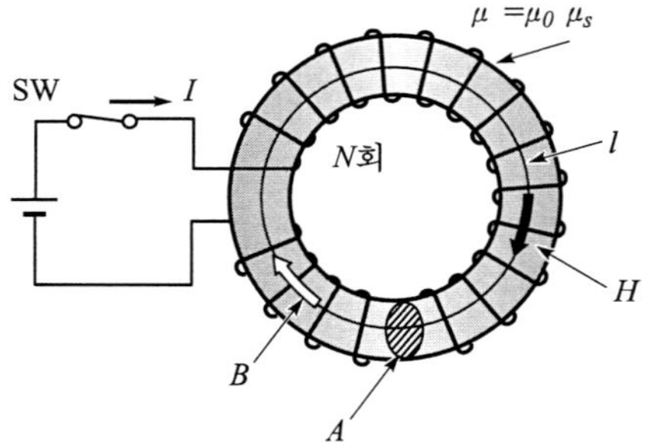

③ 유한장 코일의 자체 인덕턴스 : l[m]의 보빈의 코일의 권수를 N회, 코일의 반지름 r[m], 투자율을 $\mu\,[H/m]$라 하면 코일의 자체 인덕턴스 L은

$$L = K\frac{\mu\pi r^2}{l}N^2\,[H]$$

여기서, K(장강 계수) : 코일의 지름 2r과 길이 1의 비

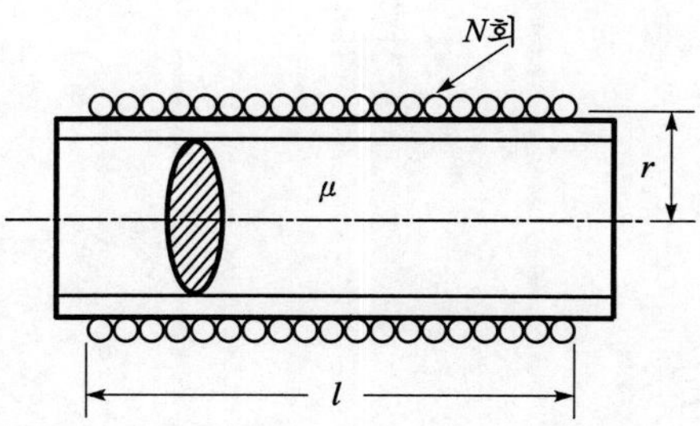

$L=K\frac{\mu\pi r^2}{l}N^2[H]$

④ 상호 인덕턴스

㉠ 상호 유도(mutual induction) : 하나의 자기 회로에 코일 AB를 감고 A에 전류를 변화시키면 B코일에도 전압이 발생하는 작용(A코일: 1차코일, B: 2차코일)

㉡ 상호 인덕턴스(mutual inductance)

: △t[sec] 동안에 △I1[A]만큼 변화했다면 2차 코일에 발생하는 전압 v_2는

$$v_2 = -M\frac{\triangle I_1}{\triangle t}\,[V](N_2\Phi = MI_1)$$

$$\therefore M = \frac{N_2\Phi}{I_1}\,[H]$$

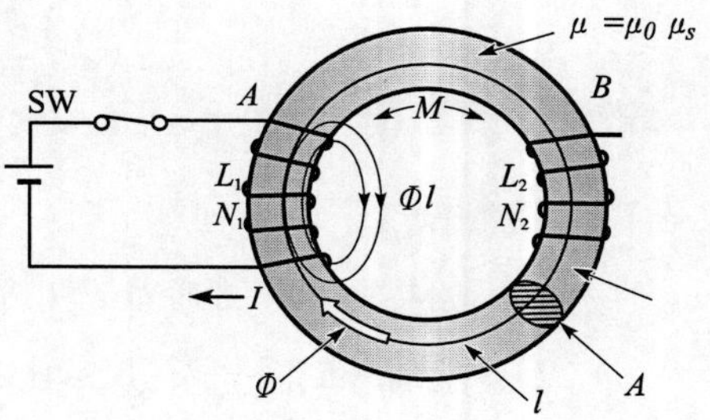

⑤ 환상 코일의 상호 인덕턴스 : 1차 코일 A에 I_1[A]의 전류가 흐를 때 자기 회로에 생기는 자속 Φ는

$$\Phi = BA = \mu HA = \frac{\mu AN_1I_1}{l}\,[Wb]$$

상호 인덕턴스 M은

$$M = \frac{N_2 \Phi}{I_1} = \frac{\mu A N_1 N_2}{l}\,[H]$$

⑥ 자체 인덕턴스와 상호 인덕턴스와의 관계

$$L_1 = \frac{\mu A N_1^2}{l}\,[H],\ L_2 = \frac{\mu A N_1^2}{l}\,[H],\ M = \frac{\mu A N_1 N_2}{l}\,[H]$$

$$M = k\sqrt{L_1 L_2}\,[H],\ \text{결합계수 } k = \frac{M}{\sqrt{L_1 L_2}}$$

⑦ 코일의 직렬 접속

㉠ 가동 접속

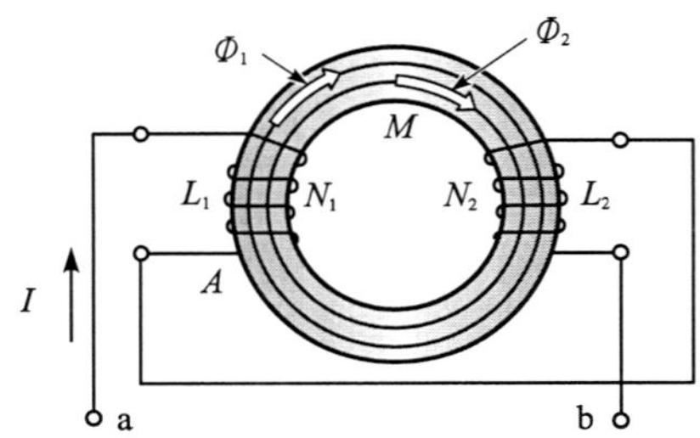

㉡ 차동 접속

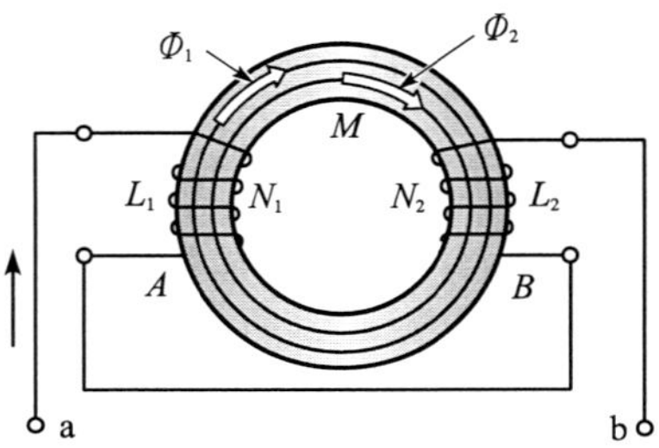

3.4 전자 에너지

(1) 전자 에너지

① 코일에 축적되는 에너지 : 자체 인덕턴스 L에 전류 I를 t[sec]도안 0에서 1[A]까지 일정한 비율로 증가시켰을 때 코일 L에 공급되는 에너지 W는

$$W = \frac{VI}{2}t = \frac{1}{2}L\frac{I}{t}It = \frac{1}{2}LI^2\,[J]$$

② 단위 부피에 축적되는 에너지

자기 회로에 축적되는 에너지 W는

$$W = \frac{1}{2}LI^2 = \frac{1}{2}\frac{\mu A N^2 I^2}{l} = \frac{1}{2}\mu\left(\frac{NI}{l}\right)^2 Al\,[J]$$

$$H = NI/l,\ \ B = \mu H$$

$$W = \frac{1}{2}\mu H^2 Al = \frac{1}{2}\frac{B^2}{\mu}Al = \frac{BH}{2}Al\,[J]$$

Al은 자기 회로의 부피이므로 자기 회로의 단위 부피에 축적되는 에너지 w는

$$w = \frac{W}{Al} = \frac{1}{2}BH = \frac{1}{2}\mu H^2 = \frac{1}{2}\frac{B^2}{\mu}\ [J/m^3]$$

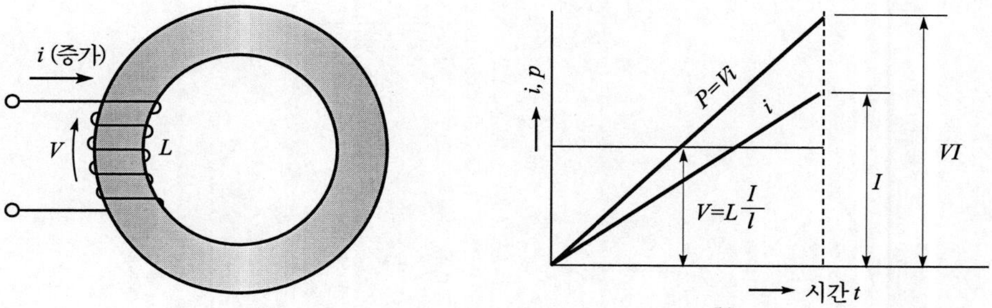

(a) (b)

(2) 자기 흡인력

자극의 전체 표면적을 A[m²], 자속 밀도를 B[Wb/m²]라 하고 자극과 철판 사이의 간격을 x라고 할 때 △x[m]사이에 축적되는 에너지 △W[J]은

$$\triangle W = F\triangle x = \frac{1}{2}\frac{B^2}{\mu_0}A\triangle x$$

$$F = \frac{\triangle W}{\triangle x} = \frac{1}{2}\mu H^2 = \frac{1}{2}\frac{1}{\mu_0}B^2 A\ [N]$$

단위 면적 1[m²]마다 흡인력 f[N]는

$$f = \frac{1}{2}\frac{B^2}{\mu_0}\ [N/m^2]$$

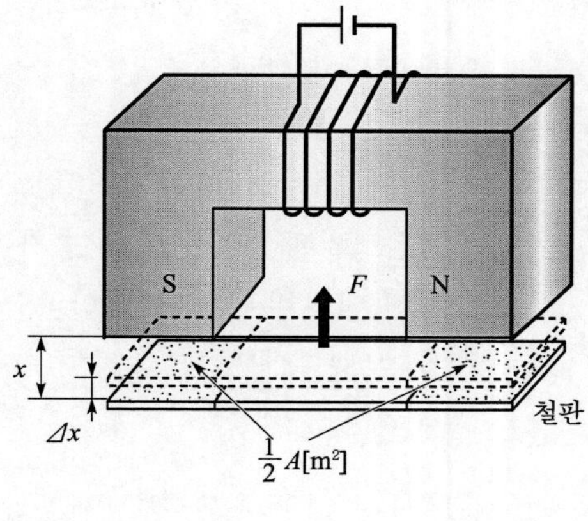

(3) 히스테리시스 곡선과 손실

① 히스테리시스 곡선

㉠ 철심 코일에서 전류를 증가시키면 자장의 세기 h는 전류에 비례하여 증가하지만 자속 밀도 B는 자장에 비례하지 않고 그림 (c)와 B-H곡선과 같이 포화 현상과 자기이력 현성(이전의 자화 상태가 이후의 자화 상태에 영향을 주는 현상)등이 일어나는데 이와 같은 특성을 히스테리시스 곡선이라 한다.

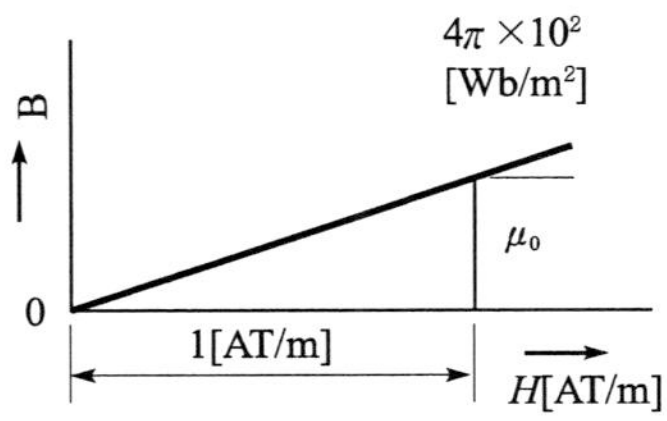

(a) 공심 코일의 B-H 곡선

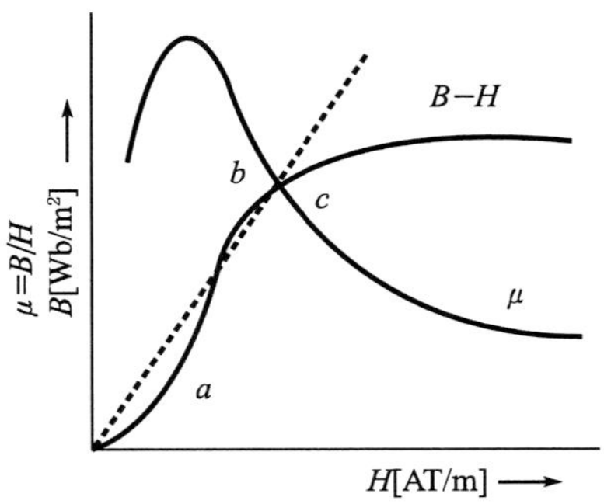

(b) 철심의 B-H 곡선

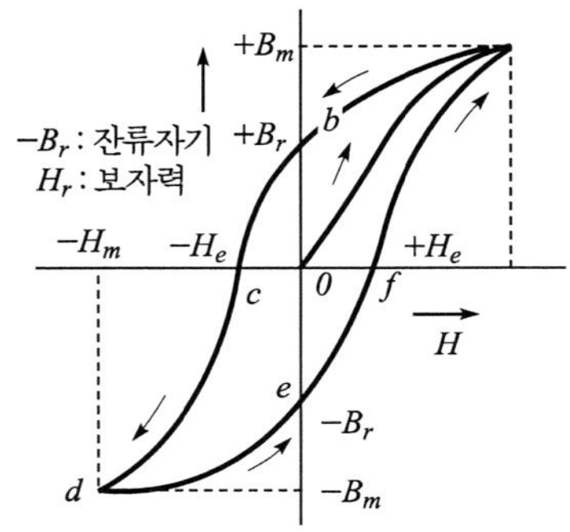

(c) 히스테리시스 곡선

ⓛ 잔류 자기(residual magnetism)

- 철심코일에 전류를 흘리면 자속 밀도 B[Wb/m^2]가 생기는데 자장을 없애도 자석 밀도는 어느 정도 남아 있다.
- B−H곡선에서 B_r 부분

ⓒ 보자력(coercive)

- 잔류 자기를 없애는데 필요한 자장 H_c
- 잔류 자기와 보자력이 클수록 강자성체가 된다.

② 히스테리시스 손실

㉠ 코일의 흡수 에너지가 히스테리시스 곡선내의 넓이 만큼의 에너지가 철심 내에 열에너지로 잃어버리는 손실

ⓛ 히스테리시스 손(hysteresis loss) : P_h

$$P_h = \eta_h f B_m^{1.6} \, [W/m^3]$$

여기서, η_h: 히스테리시스 상수

f : 주파수[Hz]

B_m: 최대 자속 밀도[Wb/m^2]

③ 맴돌이 전류에 의한 손실

㉠ 맴돌이 전류(deey current) : 철 또는 알루미늄판, 구리판 등을 관통하는 자속이 증가하는 경우 금속판에 전압이 유기되어 흐르는 맴돌이 모양의 전류

㉡ 맴돌이 전류 손(eddy current loss) : P_e

금속판에 맴돌이 전류가 생기면 통로의 저항에 의하여 전력을 소비하고 줄열이 발생하여 금속판의 온도가 올라가는 이러한 손실

여기서, η_e : 재료에 의한 상수

f : 주파수[Hz]

B_m : 최대 자속 밀도[Wb/m^2]

t : 철판의 두께[m]

k_f : 파형률

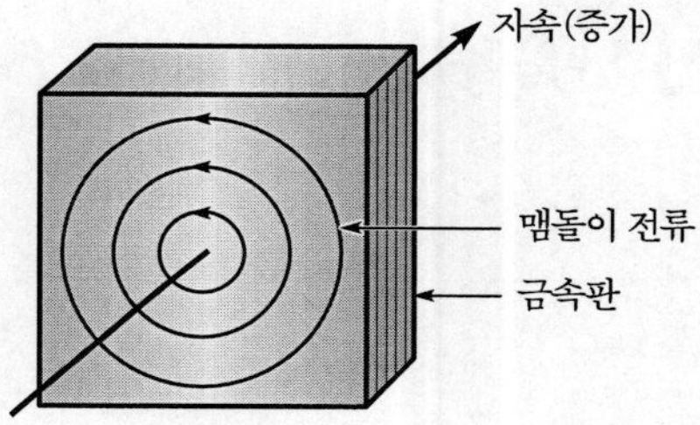

④ 변압기의 원리

㉠ 변압기의 원리 : 전자 유도 작용

㉡ 두 코일 P, S를 감고 P코일에 교번 전압을 인가하면 철심 안의 자속 Φ_m는 변화하여 유도기전력이 발생한다.

$$E_1 = -N\frac{\triangle \Phi_m}{\triangle t}[V],\ E_2 = -N_2\frac{\triangle \Phi_m}{\triangle t}[V]$$

$$\therefore \text{권수비(a)} = \frac{E_1}{E_2} = \frac{N_1}{N_2}$$

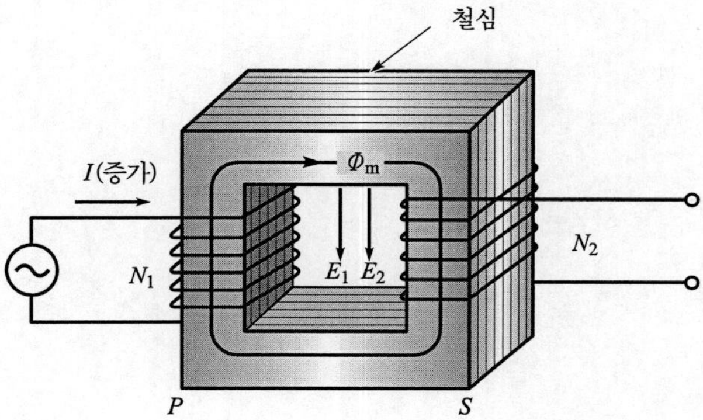

연습문제

01 다음 중 공기의 비투자율은 어느 것인가?

㉮ 0.1　　㉯ 1　　㉰ 10^3　　㉱ 10^4

◆ 풀이　공기 진공중의 비투자율 $\mu_s \fallingdotseq 1$　　답 ㉯

02 다음 중 투자율이 가장 작은 것은?

㉮ 공기　　㉯ 강철　　㉰ 주철　　㉱ 페라이트

◆ 풀이　　답 ㉮

03 진공 중의 투자율 μ_0[H/m]는 얼마인가?

㉮ 8.855×10^{-12}　　㉯ 9×10^9

㉰ 6.33×10^4　　㉱ $4\pi\times10^{-7}$

◆ 풀이　$\mu_0 = 4\pi\times10^{-7}$　　답 ㉱

04 두 자극 사이에 작용하는 힘의 세기는 무엇에 비례하는가?

㉮ 유전율　　㉯ 투자율

㉰ 자극간의 거리　　㉱ 자극의 세기

◆ 풀이　$F = K\frac{m_1 m_2}{r^2}$ 이므로 자극의 세기에 비례　　답 ㉱

05 m[Wb]의 점자극에서 r[m] 떨어진 점의 자계의 세기는 공기 중에서 얼마인가?

㉮ $\frac{m}{r^2}$[AT/m] ㉯ $\frac{m}{4\pi r^2}$[AT/m]

㉰ $6.33\times10^4\frac{m}{r^2}$[AT/m] ㉱ $\frac{m}{4\pi r}$[AT/m]

◆ 풀이 공기중에서는 $\mu_s=1$, $\therefore H=6.33\times10^4\frac{m}{r^2}$[AT/m] 답 ㉰

06 두 자극 사이에 작용하는 힘의 크기를 나타낸 것은? ($m_1 m_2$: 자극의 세기, μ : 투자율, r : 자극간의 거리)

㉮ $F=\frac{m}{4\pi\mu r^2}$[N] ㉯ $F=\frac{m}{4\pi\mu r}$[N]

㉰ $F=\frac{m_1 m_2}{4\pi\mu r^2}$[N] ㉱ $F=\frac{m_1 m_2}{4\pi\mu r}$[N]

◆ 풀이 두 자극 사이에 작용하는 힘, $F=\frac{m_1 m_2}{4\pi\mu_0 r^2}$[N] 답 ㉰

07 진공 중에서 같은 크기의 두 자극을 1 [m] 거리에 놓았을 작용하는 힘이 6.33×10^4[N]이 되는 자극의 단위는?

㉮ 1 [N] ㉯ 1 [Wb] ㉰ 1 [C] ㉱ 1 [J]

◆ 풀이 자극 m 의 단위는 1 [Wb] 답 ㉯

08 공기중에서 10 [cm]의 거리에 있는 두 자극의 세기가 각각 5×10^{-3}[Wb]와 3×10^{-3}[Wb]이면 이때 작용하는 힘은 얼마인가?

㉮ 약 6.3 [N] ㉯ 약 24 [N] ㉰ 68 [N] ㉱ 95 [N]

◆ 풀이 $F=6.33\times10^4\times\frac{m_1 m_2}{r^2}=6.33\times10^4\times\frac{5\times10^{-3}\times3\times10^{-3}}{(0.1)^2}\fallingdotseq 95\,[\mathrm{N}]$ 답 ㉱

09 자장의 세기가 H[AT/m]인 곳에 m[Wb]의 자극을 놓았을 때 작용하는 힘이 F[N]라 하면 어떤 식이 성립되는가?

㉮ $F=mH$ ㉯ $F=\frac{H}{m}$

㉰ $F=6.33\times10^4 mH$ ㉱ $F=\frac{m}{H}$

◆ 풀이 $F=m\cdot H$[N] 답 ㉮

10 3000 [AT/m]의 자장 중에 어떤 자극을 놓았을 때 300 [N]의 힘을 받는다고 한다. 자극의 세기는 몇 [Wb]인가?

㉮ 0.1 [Wb] ㉯ 0.5 [Wb] ㉰ 1 [Wb] ㉱ 5 [Wb]

◆ 풀이 $F=m\cdot H \therefore m=\frac{F}{H}=\frac{300}{3000}=0.1\,[\mathrm{Wb}]$ 답 ㉮

11 가우스의 정리를 이용하여 구하는 것은 다음 중 어느 것인가?

㉮ 전위 ㉯ 자장의 에너지

㉰ 전하간의 힘 ㉱ 자장의 세기

답 ㉱

12 공기 중에서 m [Wb]의 자극으로부터 나오는 자력선의 총수는 얼마인가?

㉮ m　㉯ $\frac{\mu_0}{m}$　㉰ $\mu_0 m$　㉱ $\frac{m}{\mu_0}$

◆ 풀이 총자력선수=자장의 크기×구의 표면적 답 ㉱

$$= \frac{1}{4\pi\mu_0} \times \frac{m}{r^2} \times 4\pi r^2 = \frac{m}{\mu_0}$$

13 자극의 세기 10 [Wb], 길이 20 [cm]의 막대자석의 자기 모멘트는 얼마인가?

㉮ 2 [Wb · cm]　㉯ 20 [Wb · cm]
㉰ 2 [Wb · m]　㉱ 20 [Wb · m]

◆ 풀이 자기 모멘트 $M = m \cdot l$ [Wb m] 답 ㉰

$= 10 \times 0.2 = 2$ [Wb m]

14 자극의 세기가 8×10^4 [Wb], 길이 50 [cm]의 막대자석을 150 [AT/m]인 평등 자장 내에 자장과 30° 각도로 놓았다면 자석이 받는 회전력 [N · m]는 얼마인가?

㉮ 1.2×10^3 [N·m]　㉯ 3.0×10^3 [N·m]
㉰ 6×10^6 [N·m]　㉱ 3×10^6 [N·m]

◆ 풀이 $T = mlH\sin\theta$ 답 ㉱

$= 8 \times 10^4 \times 50 \times 10^{-2} \times 150 \times \sin 30°$

$= 3 \times 10^6$ [N·m]

15 전류에 의한 자장의 방향을 결정하는 것은 무슨 법칙인가?

㉮ 앙페르의 법칙　㉯ 플레밍의 오른손 법칙
㉰ 플레밍의 왼손 법칙　㉱ 렌쯔의 법칙

◆ 풀이 전류에 의한 자장의 방향을 결정하는 법칙은 앙페르의 오른나사 법칙이다. 답 ㉮

16 다음 식은 전류에 의한 자장의 세기에 관한 법칙을 표시한 것이다. 어떤 법칙인가?

$$\triangle H = \frac{I \cdot \triangle l}{4\pi r^2} \cdot \sin\theta \,[\mathrm{AT/m}]$$

㉮ 렌쯔의 법칙
㉯ 가우스의 법칙
㉰ 스타인메쯔의 법칙
㉱ 비오–사바르의 법칙

답 ㉱

17 비오-사바르의 법칙은 다음의 어떤 관계를 나타낸 것인가?

㉮ 기전력과 회전력
㉯ 전기와 전장의 세기
㉰ 전류와 자장의 세기
㉱ 전류와 전장의 세기

답 ㉰

18 전류에 의한 자계의 세기는 다음 어느 것과 관계가 있는가?

㉮ Ohm의 법칙
㉯ Lenz의 법칙
㉰ Kirchoff의 법칙
㉱ Bio–sarvart의 법칙

◆ 풀이 전류에 의한 자계의 세기는 비오–사바르의 법칙

답 ㉱

19 긴 직선도체에 I의 전류가 흐를 때 이 도선으로부터 r만큼 떨어진 곳의 자기장의 세기는?

㉮ I에 반비례하고 r에 비례한다.
㉯ I에 비례하고 r에 반비례한다.
㉰ I의 제곱에 비례하고 r에 반비례한다.
㉱ I에 비례하고 r의 제곱에 반비례한다.

◆ 풀이 $H = \frac{I}{2\pi r}\,[\mathrm{AT/m}]$

답 ㉯

20 그림에서 전류 I가 3 [A], r이 35 [cm]인 점의 자장의 세기 H[AT/m]를 구하면? (단, 도선은 매우 긴 직선이다.)

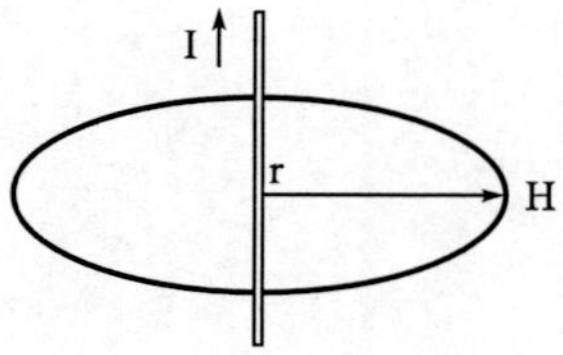

㉮ 약 3.89 [AT/m]
㉯ 약 1.36 [AT/m]
㉰ 약 1.0 [AT/m]
㉱ 약 0.478 [AT/m]

◆ 풀이 $H=\dfrac{I}{2\pi r}=\dfrac{3}{2\pi\times 0.35}\fallingdotseq 1.36\,[\mathrm{AT/m}]$ 답 ㉯

21 무한히 긴 직선도선에 30 [A]의 전류가 흐를 때 이 도선에서 20 [cm] 떨어진 점의 자장의 세기는?

㉮ 약 21.2 [AT/m] ㉯ 약 22.5 [AT/m]
㉰ 약 23.9 [AT/m] ㉱ 약 24.8 [AT/m]

◆ 풀이 $H=\dfrac{I}{2\pi r}=\dfrac{30}{2\times\pi\times 0.2}=23.9\,[\mathrm{AT/m}]$ 답 ㉰

22 $r=1.0\,[\mathrm{m}]$, $I=1\,[\mathrm{A}]$, $N=10$회일 때 원형코일 중심의 자장의 세기를 구하면 몇 [AT/m]인가?

㉮ 3 ㉯ 5 ㉰ 7 ㉱ 9

◆ 풀이 원형코일 중심의 자장의 세기 답 ㉯

$$H=\frac{NI}{2r}=\frac{10\times 1}{2\times 1}=5\,[\mathrm{AT/m}]$$

23 $r=0.5\,[\mathrm{m}]$, $I=0.1\,[\mathrm{A}]$, $N=10$회일 때 원형코일 중심의 자장의 세기 H는 얼마인가?

㉮ 1 [AT/m] ㉯ 2 [AT/m] ㉰ 4 [AT/m] ㉱ 5 [AT/m]

◆ 풀이 원형코일 중심의 자장의 세기 답 ㉮

$$H=\frac{NI}{2r}=\frac{10\times 0.1}{2\times 0.5}=1\,[\mathrm{AT/m}]$$

24 반지름 r[m], 권수 N회의 환상 솔레노이드에 I[A]의 전류가 흐를 때 그 중심의 자장의 세기 H[AT/m]는?

㉮ $\frac{NI}{2\pi r}$[AT/m]
㉯ $\frac{NI}{2r}$[AT/m]
㉰ $\frac{NI}{r^2}$[AT/m]
㉱ $\frac{NI}{4\pi r^2}$[AT/m]

◆ 풀이 환상의 솔레노이드 중심에서의 자장의 세기, $H=\frac{NI}{2\pi r}$[AT/m] 답 ㉮

25 그림과 같은 환상 솔레노이드의 평균길이 l 이 40 [cm]이고 감은 횟수가 200회일 때 이것에 0.5 [A]의 전류를 흘리면 자장의 세기는?

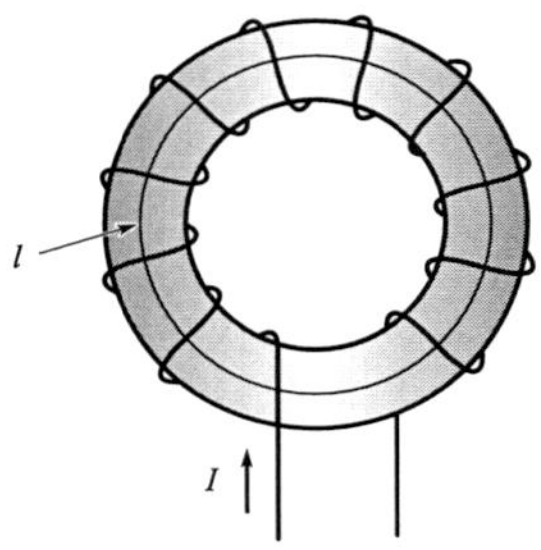

㉮ 100 [AT/m]
㉯ 8000 [AT/m]
㉰ 250 [AT/m]
㉱ 20 [AT/m]

◆ 풀이 $H=\frac{NI}{2\pi r}=\frac{NI}{l}=\frac{200\times0.5}{0.4}=250$[AT/m] 답 ㉰

26 무한장 솔레노이드에 의한 자기장의 세기를 맞게 설명한 것은?

㉮ 솔레노이드 내부 자기장은 모든 점에서 같다.
㉯ 솔레노이드 외부에서 가장 크다.
㉰ 솔레노이드 표면에서 가장 크다.
㉱ 솔레노이드 내부 중심부에서 가장 크다.

◆ 풀이 무한장 솔레노이드에서 외부와 표면의 자장은 0이며 내부에만 자장이 존재하고 모든 점에서 같다. 답 ㉮

27 1 [cm]당 권수 50회인 솔레노이드에 10 [mA]의 전류를 흘릴 때 내부의 자계의 세기 [AT/m]는?

㉮ 10 ㉯ 20 ㉰ 30 ㉱ 50

◆ 풀이 $H = nI$ (n = 단위길이 1 m당 감은 횟수)
$= 100 \times 50 \times 10 \times 10^{-13} = 50\,[\mathrm{AT/m}]$

답 ㉱

28 단위길이당 권수 100회인 무한장 솔레노이드에 10 [A]의 전류가 흐를 때 솔레노이드 내부의 자장 [AT/m]은?

㉮ 10 ㉯ 100 ㉰ 1000 ㉱ 10000

◆ 풀이 $H = nI = 100 \times 10 = 1000\,[\mathrm{AT/m}]$

답 ㉰

29 다음 중 단위가 틀린 것은?

㉮ 자기 모멘트 [Wb · m] ㉯ 자장의 세기 [AT/m]
㉰ 전장의 세기 [V/m] ㉱ 자속 밀도 [Wb/m]

◆ 풀이 자속밀도 $B = \dfrac{\phi}{S}\,[\mathrm{Wb/m^2}]$

답 ㉱

30 자속 밀도의 단위는?

㉮ [Wb] ㉯ $[\mathrm{Wb/m^2}]$ ㉰ [AT/Wb] ㉱ $[\mathrm{Wb^2 \cdot m}]$

◆ 풀이 자속밀도 : 단위면적 1 $[\mathrm{m^2}]$를 통과하는 자속(ϕ)

답 ㉯

31 공심 솔레노이드의 내부자장의 세기가 4000 [AT/m]일 때 자속밀도[Wb/m^2]는 얼마인가?

㉮ $16\pi \times 10^{-4}$　　㉯ $1.6\pi \times 10^{-4}$
㉰ $32\pi \times 10^{-4}$　　㉱ $3.2\pi \times 10^{-4}$

◆ 풀이 • $B = \mu H = \mu_0 \mu_s H = 4\pi \times 6^{-7} \times 1 \times 4{,}000$
$= 16\pi \times 10^{-4}$ [Wb/m^2]

답 ㉮

32 단면적 10 [cm^2], 투자율 1000인 철심에 5×10^{-6} [Wb]의 자속이 지날 때 자속밀도[Wb/m^2]는?

㉮ 5×10^{-4}　　㉯ 5×10^{-3}　　㉰ 5×10^{-2}　　㉱ 0.5

◆ 풀이 $B = \dfrac{\phi}{A} = \dfrac{5 \times 10^{-6}}{10 \times 10^{-4}} = 5 \times 10^{-3}$ [Wb/m^2]

답 ㉯

33 면적 3 [cm^2]의 면을 진공 중에서 수직으로 3.6×10^{-4} [Wb]의 자속이 지날 때 자속밀도는 얼마인가?

㉮ 0.83 [Wb/m^2]　　㉯ 1.2 [Wb/m^2]
㉰ 6.6×10^{-4} [Wb/m^2]　　㉱ 10.8 [Wb/m^2]

◆ 풀이 $B = \dfrac{\phi}{A} = \dfrac{3.6 \times 10^{-4}}{3 \times 10^{-4}} = 1.2$ [Wb/m^2]

답 ㉯

34 자속을 만드는 원동력이 되는 것은?

㉮ 전자력　　㉯ 회전력　　㉰ 기자력　　㉱ 전기력

◆ 풀이 자속 ϕ를 만드는 원동력을 기자력 F라고 한다.
$F = NI$

답 ㉰

35 M.K.S 단위계에서 기자력의 단위는?

㉮ Wb　㉯ AT/m　㉰ AT　㉱ Wb/m^2

◆ 풀이　$F = NI$[AT]　**답** ㉰

36 다음 중 자기 저항의 단위는?

㉮ [Wb/AT]　㉯ [AT/Wb]　㉰ [AT/m]　㉱ [Wb/m]

답 ㉯

37 자기 저항 [AT/Wb]과 같은 단위는?

㉮ [H]　㉯ [F]　㉰ [1/H]　㉱ [1/F]

답 ㉰

38 200회 감은 어떤 코일에 15 [A]의 전류를 흐르게 할 때의 기자력 [AT]은?

㉮ 15 [AT]　㉯ 200 [AT]　㉰ 3000 [AT]　㉱ 13.3 [AT]

◆ 풀이　$F = NI = 200 \times 15 = 3000$ [AT]　**답** ㉰

39 전기 회로의 길이 l[m], 단면적 A[m^2], 진공의 투자율 μ_0[H/m], 비투자율 μ_s 일 때 자기저항 [AT/Wb]은?

㉮ $\dfrac{l}{\mu_0 \mu_s A}$　㉯ $\dfrac{A}{\mu_0 \mu_s l}$　㉰ $\dfrac{\mu_0 \mu_s A}{l}$　㉱ $\dfrac{\mu_0 \mu_s l}{A}$

◆ 풀이　자기저항 $R = \dfrac{F}{\phi} = \dfrac{NI}{\phi} = \dfrac{l}{\mu A}$ [AT/Wb]　**답** ㉮

40 자기저항이 2300 [AT/Wb]인 회로에 40000 [AT]의 기자력을 가할 때 생기는 자속은 얼마인가?

㉮ 17.3 [Wb] ㉯ 17.4 [Wb] ㉰ 17.5 [Wb] ㉱ 17.6 [Wb]

◆ 풀이 $\phi = \dfrac{F}{R} = \dfrac{40000}{2300} = 17.39 \fallingdotseq 17.4\,[\mathrm{Wb}]$

답 ㉯

41 자기저항 100 [AT/Wb]인 회로에 400 [AT]의 기자력을 가할 때 자속 [Wb]은?

㉮ 1 ㉯ 2 ㉰ 3 ㉱ 4

◆ 풀이 $\phi = \dfrac{F}{R} = \dfrac{400}{100} = 4\,[\mathrm{Wb}]$

답 ㉱

42 다음 중 강자성체가 아닌 것은?

㉮ 니켈 ㉯ 철 ㉰ 백금 ㉱ 망간

◆ 풀이
- 강자성체 : 철 · 니켈 · 코발트 · 망간 및 이들의 합금
- 반자성체 : 구리 · 아연 · 비스무트 · 납 · 게르마늄 등
- 상자성체 : 알루미늄 · 공기 · 산소 · 백금 등

답 ㉰

43 다음 물질 중에서 반자성체가 아닌 것은?

㉮ 납 ㉯ 망간 ㉰ 구리 ㉱ 아연

◆ 풀이 반자성체 : 구리, 아연, 비스무트, 납, 게르마늄 등

답 ㉯

44 다음 중 반자성체 물질의 특색을 나타낸 것은?

㉮ $\mu_s > 1$ ㉯ $\mu_s \gg 1$ ㉰ $\mu_s = 1$ ㉱ $\mu_s < 1$

◆ 풀이 상자성체($\mu_s > 1$), 강자성체($\mu \gg 1$), 반자성체($\mu_s < 1$)

답 ㉱

45 히스테리시스 곡선이 종축과 만나는 점의 값은 무엇을 나타내는가?

㉮ 자화력　　㉯ 잔류자기　　㉰ 자속밀도　　㉱ 보자력

답 ㉯

46 자기 히스테리시스 곡선의 횡축과 종축은 어느 것을 나타내는가?

㉮ 자장과 자속밀도　　㉯ 투자율과 자장
㉰ 투자율과 잔류자기　　㉱ 자장과 보자력

◆ 풀이　　답 ㉮

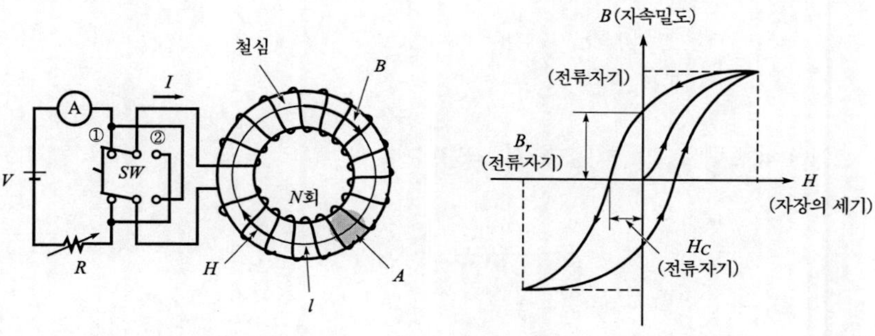

(a)　　(b)

47 영구자석의 재료로서 적당한 것은?

㉮ 잔류자기가 크고 보자력이 작을 것
㉯ 잔류자기가 적고 보자력이 큰 것
㉰ 잔류자기와 보자력이 모두 큰 것
㉱ 잔류자기와 보자력이 모두 작은 것

◆ 풀이　잔류자기와 보자력이 클수록 강자성체이다.　　답 ㉰

48 주파수 f [Hz]의 교류에 의해서 생기는 히스테리시스손은 자속밀도를 일정하게 하면 주파수 f 의 몇 승에 비례하는가?

㉮ 1/2 ㉯ 1 ㉰ 1.6 ㉱ 2

답 ㉯

49 히스테리시스손은 최대자속 밀도의 몇 승에 비례하는가?

㉮ 1 ㉯ 1.6 ㉰ 2 ㉱ 3

◆ 풀이 히스테리시스 손실

$$P_h = n \cdot f \cdot B_m^{1.6} [\mathrm{W/m^3}]$$

답 ㉯

50 다음 그림에서 도체 A 가 받는 힘의 방향은?

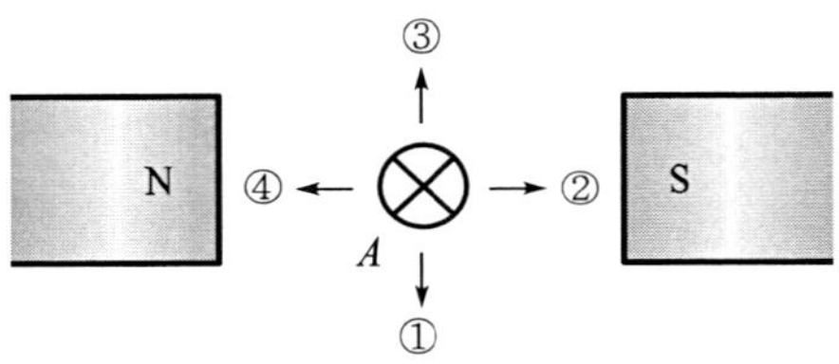

㉮ ①
㉯ ②
㉰ ③
㉱ ④

답 ㉮

51 그림과 같이 자극 사이에 있는 도체에 전류 I가 흐를 때 힘은 어느 방향으로 작용하는가?

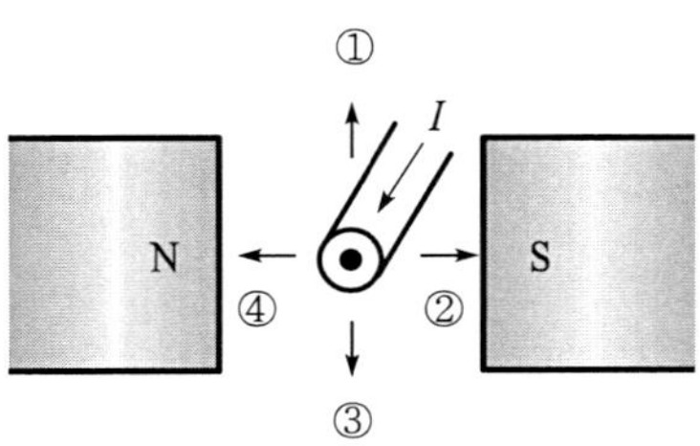

㉮ ①
㉯ ②
㉰ ③
㉱ ④

답 ㉮

52 플레밍의 왼손 법칙에 의하면 힘의 방향은 어떤 손가락과 관계가 있는가? (왼손 세 손가락을 직각으로 펼칠 경우)

㉮ 가운데 손가락 ㉯ 집게 손가락
㉰ 엄지 손가락 ㉱ 끝지 손가락

◆ 풀이 • 플레밍의 왼손법칙
집게 손가락(자장의 방향), 가운데 손가락(전류의 방향), 엄지 손가락(힘의 방향)

답 ㉰

53 전동기의 회전방향과 관계가 있는 법칙은?

㉮ 렌쯔의 법칙 ㉯ 패러데이의 법칙
㉰ 플레밍의 오른손 법칙 ㉱ 플레밍의 왼손 법칙

◆ 풀이 • 플레밍의 왼손법칙은 전동기의 회전방향을 알 수 있다.

답 ㉱

54 발전기의 유도전압의 방향을 나타내는 것은?

㉮ 렌쯔의 법칙 ㉯ 플레밍의 오른손 법칙
㉰ 오른 나사의 법칙 ㉱ 패러데이의 법칙

◆ 풀이 • 전자유도에 의한 유도기전력의 크기 — 패러데이의 법칙

답 ㉮

55 공기 중에서 자속밀도 3 [Wb/m^2]의 평등자장 속에 길이 10 [cm]의 직선도선을 자장의 방향과 직각으로 놓고 여기에 4 [A]의 전류를 흐르게 하면 도선이 받는 힘은?

㉮ 1.2 [N] ㉯ 2.1 [N] ㉰ 3.2 [N] ㉱ 4.3 [N]

◆ 풀이 $F = BlI\sin\theta = 3 \times 4 \times 0.1 \times 1 = 1.2$[N]

답 ㉮

56 자속밀도 0.5 [Wb/m^2]의 자장안에 직각으로 20 [cm]의 도체를 놓고 이것에 10 [A]의 전류를 흘릴 때 도체가 50 [cm] 운동한 경우의 일 [J]은?

㉮ 0.5 [J] ㉯ 1 [J] ㉰ 1.5 [J] ㉱ 5 [J]

◆ 풀이 $F = Bl I \sin\theta = 0.5 \times 10 \times 0.2 \times 1 = 1$ [N] 답 ㉮

∴ 도체가 한 일 $W = F \cdot r = 1 \times 0.5 = 0.5$ [J]

57 공기 중에서 자속밀도 15 [Wb/m^2]의 평등자장 중에 길이 5 [cm]의 도선을 자장의 방향과 45°의 각도로 놓고 이 도체에 2 [A]의 전류가 흐르면 도선에 작용하는 힘은 몇 [N]인가?

㉮ 1.06 ㉯ 1.73 ㉰ 3.16 ㉱ 5.19

◆ 풀이 $F = Bl I \sin\theta = 15 \times 2 \times 0.05 \times \frac{1}{\sqrt{2}} \fallingdotseq 1.06$ [N] 답 ㉮

$\left(\because \sin 45° = \frac{1}{\sqrt{2}}\right)$

58 자극 m [Wb]에서 직각으로 r [m] 떨어진 자장속의 도선에 I [A]의 전류가 흐를 때 단위길이 도선에 작용하는 전자력은?

㉮ $\mu_0 HI$ ㉯ $\frac{1}{2}\mu_0 HI$ ㉰ $\mu_0 BI$ ㉱ $\frac{1}{2}\mu_0 BI$

◆ 풀이 $B = \mu_0 H$ [Wb/m^2] 답 ㉮

∴ $F = BI = \mu_0 HI$ [N/m]

59 평행한 왕복 도체에 흐르는 전류에 의한 작용력은?

㉮ 흡인력 ㉯ 반발력 ㉰ 회전력 ㉱ 0

◆ 풀이 왕복 도체이므로 전류의 방향은 반대이며, 반발력이 작용 답 ㉯

60 그림과 같이 A, B 도체에 같은 방향의 전류가 흐를 때 두 도체간에 작용하는 힘은?

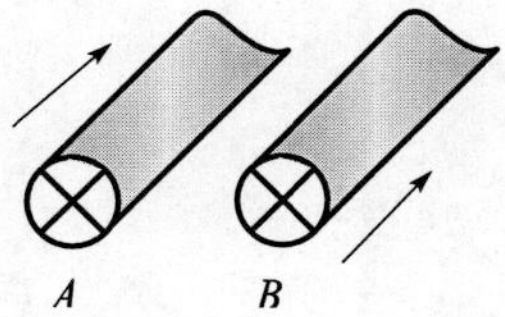

㉮ 반발력이 작용한다.
㉯ A가 B쪽으로 흡인된다.
㉰ B가 A쪽으로 흡인된다.
㉱ 흡인력이 작용한다.

◆ 풀이 전류가 같은 방향일 때 흡입력, 반대 방향일 때 반발력이 작용한다. 답 ㉱

61 r[m] 떨어진 두 평행 도체에 각각 $I_1 I_2$[A]의 전류가 흐를 때 전선 단위길이당 작용하는 힘 [N/m]은?

㉮ $\dfrac{I_1 I_2}{r} \times 10^{-7}$ ㉯ $\dfrac{I_1 I_2}{r^2} \times 10^{-7}$

㉰ $\dfrac{2I_1 I_2}{r} \times 10^{-7}$ ㉱ $\dfrac{2I_1 I_2}{r^2} \times 10^{-7}$

◆ 풀이 평행한 직선 전류 사이에 작용하는 힘 답 ㉰

$$F = \frac{2I_1 I_2}{r} \times 10^{-7} [\text{N}]$$

62 자속밀도 B[Wb/m^2] 중의 길이 l[m]의 도체가 B에 직각으로 v[m/s]의 속도로 운동할 때 도선에 유기되는 기전력 [V]은?

㉮ $\dfrac{B \cdot v}{l}$ ㉯ $B \cdot l \cdot v$

㉰ $\dfrac{1}{B \cdot l \cdot v}$ ㉱ $\dfrac{B \cdot l}{v}$

◆ 풀이 $v = Blv \sin\theta$[V](∵ 직각 : 90°이므로 sin 90°=1) 답 ㉯

63 플레밍의 오른손 법칙에서 셋째 손가락의 방향은?

㉮ 운동 방향　　㉯ 자속밀도의 방향
㉰ 유도기전력의 방향　　㉱ 자력선의 방향

◆ 풀이 • 플레밍의 오른손 법칙
: 집게 손가락(자장의 방향), 가운데 손가락(기전력의 방향),
엄지 손가락(도체의 운동 방향)

답 ㉯

64 플레밍의 오른손 법칙에 따르는 기전력이 발생하는 기기는?

㉮ 교류 발전기　　㉯ 교류 전동기
㉰ 교류 정류기　　㉱ 교류 용접기

◆ 풀이 플레밍의 오른손 법칙은 교류 발전기에 적용한다.

답 ㉮

65 전자유도 현상에 의하여 생기는 유도 기전력의 크기를 정의하는 법칙은?

㉮ 렌쯔의 법칙　　㉯ 패러데이의 법칙
㉰ 앙페르의 법칙　　㉱ 플레밍의 오른손 법칙

답 ㉯

66 "전자유도에 의하여 생긴 기전력의 방향은 그 유도전류가 만드는 자속이 항상 원래 자속의 증가 또는 감소를 방해하는 방향이다."라고 하는 법칙은 무엇인가?

㉮ 쿨롱의 법칙　　㉯ 암페어의 법칙
㉰ 줄의 법칙　　㉱ 렌쯔의 법칙

◆ 풀이 렌쯔의 법칙에 의하면 전자유도에 의하여 생기는 전압의 방향은
자신의 발생원인이 되는 자속의 변화를 방해하는 방향으로 발생한다.

답 ㉱

67 그림과 같이 코일 근방에서 자속을 운동시켰더니 코일에는 화살표방향의 전류가 흘렀다. 자석을 움직인 방향은?

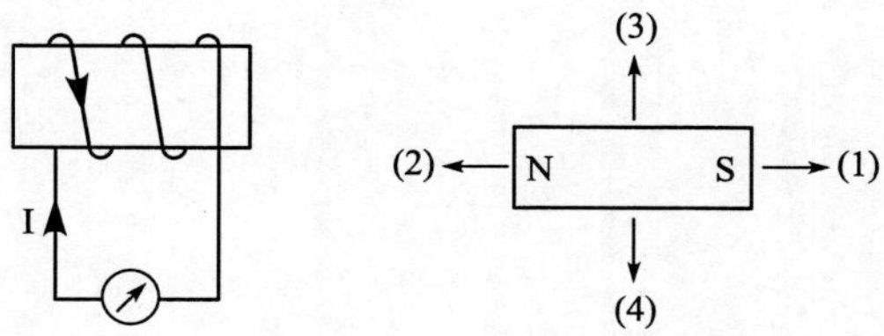

㉮ (1)의 방향
㉯ (2)의 방향
㉰ (3)의 방향
㉱ (4)의 방향

답 ㉯

68 전자유도에 의하여 어떤 회로에 생긴 기전력은 이 회로와 쇄교하는 자속의 증가 또는 감소하는 정도에 비례한다. 라는 것은 무슨 법칙인가?

㉮ 옴의 법칙 ㉯ 줄의 법칙
㉰ 전자유도에 의한 패러데이의 법칙 ㉱ 렌쯔의 법칙

◆ 풀이 $e = -N\dfrac{d\phi}{dt}$ [V] : 패러데이의 법칙

답 ㉰

69 코일권수 100회인 코일면에 수직으로 자속 0.8 [Wb]가 관통하고 있다. 이 자속을 0.1 [sec] 동안에 없애면 코일에 유도되는 기전력 [V]은?

㉮ 0.8 ㉯ 8 ㉰ 80 ㉱ 800

◆ 풀이 $e = -N\dfrac{d\phi}{dt} = 100 \times \dfrac{0.8}{0.1} = 800$ [V]

답 ㉱

70 어떤 코일에 전류가 0.2초 동안에 2 [A] 변화하여 기전력이 4 [V] 유기되었다면 이 회로의 자체 인덕턴스는 몇 [H]인가?

㉮ 0.1 ㉯ 0.2 ㉰ 0.4 ㉱ 0.5

◆ 풀이 $v = L\dfrac{dI}{dt}$ $\therefore L = \dfrac{dt}{dI} \times v = \dfrac{4 \times 0.2}{2}$

답 ㉰

71 $L=40\,[\mathrm{mH}]$의 코일에 흐르는 전류가 0.2 [sec] 동안에 10 [A]가 변화했다. 코일에 유기되는 기전력 [V]은?

㉮ 1　　㉯ 2　　㉰ 3　　㉱ 4

◆ 풀이　$v=L\dfrac{dI}{dt}=40\times10^{-3}\times\dfrac{10}{0.2}=2\,[\mathrm{V}]$

답 ㉯

72 권수 N[T]인 코일에 I[A]의 전류가 흘러 자속 φ[Wb]가 발생할 때의 인덕턴스는 몇 [H]인가?

㉮ $\dfrac{N\phi}{I}$　　㉯ $\dfrac{I\phi}{H}$　　㉰ $\dfrac{NI}{\phi}$　　㉱ $\dfrac{\phi}{NI}$

◆ 풀이　자체 인덕턴스 $L=\dfrac{N\phi}{I}\,[\mathrm{H}]$

답 ㉮

73 권선수 50인 코일에 5 [A]의 전류가 흘렀을 때 10^{-3}[Wb]의 자속이 코일 전체를 쇄교하였다면 이 코일의 자체 인덕턴스는?

㉮ 10 [mH]　　㉯ 20 [mH]　　㉰ 30 [mH]　　㉱ 40 [mH]

◆ 풀이　$L=\dfrac{N\phi}{I}=\dfrac{50\times10^{-3}}{5}=10\times10^{-3}=10\,[\mathrm{mH}]$

답 ㉮

74 코일의 자체 인덕턴스는 어느 것에 따라 변하는가?

㉮ 투자율　　㉯ 도전율　　㉰ 저항율　　㉱ 유전율

답 ㉮

75 코일의 자체 인덕턴스는 권수 N의 몇 제곱에 비례하는가?

㉮ N　　㉯ N^2　　㉰ N^3　　㉱ N^4

답 ㉯

76 자기 인덕턴스가 $L_1 L_2$, 상호 인덕턴스 M 결합계수가 1일 때의 관계는 다음 중 어느 것인가?

㉮ $L_1 L_2 = M$　　㉯ $\sqrt{L_1 L_2} = M$

㉰ $\sqrt{L_1 L_2} > M$　　㉱ $L_1 L_2 > M$

◆ 풀이 $M = k\sqrt{L_1 L_2}\ (\therefore k=1) = \sqrt{L_1 L_2}$ 　답 ㉯

77 자체 인덕턴스가 각각 $L_1 L_2$[H]의 두 원통 코일이 서로 직교하고 있다. 두 코일간의 상호 인덕턴스는?

㉮ $L_1 + L_2$　　㉯ $L_1 \cdot L_2$　　㉰ 0　　㉱ $\sqrt{L_1 \cdot L_2}$

◆ 풀이 두 원통코일이 직각으로 교차한다면 쇄교자속과 비례상수 k는 0이 된다. 　답 ㉰

$\therefore M = k\sqrt{L_1 L_2} = 0$

78 자체 인덕턴스 20 [mH]와 80 [mH]인 두 개의 코일이 있다. 양 코일 사이에 누설자속이 없다고 하면 상호 인덕턴스는 몇 [mH]인가?

㉮ 1600　　㉯ 160　　㉰ 400　　㉱ 40

◆ 풀이 누설자속이 없다면 $k=1$ 　답 ㉱

$\therefore M = \sqrt{L_1 L_2} = \sqrt{20 \times 80} = 40\,[\text{mH}]$

79 자체 인덕턴스가 $L_1 L_2$, 상호 인덕턴스 M인 코일이 자기적으로 결합을 했을 때 합성 인덕턴스는?

㉮ L_1+L_2+M　　㉯ L_1+L_2-M

㉰ $L_1+L_2 \pm M$　　㉱ $L_1+L_2 \pm 2M$

◆ 풀이　$L_0 = L_1 + L_2 + 2M$　　답 ㉱

80 0.25 [H]와 0.23 [H]의 자체 인덕턴스를 직렬로 접속할 때 합성 인덕턴스의 최대값은?

㉮ 1.2 [H]　　㉯ 0.96 [H]　　㉰ 0.48 [H]　　㉱ 0.24 [H]

◆ 풀이　$M = \sqrt{L_1 L_2}$ $(\because k=1)$　　답 ㉯

$L_0 = L_1 + L_2 + 2\sqrt{L_1 L_2} = 0.25 + 0.23 + 2\sqrt{0.25 \times 0.23} \fallingdotseq 0.96$ [H]

81 코일에 흐르고 있는 전류가 5배로 되면 축적되는 전자 에너지는 몇 배가 되겠는가?

㉮ 10　　㉯ 15　　㉰ 20　　㉱ 25

◆ 풀이　축적되는 전자에너지는 전류의 제곱에 비례한다.　　답 ㉱

$W = \frac{1}{2} L I^2$ [J], $W \propto I^2$

$\therefore 5^2 = 25$ 배

82 동일한 인덕턴스 L[H]인 두 코일을 같은 방향으로 감고 직렬 연결했을 때의 합성 인덕턴스는? (단, 두 코일의 결합 계수가 1이다.)

㉮ L　　㉯ $2L$　　㉰ $3L$　　㉱ $4L$

◆ 풀이　$L_0 = L + L + 2L = 4L$　　답 ㉱

83 L[H]의 코일에 I[A]의 전류가 흐를 때 저축되는 에너지는 몇 [J]인가?

㉮ LI ㉯ $\frac{1}{2}LI$ ㉰ LI^2 ㉱ $\frac{1}{2}LI^2$

◆ 풀이 코일에 축적되는 에너지 $W = \frac{VI}{2} \cdot t = \frac{1}{2}L\frac{I}{t} \cdot I \cdot t = \frac{1}{2}LI^2$[J]

답 ㉱

84 자체 인덕턴스 4 [H]의 코일에 18 [J]의 에너지가 저장되어 있다. 이때 코일에 흐르는 전류는 몇 [A]가 되는가?

㉮ 1.5 ㉯ 3 ㉰ 6 ㉱ 18

◆ 풀이 $W = \frac{1}{2}LI^2$[J]

$\therefore I = \sqrt{\frac{2W}{L}} = \sqrt{\frac{2.18}{4}} = 3A$

답 ㉯

85 0.1 [H]인 자체 인덕턴스 L에 5 [A]의 전류가 흐를 때 L에 축적되는 에너지는 몇 [J]인가?

㉮ 4.5 ㉯ 2.56 ㉰ 1.25 ㉱ 3.52

◆ 풀이 $W = \frac{1}{2}LI^2 = \frac{1}{2} \times 0.1 \times 5^2 = 1.25$[J]

답 ㉰

86 0.5 [A]의 전류가 흐르는 코일에 저축된 전자 에너지를 0.2 [J]로 하기 위한 인덕턴스 [H]는 얼마인가?

㉮ 0.8 ㉯ 1.2 ㉰ 1.6 ㉱ 2.2

◆ 풀이 $W = \frac{1}{2}LI^2$[J]

$\therefore L = \frac{2W}{I^2} = \frac{2 \times 0.2}{0.5^2} = 1.6$[A]

답 ㉰

87 자체 인덕턴스 10 [mH]의 코일에 전류 10 [A]를 흘렸을 때 코일에 저축되는 에너지 [J]은 얼마인가?

㉮ 0.1 ㉯ 0.5 ㉰ 10 ㉱ 50

◆ 풀이 $W=\frac{1}{2}LI^2=\frac{1}{2}\times 10\times 10^{-3}\times 10^2=0.5\,[\mathrm{J}]$ 답 ㉯

88 L[H]의 코일에 W[J]의 에너지를 축적하려면 이 코일에 흘려 줄 전류 [A]를 나타낸 것은?

㉮ $I=\sqrt{\frac{2W}{L}}$ ㉯ $I=\frac{2W}{L}$

㉰ $I=\frac{L}{2W}$ ㉱ $I=\sqrt{\frac{L}{2W}}$

◆ 풀이 $W=\frac{1}{2}LI^2\,[\mathrm{J}]\quad\therefore I=\sqrt{\frac{2W}{L}}$ 답 ㉮

89 자속밀도 B, 자장의 세기 H, 투자율 μ일 때 단위 체적당 저장 에너지[$\mathrm{J/m^3}$]식이 잘못된 것은?

㉮ $\frac{1}{2}BH$ ㉯ $\frac{1}{2}\mu H^2$

㉰ $\frac{B^2}{2\mu}$ ㉱ $\frac{HB}{2\mu}$

◆ 풀이 $W=\frac{1}{2}BH=\frac{1}{2}\mu H^2=\frac{B^2}{2\mu}\,[\mathrm{J/m^3}]$

$(\because B=\mu H)$ 답 ㉱

90 철심의 공극에서 자장의 세기가 2000 [AT/m], 자속밀도가 2.5×10^{-3}[Wb/m^2]이라면 공극에서의 단위 체적당 자기 에너지[J/m^3]는?

㉮ 4.0　　㉯ 3.5　　㉰ 3.0　　㉱ 2.5

◆ 풀이　$W=\frac{1}{2}BH=\frac{1}{2}\times2.5\times10^{-3}\times2000=2.5\,[\text{J/m}^3]$　　답 ㉱

91 단위시간에 5 [Wb]의 자속을 어떤 곡선이 끊으면서 2 [J]의 일을 하였다. 이때 흘린 전류 [A]는 얼마인가?

㉮ 2.5 [A]　　㉯ 0.4 [A]　　㉰ 4 [A]　　㉱ 0.25 [A]

◆ 풀이　$W=I\cdot\phi\,[\text{J}]$　　답 ㉯

$\therefore I=\frac{W}{\phi}=\frac{2}{5}=0.4\,[\text{A}]$

92 전자석의 흡인력은 공극의 자속밀도를 B라 할 때 다음 어느 것에 비례하는가?

㉮ B^2　　㉯ $B^{1.6}$　　㉰ $B^{3/2}$　　㉱ B

◆ 풀이　흡입력 f 는 자속밀도 B^2에 비례　　답 ㉮

$f=\frac{1}{2}\frac{B^2}{\mu_0}[N/m^2]$

93 비오 사바르의 법칙은 다음의 어떤 관계를 나타낸 것인가?

㉮ 기전력과 자석의 변화　　㉯ 기전력과 회전력
㉰ 전기와 전장의 세기　　㉱ 전류와 자장의 세기

◆ 풀이　비오 사바르의 법칙은 전류가 만드는 자장의 세기에 대한 법칙으로　　답 ㉱

$\Delta H=\frac{I\Delta l\sin\theta}{4\pi r^2}\,[AT/m]$

94 그림과 같이 도선에 I[A]의 전류가 흐를 때 도선의 미소 부분 $\Delta l[m]$에 의하여 P점에 생기는 자장 ΔH는? [85. 전기기기]

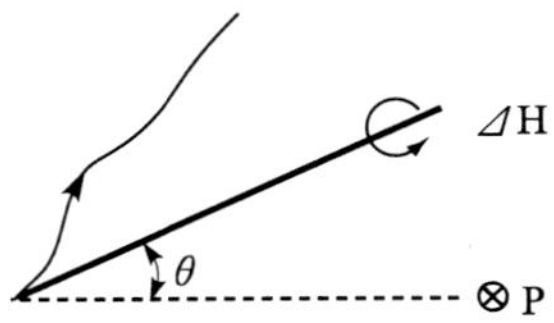

㉮ $\Delta H = \dfrac{I\Delta l sin\theta}{4\pi r^2}[AT/m]$

㉯ $\Delta H = \dfrac{\Delta l sin\theta}{4\pi r^2}[AT/m]$

㉰ $\Delta H = \dfrac{I\Delta l cos\theta}{4\pi r}[AT/m]$

㉱ $\Delta H = \dfrac{I\Delta l cos\theta}{r^2}[AT/m]$

답 ㉮

95 다음 중 비오 사바르의 법칙을 나타낸 식은?

㉮ $\Delta H = \dfrac{I\Delta l sin\theta}{4\pi r}[AT/m]$

㉯ $\Delta H = \dfrac{I\Delta l sin\theta}{4\pi r^2}[AT/m]$

㉰ $\Delta H = \dfrac{I\Delta l cos\theta}{4\pi r}[AT/m]$

㉱ $\Delta H = \dfrac{I\Delta l cos\theta}{4\pi r^2}[AT/m]$

답 ㉯

CHAPTER

04 교류회로

CHAPTER 04 교류회로

4.1 교류 회로의 기초

(1) 사인파(정현파) 교류

교류(Alternating Current : AC)란 시간의 변화에 따라 크기와 방향이 주기적으로 변화하는 전류, 전압을 말한다.

① 사인파 교류의 발생 원리 : 길이 l[m], 반지름 r[m]인 4각형 도체를 자속 밀도 B[Wb/m^2]인 평장 자장속에서 u[m/sec]로 회전시킬 때 도체에 발생하는 기전력 v[V]는 $v = 2Blusin\theta = V_m sin\theta\,[V]$ (단, θ는 자장에 직각인 방향축과 코일의 방향이 이루는 각)

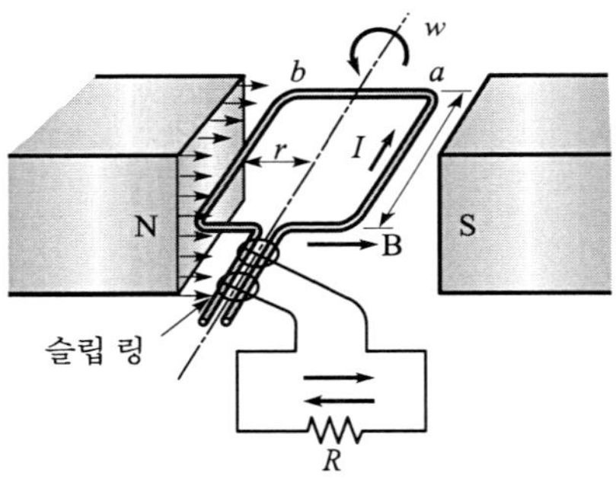

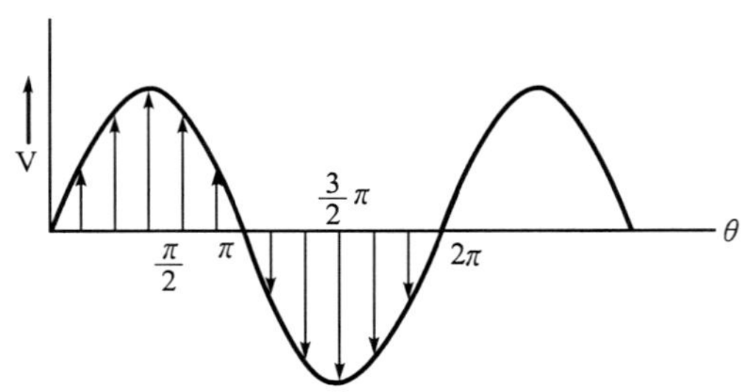

② 주기와 주파수

㉠ 주파수(frequency) : f

- 1[sec]동안에 발생한 사이클(cycle)의 수
- 단위 : 헤르츠(hertz, 기호[Hz])

$$f = \frac{1}{T}\,[Hz]$$

㉡ 주기(period) : T

- 교류의 파형이 1회의 변화를 하는데 걸리는 시간
- 단위 : 초[sec]

$$T = \frac{1}{f}\,[sec]$$

③ 사인파 교류의 각주파수 : w

㉠ 앞의 그림에서 1[sec]동안에 n회전을 하면 n사이클의 교류가 발생

$$w = 2\pi n = 2\pi f = \frac{2\pi}{T}\,[rad/sec]$$

㉡ 코일이 1[sec]동안에 θ[rad]만큼 운동했다고 하면

$\theta = wt\,[rad]$

$v = V_m sin\theta = V_m sinwt\,[V]$

④ 위상차(phase difference) : 교류의 임의의 기점에 대한 상대적인 위치의 차

$v_a = V_m sinwt\,[V]$

$v_b = V_m sin\,(wt - \theta)\,[V]$

㉠ v_a는 v_b보다 θ만큼 앞선다.(lead)

㉡ v_b는 v_a보다 θ만큼 뒤진다.(lag)

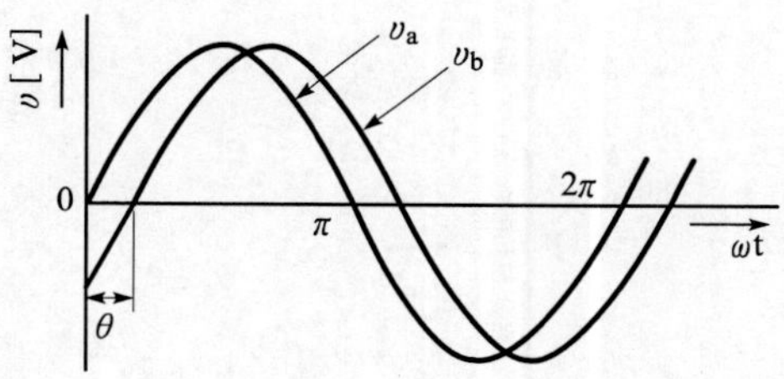

(2) 사인파 교류의 표시

① 순시값과 최대값

㉠ 순시값(instantaneous value) : 순간 순간 변화하는 교류의 임의의 순간에서 전압 또는 전류의 크기(v, I)

$v = V_m sinwt\,[V]$

$i = I_m sinwt\,[V]$

㉡ 최대값(maximum value) : 교류의 순시값 중에서 가장 큰 값(V_m, I_m)

㉢ 피크-피크 값(peak-to-peak value) : (+)의 최대값과 (-)의 최대값 사이의 값 (V_{pp}, I_{pp})

② 평균값(mean value) : V_a, I_a

반주기에 대한 교류 순시값의 평균한 값

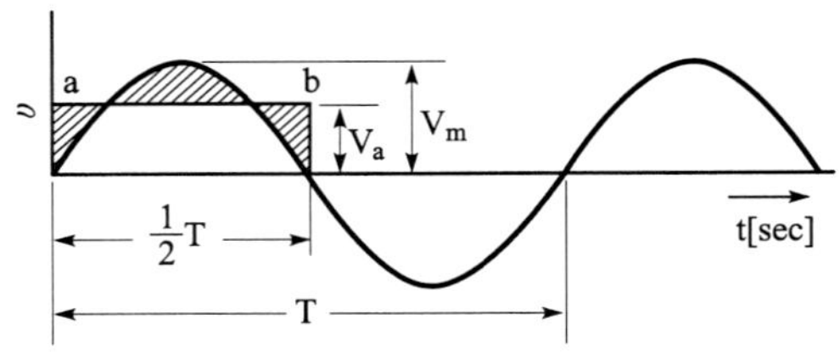

$$V_a = \frac{2}{\pi} V_m \fallingdotseq 0.637 V_m\,[V]$$

$$I_a = \frac{2}{\pi} I_m \fallingdotseq 0.637 I_m\,[V]$$

③ 실효값(effective value) : V, I

㉠ 저항 R[Ω]에 직류 전압 V[V]와 교류 전압 v[V]를 같은 시간 동안 가했을 때의 발열량이 서로 같을 때, 직류 전압과 같은 효과가 있는 것으로 생각하고 결정한 교류의 값

㉡ 교류의 실효값 : 순시값의 제곱 평균의 제곱근값

$$V = \sqrt{v^2\text{의 평균}}$$

㉢ 교류의 실효값 V[V]와 최대값 Vm[V]사이의 관계

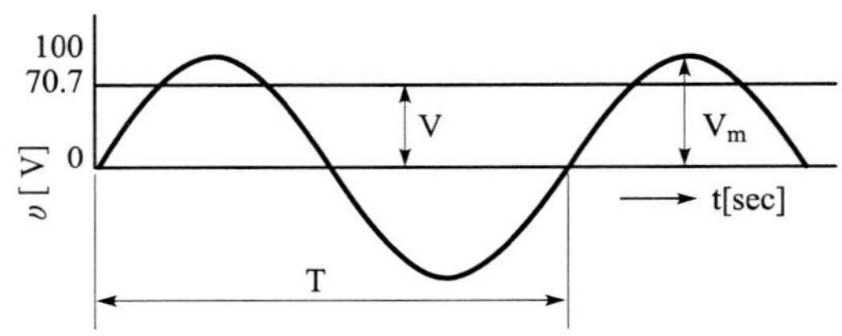

$$V = \frac{1}{\sqrt{2}} V_m \fallingdotseq 0.707 V_m\,[V]$$

④ 사인파의 파형률 및 파고율

㉠ 파형률

$$\text{파형률} = \frac{\text{실효값}}{\text{평균값}} = \frac{\pi}{2\sqrt{2}} = 1.111$$

㉡ 파고율

$$\text{파고율} = \frac{\text{최대값}}{\text{실효값}} = \sqrt{2} = 1.4141$$

4.2 비정현(왜형)파 교류

1. 비정현파의 Fourier 급수 전개

비정현파는 주파수와 진폭을 달리하는 무수히 많은 여현(cos)파와 정현(sin)파의 합으로 표시할 수 있으며 이를 분해, 해석하는 과정을 프리에 급수라 한다.

비정현파 = 직류분($f=0$) + 기본파(f) + 고조파 (nf)

(n : 고조파 차수)

위의 비정현파를 식으로 표현하면

$$f(t)=a_0+a_1\cos wt+a_2\cos 2wt+\cdots+a_n\cos nwt+\cdots$$
$$+b_1\sin wt+b_2\sin 2wt+\cdots+b_n\sin nwt+\cdots$$
$$=a_0+\sum_{n=1}^{\infty}a_n\cos nwt+\sum_{n=1}^{\infty}b_n\sin nwt$$

이때의 프리에 급수의 전개에 있어서 각 항의 계수를 구하면

1) 직류분(평균값)

$$a_0=\frac{1}{T}\int_0^T f(t)dt=\frac{1}{2\pi}\int_0^{2\pi}f(wt)dwt$$

2) cos 파의 계수

$$a_n=\frac{2}{T}\int_0^T f(t)\cos nwt\ dt=\frac{1}{\pi}\int_0^{2\pi}f(wt)\cos nwt\ dwt$$

3) sin 파의 계수

$$b_n=\frac{2}{T}\int_0^T f(t)\sin nwt\ dt=\frac{1}{\pi}\int_0^{2\pi}f(wt)\sin nwt\ dwt$$

2. 대칭성 비정현파의 프리에 급수 전개

1) 정현 대칭(기함수파) : 원점에 대칭

• 정현 대칭 조건

① $f(t) = -f(-t)$ 또는 $f(x) = -f(-x)$

② 직류분(a_0)=0, cos항의 계수(a_n)= 0

③ 정현항의 홀수파 및 짝수파 모두 존재

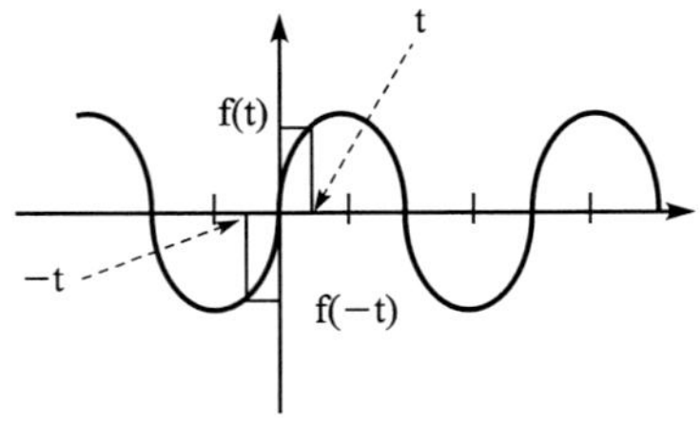

이를 식으로 표현하면

$$f(t) = \sum_{n=1}^{\infty} \sin nwt \quad (n = 1, 2, 3, 4, \cdots)$$

2) 여현 대칭(우함수파) : y축에 대칭

• 여현 대칭 조건

① $f(t) = f(-t)$ 또는 $f(x) = f(-x)$

② sin항의 계수(b_n)= 0

③ 여현항의 홀수파 및 짝수파 모두 존재

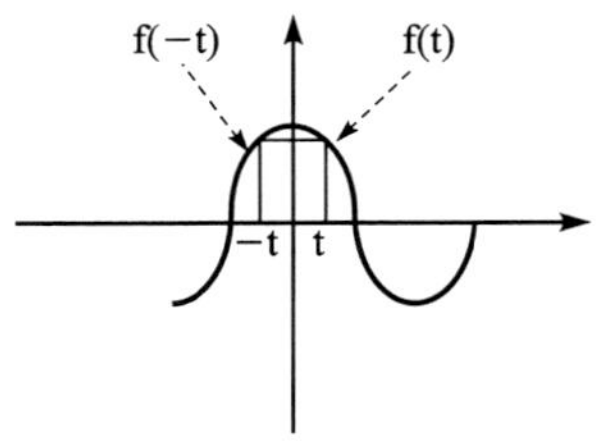

이를 식으로 표현하면

$$f(t) = a_0 + \sum_{n=1}^{\infty} a_n \cos nwt \quad (n = 1, 2, 3, 4, \cdots)$$

3) 반파 대칭 : 반주기마다 크기는 같고 부호는 반대인 파형

• 반파 대칭 조건

① $f(t) = -f(t \pm \frac{T}{2})$ 또는 $f(x) = -f(x \pm \pi)$

② 직류분(a_0)=0

③ 정현항과 여현항의 홀수파가 존재

이를 식으로 표현하면

$$f(t) = a_0 + \sum_{n=1}^{\infty} a_n \cos nwt + \sum_{n=1}^{\infty} b_n \sin nwt \quad (n = 1, 3, 5, \cdots)$$

* 정현 반파 대칭

정현 대칭과 반파 대칭을 동시에 만족하는 것.

- 정현 반파 대칭 조건

① $a_0 = a_n = 0$

② 정현항의 홀수파만 존재

이를 식으로 표현하면

$$f(t) = \sum_{n=1}^{\infty} b_n \sin nwt \quad (n = 1, 3, 5, \cdots)$$

* 여현 반파 대칭

여현 대칭과 반파 대칭을 동시에 만족하는 것.

- 여현 반파 대칭의 조건

① $a_0 = b_n = 0$

② 여현항의 홀수파만 존재

이를 식으로 표현하면

$$f(t) = \sum_{n=1}^{\infty} a_n \cos nwt \quad (n = 1, 3, 5, \cdots)$$

3. 비정현파의 실효치(r.m.s)

1) 실효치

각 파의 실효치 제곱의 합의 제곱근으로 계산한다.

전압의 실효치 : $V = \sqrt{V_0^2 + V_1^2 + V_2^2 + V_3^2 + \cdots + V_n^2}$

전류의 실효치 : $I = \sqrt{I_0^2 + I_1^2 + I_2^2 + I_3^2 + \cdots + I_n^2}$

단, $\begin{cases} V_0, & V_1, & V_2, & V_3, & \cdots & V_n, \\ I_0, & I_1, & I_2, & I_3, & \cdots & I_n, \end{cases}$ 의 값은

직류분 및 각 파의 전압, 전류의 실효치를 말한다.

2) 왜형률(distortion factor)

비정현파에서 고조파 성분이 어느 정도 포함 되있는가를 나타내는 것으로서 기본파의 실효값에 대한 전체고조파의 실효값을 말하며, 즉, 파형의 일그러진 정도를 말 함. 이를 식으로 표현하면

$$\text{왜형률} = \frac{\text{전고조파의실효치}}{\text{기본파의실효치}} = \sqrt{I_1^2 + I_2^2 + I_3^2 + \cdots + I_n^2}$$

4. 비정현 n차 직렬 임피던스

1) R(저항) $-$ L(인덕턴스) 직렬 임피던스

(기본파 임피던스) $Z_1 = R + jwL = \sqrt{R^2 + (wL)^2}$

(2고조파 임피던스) $Z_2 = R + j2wL = \sqrt{R^2 + (2wL)^2}$

(3고조파 임피던스) $Z_3 = R + j3wL = \sqrt{R^2 + (3wL)^2}$

$\vdots \qquad \vdots$

(n고조파 임피던스) $Z_n = R + jnwL = \sqrt{R^2 + (nwL)^2}$

2) R(저항) $-$ C(커패시턴스) 직렬 임피던스

(기본파 임피던스) $Z_1 = R - j\frac{1}{wC} = \sqrt{R^2 + (\frac{1}{wC})^2}$

(2고조파 임피던스) $Z_2 = R - j\frac{1}{2wC} = \sqrt{R^2 + (\frac{1}{2wC})^2}$

(3고조파 임피던스) $Z_3 = R - j\frac{1}{3wC} = \sqrt{R^2 + (\frac{1}{3wC})^2}$

$\vdots \qquad \vdots$

(n고조파 임피던스) $Z_n = R - j\frac{1}{nwC} = \sqrt{R^2 + (\frac{1}{nwC})^2}$

3) n차 직렬 공진 주파수

$R - L - C$ 직렬 회로의 n차(n고조파) 주파수에 대한 합성 임피던스(Z_n)는

$Z_n = R + j\left(nwL - \frac{1}{nwC}\right)$

공진 조건 : 허수부가 0인 상태 $(nwL = \frac{1}{nwC})$

공진 각주파수 : $w_r = \frac{1}{n\sqrt{LC}}$

공진 주파수 : $f_r = \frac{1}{2\pi n\sqrt{LC}}$

5. 비정현파 회로의 전력

1) 유효 전력(소비 전력)

같은 차수의 고조파 성분의 전압, 전류일 때만 소비 전력이 발생하며 다른 고조파의 전압, 전류 끼리는 소비전력이 발생하지 않는다.

$$P = V_0 I_0 + V_1 I_1 \cos\theta_1 + V_2 I_2 \cos\theta_2 + \cdots + V_n I_n \cos\theta_n$$
$$= V_0 I_0 + \sum_{n=1}^{\infty} V_n I_n \cos\theta_n$$

또한,

$$P = I^2 R = \sqrt{(I_0^2 + I_1^2 + I_2^2 + I_3^2 + \cdots + I_n^2)^2}\, R$$
$$= (I_0^2 + I_1^2 + I_2^2 + I_3^2 + \cdots + I_n^2) \cdot R\,[W]$$

2) 무효 전력

같은 차수의 고조파 성분의 전압, 전류일 때만 무효 전력이 발생하며 다른 고조파의 전압, 전류 끼리는 무효 전력이 발생하지 않는다.

$$P_r = V_0 I_0 + V_1 I_1 \sin\theta_1 + V_2 I_2 \sin\theta_2 + \cdots + V_n I_n \sin\theta_n$$
$$= V_0 I_0 + \sum_{n=1}^{\infty} V_n I_n \sin\theta_n$$

또한,

$$P_r = I^2 X = \sqrt{(I_0^2 + I_1^2 + I_2^2 + I_3^2 + \cdots + I_n^2)^2}\, X$$
$$= (I_0^2 + I_1^2 + I_2^2 + I_3^2 + \cdots + I_n^2) \cdot X\,[W]$$

3) 피상 전력

n차(n고조파)일 경우의 피상전력은 전압의 전고조파 실효값과 전류의 전고조파 실효값의 곱으로 표현한다.

전압의 실효치 : $V = \sqrt{V_0^2 + V_1^2 + V_2^2 + V_3^2 + \cdots + V_n^2}$

전류의 실효치 : $I = \sqrt{I_0^2 + I_1^2 + I_2^2 + I_3^2 + \cdots + I_n^2}$

피상전력 : $P = VI[VA]$

단, $\begin{cases} V_0, & V_1, & V_2, & V_3, & \cdots & V_n, \\ I_0, & I_1, & I_2, & I_3, & \cdots & I_n, \end{cases}$ 의 값은

직류분 및 각 파의 전압, 전류의 실효치를 말한다.

4) 역률 : $\cos\theta = \dfrac{\text{유효전력}}{\text{피상전력}} = \dfrac{P}{P_a}$

4.3 과도현상

1. 정의

그동안에 취급한 정상상태의 응답과는 달리 L과 C를 포함한 전기회로에서 순간적인 스위치의 개폐 작용에 의하여 혹은 순간 변화하은 경우 L, C성질에 의한 에너지 축적으로 정상상태에 이르는 시간동안 복잡하게 변화하는 현상 즉, 정상상태에서 부터 다른 정상상태으로 이행하는 동안 변화하는 과정을 말 함.

2. 과도현상에 대한 성질

① R(저항)만의 있는 회로 ➡ 과도현상 없음(과도 전류 없음)

② L(인덕턴스)과 C(커패시턴스) ➡ 시간적 변화를 갖는 소자에서는 과도현상 발생 함.

③ 과도 전류 ➡ [정상값(변하지 않는 값) + 과도값]

④ 시정수(τ) ➡ 클수록 과도현상은 오래 지속 됨.

⑤ L(인덕턴스) ➡ 초개말단(처음은 개방, 끝에서는 단락)

C(커패시턴스) ➡ 초단말개(처음은 단락, 끝에서는 개방)

3. $R-L$ 직렬 회로의 과도현상

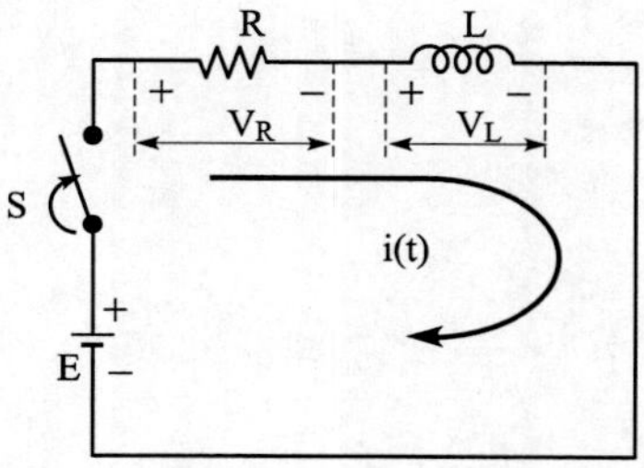

스위치(s) ➡ 투입(on) : 회로에 기전력 인가 시킴.

스위치 투입 하는 순간 저항(R)과 인덕턴스(L)에 걸리는 전압강하(기전력) E는

$$E = Ri(t) + L\frac{d}{dt}i(t)$$

위 식을 라플라스 변환하면

$$\frac{E}{s} = RI(s) + LsI(s) \;\Rightarrow\; I(s) = \frac{E}{s(Ls+R)} = \frac{\frac{E}{L}}{s(s+\frac{R}{L})}$$

부분 분수전개법에 의하여 $i(t)$는

$$I(s) = \frac{\frac{E}{L}}{s(s+\frac{R}{L})} = \frac{A}{s} + \frac{B}{s+\frac{R}{L}} = \frac{A(s+\frac{R}{L})+Bs}{s(s+\frac{R}{L})} = \frac{A\frac{R}{L}+(A+B)s}{s(s+\frac{R}{L})}$$

$A+B=0,\; A\frac{R}{L} = \frac{E}{L}$ 이 되므로

$A = \frac{E}{R},\; B = -\frac{E}{R}$ 이다.

다음 식에 A와 B의 값을 대입하면

$$I(s) = \frac{A}{s} + \frac{B}{s+\frac{R}{L}} \;\Rightarrow\; I_s = \frac{E}{R}\cdot\frac{1}{s} - \frac{E}{R}\cdot\frac{1}{s+\frac{R}{L}}$$

역라플라스 변환하면 ➡ $i(t) = \frac{E}{R}\left(1-e^{-\frac{R}{L}t}\right)[A]$ 이다.

* R-L 직렬회로에서 꼭 알아두어야 할 점.

① 정상값 : $I_0 = \dfrac{E}{R}$

② 특성근(과도값) : $-\dfrac{R}{L}$

③ 시정수 : $\tau = \dfrac{L}{R}$[sec](특성근의 절대값의 역수)

④ 시간(t)가 시정수(τ)와 같은 값에서의 전류값

$$I(\tau) = \frac{E}{R}(1 - e^{-\frac{R}{L} \times \frac{L}{R}}) = \frac{E}{R}(1 - e^{-1}) = 0.632\frac{E}{R}[A]$$

⑤ 저항(R)의 양단에 걸리는 전압

$$V_R = Ri(t) = R \cdot \frac{E}{R}(1 - e^{-\frac{R}{L}t}) = E(1 - e^{-\frac{R}{L}t})[V]$$

⑥ 인덕턴스(L)의 양단에 걸리는 전압

$$V_L = L \times \frac{d}{dt}i(t) = L \times \frac{d}{dt}\frac{E}{R}(1 - e^{-\frac{R}{L}t})$$

$$= \frac{LE}{R} \times (-\frac{R}{L}) \times -e^{-\frac{R}{L}t} = Ee^{-\frac{R}{L}t}[V]$$

4. $R-C$ 직렬 회로의 과도현상

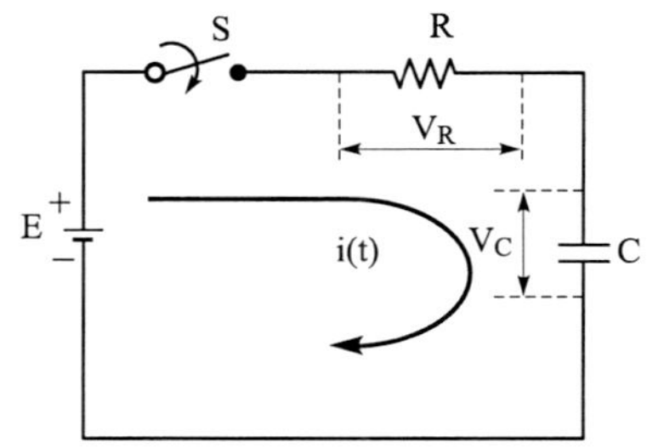

스위치(s) ➡ 투입(on) : 회로에 기전력 인가시킴.

스위치 투입 하는 순간 저항(R)과 커패시턴스(C)에 걸리는 전압강 하(기전력) E는

$$E = Ri(t) + \frac{1}{C}\int i(t)dt$$

위 식을 라플라스 변환하면

$$\frac{E}{s} = RI(s) + \frac{1}{Cs}I(s) \Rightarrow I(s) = \frac{E}{s(R+\frac{1}{C_S})} = \frac{\frac{E}{R}}{s+\frac{1}{RC}}$$

역라플라스 변환하면 ➡ $i(t) = \frac{E}{R}e^{-\frac{1}{RC}t}[A]$이다.

* R-C 직렬회로에서 꼭 알아두어야 할 점.

① 전하량

$$q = \int_0^t i(t)dt = \int_0^t \frac{E}{R}e^{-\frac{1}{RC}t}dt = \frac{E}{R}(-RC)e^{-\frac{1}{RC}t}$$

$$= CE(1-e^{-\frac{1}{RC}t})[C]$$

② 특성근(과도값) : $-\frac{1}{RC}$

③ 시정수 : $\tau = RC[\sec]$(특성근의 절대값의 역수)

④ 시간(t)가 시정수(τ)와 같은 값에서의 전류값

$$i(\tau) = \frac{E}{R}e^{-\frac{1}{RC}\times RC} = \frac{E}{R}e^{-1} = 0.368\frac{E}{R}[A]$$

⑤ 저항(R)의 양단에 걸리는 전압

$$V_R = Ri(t) = R\cdot\frac{E}{R}e^{-\frac{1}{RC}t} = Ee^{-\frac{1}{RC}t}[V]$$

⑥ 커패시턴스(C)의 양단에 걸리는 전압

$$V_C = \frac{q}{C} = \frac{CE(1-e^{-\frac{1}{RC}t})}{C} = E(1-e^{-\frac{1}{RC}t})[V]$$

5. $L-C$ 직렬 회로의 과도 현상

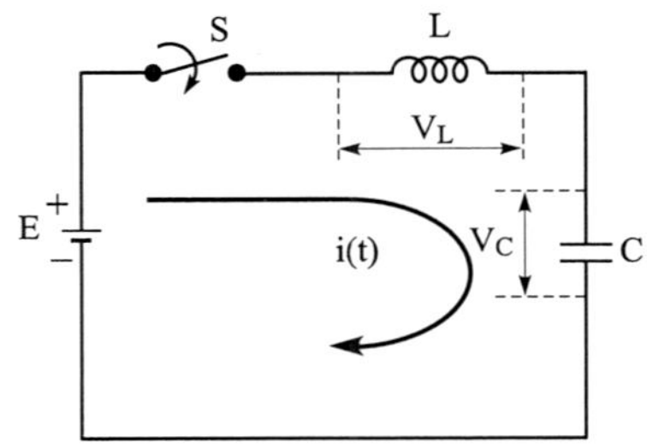

스위치(s) ➡ 투입(on) : 회로에 기전력 인가 시킴.

스위치 투입하는 순간 인덕턴스(L)과 커패시턴스(C)에 걸리는 전압강하(기전력) E는

$$E = L\frac{d}{dt}i(t) + \frac{1}{C}\int i(t)\ dt$$

라플라스 변환하면

$$\frac{E}{s} = LsI(s) + \frac{1}{Cs}I(s) \ ➡\ I(s) = \frac{E}{s\,(Ls + \frac{1}{C_S})} = \frac{\frac{E}{L}}{s^2 + \frac{1}{LC}}$$

$$= \frac{\frac{1}{\sqrt{LC}}\sqrt{\frac{C}{L}}E}{s^2 + (\frac{1}{\sqrt{LC}})^2} = \frac{E}{\sqrt{\frac{L}{C}}} \times \frac{\frac{1}{\sqrt{LC}}}{s^2 + (\frac{1}{\sqrt{LC}})^2}$$

역라플라스 변환하면 ➡ $i(t) = \dfrac{E}{\sqrt{\frac{L}{C}}} sin\dfrac{1}{\sqrt{LC}}t\ [A]$이다.

여기서 고유 주파수(각속도)는

$$w_n = \frac{1}{\sqrt{LC}}$$

이 전류 $i(t)$는 불변 진동전류이다.

6. $R-L-C$ 직렬 회로의 과도 현상

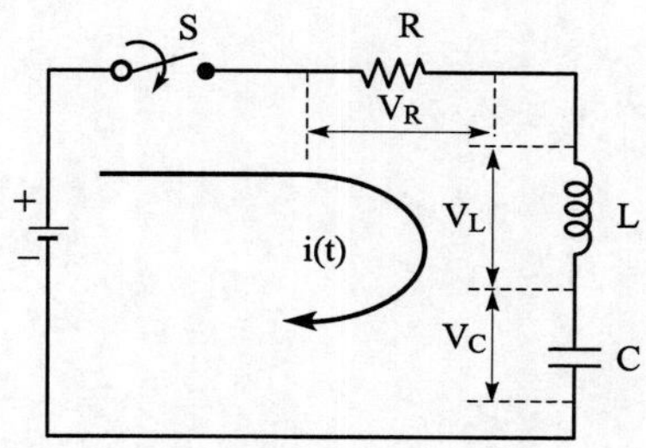

스위치(s) ➡ 투입(on) : 회로에 기전력 인가 시킴.

스위치 투입 하는 순간 저항(R), 인덕턴스(L)과 커패시턴스(C)에걸리는 전압강하(기전력) E는

$$E = Ri(t) + L\frac{d}{dt}i(t) + \frac{1}{C}\int i(t)\ dt$$

라플라스 변환하면

$$\frac{E}{s} = RI(s) + LsI(s) + \frac{1}{Cs}I(s)$$

$$➡\ I(s) = \frac{E}{s(R + Ls + \frac{1}{Cs})} = \frac{CE}{LCs^2 + RCs + 1}$$

여기서, 분모를 0으로 하는 특성방정식을 세우면

$$LCs^2 + RCs + 1 = 0$$

위 식에서 근의 공식을 이용하여 s를 구하면

$$s = \frac{-RC \pm \sqrt{R^2C^2 - 4LC}}{2LC}$$

여기서 $\sqrt{\ } = 0$인 값을 구하면

$$R^2C^2 - 4LC = 0\ ➡\ R = 2\sqrt{\frac{L}{C}}$$

여기서 R, L, C의 값에 따라 다음 3가지(비진동, 임계진동, 진동)의 다른 현상이 발생한다.

① $R > 2\sqrt{\frac{L}{C}}$: 비진동적

② $R = 2\sqrt{\frac{L}{C}}$: 임계진동적

③ $R < 2\sqrt{\frac{L}{C}}$: 진동적

고유 진동 각주파수$(w_n) = \sqrt{\frac{1}{LC} - (\frac{R}{2L})^2}$

고유 진동 주파수$(f) = \frac{1}{2\pi}\sqrt{\frac{1}{LC} - (\frac{R}{2L})^2}$

4.4 교류 전류에 대한 RLC의 작용

(1) 저항(R)만의 회로

R[Ω]만의 회로에 교류 전압 $v = V_m sinwt\,[V]$

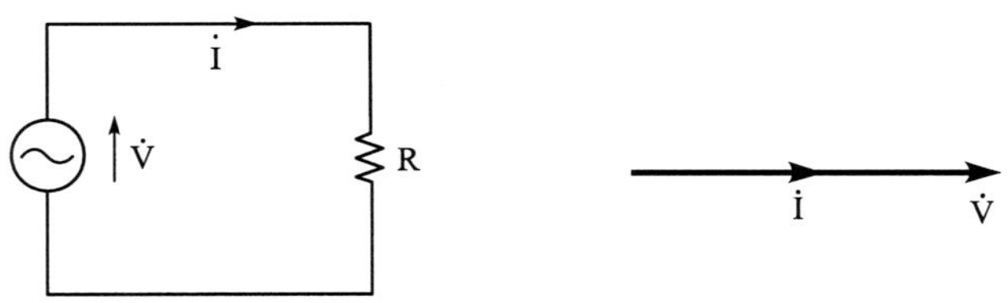

① 순시 전류(i)

$$i = \frac{v}{R} = \frac{V_m}{R}sinwt = \sqrt{2}\frac{V}{R}sinwt = \sqrt{2}Isinwt = I_m sinwt\,[A]$$

② 전압, 전류의 실효값

$$V = IR\,[V],\ I = \frac{V}{R}\,[A]$$

③ 전압과 전류의 위상 : 전압과 전류는 동상이다.

(2) 인덕턴스(L)만의 회로

L[H]만의 회로에 교류 전류 $i = I_m sinwt\,[A]$를 인가했을 경우

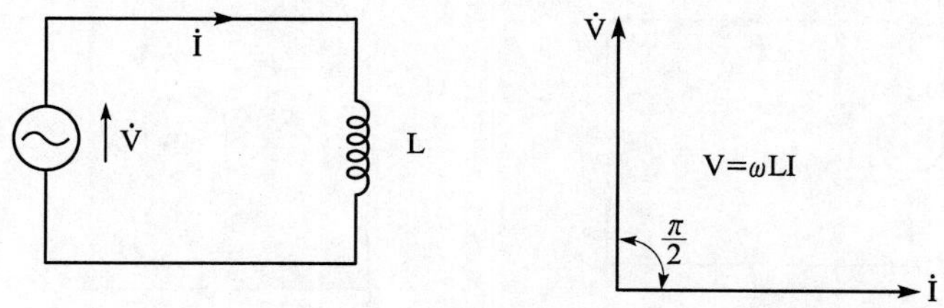

① 유도 리액턴스(inductive reactance) : X_L

코일에 전류가 흐르는 것을 방해하는 요소이며 주파수에 비례한다.

$X_L = wL = 2\pi f L\,[\Omega]$

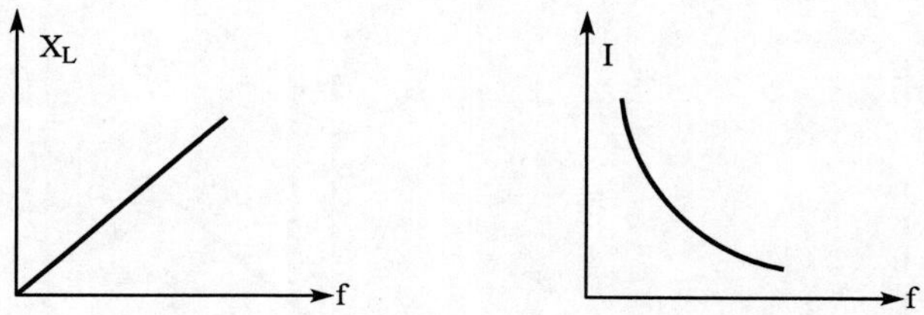

② 인덕턴스 L양단의 전압(v)

$$v = L\frac{di}{dt} = L\frac{d}{dt}(\sqrt{2}Isinwt) = \sqrt{2}wLIcoswt$$

$$= \sqrt{2}wLIsin(wt + 90^\circ) = V_m sin(wt + 90^\circ)[V]$$

③ 전압, 전류의 실효값

$$V = X_L \cdot I = wLI[V],\ I = \frac{V}{X_L} = \frac{V}{wL}[A]$$

④ 전압과 전류의 위상

㉠ 전압은 전류보다 위상이 90° 앞선다.

㉡ 전류는 전압보다 위상이 90° 뒤진다.

(3) 정전 용량(C)만의 회로

C[F]만의 회로에 교류 전압 $v = V_m sin\theta wt\,[A]$를 인가했을 경우

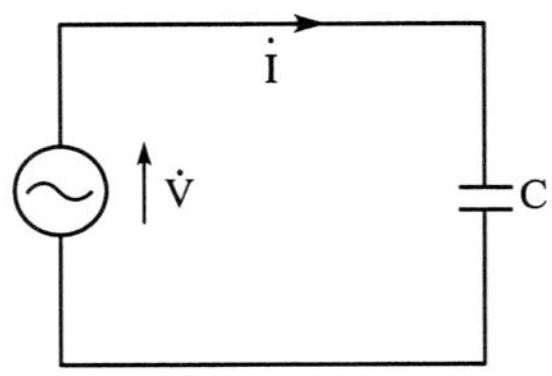

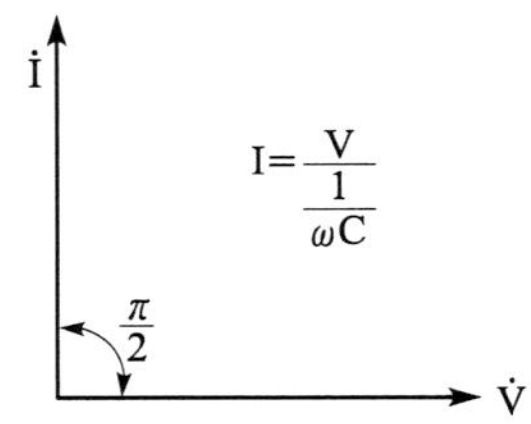

① 용량 리액턴스(capactive reactance) : Xc

저항과 같이 전류를 제어하며 주파수에 반비례한다.

$$X_c = \frac{1}{wC} = \frac{1}{2\pi f C}\,[\Omega]$$

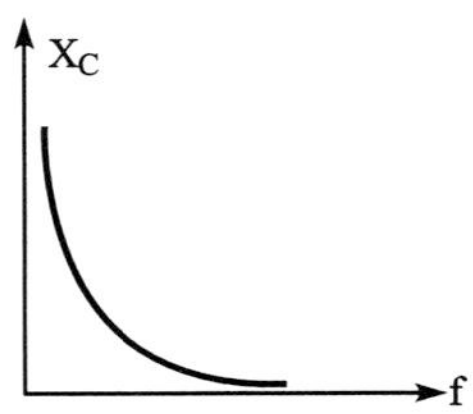

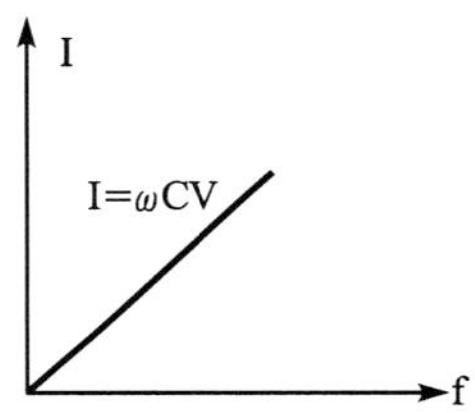

② 콘덴서에 축적되는 전하(q)

$$q = Cv = \sqrt{2}CVsinwt\,[C]$$

③ 콘덴서에 유입되는 전류(i)

$$i = \frac{di}{dt} = \frac{d}{dt}(\sqrt{2}CVsinwt) = \sqrt{2}wCVcoswt$$

$$= \sqrt{2}wCVsin(wt+90^\circ) = \sqrt{2}Isin(wt+90^\circ)[V]$$

④ 전압, 전류의 실효값

$$V = X_C \cdot I = \frac{I}{wC}[V],\ I = \frac{V}{X_C} = \frac{V}{(1/wC)} = wCV[A]$$

⑤ 전압과 전류의 위상

㉠ 전류는 전압보다 위상이 90°앞선다.

㉡ 전류는 전류보다 위상이 90°뒤진다.

4.5 RLC 직렬 회로

(1) RL 직렬 회로

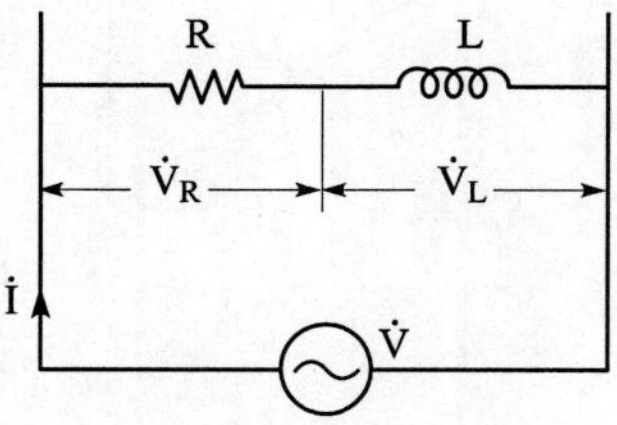

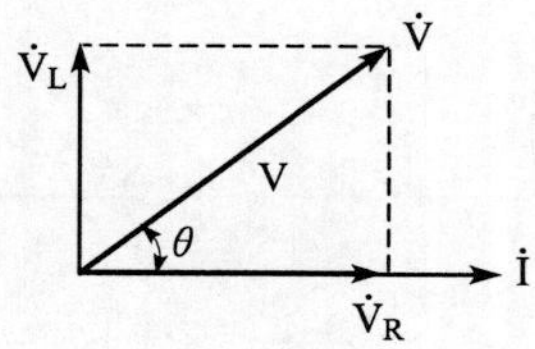

$$\dot{V} = \dot{V}_R + \dot{V}_L = R\dot{I} + jwL\dot{I}\,[V]$$

① 임피던스(Z)

$$\dot{Z} = R + jX_L = R + jwL\,[\Omega] \qquad |Z| = \sqrt{R^2 + (wL)^2}\,[\Omega]$$

② 전원 전압 V의 크기

$$V = \sqrt{V_R^2 + V_L^2} = \sqrt{(RI)^2 + (X_L I)^2} = I \times \sqrt{R^2 + (wL)^2}\,[V]$$

③ 전전류 I의 크기

$$I = \frac{V}{\sqrt{R^2 + X_L^2}} = \frac{V}{\sqrt{R^2 + (wL)^2}}\,[A]$$

④ 전압과 전류의 위상차

$$\tan\theta = \frac{V_L}{V_R} = \frac{wLI}{RI} = \frac{wL}{R} \qquad \therefore \theta = \tan^{-1}\frac{X_L}{R} = \tan^{-1}\frac{wL}{R}$$

(V가 I보다 θ만큼 앞선다.)

⑤ 역률

$$cos\theta = \frac{R}{Z} = \frac{R}{\sqrt{R^2 + X_L^2}} = \frac{R}{\sqrt{R^2 + (wL)^2}}$$

(2) RC 직렬 회로

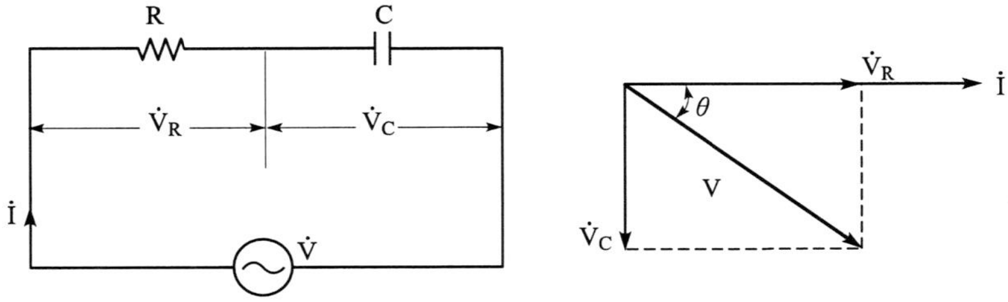

$$\dot{V} = \dot{V}_R + \dot{V}_C = R\dot{I} - j\frac{1}{wC}\dot{I}\,[V]$$

① 임피던스(Z)

$$\dot{Z} = R - jX_C = R - j\left(\frac{1}{wC}\right)[\Omega]$$

$$|Z| = \sqrt{R^2 + X_C^2} = \sqrt{R^2 + \left(\frac{1}{wC}\right)^2}\,[\Omega]$$

② 전원 전압 V의 크기

$$V = \sqrt{V_R^2 + V_C^2} = \sqrt{(RI)^2 + (X_C I)^2} = I \times \sqrt{R^2 + \left(\frac{1}{wC}\right)^2}\,[V]$$

③ 전전류 I의 크기

$$I = \frac{V}{\sqrt{R^2 + X_C^2}} = \frac{V}{\sqrt{R^2 + \left(\frac{1}{wC}\right)^2}}\,[A]$$

④ 전압과 전류사이의 위상차

$$\tan\theta = \frac{V_C}{V_R} = \frac{\frac{1}{wC}}{R} = \frac{1}{wCR}$$

$$\therefore \theta = \tan^{-1}\frac{X_C}{R} = \tan^{-1}\frac{1}{wCR}$$

(V가 I보다 θ만큼 뒤진다.)

⑤ 역률

$$\cos\theta = \frac{R}{Z} = \frac{R}{\sqrt{R^2 + X_C^2}} = \frac{R}{\sqrt{R^2 + \left(\frac{1}{wC}\right)^2}}$$

(3) RLC 직렬 회로

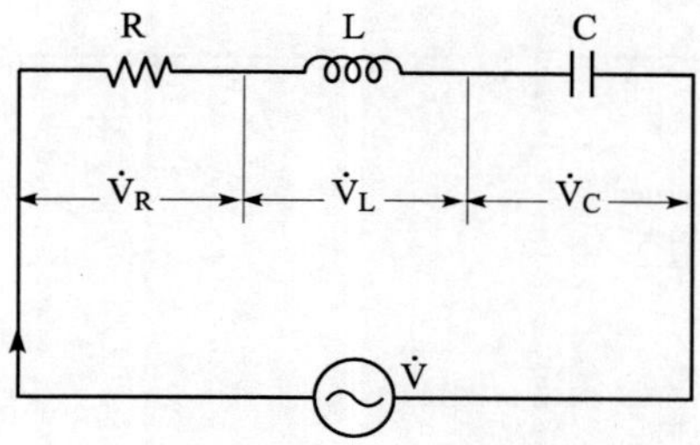

(a)

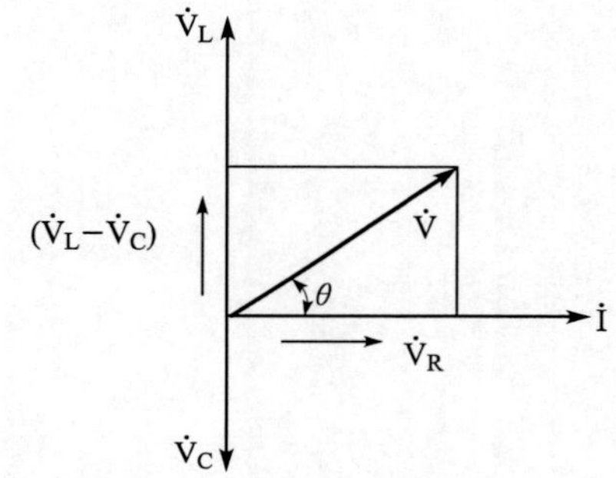

(b) $X_L > X_C$인 경우

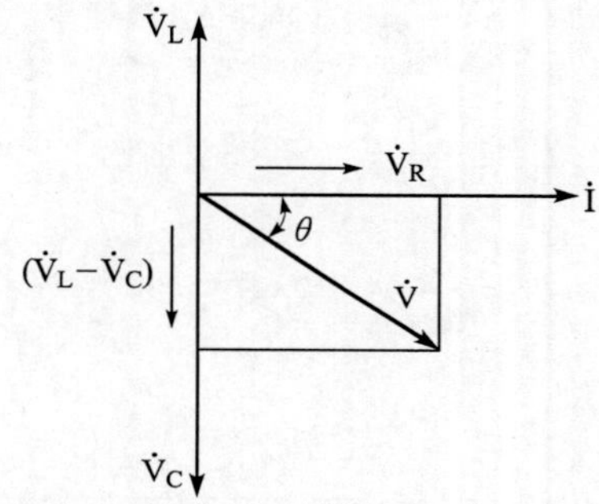

(c) $X_L < X_C$인 경우

〈RLC 직렬 회로〉

$$\dot{V} = \dot{V}_R + \dot{V}_L + \dot{V}_C = R\dot{I} + j(wL - \frac{1}{wC}) \cdot \dot{I}\,[V]$$

① 임피던스(Z)

$$\dot{Z} = R - j(X_L - X_C) = R + j(wL - \frac{1}{wC})[\Omega]$$

$$|Z| = \sqrt{R^2 + (X_L - X_C^2)} = \sqrt{R^2 + (wL - \frac{1}{wC})^2}\,[\Omega]$$

② 전원 전압 V의 크기

$$V = \sqrt{V_R^2 + (V_L - V_C)^2} = \sqrt{(RI)^2 + (wLI - \frac{1}{wC})^2}$$

$$= I \times \sqrt{R^2 + (wL - \frac{1}{wC})^2}\,[V]$$

③ 전전류 I의 크기

$$I=\frac{V}{\sqrt{R^2+(X_L-X_C)^2}}=\frac{V}{\sqrt{R^2+(wL-\frac{1}{wC})^2}}[A]$$

④ 전압과 전류사이의 위상차

$$\theta=tan^{-1}\frac{X}{R}=tan^{-1}\frac{wL-\frac{1}{wC}}{R}$$

- $wL>\frac{1}{wC}$: 유도성 회로

- $wL<\frac{1}{wC}$: 용량성 회로

- $wL=\frac{1}{wC}$: 무유도성 회로(전압과 전류의 위상이 동상이다.)

⑤ 역률

$$cos\theta=\frac{R}{Z}=\frac{R}{\sqrt{R^2+(wL-\frac{1}{wC})^2}}$$

*** 직렬 공진**

㉠ 직렬 공진의 조건

$Z=R+j(wL-\frac{1}{wC})[\Omega]$에서

$wL-\frac{1}{wC}=0;wL=\frac{1}{wC}$

…(공진조건)

ⓐ 공진시 임피던스(Z)

Z=R[Ω];(최소)

ⓑ 공진 전류(I_0)

$$I_0=\frac{V}{Z}=\frac{V}{R}[A];\ (최대)$$

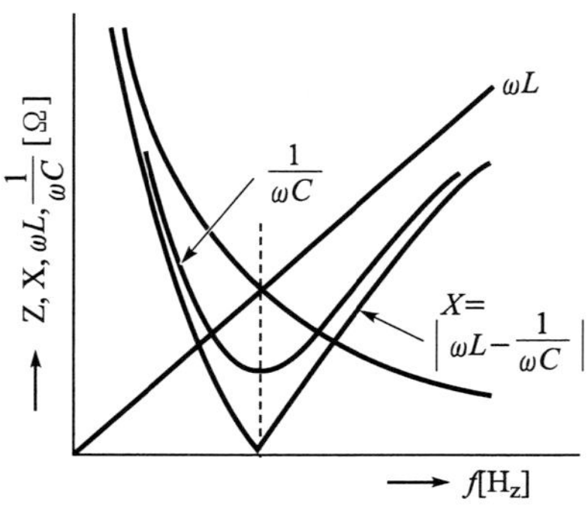

㉡ 공진 주파수(resonance frequency)

ⓐ 공진 각 주파수(w_0)

$$w_0L = \frac{1}{w_0C} \rightarrow w_0^2 = \frac{1}{LC} \text{ 이므로}$$

$$\therefore w_0 = \frac{1}{\sqrt{LC}}\,[rad/sec]$$

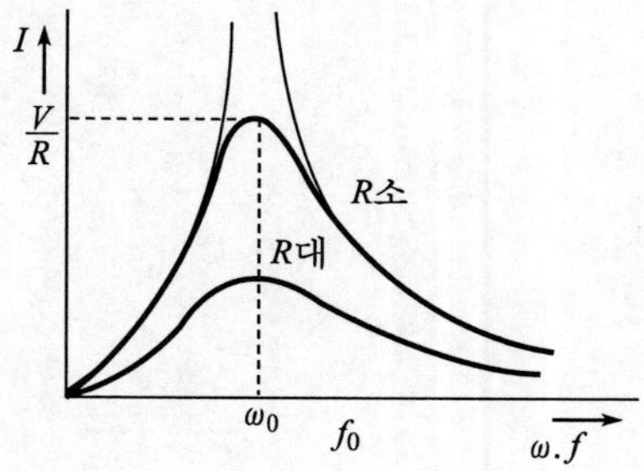

ⓑ 공진 주파수(f_0)

$$f_0 = \frac{1}{2\pi\sqrt{LC}}\,[Hz]$$

㉢ 선택도(Q) : 전압 확대율 또는 첨예도라고 함

$$Q = \frac{V_L}{V} = \frac{V_C}{V} = \frac{w_0L}{R} = \frac{1}{w_0CR} = \frac{1}{R}\sqrt{\frac{L}{C}}$$

4.6 RLC 병렬 회로

(1) RL 병렬 회로

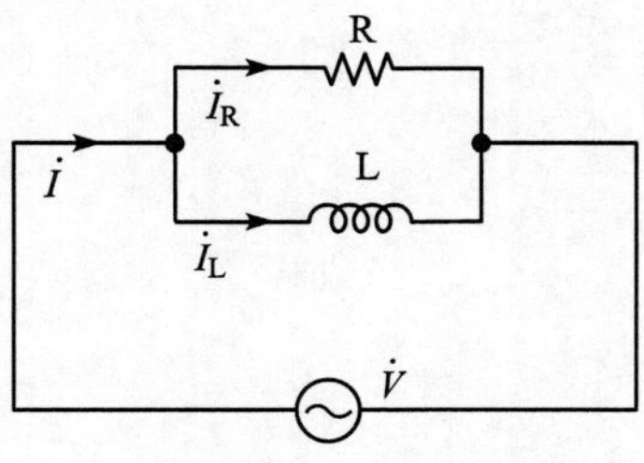

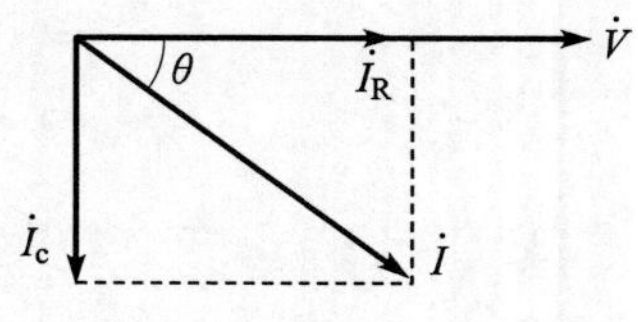

$$\dot{I} = \dot{I}_R + \dot{I}_L = \frac{\dot{V}}{R} - j\frac{\dot{V}}{wL}\,[A]$$

① 어드미턴스(Y)

$$\dot{Y} = \frac{1}{R} - j\frac{1}{X_L} = \frac{1}{R} - j\frac{1}{wL}\,[\Omega]$$

$$|Y| = \sqrt{(\frac{1}{R})^2 + (\frac{1}{wL})^2}\,[\Omega]$$

② 전전류 I의 크기

$$I=\sqrt{I_R^2+I_L^2}=\sqrt{(\frac{V}{R})^2+(\frac{V}{wL})^2}=V\times\sqrt{(\frac{1}{R})^2+(\frac{1}{wL})^2}\,[A]$$

③ 전압과 전류의 위상차

$$\tan\theta=\frac{I_L}{I_R}=\tan^{-1}\frac{R}{wL}$$ (I가 V보다 θ만큼 뒤진다.)

④ 역률

$$cos\theta=\frac{G}{Y}=\frac{X_L}{\sqrt{R^2+X_L^2}}=\frac{wL}{\sqrt{R^2+(wL)^2}}=\frac{1}{\sqrt{1+(\frac{R}{wL})^2}}$$

(2) RC 병렬 회로

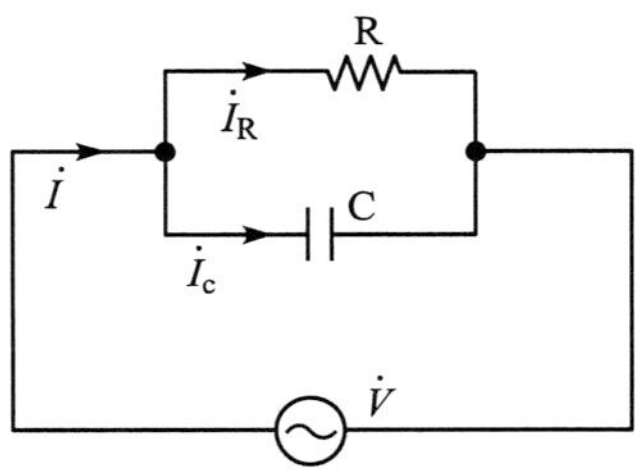

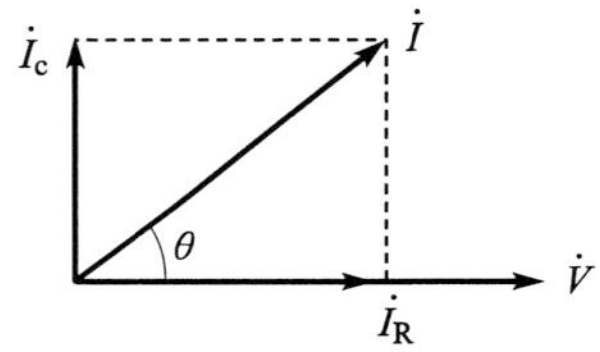

$$\dot{I}=\dot{I}_R+\dot{I}_C=\frac{\dot{V}}{R}-jwCV\,[V]$$

① 어드미턴스(Y)

$$\dot{Y}=\frac{1}{R}+j\frac{1}{X_C}=\frac{1}{R}+jwC\,[\mho]$$

$$|Y|=\sqrt{(\frac{1}{R})^2+(wC)^2}\,[\mho]$$

② 전전류 I의 크기

$$I=\sqrt{I_R^2+I_C^2}=\sqrt{(\frac{V}{R})^2+(wCV)^2}=V\times\sqrt{(\frac{1}{R})^2+(wC)^2}\,[A]$$

③ 전압과 전류의 위상차

$$\tan\theta=\frac{I_C}{I_R}=\frac{wCV}{\frac{V}{R}}=wCR$$

$\therefore \theta = \tan^{-1}\frac{I_C}{I_R} = \tan^{-1} = wCR$ (I가 V보다 θ만큼 앞선다.)

④ 역률

$$cos\theta = \frac{G}{Y} = \frac{X_C}{\sqrt{R^2 + X_C^2}} = \frac{\frac{1}{wC}}{\sqrt{R^2 + (\frac{1}{wC})^2}} = \frac{1}{\sqrt{1+(wCR)^2}}$$

(3) RCL 병렬 회로

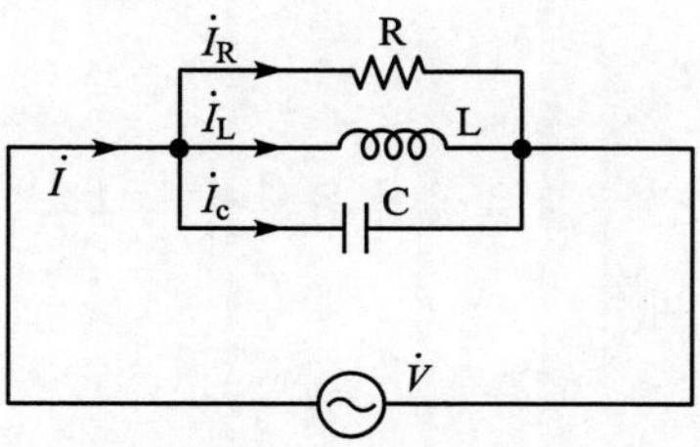

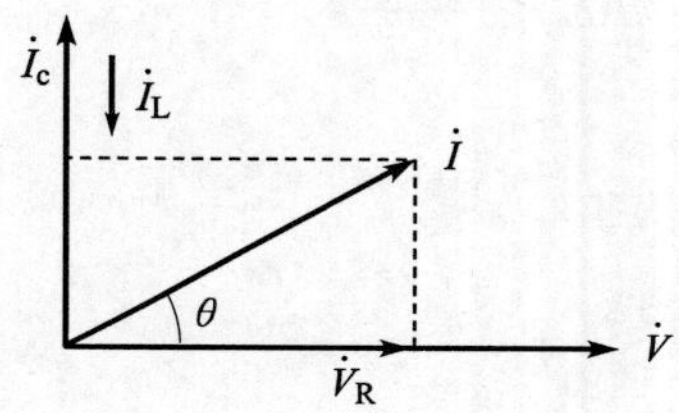

$$\dot{I} = \dot{I}_R + \dot{I}_C = \frac{\dot{V}}{R} - jwCV[V]$$

〈RLC 병렬 회로〉

$$\dot{I} = \dot{I}_R + \dot{I}_L + \dot{I}_C = \frac{V}{R} + j(wC - \frac{1}{wL}) \cdot \dot{V}[V]$$

① 어드미턴스(Y)

$$\dot{Y} = \frac{1}{R} + j(\frac{1}{X_C} - \frac{1}{X_L}) = \frac{1}{R} + j(wC - \frac{1}{wL})[℧]$$

$$|Y| = \sqrt{(\frac{1}{R})^2 + (wC - \frac{1}{wL})}[℧]$$

② 전전류 I의 크기

$$I = \frac{V}{\sqrt{I_R^2 + (I_C - I_L)^2}} = \sqrt{(\frac{V}{R})^2 + (wCV - \frac{V}{wL})^2}$$

$$= V \times \sqrt{(\frac{1}{R})^2 + (wC - \frac{1}{wL})^2}[A]$$

③ 전압과 전류사이의 위상차

$$tan\theta = \frac{I_C - I_L}{I_R} = \frac{wCV - \frac{V}{wL}}{\frac{V}{R}} = R \cdot (wC - \frac{1}{wL})$$

$$\therefore \theta = tan^{-1} R \cdot (wC - \frac{1}{wL})$$

- $wL > \frac{1}{wC}$: 용량성 회로

- $wL < \frac{1}{wC}$: 유도성 회로

- $wL = \frac{1}{wC}$: 무유도성 회로(전압과 전류의 위상이 동상이다.)

④ 역률

$$cos\theta = \frac{G}{Y} = \frac{\frac{1}{R}}{\sqrt{(\frac{1}{R})^2 + (wC - \frac{1}{wL})^2}} = \frac{1}{\sqrt{1 + (wCR - \frac{R}{wL})^2}}$$

*** 병렬 공진**

㉠ 병렬 공진의 조건

$Y = \frac{1}{R} + j(wC - \frac{1}{wL})[℧]$에서

$wC - \frac{1}{wL} = 0; wC = \frac{1}{wL}$ ...(공진조건)

ⓐ 공진시 임피던스(Z)

$Y = \frac{1}{R}[℧]$;(최소) → 임피던스 $Z = \frac{1}{Y}[\Omega]$이므로 최대

ⓑ 공진 전류(I_0)

$I_0 = VY = \frac{V}{R}[A]$; (최소)

㉡ 공진 주파수(resonance frequency)

ⓐ 공진 각 주파수(w_0)

(공진조건)에서 $w_0 2 = \frac{1}{LC}$ 이므로 $\therefore w_0 = \frac{1}{\sqrt{LC}}\,[rad/sec]$

ⓑ 공진 주파수(f_0)

$$f_0 = \frac{1}{2\pi\sqrt{LC}}\,[Hz]$$

㉢ 선택도(Q) : 전압 확대율 이라고도 한다.

$$Q = \frac{I_L}{I_0} = \frac{I_C}{I_0} = \frac{R}{wL} = wCR = R\sqrt{\frac{C}{L}}$$

(4) 직 · 병렬 회로의 합성

① 임피던스의 직 · 병렬 합성

$Z = Z_1 + Z_2\,[\Omega]$

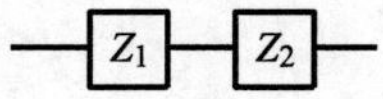

$Z = \frac{Z_1 \cdot Z_2}{Z_1 + Z_2}\,[\Omega]$

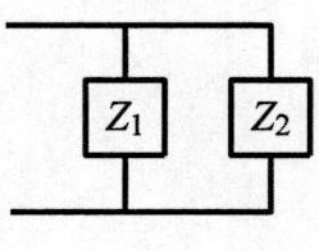

② 어드미턴스의 직 · 병렬 합성

$Y = \frac{Y_1 \cdot Y_2}{Y_1 + Y_2}\,[℧]$

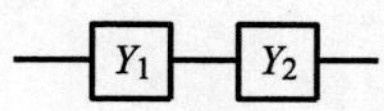

$Y = Y_1 + Y_2\,[\Omega]$

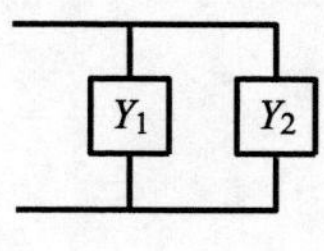

③ 임피던스의 어드미턴스의 변환

$Z = R \pm jX[\Omega]$ 이라면, 어드미턴스 Y는

$$Y = \frac{1}{Z} = \frac{1}{R \pm jX} = \frac{R}{R^2 + X^2} \pm j\frac{X}{R^2 + X^2} = G \pm jB\,[℧]$$

㉠ 콘덕턴스 $G = \frac{R^2}{R^2 + X^2}\,[℧]$

㉡ 서셉턴스 $B = \frac{X}{R^2 + X^2}\,[℧]$

(5) 교류 브리지

〈교류 브리지의 평형 조건〉

$$\dot{Z}_1\dot{Z}_4 = \dot{Z}_2\dot{Z}_3$$

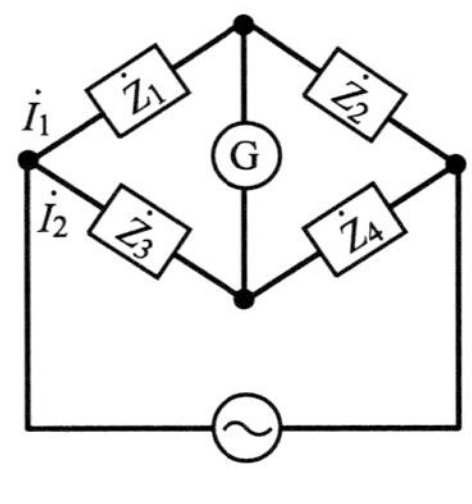

4.7 교류전력

저항만의 부하 회로에 그림과 같이 정현파 교류 전압 $v = \sqrt{2}\,V\sin\omega t$ [V]를 가할 때 회로에 흐르는 전류 i 는 전압 v 와 동상으로 다음과 같다.

$$i = \frac{v}{R} = \sqrt{2}\frac{V}{R}\sin\omega t = \sqrt{2}\,I\sin\omega t\,[A]$$

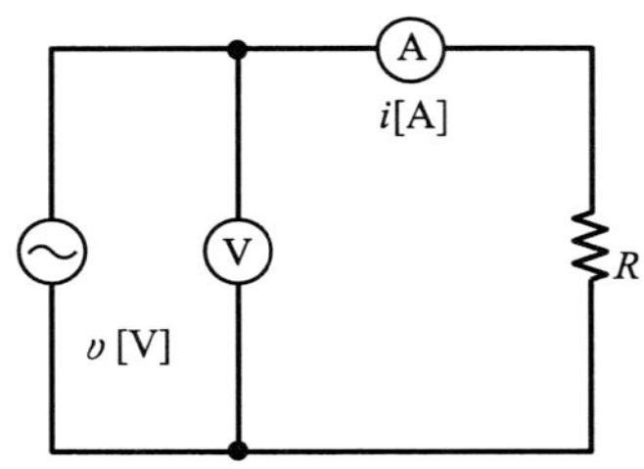

(a)

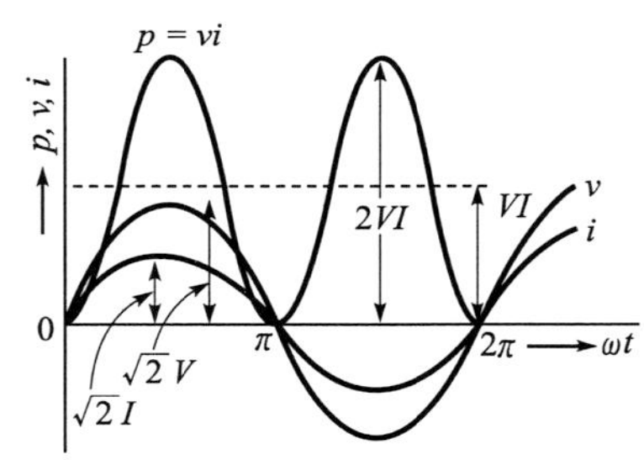

(b)

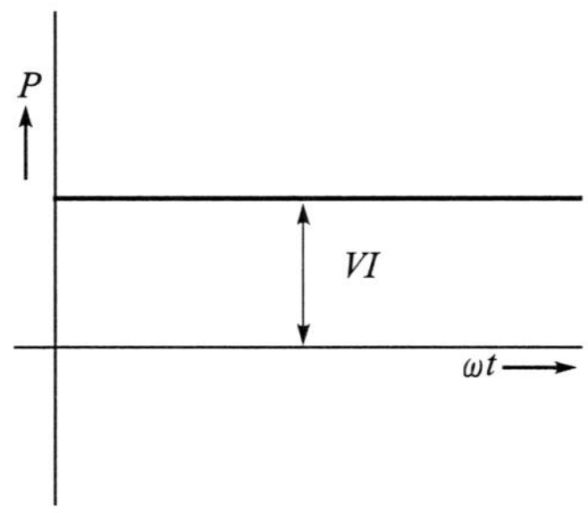

(a)

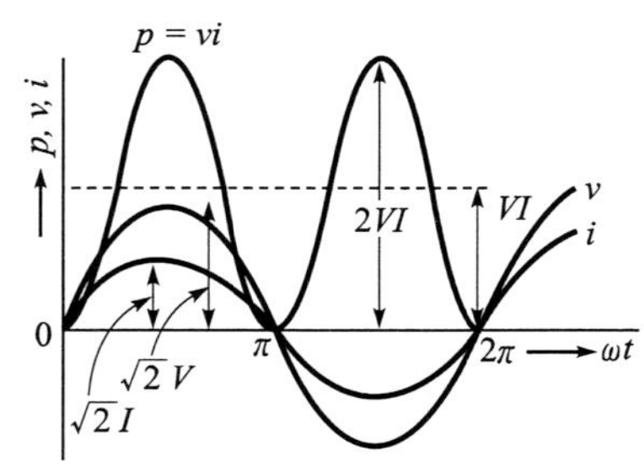

(b)

$$p = v\,i = \sqrt{2}\,V\sin\omega t \cdot \sqrt{2}\,I\sin\omega t = 2\,VI\sin^2\omega t$$

(1) 인덕턴스 부하의 전력

자체인덕턴스만의 부하 회로에 그림과 같이 정현파 교류 전압 $v = \sqrt{2}\,V\sin wt\,[V]$를 가했을 때 회로에 흐르는 전류 i 는 전압 v 보다 $\frac{\pi}{2}$ 만큼 뒤지므로 다음과 같이 된다.

$$i = \frac{v}{wL} = \sqrt{2}\frac{V}{wL}\sin\left(wt - \frac{\pi}{2}\right) = \sqrt{2}Isin\left(wt - \frac{\pi}{2}\right) = -\sqrt{2}I\cos wt\,[A]$$

$$p = vi = \sqrt{2}\,V\sin wt \cdot (-\sqrt{2}I\cos wt) = -2\,VI\sin wt\cos wt$$

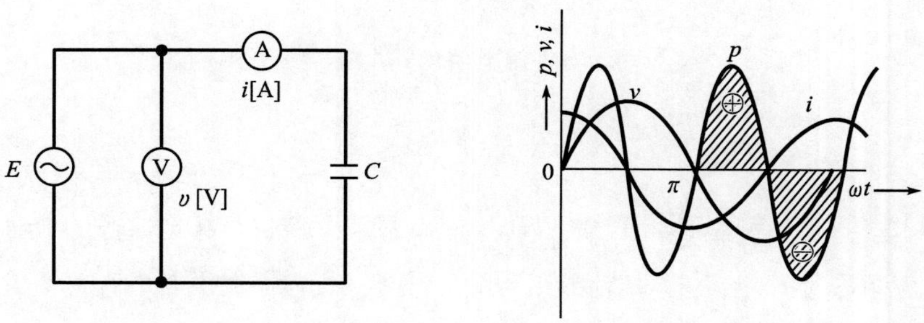

(a) (b)

(2) 정전용량 부하의 전력

정전용량만의 부하 회로에 그림과 같이 정현파 교류 전압 $v = \sqrt{2}\,V\sin wt\,[V]$를 가했을 때 회로에 흐르는 전류 i 는 전압 v 보다 $\frac{\pi}{2}$ 만큼 앞서므로 다음과 같이 된다.

$$i = wCv = \sqrt{2}wCv\sin\left(wt + \frac{\pi}{2}\right) = \sqrt{2}Isin\left(wt + \frac{\pi}{2}\right) = \sqrt{2}I\cos wt\,[A]$$

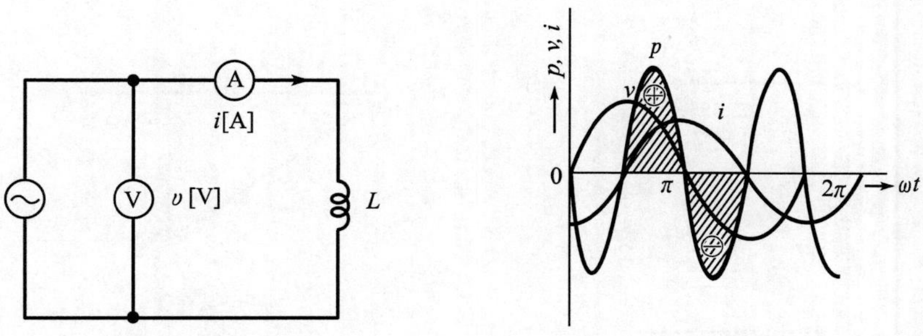

(a) 회 로 (b) 전압, 전류, 전력의 파형

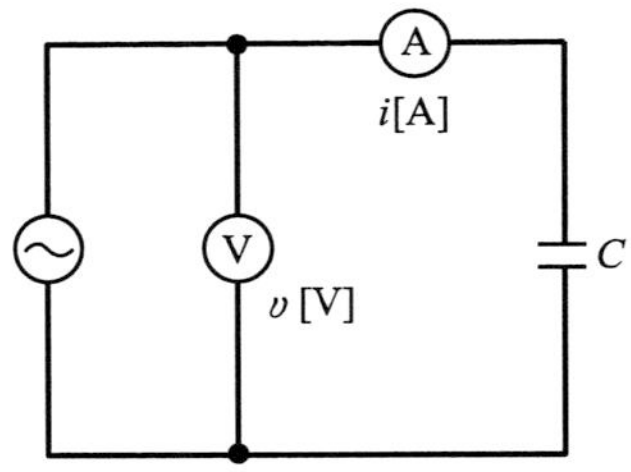

(a)

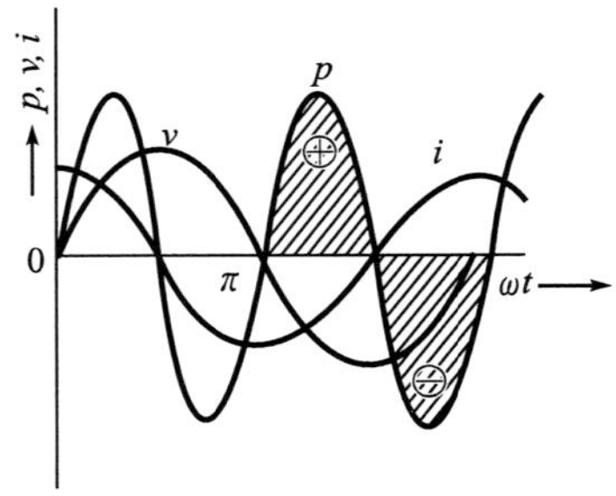

(b)

$$p = VI\sin 2wt \, [V.A]$$

(3) 역률

교류 회로의 전력은 순시 전력의 평균값으로 $P = VIcos\theta$[W] 와 같이 나타낸다. 여기서, θ는 회로에 가한 전압과 전류의 위상차이다. 다음과 같이 식으로 표현할 수 있다.

역률(pf) : $\cos\theta = \dfrac{P}{VI}$

(4) 유효전력과 무효전력 및 피상전력

아래 그림과 같은 회로에서 인가 전압 $\dot{V}$와 전류 $\dot{I}$ 사이에 θ 의 위상차가 있을 때, 이 전류 $\dot{I}$ 를 전압과 동상인 성분 $I\cos\theta$ 와 전압과 $\frac{\pi}{2}$ 의 위상차를 갖는 성분 $I\sin\theta$ 로 나눌 수 있다.

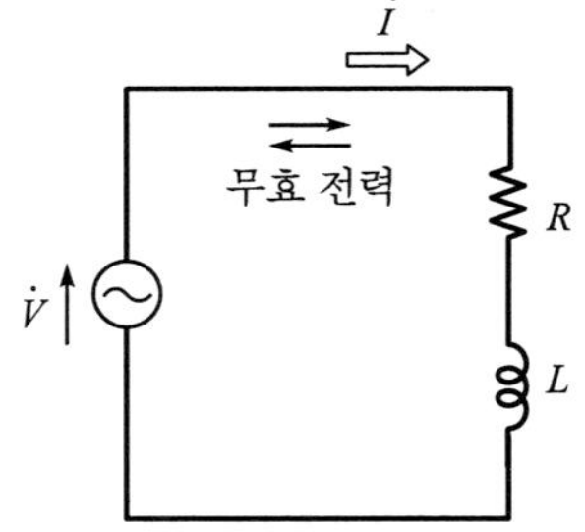

(a)

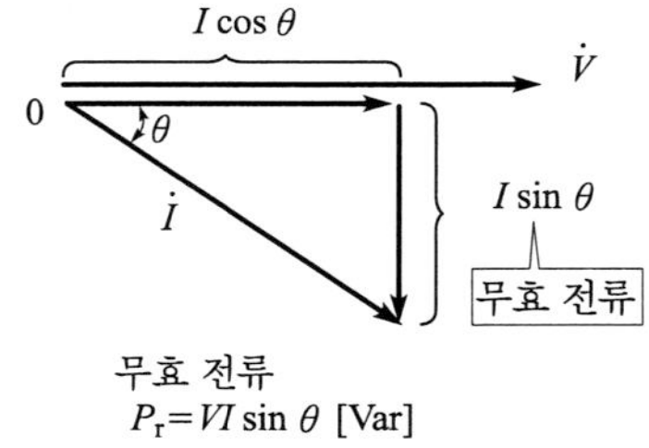

(b)

유효전력 : $P = VI\cos\theta\,[W]$

무효전력 : $P_r = VI\sin\theta\,[Var]$

피상전력 : $P_a = VI\,[VA]$

$\cos\theta$: 유효율, $\sin\theta$: 무효율

$$1^2 = cos^2\theta + sin^2\theta$$

4.8 3상 교류 회로

(1) 3상 교류의 발생

평등 자기장 내에서 동일한 구조를 갖는 3개의 코일 a, b, c를 기하학적으로 $\frac{2\pi}{3}$ [rad] 만큼씩의 간격을 두고 그림과 같이 배치시킨 다음 반시계 방향으로 회전시키면 각 코일에는 서로 $\frac{2\pi}{3}$ [rad] 만큼의 위상차를 가지고 크기가 가은 3개의 정현파 전압이 발생한다.

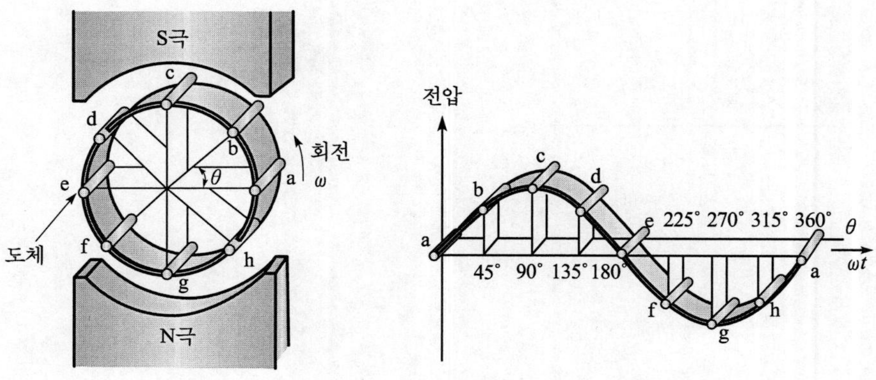

(a) (b)

$$v_a = \sqrt{2}\,V\sin wt\,[V]$$

$$v_b = \sqrt{2}\,V\sin\,(wt - \frac{2\pi}{3})\,[V]$$

$$v_c = \sqrt{2}\,V\sin\,(wt - \frac{4\pi}{3})\,[V]$$

(2) 3상 교류의 벡터표시

아래 그림에서와 같이 대칭 3상 벡터 전압의 합은 0이 된다.

$$\dot{V}_a + \dot{V}_b + \dot{V}_c = 0$$

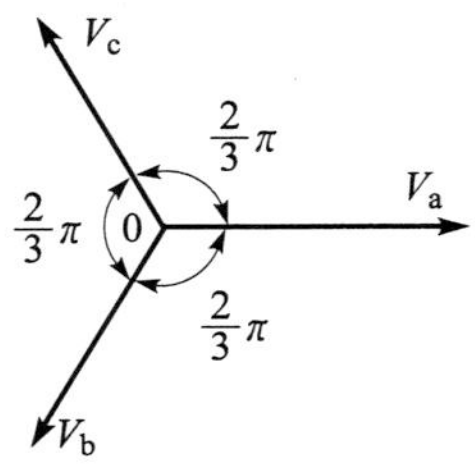

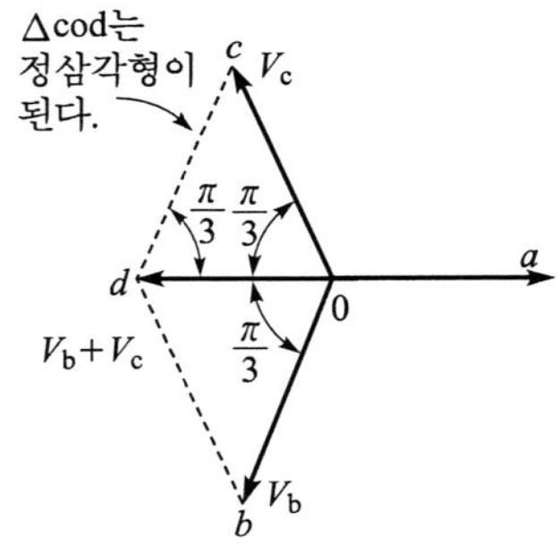

(3) 3상 교류의 기호법 표시

전압의 크기가 V[V]이고 상순이 a, b, c 인 대칭 3상 전압을 a 상 전압 $\dot{V}_a$를 기준 벡터로 하여 직각 좌표축상의 2개의 성분으로 나누어 나타내면 아래 그림과 같다.

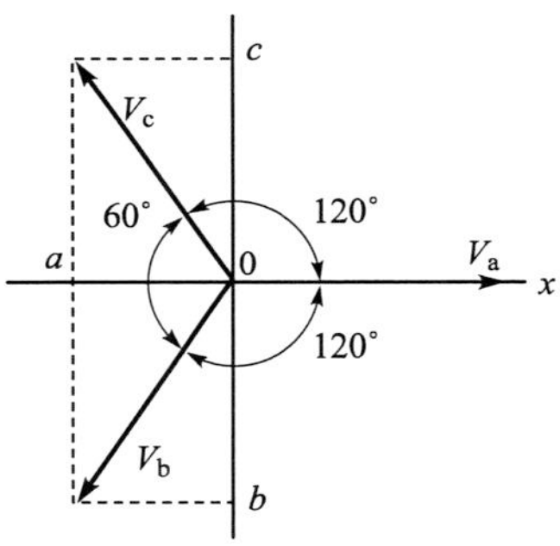

(a)

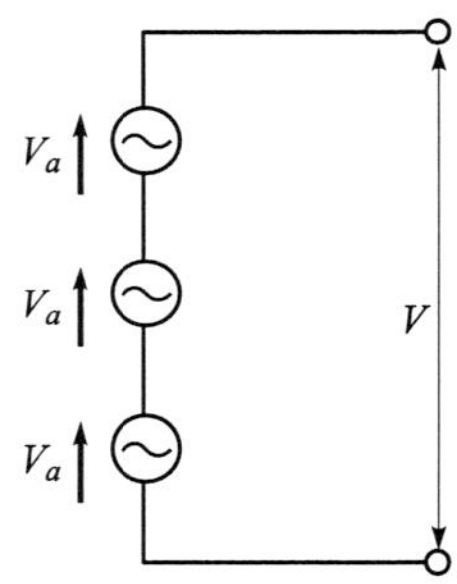

(b)

그리고, 대칭 3상 전압을 $\dot{V}_a$ 를 기준으로 기호법으로 나타내면 다음과 같이 된다.

$$\dot{V}_a = V\angle 0\,[V]$$

$$\dot{V}_b = V\epsilon^{-j\frac{2\pi}{3}} = V\angle -\frac{2\pi}{3} = V(cos\frac{2\pi}{3} - j\frac{2\pi}{3}) = V(-\frac{1}{2} - j\frac{\sqrt{3}}{2})[V]$$

$$\dot{V}_c = V\epsilon^{-j\frac{4\pi}{3}} = V\angle -\frac{4\pi}{3} = V(cos\frac{4\pi}{3} - jsin\frac{4\pi}{3}) = V(-\frac{1}{2} + j\frac{\sqrt{3}}{2})[V]$$

3상 교류 회로에서는 위 식을 간단히 표시하기 위하여 상 연산자를 사용하는데, 이를 나타내면 다음과 같다.

$$a = \epsilon^{j\frac{2\pi}{3}}(=\epsilon^{-j\frac{4\pi}{3}}) = cos\frac{2\pi}{3} + j\sin\frac{2\pi}{3} = -\frac{1}{2} + j\frac{\sqrt{3}}{2}$$

$$a^2 = \epsilon^{j\frac{4\pi}{3}}(=\epsilon^{-j\frac{2\pi}{3}}) = cos\frac{4\pi}{3} + jsin\frac{4\pi}{3} = -\frac{1}{2} - j\frac{\sqrt{3}}{2}$$

$$a^3 = 1,\ \ 1 + a + a^2 = 0$$

$$\dot{V}_a = V,\quad \dot{V}_b = a^2 V,\quad \dot{V}_c = aV$$

$$\dot{V}_a + \dot{V}_b + \dot{V}_c = V + a^2 V + aV = V(1 + a^2 + a) = 0$$

(4) 3상 교류의 결선

3상 교류의 결선, 즉 3개의 상을 접속하는 방법에는 Y결선법과 Δ결선법이 주로 사용되며, 경우에 따라 V결선법 등이 사용되는 경우도 있다.

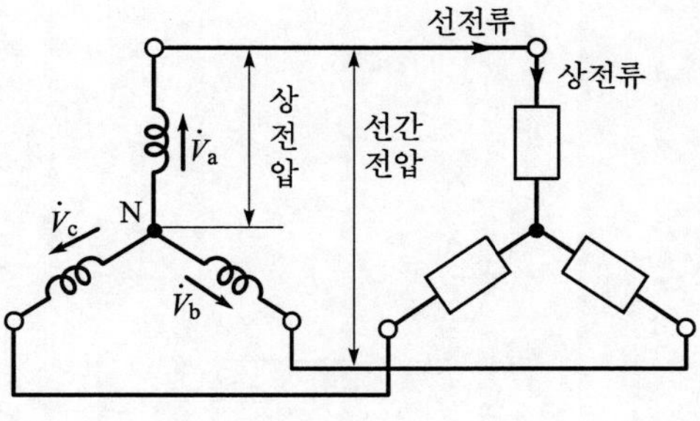

(a) Y 결선

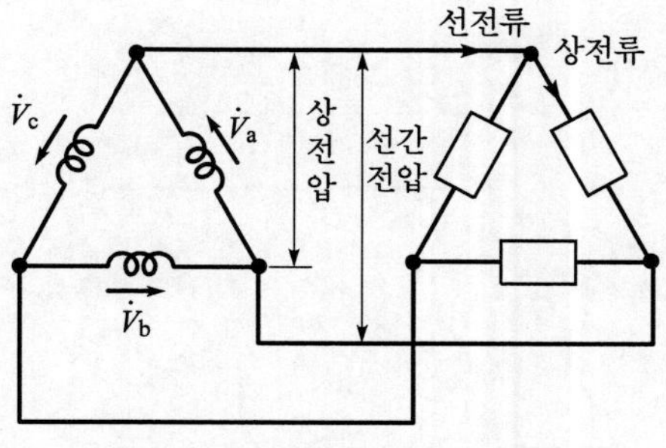

(b) Δ 결선

그림에서 각 상의 전압을 상전압 V_p라 하고, 각 상에 흐르는 전류를 상전류 I_p라 하며, 부하에 전력을 공급하는 도선 사이의 전압을 선간전압 V_l , 도선에 흐르는 전류를 선전류 I_l 이라 한다.

(5) Y 결선의 상전압과 선간전압

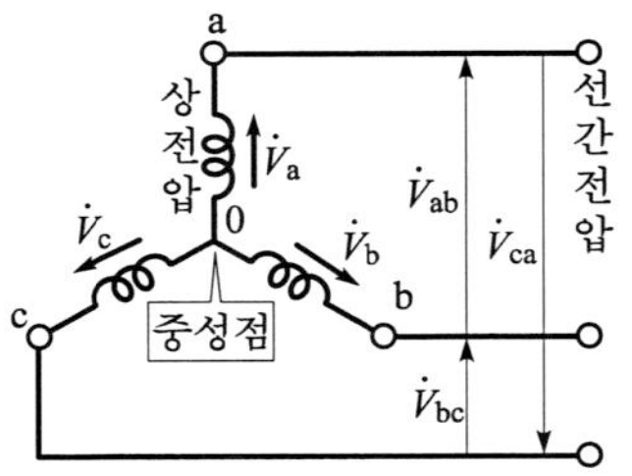

선간 전압= $\sqrt{3}$ ×상전압

선간 전○바은 각 상전압보다 위상이 $\frac{\pi}{6}$ 앞섬.

(a) 상전압과 선간 전압

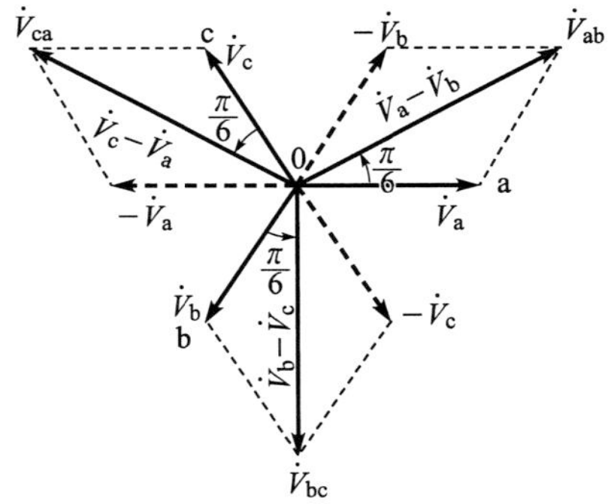

(b)

대칭 3상 회로의 선간 전압 V_l 과 상전압 V_p 사이에는 다음 관계식이 성립한다.

$V_l = \sqrt{3}\ V_p \angle \frac{\pi}{6}\,[V]$

따라서, Y 결선에서 선간 전압 V_l 의 크기는 상전압 V_p 의 $\sqrt{3}$배이며, 위상이 $\frac{\pi}{6}\,[rad]$ 만큼 앞선다.

(6) Δ 결선의 상전압과 선간전압

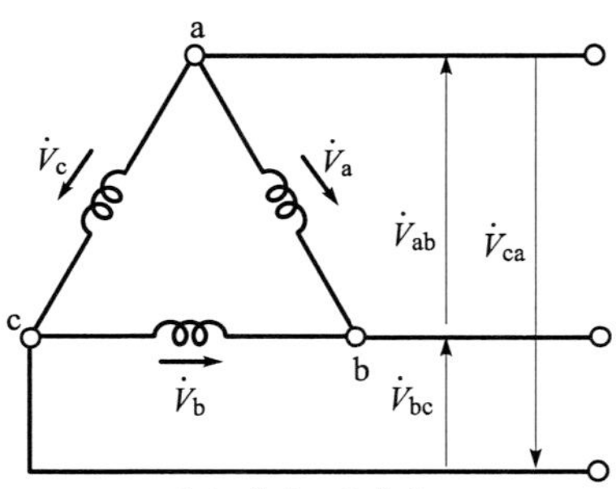

선간 전압=상전압

(a) 상전압과 선간 전압

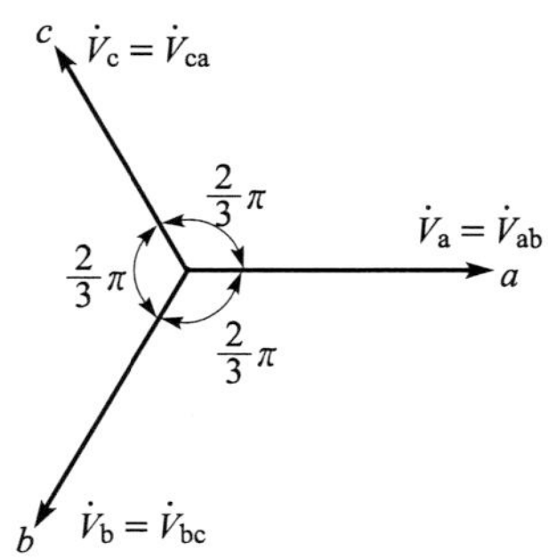

(b)

Δ 결선 회로에서는 상전압 V_p가 그대로 선간전압 V_l 이 되므로 다음과 같은 관계가 성립된다.

$V_l = V_p\,[V]$

Δ 결선에서 대칭 3상 전압의 경우에는 $V_a + V_b + V_c = 0\,[V]$가 된다.

(7) 부하의 $\Delta \rightarrow Y$ 등가 변환

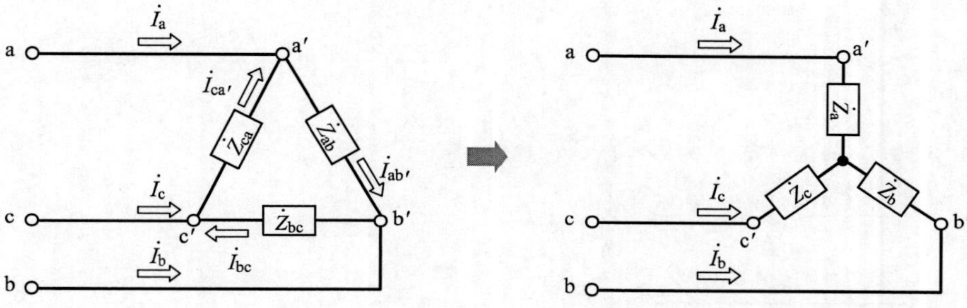

(a) (b)

위 그림을 보고 다음과 같이 정리할 수 있다.

$$Z_a = \frac{Z_{ca} Z_{ab}}{Z_{ab} + Z_{bc} + Z_{ca}}\,[\Omega]$$

$$Z_b = \frac{Z_{ab} + Z_{bc}}{Z_{ab} + Z_{bc} + Z_{ca}}\,[\Omega]$$

$$Z_c = \frac{Z_{bc} + Z_{ca}}{Z_{ab} + Z_{bc} + Z_{ca}}\,[\Omega]$$

평형 3상 부하인 경우에 $Z_\Delta = Z_{ab} = Z_{bc} = Z_{ca}$라 하면

$Z_Y = Z_a = Z_b = Z_c$ 이므로 다음과 같은 관계식이 성립한다.

$$Z_Y = \frac{Z_\Delta}{3}\,[\Omega]$$

따라서, 평형 3상 부하인 경우 Δ 결선을 Y 결선으로 등가 변환하려면,

Z_Y는 Z_Δ의 $\frac{1}{3}$ 배 하면 된다.

(8) $Y \rightarrow \Delta$ 등가 변환

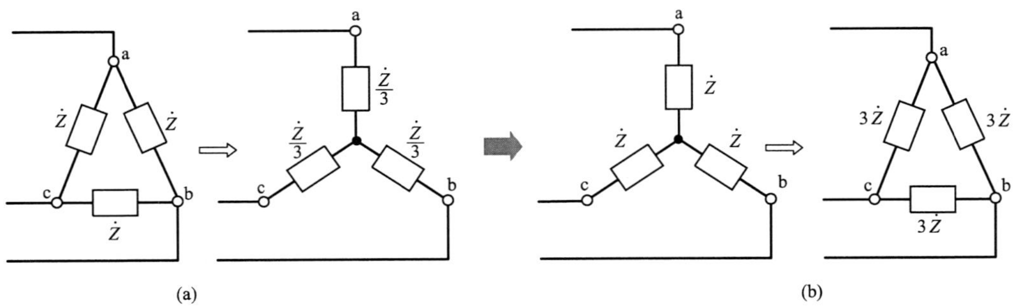

(a) $\Delta \rightarrow Y$ 등가 변환 (b) $Y \rightarrow \Delta$ 등가 변환

위 그림을 보고 다음과 같이 정리할 수 있다.

$$Z_{ab} = \frac{Z_a Z_b + Z_b Z_c + Z_c Z_a}{Z_c}\,[\Omega]$$

$$Z_{bc} = \frac{Z_a Z_b + Z_b Z_c + Z_c Z_a}{Z_a}\,[\Omega]$$

$$Z_{ca} = \frac{Z_a Z_b + Z_b Z_c + Z_c Z_a}{Z_b}\,[\Omega]$$

평형 3상 부하인 경우에 $Z_Y = Z_a = Z_b = Z_c$ 라 하면

$Z_\Delta = Z_{ab} = Z_{bc} = Z_{ca}$ 이므로 다음 관계식이 성립된다.

$Z_\Delta = 3Z_Y\,[\Omega]$

따라서, 평형 3상 부하인 경우 Y 결선을 Δ 결선으로 등가 변환 하려면, Z_Δ는 Z_Y 의 3배 하면 된다.

(9) 평형 3상 부하의 전력

아래 그림과 같이 평형 3상 부하 회로에서 상전압 V_p, 상전류 I_p, 위상차 θ라 하면 각 상 전력은 $V_p I_p cos\theta\,[W]$가 되므로 3상 평형 부하의 전력은 다음과 같다.

$P = 3V_p I_p cos\theta\,[W]$

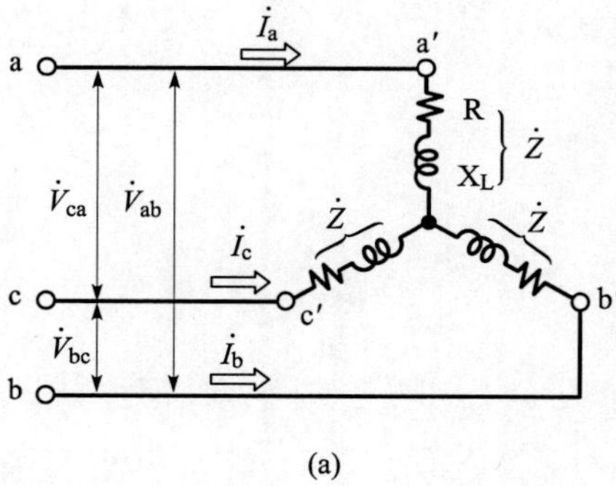

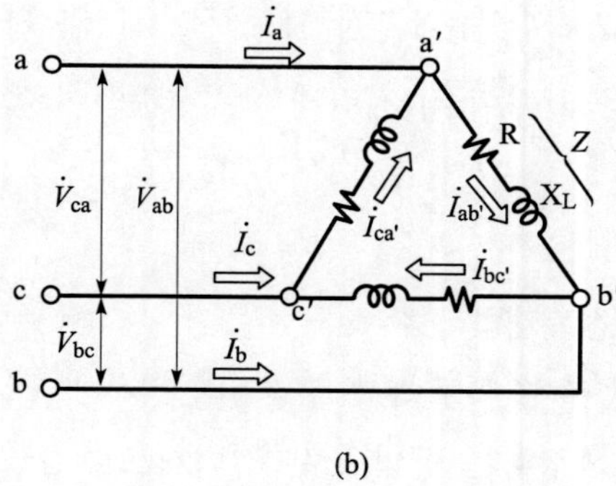

Δ결선 : $V_l = V_p$ $\qquad I_l = \sqrt{3} I_p$

$$P_\Delta = 3V_p I_p cos\theta = 3V_l \frac{I_l}{\sqrt{3}} cos\theta = \sqrt{3} V_l I_l cos\theta \,[W]$$

Y결선 : $V_l = \sqrt{3} V_p$ $\qquad I_l = I_p$

$$P_Y = 3V_p I_p cos\theta = 3\frac{V_l}{\sqrt{3}} I_l cos\theta = \sqrt{3} V_l I_l cos\theta \,[W]$$

(10) 3전력계법

3상 전력의 측정에서 3전력계법은 그림과 같이 3대의 단상 전력계를 사용하는 방법으로 평형 회로의 전력뿐만 아니라 불평형 회로의 전력도 정확히 측정할 수 있는 방법이다.

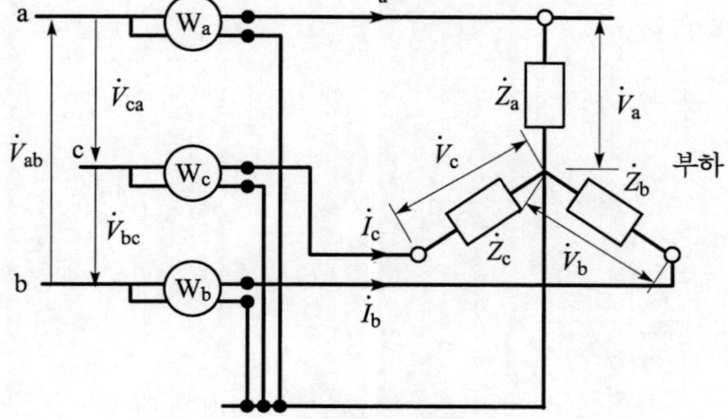

그림에서 각 전력계 W_a, W_b, W_c 의 지시값을 P_a, P_b, P_c 라 하면, 3상 전력 P[W] 는 다음과 같이 각 전력계의 지시값의 합이 된다.

$$P = P_a + P_b + P_c [W]$$

(11) 2전력계법

3상 부하 회로에서 불평형의 경우에도 2대의 단상 전력계를 아래 그림과 같이 접속해서 측정하는 방법으로, 전력계 W_1, W_2 의 지시값을 P_1, P_2 라 하면, 3상 전력 P[W] 는 다음과 같이 두 전력계의 지시값의 합이 된다.

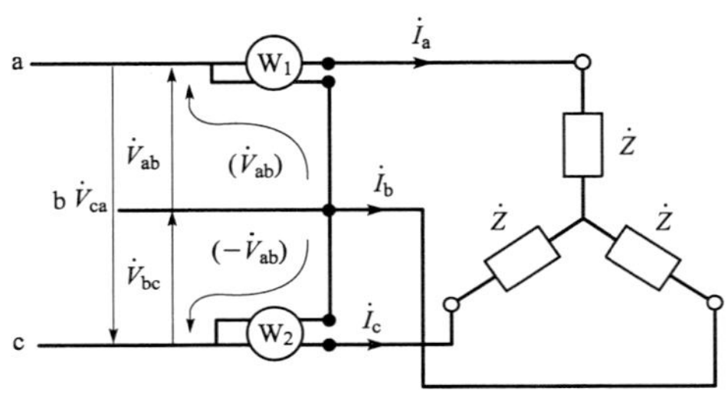

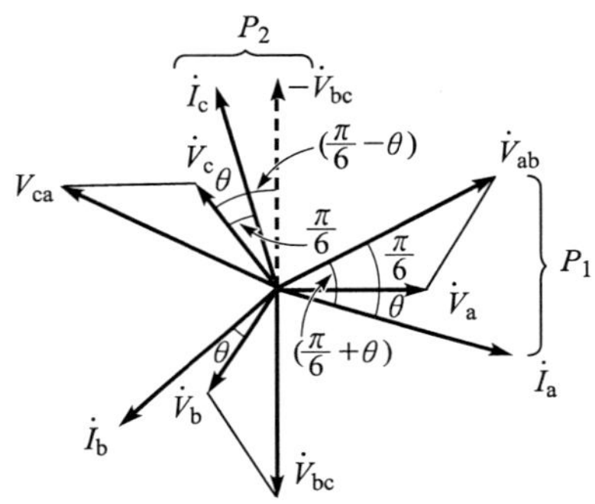

$$P = P_1 + P_2 [W]$$

그리고, 3상 무효 전력 $P_r[Var]$은 다음과 같은 계산식으로 구할 수 있으며,

$$P_r = \sqrt{3}(P_1 - P_2)[Var]$$

위상각 $\theta[rad]$와 역률 $cos\theta$ 는 다음과 같이 나타낼 수 있다.

$$\theta = tan^{-1}\frac{P_r}{P} = tan^{-1}\frac{\sqrt{3}(P_1 - P_2)}{P_1 + P_2}[rad]$$

$$cos\theta = \frac{P_1 + P_2}{2\sqrt{P_1^2 + P_2^2 - P_1 P_2}}$$

연습문제

01 다음 설명 중 옳지 않은 것은?

㉮ 교류가 1 [sec] 동안에 100번 변화가 반복되는 경우 100 [Hz]라고 한다.
㉯ 교류 1 [KHz]의 주기는 10^{-3}[sec]이다.
㉰ 교류 1000 [KHz]의 파장은 300 [m]이다.
㉱ 파장이라 함은 빛(光)이 1 [sec] 동안에 가는 거리를 말한다.

◆ 풀이 전자파의 파장은 매초 3×10^{8}[m]이므로 f[Hz]의 파장은 $\dfrac{3\times10^{8}}{f}$[m]이며, 전자파와 같은 파동이 1주기 동안에 진행하는 길이를 말한다.

답 ㉱

02 $e=141\sin\left(120\pi t-\dfrac{\pi}{3}\right)$인 파형의 주파수는 몇 [Hz]인가?

㉮ 120 [Hz] ㉯ 60 [Hz] ㉰ 30 [Hz] ㉱ 15 [Hz]

◆ 풀이 $e=V_m\sin\omega t=V_m\sin(2\pi ft)$[V] $\omega=2\pi f=120\pi$[rad/s]

$$\therefore f=\frac{120\pi}{2\pi}=60\,[\text{Hz}]$$

답 ㉯

03 50 [Hz]의 각속도 [rad/sec]는?

㉮ 377 ㉯ 314 ㉰ 188 ㉱ 157

◆ 풀이 $\omega=2\pi f=2\pi\times50=100\pi=314$[rad/sec]

답 ㉯

04 어느 교류 순시값이 $v = 141\sin(100\pi t - 30°)$ [V]라면 이 교류의 주기는 몇 [sec]인가?

㉮ 0.0167 [sec]　　㉯ 0.02 [sec]

㉰ 0.053 [sec]　　㉱ 0.115 [sec]

◆ 풀이　$f = \dfrac{\omega}{2\pi} = \dfrac{100\pi}{2\pi} = 50\,[\mathrm{Hz}]$ $\therefore \dfrac{1}{f} = \dfrac{1}{50} = 0.02\,[\mathrm{sec}]$　　답 ㉯

05 60 [Hz] 교류의 위상차가 $\dfrac{\pi}{6}$ [rad]이다. 이 위상차를 시간으로 표시하면 몇 [sec]인가?

㉮ $\dfrac{1}{60}$　　㉯ $\dfrac{1}{120}$　　㉰ $\dfrac{1}{360}$　　㉱ $\dfrac{1}{720}$

◆ 풀이　$\theta = \omega t = 2\pi f t$　　답 ㉱

$$\therefore t = \frac{\theta}{2\pi f} = \frac{\frac{\pi}{6}}{2\pi \times 60} = \frac{1}{720}\,[\mathrm{sec}]$$

06 1 [Hz]의 전기각은 몇 도인가?

㉮ 90　　㉯ 120　　㉰ 180　　㉱ 360

◆ 풀이　1 [sec] 동안에 1회전(2π [rad] $= 360°$)을 하면 1 [Hz]이다.　　답 ㉱

07 1 [rad]은 몇 도인가?

㉮ 57.3°　　㉯ 90°　　㉰ 120°　　㉱ 180°

◆ 풀이　$2\pi\,[\mathrm{rad}] = 360°$, $\therefore 1\,[\mathrm{rad}] = \dfrac{360}{2\pi} = 57°\,17' = 57.30°$　　답 ㉮

08 일반적으로 교류 전압계의 지시는?

㉮ 최대값 ㉯ 순시값 ㉰ 평균값 ㉱ 실효값

◆ 풀이 일반적으로 교류 계기는 실효값을 지시하도록 되어 있다. 답 ㉱

09 I_m : 교류의 최대값, I_a : 정현파 교류의 평균값, I : 정현파 교류의 실효값일 때 맞는 식은?

㉮ $I_a = \frac{\pi}{2} I_m, \ I = \frac{1}{\sqrt{2 I_m}}$ ㉯ $I_a = \frac{\pi}{2} I_m, \ I = \sqrt{2}\, I_m$

㉰ $I_a = \frac{2}{\pi} I_m, \ I = \frac{1}{\sqrt{2 I_m}}$ ㉱ $I_a = \frac{\pi}{2} I_m, \ I = \sqrt{2}\, I_m$

◆ 풀이 • 평균값$= \frac{2}{\pi} \times$최대값 $\Rightarrow I_a = \frac{2}{\pi} \cdot I_m [\text{A}]$ 답 ㉰

• 실효값$= \frac{1}{\sqrt{2}} \times$최대값 $\Rightarrow I = \frac{1}{\sqrt{2 \cdot I_m [\text{A}]}}$

10 100 [V]를 사용하는 가정집 전압의 최대값은 몇 [V]인가?

㉮ 70.72 [V] ㉯ 100 [V] ㉰ 141.4 [V] ㉱ 200 [V]

◆ 풀이 $V_m = \sqrt{2}\, V = \sqrt{2} \times 100 \fallingdotseq 141.4 [\text{V}]$ 답 ㉰

11 어떤 교류 전압의 평균값 382 [V]일 때 실효값은 약 얼마인가?

㉮ 164 ㉯ 240 ㉰ 365 ㉱ 424

◆ 풀이 $V_m = \frac{\pi}{2} V_a = \frac{\pi}{2} \times 382 \fallingdotseq 600 [\text{V}]$ 답 ㉱

$\therefore V = \frac{V_m}{\sqrt{2}} = \frac{600}{\sqrt{2}} \fallingdotseq 424 [\text{V}]$

12 어떤 교류의 최대값이 100π [V]이면 평균값은 얼마인가?

㉮ 63.7 [V]　　㉯ 127 [V]　　㉰ 200 [V]　　㉱ 314 [V]

◆ 풀이 $V_a = \frac{2}{\pi} V_m = \frac{2}{\pi} \times 100\pi = 200$ [V]

답 ㉰

13 주기파의 파형률을 나타내는 식은?

㉮ $\frac{\text{실효값}}{\text{평균값}}$　　㉯ $\frac{\text{평균값}}{\text{실효값}}$　　㉰ $\frac{\text{최대값}}{\text{실효값}}$　　㉱ $\frac{\text{실효값}}{\text{최대값}}$

◆ 풀이 파고율 $= \frac{\text{최대값}}{\text{실효값}}$, 파형률 $= \frac{\text{실효값}}{\text{평균값}}$

답 ㉮

14 $V = 100\sqrt{2}\sin\left(120\pi t + \frac{\pi}{4}\right)$ [V], $I = 10\sin\left(120\pi t + \frac{\pi}{2}\right)$ [A]인 경우는 전압보다 전류의 위상은?

㉮ $\frac{\pi}{2}$ [rad] 앞선다.　　㉯ $\frac{\pi}{2}$ [rad] 뒤진다.

㉰ $\frac{\pi}{4}$ [rad] 앞선다.　　㉱ $\frac{\pi}{4}$ [rad] 뒤진다.

◆ 풀이 위상차 $\phi = \frac{\pi}{2} - \frac{\pi}{4} = \frac{\pi}{4}$, 전류가 $\frac{\pi}{4}$ [rad] 앞선다.

답 ㉰

15 $E = E_m \sin(\omega t + 30°)$ [V]와 $I = I_m \cos(\omega t - 90°)$ [A]와의 위상차는 몇 도인가?

㉮ 30°　　㉯ 60°　　㉰ 90°　　㉱ 120°

◆ 풀이 $\cos\omega t = \sin(\omega t + 90°)$ 이므로 $I_m \cos(\omega t - 90°) = I_m \sin\omega t$

따라서 $30° - 0° = 30°$

답 ㉮

16 $i = I_m \sin\omega t$의 정현파에서 ωt가 얼마일 때 실효값과 순시값이 같을까?

㉮ 30° ㉯ 45° ㉰ 60° ㉱ 90°

◆ 풀이 $i = I_m \sin\omega t = \frac{I_m}{\sqrt{2}}$이 되기 위한 조건은 $\sin\omega t$가 $\frac{1}{\sqrt{2}}$이면 된다. 답 ㉯

$\therefore \omega t = \sin^{-1}\frac{1}{\sqrt{2}} = \sin 45°$

17 백열 전구를 점등했을 경우 전압과 전류의 위상관계는?

㉮ 전류가 90° 앞선다. ㉯ 전류가 90° 뒤진다.
㉰ 전류가 45° 뒤진다. ㉱ 동상이다.

◆ 풀이 백열 전구에는 저항 성분만 존재하므로 전압과 전류의 위상은 동위상이다. 답 ㉱

18 코일만의 회로에서 전압과 전류의 위상차는?

㉮ 전압과 전류는 동상이다. ㉯ 전압이 전류보다 $\frac{\pi}{2}$ 앞선다.
㉰ 전류가 전압보다 $\frac{\pi}{2}$ 앞선다. ㉱ 전류가 전압보다 $\frac{\pi}{3}$ 앞선다.

◆ 풀이 코일(L)만의 회로에서는 전압의 위상은 전류보다 $\frac{\pi}{2}$ [rad] 앞선다. 답 ㉯

19 어떤 회로에 전압을 가하니 90°위상이 뒤진 전류가 흘렀다. 이 회로는?

㉮ 무유도성 ㉯ 유도성 ㉰ 용량성 ㉱ 저항성분

◆ 풀이 저항 성분(전류와 전압은 동위상), 유도성 회로(전류가 90° 뒤짐), 용량성 회로(전류가 90° 앞섬) 답 ㉯

20 전류에 의하여 발생하는 열은 전선의 저항과 전류의 곱 및 시간에 비례한다. 이때 전압과 전류의 위상차 [rad]는?

㉮ $\frac{\pi}{6}$　　㉯ $\frac{\pi}{2}$　　㉰ 동상　　㉱ $\frac{\pi}{4}$

◆ 풀이　회로에는 저항 성분만 존재한다면 전압과 전류의 위상차는 없다. 즉, 동상이다.　**답** ㉰

21 주파수 1 [MHz], 리액턴스 150 [Ω]인 회로의 인덕턴스는 얼마인가?

㉮ 24 [μH]　　㉯ 12 [μH]　　㉰ 0.24 [μH]　　㉱ 0.48 [μH]

◆ 풀이　$X_L = 2\pi f L = 150$에서 $L = \frac{150}{2\pi \times 1 \times 10^6} \times 10^6 ≒ 24\,[\mu\text{H}]$　**답** ㉮

22 용량만의 회로에 정현파형의 교류전압을 인가하면 전류는 전압보다 위상이 어떠한가?

㉮ 90° 앞선다.　　㉯ 90° 늦다.
㉰ 180° 앞선다.　　㉱ 180° 늦다.

◆ 풀이　저항 성분(전류와 전압은 동위상), 유도성 회로(전류가 90° 뒤짐), 용량성 회로(전류가 90° 앞섬)　**답** ㉮

23 용량 리액턴스와 반비례하는 것은?

㉮ 전압　　㉯ 저항　　㉰ 임피던스　　㉱ 주파수

◆ 풀이　$X_C = \frac{1}{\omega C} = \frac{1}{2\pi f C}\,[\Omega]$　**답** ㉱

∴ 주파수(f)에 반비례한다.

24 $R=100[\Omega]$, $C=30[\mu F]$의 직렬 회로에 $f=60[Hz]$, $V=100[V]$의 교류 전압을 가할 때 X_C의 용량 리액턴스 [Ω]는?

㉮ 67.4 ㉯ 77.5 ㉰ 88.4 ㉱ 97.5

◆ 풀이 $X_C=\frac{1}{\omega C}=\frac{1}{2\pi f C}=\frac{1}{2\pi\times 60\times 30\times 10^{-6}}=88.4[\Omega]$ 답 ㉰

25 $50[\mu F]$의 콘덴서에 200 [V], 60 [Hz]의 교류 전압을 인가했을 때 흐르는 전류는?

㉮ 약 7.54 [A] ㉯ 약 3.77 [A] ㉰ 약 5.84 [A] ㉱ 약 7.77 [A]

◆ 풀이 $X_C=\frac{1}{\omega C}=\frac{1}{2\pi f C}=\frac{1}{2\pi\times 60\times 50\times 10^{-6}}=53[\Omega]$ 답 ㉯

$\therefore I=\frac{V}{X_C}=\frac{200}{53}\fallingdotseq 3.77[A]$

26 $10[\mu F]$의 콘덴서에 60 [Hz], 100 [V]의 교류 전압을 가하면 이때 흐르는 전류 [A]는?

㉮ 약 0.18 [A] ㉯ 약 0.38 [A] ㉰ 약 2.1 [A] ㉱ 약 4.8 [A]

◆ 풀이 $I=\frac{V}{X_C}=\frac{V}{\frac{1}{\omega C}}=\omega CV=2\pi f CV=2\pi\times 60\times 10\times 10^{-6}\times 100\fallingdotseq 0.38[A]$ 답 ㉯

27 교류는 그 주파수가 증가함에 따라 어떻게 되는가?

㉮ 코일에서는 잘 흐르나 콘덴서에는 흐르기 곤란해진다.
㉯ 콘덴서는 잘 흐르나 코일에는 흐르기 곤란해진다.
㉰ 코일, 콘덴서 다 흐르기 곤란하다.
㉱ 코일, 콘덴서 다 흐르기 쉽다.

◆ 풀이 $X_L\propto f$, $X_L\propto\frac{1}{f}$ 이므로 주파수가 증가하면 X_L 증가, X_C 감소한다. 답 ㉯

28 저항 R과 유도 리액턴스 X_L을 직렬 접속할 때 임피던스는 얼마인가?

㉮ $R+X_L$　　㉯ $\sqrt{R+X_L}$　　㉰ $R^2+X_L^2$　　㉱ $\sqrt{R^2+X_L^2}$

◆ 풀이　$Z=\sqrt{R^2+X_L^2}=\sqrt{R^2+(\omega L)^2}$　　답 ㉱

29 4 [Ω]의 저항과 8 [mH]의 인덕턴스가 직렬로 접속된 회로에 $f=60$[Hz], $E=100$[V]의 교류 전압을 가하면 전류는 몇 [A]인가?

㉮ 약 20 [A]　　㉯ 약 25 [A]　　㉰ 약 24 [A]　　㉱ 약 12 [A]

◆ 풀이　$X_L=\omega L=2\pi f L=2\pi\times 60\times 8\times 10^{-3}=3[\Omega]$　　답 ㉮

$Z=\sqrt{R^2+X_L^2}=\sqrt{4^2+3^2}=5[\Omega]$, $\therefore I=\dfrac{V}{Z}=\dfrac{100}{5}=20[\text{A}]$

30 저항 3 [Ω]과 유도 리액턴스 $X[\Omega]$이 직렬로 접속된 회로에 100 [V]의 교류 전압을 가하면 20 [A]의 전류가 흐른다. 이 회로의 $X[\Omega]$의 값은?

㉮ 3　　㉯ 4　　㉰ 5　　㉱ 6

◆ 풀이　$Z=\dfrac{V}{I}=\dfrac{100}{20}=5[\Omega]$, $Z=\sqrt{R^2+X_L^2}\,[\Omega]$　　답 ㉯

$\therefore X_L=\sqrt{Z^2-R^2}=\sqrt{5^2-3^2}=4[\Omega]$

31 임피던스 10 [Ω]인 R-L 직렬회로에서 저항과 리액턴스 양단의 전압이 각각 80 [V], 60 [V]였다면 리액턴스 [Ω]는?

㉮ 2　　㉯ 4　　㉰ 6　　㉱ 8

◆ 풀이　$V=\sqrt{V_R^2+V_L^2}=\sqrt{80^2+60^2}=100[\text{V}]$　　답 ㉰

$I=\dfrac{V}{Z}=\dfrac{100}{10}=10[\text{A}]$, $V_L=I\cdot X_L=60$에서 $X_L=\dfrac{V_L}{I}=\dfrac{60}{10}=6[\Omega]$

32 R-L 직렬 회로에 60 [Hz], 100 [V]의 교류 전압을 가했더니 위상이 30°뒤진 10 [A]의 전류가 흘렀다. 이때의 리액턴스 [Ω]는?

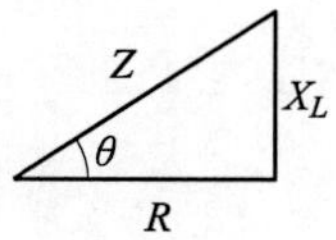

㉮ 5
㉯ 1
㉰ 17.3
㉱ 34.6

◆ 풀이 임피던스 3각형
유도 리액턴스

$$X_L = Z\sin\theta = \frac{100}{10} \times \sin 30° = 5\,[\Omega]$$

답 ㉮

33 저항 5 [Ω], 리액턴스 5 [Ω]인 직렬회로의 임피던스각은?

㉮ 0° ㉯ 45° ㉰ 60° ㉱ 90°

◆ 풀이 $\theta = \tan^{-1}\frac{\omega L}{R} = \tan^{-1}\frac{5}{5} = 45°$

답 ㉯

34 저항 3 [Ω], 유도 리액턴스 4 [Ω]의 직렬 회로에 교류 전압 100 [V]를 가할 때 흐르는 전류와 위상각은?

㉮ 14.3 [A], 37° ㉯ 14.3 [A], 53°
㉰ 20 [A], 37° ㉱ 20 [A], 53°

◆ 풀이 $I = \frac{V}{Z} = \frac{100}{\sqrt{3^2+4^2}} = 20\,[\mathrm{A}],\ \theta = \tan^{-1}\frac{X_L}{R} = \tan^{-1}\frac{4}{3} \fallingdotseq 53°$

답 ㉱

35 $R=15[\Omega]$인 R-C 직렬회로에 60 [Hz], 100 [V]의 전압을 가하여 4 [A]의 전류가 흘렀다면 용량 리액턴스 [Ω]는?

㉮ 10　　㉯ 15　　㉰ 20　　㉱ 25

◆ 풀이 $Z=\dfrac{V}{I}=\dfrac{100}{4}=25[\Omega],\ Z=\sqrt{R^2+X_C^2}\,[\Omega]$　　답 ㉰

$\therefore X_C=\sqrt{Z^2-R^2}=\sqrt{25^2-15^2}=20[\Omega]$

36 저항 8 [Ω]와 용량 리액턴스 6 [Ω]의 직렬 회로에 30 [A]의 전류가 흐른다면 가해 준 전압 [V]은?

㉮ 50　　㉯ 100　　㉰ 150　　㉱ 300

◆ 풀이 $Z=\sqrt{R^2+X_C^2}=\sqrt{6^2+8^2}=10[\Omega],\ V=IZ=30\times 10=300[\mathrm{V}]$　　답 ㉱

37 R-C 직렬 회로의 합성 임피던스의 크기는?

㉮ $\sqrt{R^2+\dfrac{1}{\omega^2 C}}$　　㉯ $\sqrt{R^2+\dfrac{1}{\omega C^2}}$

㉰ $\sqrt{R^2+\dfrac{1}{\omega C}}$　　㉱ $\sqrt{R^2+\dfrac{1}{\omega^2 C^2}}$

◆ 풀이 $Z=\sqrt{R^2+X_C^2}=\sqrt{R^2+\left(\dfrac{1}{\omega C}\right)^2}=\sqrt{R^2+\dfrac{1}{\omega^2 C^2}}$　　답 ㉱

38 저항 $4\sqrt{3}$ [Ω]이 직렬로 접속된 회로에 60 [Hz], 100 [V]의 교류 전압을 가할 때 전압과 전류의 위상각[rad]은? (단, 용량 리액턴스는 4 [Ω]이다.)

㉮ $\frac{\pi}{3}$　　㉯ $\frac{\pi}{6}$　　㉰ $\frac{2}{3}\pi$　　㉱ $\frac{\pi}{2}$

◆ 풀이 $\theta = \tan^{-1}\frac{X_C}{R} = \tan^{-1}\frac{4}{4\sqrt{3}} = \tan^{-1}\frac{1}{\sqrt{3}} = 30° = \frac{\pi}{6}$ [rad]

답 ㉯

39 저항 R[Ω], 유도 리액턴스 X_L[Ω], 용량 리액턴스 X_C[Ω]가 직렬 접속인 경우 합성 임피던스 Z는?

㉮ $Z = \sqrt{R^2 + X_L^2 + X_C^2}$　　㉯ $Z = \sqrt{R^2 + (X_L + X_C)^2}$

㉰ $Z = \sqrt{R^2 + (X_L - X_C)^2}$　　㉱ $Z = \sqrt{(R + X_L)^2 + X_C^2}$

답 ㉰

40 그림과 같은 회로에서 $E_R = 80$ [V], $E_L = 100$ [V], $E = 100$ [V]일 때 콘덴서에 가해지는 전압은 몇 [V]인가?

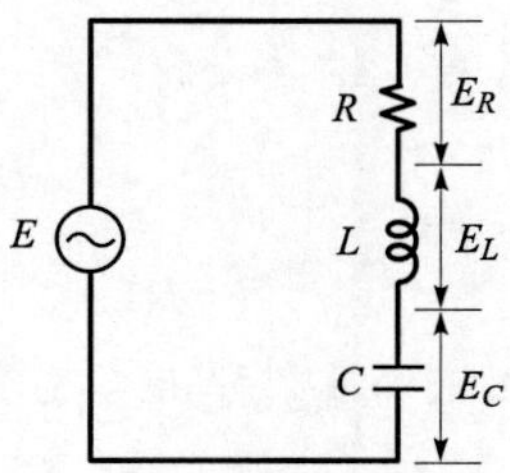

㉮ 280
㉯ 80
㉰ 40
㉱ 20

◆ 풀이 $E = \sqrt{E_R^2 + (E_L - E_C)^2}$ 에서 $100 - E_C = \sqrt{100^2 - 80^2} = 60$

$\therefore E_C = 100 - 60 = 40$ [V]

답 ㉰

41 6 [Ω]의 저항과 10 [Ω]의 유도 리액턴스 및 2 [Ω]의 용량 리액턴스가 직렬로 접속된 회로에 60 [Hz], 100 [V]의 교류 전압을 가하면 이 회로의 전류 [A]는?

㉮ 5　　㉯ 10　　㉰ 15　　㉱ 20

◆ 풀이　$Z=\sqrt{R^2+(X_L-X_C)^2}=\sqrt{6^2+(10-2)^2}=10[\Omega]$, $I=\frac{E}{Z}=\frac{100}{10}=10[A]$　답 ㉯

42 $R=5[\Omega]$, $\omega L=10[\Omega]$인 코일과 콘덴서를 직렬 접속하여 100 [V]의 교류를 가하니 20 [A]의 전류가 흘렀다. 용량 리액턴스는 몇 [Ω]인가?

㉮ 20　　㉯ 15　　㉰ 10　　㉱ 5

◆ 풀이　$Z=\frac{E}{I}=\frac{100}{20}=5[\Omega]$　답 ㉰

$Z=\sqrt{R^2+(X_L-X_C)^2}$, $5=\sqrt{5^2+(10-X_C)^2}$　$\therefore X_C=10[\Omega]$

43 $R=3[\Omega]$, $\omega L=8[\Omega]$, $\frac{1}{\omega C}=4[\Omega]$의 RLC 직렬회로의 임피던스 [Ω]는?

㉮ 5　　㉯ 7　　㉰ 12.4　　㉱ 15

◆ 풀이　$Z=\sqrt{R^2+(X_L-X_C)^2}=\sqrt{3^2+(8-4)^2}=5[\Omega]$　답 ㉮

44 $R=4[\Omega]$, $X_L=8[\Omega]$, $X_C=5[\Omega]$의 RLC 직렬회로에 20 [V]의 교류를 가할 때 유도 리액턴스 X_L에 걸리는 전압은?

㉮ 16 [V]　　㉯ 20 [V]　　㉰ 28 [V]　　㉱ 32 [V]

◆ 풀이　$Z=\sqrt{R^2+(X_L-X_C)^2}=\sqrt{4^2+(8-5)^2}=5[\Omega]$, $I=\frac{V}{Z}=\frac{20}{5}=4[A]$　답 ㉱

$\therefore V_L=I\cdot X_L=4\times 8=32[V]$

45 직렬 공진시 최대가 되는 것은?

㉮ 전류 ㉯ 임피던스 ㉰ 리액턴스 ㉱ 저항

◆ 풀이 직렬공진시 임피던스는 최소가 되므로 $I=\frac{E}{Z}$ 에서 전류가 최대이다. 답 ㉮

46 RLC 직렬 회로에서 $\omega L=\frac{1}{\omega C}$ 일 때 다음 설명 중 옳지 않은 것은?

㉮ 리액턴스 성분이 0이 된다. ㉯ 합성 임피던스는 최대가 된다.
㉰ 회로의 전류는 최대가 된다. ㉱ 공진 현상이 일어난다.

◆ 풀이 $Z=\sqrt{R^2+\left(\omega L-\frac{1}{\omega C}\right)^2}$ 에서 $\omega L=\frac{1}{\omega C}$ 일 때 $\omega L-\frac{1}{\omega C}=0$ 이므로 Z는 최소가 된다. 답 ㉯

47 R-L-C 직렬 회로에서 전압과 전류가 동상이 될 수 있는 조건은?

㉮ $\omega=LC$ ㉯ $\omega LC=1$ ㉰ $\omega^2 LC=1$ ㉱ $\omega L^2 C^2=1$

◆ 풀이 전압, 전류가 동상이 되기 위해서는 직렬 공진인 때, 즉 $X_L=X_C$ 인 때이다. 답 ㉰
그러므로, $\omega L=\frac{1}{\omega C}$ 에서 $\omega^2 LC=1$

48 R-L-C 직렬 회로로 접속한 회로에서 최대 전류가 흐르게 하는 조건은?

㉮ $\frac{1}{\omega L}+\omega C=0$ ㉯ $\omega L-\frac{1}{\omega C}=0$
㉰ $\omega L-\frac{1}{\omega C}=1$ ㉱ $\omega L+\frac{1}{\omega C}=0$

답 ㉯

49 저항 16 [Ω], 유도 리액턴스 20 [Ω], 용량 리액턴스 8 [Ω]인 직렬 회로에 10 [A]의 전류가 흘렀다면 인가 전압은 몇 [V]인가?

㉮ 100 ㉯ 140 ㉰ 200 ㉱ 240

◆ 풀이 $Z=\sqrt{R^2+(X_L-X_C)^2}=\sqrt{16^2+(20-8)^2}=20\,[\Omega]$

$\therefore\ V=I\cdot Z=10\times 20=200\,[\text{V}]$

답 ㉰

50 저항 $R=5\,[\Omega]$, 자체 인덕턴스 $L=30\,[\text{mH}]$, 정전 용량 $C=100\,[\mu\text{F}]$의 직렬회로에서 공진 주파수 f는 얼마이겠는가?

㉮ 약 90 [Hz] ㉯ 약 92 [Hz]
㉰ 약 94 [Hz] ㉱ 약 96 [Hz]

◆ 풀이 $f=\dfrac{1}{2\pi\sqrt{LC}}=\dfrac{1}{2\pi\sqrt{30\times 10^{-3}\times 100\times 10^{-6}}}\fallingdotseq 92\,[\text{Hz}]$

답 ㉯

51 $A=a-jb$의 절대값은?

㉮ a^2-b^2 ㉯ $\sqrt{a^2+b^2}$ ㉰ a^2+b^2 ㉱ $\sqrt{a^2-b^2}$

◆ 풀이 절대값 $|A|=\sqrt{(\text{실수})^2+(\text{허수})^2}=\sqrt{a^2+b^2}$

답 ㉯

52 $A=1+j\sqrt{3}$으로 표시되는 벡터의 편각은?

㉮ 30° ㉯ 45° ㉰ 60° ㉱ 90°

◆ 풀이 $Z=R+jX=1+j\sqrt{3}\,[\Omega]$에서 $\theta=\tan^{-1}\dfrac{X}{R}=\tan^{-1}\dfrac{\sqrt{3}}{1}=60°$

답 ㉰

53 $\dot{A}_1 = 4 + j3$, $\dot{A}_2 = 3 + j4$의 두 벡터에서 $\dot{A} = \dot{A}_1 \times \dot{A}_2$는?

㉮ $25\angle 0$ ㉯ $25\angle \frac{\pi}{2}$ ㉰ $25\angle -\frac{\pi}{2}$ ㉱ $25\angle \frac{\pi}{3}$

◆ 풀이 $\dot{A} = \dot{A}_1 \times \dot{A}_2 = (4+j3) \times (3+j4) = 12 - 12 + j16 + j9 = j25 = 25\angle \frac{\pi}{2}$

답 ㉯

54 $R = 3[\Omega]$, $X_C = 4[\Omega]$이 직렬로 접속되 회로에 $I = 12[A]$의 전류를 통할 때의 전압 [V]는?

㉮ $25 + j30$ ㉯ $25 - j30$ ㉰ $36 - j48$ ㉱ $36 + j48$

◆ 풀이 $Z = R - jX = 3 - j4[\Omega]$ $\therefore V = I \cdot Z = 12 \cdot (3 - j4) = 36 - j48[V]$

답 ㉰

55 어떤 회로에 $E = 50[V]$의 교류 전압을 가하면 $I = 8 + j6[A]$의 전류가 흐른다. 이 회로의 임피던스는?

㉮ $4 + j3[A]$ ㉯ $4 - j3[A]$ ㉰ $3 - j4[A]$ ㉱ $3 + j4[A]$

◆ 풀이 $Z = \frac{V}{I} = \frac{50}{8 - j6} = \frac{50(8 + j6)}{(8 + j6)(8 - j6)} = \frac{400 - j300}{8^2 + 6^2} = 4 - j3[\Omega]$

답 ㉯

56 $j8[\Omega]$이라는 임피던스는?

㉮ $8[\Omega]$의 용량 리액턴스이다.
㉯ $8[\Omega]$의 유도 리액턴스이다.
㉰ 저항과 용량 리액턴스의 합성 임피던스이다.
㉱ 저항과 유도 리액턴스의 합성 임피던스이다.

◆ 풀이
- $A = a \pm jb$ (a : 실수부, b : 허수부)
- $-jb$(용량성 리액턴스), $+jb$(유도성 리액턴스)

답 ㉯

57 임피던스의 역수는?

㉮ 어드미턴스 ㉯ 콘덕턴스 ㉰ 서셉턴스 ㉱ 인덕턴스

◆ 풀이 G(컨덕턴스)$=\frac{1}{R}$[℧], B(서셉턴스)$=\frac{1}{X}$[℧], Y(어드미턴스)$=\frac{1}{Z}$[℧]

답 ㉮

58 무효 전력의 단위는?

㉮ Var ㉯ Watt ㉰ Voit−Amp ㉱ Coul/sec

◆ 풀이 [Var] : Volt−amperes reactive

답 ㉮

59 교류에서 무효전력 P_r[Var]은?

㉮ VI ㉯ $VI\cos\theta$ ㉰ $VI\sin\theta$ ㉱ $VI\tan\theta$

◆ 풀이 • P(유효 전력)$=VI\cos\theta$[W]
• P_r(무효 전력)$=VI\sin\theta$[Var]

답 ㉰

60 무효 전력의 단위는?

㉮ Var ㉯ Watt ㉰ Voit−Amp ㉱ Coul/sec

◆ 풀이 [Var] : Volt−amperes reactive

답 ㉮

61 무효전력 $P_1=Q$[Var]일 때 역률 0.6이면 피상 전력[VA]는 얼마인가?

㉮ Q ㉯ $1.25Q$ ㉰ $0.125Q$ ㉱ $1.67Q$

◆ 풀이 무효율$(\sin\theta)=\sqrt{1-\cos^2\theta}=\sqrt{1-0.6^2}=0.8$

피상 전력$(P_a)=\frac{\text{무효 전력}}{\text{무효율}}=\frac{VI\sin\theta}{\sin\theta}=\frac{Q}{0.8}=1.25Q$

답 ㉯

62 피상전력 60 [kVA], 무효전력 36 [kVar]인 부하의 전력 [kW]은?

㉮ 12　　㉯ 24　　㉰ 36　　㉱ 48

◆ 풀이 $P_a = \sqrt{P^2 + P_r^2}$ 에서 $P = \sqrt{P_a^2 - P_r^2} = \sqrt{60^2 - 36^2} = 48\,[\mathrm{kW}]$ 　답 ㉱

63 $V = 5 + j2,\ I = 4 - j2$일 때 무효전력 [Var]은?

㉮ 12　　㉯ 16　　㉰ 18　　㉱ 24

◆ 풀이 • 전압이나 전류 중 하나를 공액 복소수로 놓고 계산한다. 　답 ㉰

$V \cdot \overline{I} = (5 + j2)(4 + j2) = 20 + j10 + j8 - 4 = 16 + j18$

∴ 유효 전력(P) = 16 [W], 무효 전력(P_r) = 18 [Var]

64 다음 그림의 소비전력 [W]은 얼마인가?

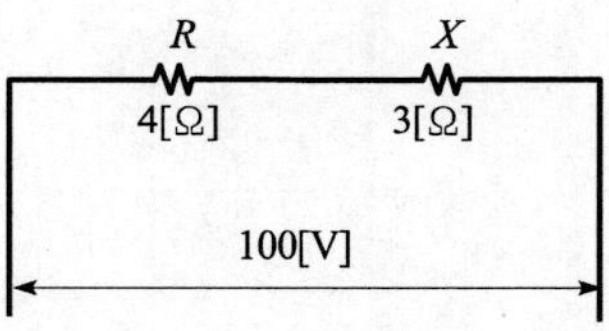

㉮ 500 [W]
㉯ 1200 [W]
㉰ 1600 [W]
㉱ 2000 [W]

◆ 풀이 $P = \dfrac{V^2}{R^2 + X^2} \cdot R = \dfrac{100^2}{4^2 + 3^2} \times 4 = 1600\,[\mathrm{W}]$ 　답 ㉰

65 저항 R, 리액턴스 X의 직렬회로에 전압 V를 가했을 때의 전력 [W]은?

㉮ $\dfrac{RV^2}{R^2 + X^2}$　　㉯ $\dfrac{XV^2}{R^2 + X^2}$　　㉰ $\dfrac{RV^2}{R + X}$　　㉱ $\dfrac{RV^2}{R + X}$

◆ 풀이 $Z = \sqrt{R^2 + X^2}\,[\Omega],\ I = \dfrac{V}{Z}\,[\mathrm{A}]$ 　답 ㉮

$$\therefore P = I^2 R = \left(\frac{V}{\sqrt{R^2 + X^2}}\right)^2 \cdot R = \frac{V^2 R}{R^2 + X^2}\,[\mathrm{W}]$$

66 R-L 직렬회로에서 임피던스 $Z=3+j4[\Omega]$이다. 이 회로에 교류 전압 100 [V]를 가할 때 유효 전력은 얼마인가?

㉮ 1200 [W] ㉯ 1600 [W] ㉰ 2000 [W] ㉱ 2500 [W]

◆ 풀이 $I=\frac{V}{Z}=\frac{V}{\sqrt{R^2+X^2}}=\frac{100}{\sqrt{3^2+4^2}}=20[A]$

$\therefore P=I^2R=20^2\times3=1{,}200[W]$

답 ㉮

67 피상전력이 400 [kVA], 유효 전력이 300 [kW]일 때 역률은?

㉮ 0.5 ㉯ 0.75 ㉰ 0.85 ㉱ 1.33

◆ 풀이 $\text{역률}=\frac{\text{유효전력}}{\text{피상전력}}=\frac{300}{400}=0.75$

답 ㉯

68 교류 회로의 역률은?

㉮ $\frac{\text{피상전력}}{\text{전압}\times\text{전류}}$ ㉯ $\frac{\text{무효전력}}{\text{전압}\times\text{전류}}$ ㉰ $\frac{\text{유효전력}}{\text{전압}\times\text{전류}}$ ㉱ $\frac{\text{겉보기전력}}{\text{전압}\times\text{전류}}$

◆ 풀이 $p=EI\cos\theta[W]$에서 $\cos\theta=\frac{P}{EI}$

답 ㉰

69 R-L 직렬회로에서 임피던스 각 $\theta=\tan^{-1}\frac{1}{\sqrt{3}}$이면 역률은 얼마인가?

㉮ 1 ㉯ $\frac{\sqrt{3}}{2}$ ㉰ $\frac{1}{2}$ ㉱ $\frac{1}{\sqrt{3}}$

◆ 풀이 • $\theta=\tan^{-1}\frac{\omega L}{R}=\tan^{-1}\frac{1}{\sqrt{3}}$ [rad]이므로, $R=\sqrt{3}$, $X_L=1[\Omega]$

• $Z=\sqrt{R^2+X_L^2}=\sqrt{(\sqrt{3})^2+1^2}=2[\Omega]$ $\therefore \cos\theta=\frac{R}{Z}=\frac{\sqrt{3}}{2}$

답 ㉯

70 저항 $R=4[\Omega]$, 유도 리액턴스 $X_L[\Omega]$이 직렬로 접속된 회로에 역률이 50 [Hz]의 교류에서 0.8이다. 이때 유도 리액턴스 $X_L[\Omega]$는 얼마인가?

㉮ 3 [Ω] ㉯ 5 [Ω] ㉰ 7 [Ω] ㉱ 9 [Ω]

◆ 풀이 • $\cos\theta = \dfrac{R}{Z}$ 이므로, $Z = \dfrac{R}{\cos\theta} = \dfrac{4}{0.8} = 5[\Omega]$ **답** ㉮

• $Z = \sqrt{R^2 + X_L^2}\,[\Omega]$

$\therefore X_L = \sqrt{Z^2 - R^2} = \sqrt{5^2 - 4^2} = 3[\Omega]$

71 저항 8 [Ω], 유도 리액턴스 10 [Ω], 용량 리액턴스 4 [Ω]인 직렬 회로의 역률은?

㉮ 0.6 ㉯ 0.8 ㉰ 0.75 ㉱ 0.5

◆ 풀이 $\cos\theta = \dfrac{R}{Z} = \dfrac{R}{\sqrt{R^2 + (X_L - X_C)^2}} = \dfrac{8}{\sqrt{8^2 + (10-4)^2}} = 0.8$ **답** ㉯

72 대칭 3상 교류의 조건에 해당하지 않는 것은?

㉮ 기전력의 크기가 같을 것
㉯ 주파수 같을 것
㉰ 파형이 같을 것
㉱ 위상차가 각각 $\dfrac{4\pi}{3}$ [rad]일 것

◆ 풀이 • 대칭 3상 교류조건 **답** ㉱

① 기전력 크기가 같을 것
② 주파수가 같을 것
③ 위상차가 각각 $\dfrac{2\pi}{3}$ [rad]일 것

73 기전력의 크기 및 주파수가 같은 대칭 3상 교류의 위상차는?

㉮ $4\pi/3$ [rad] ㉯ $2\pi/3$ [rad] ㉰ π [rad] ㉱ $\pi/3$ [rad]

답 ㉯

74 대칭 3상 교류의 순시값의 합은?

㉮ 0 [V] ㉯ 50 [V] ㉰ 115 [V] ㉱ 220 [V]

◆ 풀이 대칭 3상 교류의 경우에 순시값의 합은 0이다. $(v_a + v_b + v_c = 0)$

답 ㉮

75 평형 3상 Y 결선에서 선간 전압과 상전압의 위상차는 몇 [rad]인가?

㉮ $\frac{2}{3}\pi$ ㉯ $\frac{\pi}{2}$ ㉰ $\frac{\pi}{3}$ ㉱ $\frac{\pi}{6}$

◆ 풀이 $V_l = \sqrt{3}\, V_p \; \frac{\pi}{6}$ [V]

답 ㉱

76 평형 3상 Y 결선의 상전압 V_P와 선간 전압 V_l과의 관계는?

㉮ $V_P = \underline{/V_l}$ ㉯ $V_l = \sqrt{3}\, V_P$ ㉰ $V_P = \sqrt{3}\, V_l$ ㉱ $V_l = 3\, V_P$

◆ 풀이 $V_l = \sqrt{3}\, \underline{/V_P}\, \frac{\pi}{6}$ [V]

답 ㉯

77 상전압이 173 [V]인 3상 평형 Y결선인 교류 전압의 선간 전압의 크기는 몇 [V]인가?

㉮ 173 ㉯ 193 ㉰ 215 ㉱ 300

◆ 풀이 $V_l = \sqrt{3}\, V_P = \sqrt{3} \times 173 \fallingdotseq 300$ [V]

답 ㉱

78 상전압 200 [V], 1상의 부하 임피던스 $Z=8+j6[\Omega]$인 Δ 결선의 선전류 [A]는 얼마인가?

㉮ 약 28.3 ㉯ 약 34.6 ㉰ 약 40 ㉱ 약 20

◆ 풀이 $Z=\sqrt{R^2+X_L^2}=\sqrt{8^2+6^2}=10[\Omega]\ I_p=\dfrac{V_p}{Z}=\dfrac{200}{10}=20[A]$

$\therefore I_l=\sqrt{3}\cdot I_p=\sqrt{3}\times 20 \fallingdotseq 34.6[A]$

답 ㉯

79 Δ결선시, 선간 전압 (V_l), 상전압 (V_p), 선전류 (I_l), 상전류 (I_p)의 관계식으로 맞는 것은?

㉮ $V_l=\sqrt{3}\ V_p,\ I_l=I_p$

㉯ $V_l=Vp,\ I_l=\sqrt{3}\ I_p$

㉰ $V_l=V_p,\ I_l=I_p$

㉱ $V_l=\sqrt{3}\ V_p,\ I_l=\sqrt{3}\ I_p$

답 ㉯

80 대칭 3상 △결선에 있어서 선전류와 상전류의 위상 관계는?

㉮ 선전류가 $\dfrac{\pi}{3}$[rad] 앞선다.

㉯ 상전류가 $\dfrac{\pi}{3}$[rad] 앞선다.

㉰ 선전류가 $\dfrac{\pi}{6}$[rad] 앞선다.

㉱ 상전류가 $\dfrac{\pi}{6}$[rad] 앞선다.

◆ 풀이 $I_l=\sqrt{3}\ I_P\underline{/-\dfrac{\pi}{6}}\ [A]$

답 ㉱

- 선전류의 위상은 상전류보다 $\dfrac{\pi}{6}$ [rad]30°만큼 뒤진다.

81 △결선의 전원이 있다. 선로의 전류가 30 [A], 선간 전압이 220 [V]이다. 전원의 상전압 및 상전류는 각각 얼마인가?

㉮ 220 [V], 30 [A]　㉯ 127 [V], 30 [A]
㉰ 127 [V], 17.3 [A]　㉱ 220 [V], 17.3 [A]

◆ 풀이
- $V_p = V_l = 220\,[\mathrm{V}]$
- $I_p = \dfrac{I_l}{\sqrt{3}} \fallingdotseq 17.3\,[\mathrm{A}]$

답 ㉱

82 그림과 같은 회로에 대칭 3상교류 전압을 가했을 때 이 회로에 흐르는 선전류 [A]는?

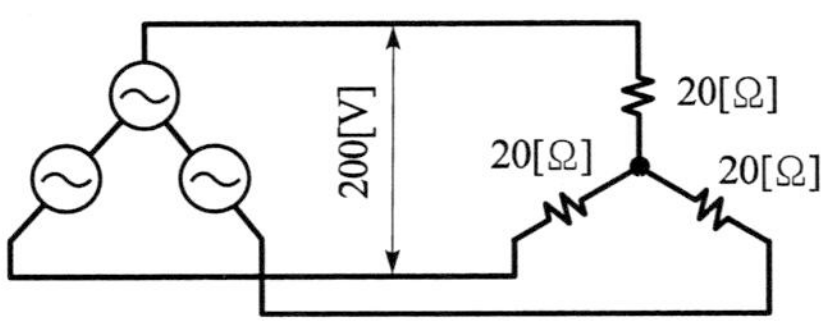

㉮ 10 [A]
㉯ $10\sqrt{3}$ [A]
㉰ $20\sqrt{3}$ [A]
㉱ $\dfrac{10}{\sqrt{3}}$ [A]

◆ 풀이 $I_l = \sqrt{3}\,I_p = \sqrt{3} \times \dfrac{V_p}{Z} = \sqrt{3} \times \dfrac{200}{20} = 10\sqrt{3}$

답 ㉯

83 V결선시 변압기의 이용률은 몇 [%]인가?

㉮ 57.7　㉯ 70.0　㉰ 86.6　㉱ 100

◆ 풀이 $\text{이용률} = \dfrac{V\text{결선시 용량}}{\text{변압기 2대의 용량}} = \dfrac{\sqrt{3}\,P}{2P} = 0.866(86.6\,[\%])$

답 ㉰

84 Δ결선 변압기 1개가 고장이 나서 V결선으로 바꾸었을 때 출력은 고장 전 출력의 몇 배인가?

㉮ $\dfrac{1}{2}$　㉯ $\dfrac{\sqrt{3}}{3}$　㉰ $\dfrac{2}{3}$　㉱ $\dfrac{\sqrt{3}}{2}$

◆ 풀이 $\text{출력비} = \dfrac{V\text{결선시 전력}(P_V)}{\Delta\text{결선의 전력}(P_\Delta)} = \dfrac{\sqrt{3}\,VI}{3\,VI} = \dfrac{\sqrt{3}}{3}$

답 ㉯

85 용량 10 [kVA]의 단상 변압기 3대로 3상 평형 부하에 전력을 공급하던 중 1대가 고장이므로 2대로 V결선하려고 한다. 공급할 수 있는 전력은 얼마인가?

㉮ 10 [kVA] ㉯ 20 [kVA] ㉰ $10\sqrt{3}$ [kVA] ㉱ $20\sqrt{3}$ [kVA]

◆ 풀이 V결선시 출력 $P_V = \sqrt{3} \times P = \sqrt{3} \times 10 = 10\sqrt{3}$ [kVA]

답 ㉰

86 30 [Ω]의 저항으로 Δ 결선 회로를 만든 다음 그것을 다시 Y회로로 변환하면 한변의 저항은?

㉮ 10 [Ω] ㉯ 20 [Ω] ㉰ 30 [Ω] ㉱ 90 [Ω]

◆ 풀이 $Z_Y = \frac{1}{3} Z_\triangle = \frac{1}{3} \times 30 = 10\,[\Omega]$

답 ㉮

87 세변의 저항 $R_a = R_b = R_c = 15\,[\Omega]$인 Y결선 회로가 있다. 이것과 등가인 Δ결선 회로의 각 변의 저항 [Ω]은?

㉮ 5 ㉯ 10 ㉰ 25 ㉱ 45

◆ 풀이 • 평형 부하의 겨우 → $Z_\triangle = 3 \cdot Z_Y = 3 \times 15 = 45\,[\Omega]$

답 ㉱

88 다음 중 3상 교류 전력을 나타내는 식으로 맞는 것은?

㉮ $P = \sqrt{3}\,E_l I_l \cos\theta$ ㉯ $P = \sqrt{3}\,E_p I_p \cos\theta$

㉰ $P = \sqrt{3}\,E_l I_l \sin\theta$ ㉱ $P = \sqrt{3}\,E_p I_p \sin\theta$

◆ 풀이 $P = 3\,E_P I_P \cos\theta = 2\frac{E_l}{\sqrt{3}} I_l \cos\theta = \sqrt{3}\,E_l I_l \cos\theta\,[\mathrm{V}]$

답 ㉮

89 6600 [V], 1000 [kVA]의 3상 발전기의 역률이 70 [%]일 때의 출력은 몇 [kW]인가?

㉮ 1212 [kW] ㉯ 1000 [kW] ㉰ 700 [kW] ㉱ 450 [kW]

◆ 풀이 $P = \sqrt{3}\ VI\cos\theta = \sqrt{3}\ P_a\cos\theta = 1{,}000 \times 0.7 = 700\,[\text{kW}]$ 답 ㉰

90 어떤 평형 3상 부하에 220 [V]의 3상을 가하니 전류는 8.6 [A]였다. 역률 0.8일 때 전력 [W]은?

㉮ 2621 ㉯ 2979 ㉰ 1778 ㉱ 5160

◆ 풀이 $P = \sqrt{3}\ V_l I_l \cos\theta = \sqrt{3} \times 220 \times 8.6 \times 0.8 = 2621\,[\text{W}]$ 답 ㉮

91 3상 부하에 선간 전압 200 [V]를 가했을 때 선전류는 50 [A], 소비 전력은 14 [kW]였다. 이 부하의 역률은?

㉮ 0.567 ㉯ 0.672 ㉰ 0.752 ㉱ 0.808

◆ 풀이 $P = \sqrt{3}\ VI\cos\theta\,[\text{W}]$ 답 ㉱

$$\therefore \cos\theta = \frac{P}{\sqrt{3}\ VI} = \frac{14 \times 10^3}{\sqrt{3} \times 200 \times 50} \fallingdotseq 0.808$$

92 어느 공장의 평형 3상 부하 전압을 측정하였을 때 선간 전압이 200 [V], 소비전력 21 [kW], 역률 80 [%]였다. 이 때 전류는 대략 얼마인가?

㉮ 58 [A] ㉯ 64 [A] ㉰ 76 [A] ㉱ 131 [A]

◆ 풀이 $P = \sqrt{3}\ VI\cos t\,[\text{W}]$ 답 ㉰

$$\therefore I = \frac{P}{\sqrt{3}\ VI\cos\theta} = \frac{21 \times 10^3}{\sqrt{3} \times 200 \times 0.8} \fallingdotseq 76\,[\text{A}]$$

93 평형 3상 회로에서 임피던스를 Δ에서 Y로 결선하면 소비전력은?

㉮ $\frac{1}{3}$ 배　　㉯ $\frac{1}{\sqrt{3}}$ 배　　㉰ 3 배　　㉱ $\sqrt{3}$ 배

◆ 풀이 • 저항 $R[\Omega]$을 Δ 결선했을 때의 소비 전력 $P_\Delta = 3\times\frac{V^2}{Z} = \frac{3V^2}{Z}$ [W]

• 저항 $R[\Omega]$을 Y 결선했을 때의 소비 전력 $P_Y = 3\times\frac{\left(\frac{V}{\sqrt{3}}\right)^2}{Z} = \frac{V^2}{Z}$ [W]

$\therefore \frac{P_Y}{P_\Delta} = \frac{(V^2/Z)}{(3V^2/Z)} = \frac{1}{3}$

답 ㉮

94 전력계 2개를 접속하여 역률을 계산하고자 한다. 다음 중 옳은 계산식은 어느 것인가? (단, 전력계 W_1의 지시값을 P_1, W_2의 지시값을 P_2라 한다.

㉮ $\frac{2\sqrt{P_1^2+P_2^2-P_1P_2}}{P_1+P_2}$　　㉯ $\frac{P_1+P_2}{2\sqrt{P_1^2+P_2^2-P_1P_2}}$

㉰ $\frac{2\sqrt{P_1^2+P_2^2-P_1P_2}}{P_1-P_2}$　　㉱ $\frac{P_1-P_2}{2\sqrt{P_1^2+P_2^2-P_1P_2}}$

◆ 풀이 $\cos\theta = \frac{P}{P_a} = \frac{P_1+P_2}{2\sqrt{P_1^2+P_2^2-P_1P_2}}$

답 ㉯

95 2전력계법에 의해 평형 3상 전력을 측정하였더니 전력계가 800 [W], 400 [W]를 지시하였다. 이때 소비 전력 및 역률은 각각 얼마인가?

㉮ 1,200 [W], 70.7 [%]　　㉯ 400 [W], 70.7 [%]

㉰ 1,200 [W], 86.6 [%]　　㉱ 400 [W], 86.6 [%]

◆ 풀이 • $P = P_1 + P_2 = 800 + 400 = 1{,}200$ [W]

• $\cos\theta = \frac{P_1+P_2}{2\sqrt{P_1^2+P_2^2-P_1P_2}} = \frac{800+400}{2\sqrt{800^2+400^2-800\times400}} = \frac{1{,}200}{1{,}385} \fallingdotseq 0.866$

답 ㉰

96 3상 전력은 2대의 전력계 W_1과 W_2로 측정할 때 W_1의 지시값이 P_1, W_2의 지시값이 P_2라 하면 3상 무효전력 [Var]은?

㉮ $\frac{\sqrt{3}}{2}(P_1 - P_2)$　　㉯ $\frac{\sqrt{3}}{2}(P_1 + P_2)$

㉰ $\sqrt{3}(P_1 + P_2)$　　㉱ $\sqrt{3}(P_1 - P_2)$

◆ 풀이 $P = (P_1 - P_2)[\text{W}]$

$P_r = \sqrt{3}(P_1 - P_2)[\text{Var}]$

$P_a = \sqrt{P^2 + P_r^2}\,[\text{VA}]$

답 ㉱

97 2전력계법에서 지시 $P_1 = 100[\text{W}]$, $P_2 = 200[\text{W}]$일 때 역률은?

㉮ 0.866　㉯ 0.707　㉰ 1.0　㉱ 0.5

◆ 풀이

$$\cos\theta = \frac{P_1 + P_2}{2\sqrt{P_1^2 + P_2^2 - P_1 P_2}}$$

$$= \frac{100 + 200}{2\sqrt{100^2 + 200^2 - 100 \times 200}} = \frac{300}{346.4} = 0.866$$

답 ㉮

98 3상 전력을 측정하는 2전력계 중에서 하나의 지시가 0이었다면 회로의 역률은?

㉮ 0.25　㉯ 0.50　㉰ 0.707　㉱ 0.866

◆ 풀이

$$\cos\theta = \frac{P_1 + P_2}{2\sqrt{P_1^2 + P_2^2 - P_1 P_2}} = \frac{P_1}{2\sqrt{P_1^2}} = \frac{P_1}{2P_1} = 0.5$$

답 ㉯

99 그림과 같은 평형 무유도 부하의 전력을 단상 전력계로 측정하였는데 전력계의 지시가 [W]라하면 [W]라 하면 3상 전력은?

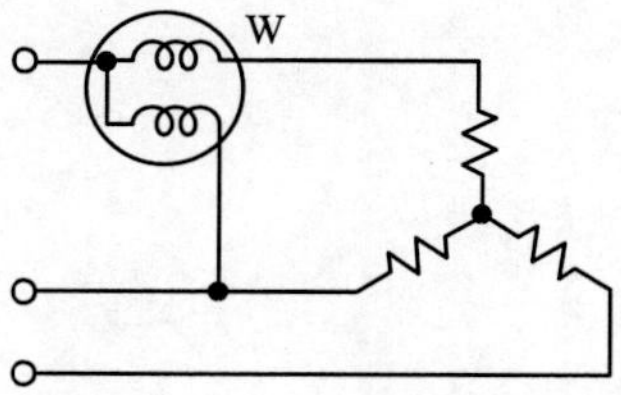

㉮ $\sqrt{3}$
㉯ $2W$
㉰ $3W$
㉱ $\sqrt{3}\cos W$

◆ 풀이 단상 전력계 한 개로 3상 전력을 측정하는 방법 답 ㉯

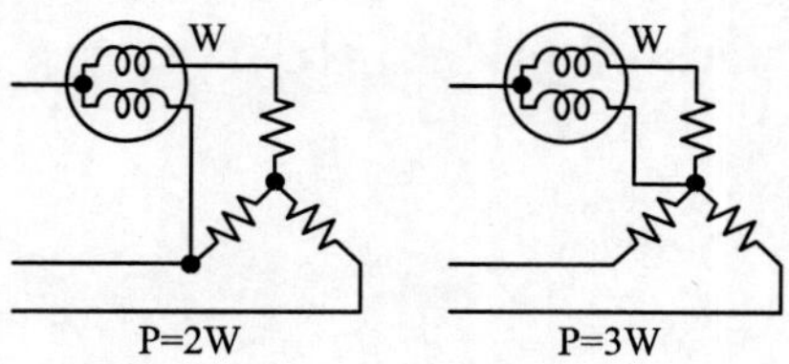

100 다음 회로망을 테브닝의 정리를 이용하여 등가 전압원으로 고쳤을 때 의 V_0값은?

㉮ 4 [V] ㉯ 5 [V] ㉰ 6 [V] ㉱ 8 [V]

◆ 풀이 등가 저항 $R_0 = \frac{1\times 4}{1+4} + 1 = 1.8[\Omega]$ 답 ㉱

등가 전압원 $V_0 = \frac{4}{1+4} \times 10 = 8[\Omega]$

101 그림에서 V_{ab}가 50 [V]일 때 전류 I는 몇 [A]인가?

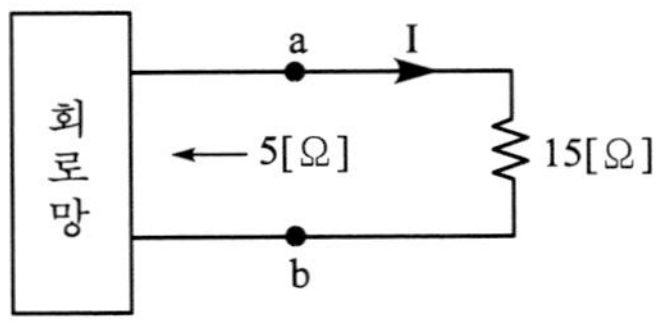

㉮ 1.5
㉯ 2.0
㉰ 2.5
㉱ 3.0

◆ 풀이 $I=\dfrac{V_{ab}}{Z_0+Z}=\dfrac{50}{5+15}=2.5\,[\mathrm{A}]$ 답 ㉰

102 그림에서 1 [Ω]의 저항 단자에 걸리는 전압의 크기는 몇 [V]인가?

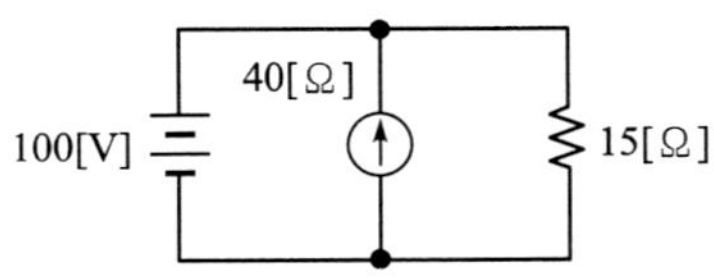

㉮ 140
㉯ 100
㉰ 60
㉱ 40

◆ 풀이 전류원은 왼쪽의 저항이 없는 전압원 회로에서 모두 소모되고 저항에 걸리는 것은 전압원뿐이므로 100 [V]이다. 답 ㉯

103 다음은 회로망 해석에 필요한 어떤 정리를 설명한 것이다. 관계되는 것은?

> 일정한 저항과 전원으로 구성된 회로망에서 저항 R[Ω]을 통과하는 전류 I[A]는 R을 제거하였을 때 a, b 단자간에 나타나는 기전력을 E_0, 회로망의 전기전력을 제거 단락하고 단자 a, b에서 본 회로망의 등가 저항을 R_0라 하면 $I=\dfrac{E_0}{R_0+R}$[A]이다.

㉮ 중첩의 정리 ㉯ 테브낭의 정리
㉰ 노튼의 정리 ㉱ 밀만의 정리

◆ 풀이 테브닝의 정리는 복잡한 회로 중의 일부 전류 혹은 전위를 구하는데 사용된다. 답 ㉯

실전연습문제

1회 실전연습문제

01 고유저항 ρ의 단위로 맞는 것은?

㉮ $[\Omega]$　　㉯ $[\Omega \cdot m]$　　㉰ $[AT/m]$　　㉱ $[\Omega^{-1}]$

◆ 풀이 고유저항의 단위

$1[\Omega \cdot m] = 10^6[\Omega \cdot mm^2/m]$

답 ㉯

02 어느 회로에 200 [V]의 교류 전압을 가할 때 $\frac{\pi}{6}$[rad] 위상이 늦은 10 [A]의 전류가 흐른다. 이 회로의 전력 [W]은?

㉮ 3452　　㉯ 2361　　㉰ 1732　　㉱ 1215

◆ 풀이 $P = VI\cos\theta$

$= 200 \times 10 \times \cos 30° = 1000\sqrt{3}$

답 ㉰

03 유전율 ϵ의 유전체 내에 있는 전하 Q[C]에서 나오는 전기력선수는 얼마인가?

㉮ Q　　㉯ $\frac{Q}{\epsilon_0}$　　㉰ $\frac{Q}{\epsilon_s}$　　㉱ $\frac{Q}{\epsilon}$

◆ 풀이 $N = \frac{Q}{\epsilon} = \frac{Q}{\epsilon_0 \epsilon_s}$[개]

답 ㉱

04 자체 인덕턴스의 단위 [H]와 같은 단위를 나타낸 것은?

㉮ [H] = [Ω/S] ㉯ [H] = [Wb/V]

㉰ [H] = [A/Wb] ㉱ $[H] = \frac{[V][S]}{[A]}$

◆ 풀이 $L = \frac{v \cdot \Delta t}{\Delta I}$, $[H] = \frac{[V] \cdot [S]}{[A]}$

답 ㉱

05 전극의 불순물로 인하여 기자력이 감소하는 현상을 무엇이라 하는가

㉮ 국부 작용 ㉯ 성극 작용 ㉰ 전기 분해 ㉱ 감극 현상

◆ 풀이 • 국부작용 : 전지의 전극에 불순물이 포함되어 있으면 내부화학 변화가 일어나 기전력을 감소시키고 수명을 단축시킨다.

답 ㉮

06 콘덴서 중 극성을 가지고 있는 콘덴서로서 교류 회로에 사용 할 수 없는 것은?

㉮ 마일러 콘덴서 ㉯ 마이카 콘덴서

㉰ 세라믹 콘덴서 ㉱ 전해 콘덴서

◆ 풀이 • 전해콘덴서 : 극성을 가지며 주로 전원의 평활회로와 저주파 바이패스 등에 사용

답 ㉱

07 비오-사바르의 법칙은 어느 관계를 나타내는가?

㉮ 기자력과 자장 ㉯ 전위와 자장

㉰ 전류와 자장 ㉱ 기자력과 자속밀도

답 ㉰

08 다음 설명 중 잘못된 것은?

㉮ 양전하를 많이 가진 물질은 전위가 낮다.
㉯ 1초 동안에 1 [C]의 전기량이 이동하면 전류는 1 [A]이다.
㉰ 전위차가 높으면 높을수록 전류는 잘 흐른다.
㉱ 전류의 방향은 전자의 이동 방향과는 반대 방향으로 정한다.

◆ 풀이 양전하를 많이 가지면 전위는 높다. 답 ㉮

09 코일에 그림과 같은 방향으로 유도 전류가 흘렀을 때 자석의 이동 방향은?

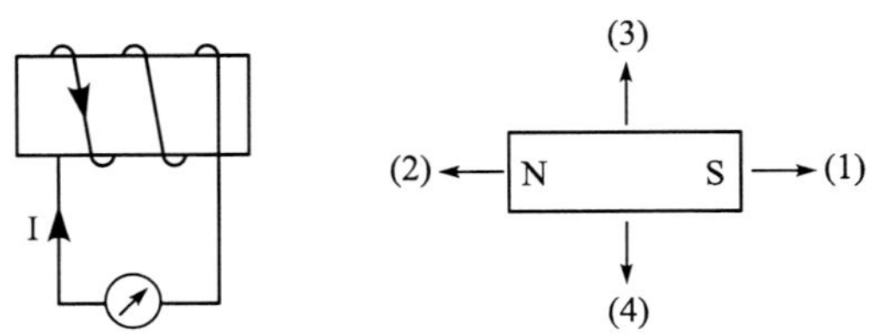

㉮ ①의 방향 ㉯ ②의 방향 ㉰ ③의 방향 ㉱ ④의 방향

답 ㉯

10 교류에서 무효전력 Pr [VAR]은?

㉮ VI ㉯ $VI\cos\theta$
㉰ $VI\sin\theta$ ㉱ $VI\tan\theta$

◆ 풀이 • 유효전력 $P[W] = VI\cos\theta$, $\cos\theta$: 역률 답 ㉰
• 무효전력 $Pr[VAR] = VI\sin\theta$, $\sin\theta$: 무효율
• 피상전력 $Pa[VA] = VI$

11 $\dot{A}_1 = A_1 \angle \theta_1$, $\dot{A}_2 = A_2 \angle \theta_2$일 때 두 벡터의 곱 $\dot{A}$는?

㉮ $A_1 A_2 \angle \theta_1 \theta_2$　　㉯ $A_1 A_2 \angle \theta_1 + \theta_2$

㉰ $A_1 + A_2 \angle \theta_1 \theta_2$　　㉱ $A_1 + A_2 \angle \theta_1 + \theta_2$

◆ 풀이 벡터의 곱은, 크기는 크기끼리 곱하고, 위상은 위상끼리 더한다.
벡터의 나누기는, 크기는 크기끼리 나누고, 위상은 위상끼리 빼준다.

답 ㉯

12 매초 1 [A]의 비율로 전류가 변하여 10 [V]를 유도하는 코일의 인덕턴스는 몇 [H]인가?

㉮ 0.01 [H]　　㉯ 0.1 [H]　　㉰ 1.0 [H]　　㉱ 10 [H]

◆ 풀이 $e = L\dfrac{di}{dt}$

$\therefore L = e\dfrac{dt}{di} = 10 \times \dfrac{1}{1} = 10\,[\mathrm{H}]$

답 ㉱

13 공기 중 자장의 세기 20 [AT/m]인 곳에 8×10^{-3} [Wb]의 자극을 놓으면 작용하는 힘 [N]은?

㉮ 0.16　　㉯ 0.32　　㉰ 0.43　　㉱ 0.56

◆ 풀이 $F = mH[\mathrm{N}] = 8 \times 10^{-3} \times 20 = 0.16$

답 ㉮

14 다음 중 용량 리액턴스 X_C와 반비례하는 것은?

㉮ 전류　　㉯ 전압　　㉰ 저항　　㉱ 주파수

◆ 풀이 $X_C = \dfrac{1}{\omega C} = \dfrac{1}{2\pi f C} \propto \dfrac{1}{f}$

답 ㉱

15 3 [Ω]의 저항 5개, 4 [Ω]의 저항 5개, 5 [Ω]의 저항 3개가 있다. 이들을 모두 직렬 접속할 때 합성저항 [Ω]은?

㉮ 75 ㉯ 50 ㉰ 45 ㉱ 35

◆ 풀이 $R_0 = n_1 R_1 + n_2 R_2 + n_3 R_3$
$= 5 \times 3 + 5 \times 4 + 3 \times 5 = 50$

답 ㉯

16 자기저항은 자기회로의 길이에(①)하고, 자로의 단면적과 투자율의 곱에(②)한다. () 안에 들어갈 말은?

㉮ ① 비례, ② 반비례 ㉯ ① 반비례, ② 비례
㉰ ① 비례, ② 비례 ㉱ ① 반비례, ② 반비례

◆ 풀이 $R = \frac{l}{\mu A}$ [AT/Wb] (μ : 투자율, A : 단면적, l : 길이)

답 ㉮

17 L[H]의 코일에 I[A]의 전류가 흐를 때 저축되는 에너지 [J]를 나타내는 것은?

㉮ $\frac{1}{2}LI$ ㉯ LI^2 ㉰ LI ㉱ $\frac{1}{2}LI^2$

◆ 풀이 • 코일에 저축되는 축적에너지 $W_L = \frac{1}{2}LI^2$ [J]

답 ㉱

18 $\dot{I} = 8 + j6$ [A]로 표시되는 전류의 크기 I는 몇 [A]인가?

㉮ 6 ㉯ 8 ㉰ 10 ㉱ 14

◆ 풀이 $I = \sqrt{8^2 + 6^2} = 10$

답 ㉰

19 기전력 1.5 [V], 내부저항 0.15 [Ω]의 전지 10개를 직렬로 접속한 전원에 저항 4.5 [Ω]의 전구를 접속하면 전구에 흐르는 전류는 몇 [A]가 되겠는가?

㉮ 0.25 ㉯ 2.5 ㉰ 5 ㉱ 7.5

◆ 풀이 $I = \frac{E_0}{R_0} = \frac{nE}{nr + R} = \frac{10 \times 1.5}{10 \times 0.15 + 4.5} = 2.5$

답 ㉯

20 브리지 회로에서 미지의 인덕턴스 L_x를 구하면?

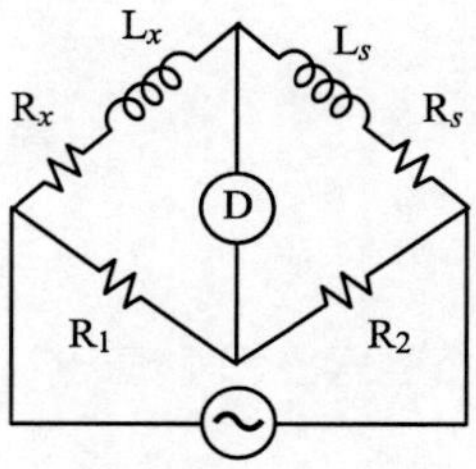

㉮ $L_x = \frac{R_2}{R_1} L_s$

㉯ $L_x = \frac{R_1}{R_2} L_s$

㉰ $L_x = \frac{R_s}{R_1} L_s$

㉱ $L_x = \frac{R_1}{R_s} L_s$

답 ㉯

2회 실전연습문제

01 긴 직선 도선에 i의 전류가 흐를 때 이 도선으로부터 r만큼 떨어진 곳의 자장의 세기는?

㉮ 전류 i에 반비례하고 r에 비례한다.
㉯ 전류 i에 비례하고 r에 반비례한다.
㉰ 전류 i에 제곱에 반비례하고 r에 반비례한다.
㉱ 전류 i에 반비례하고 r에 제곱에 반비례한다.

◆ 풀이 무한장 직선에서의 자장의 세기 $H=\dfrac{I}{2\pi r}$ 답 ㉯

02 $1[\mu F]$, $3[\mu F]$, $6[\mu F]$의 콘덴서 3개를 병렬로 연결할 때 합성 정전용량은 몇 $[\mu F]$인가.

㉮ 10 ㉯ 8 ㉰ 6 ㉱ 4

◆ 풀이 $C_0=C_1+C_2+C_3=10[\mu F]$ 답 ㉮

03 단상 100 [V], 800 [W], 역률 80 [%]인 회로의 리액던스는 몇 [Ω]인가?

㉮ 10 ㉯ 8 ㉰ 6 ㉱ 2

◆ 풀이 $P=VI\cos\theta$ 답 ㉰

$$\therefore i=\frac{P}{V\cos\theta}=\frac{800}{100\times 0.8}=10[A]$$

$$Z=\frac{V}{I}=\frac{100}{10}=10(\cos\theta+i\sin\theta)=10(0.8+i\,0.6)=8+i6$$

$$\therefore X=6,\ R=8$$

04 직렬공진회로에서 최대가 되는 것은?

㉮ 전류 ㉯ 임피던스 ㉰ 리액턴스 ㉱ 저항

답 ㉮

05 전기분해에 의해서 석출되는 물질의 양은 전해액을 통과한 총전기량과 같으며, 그 물질의 화학당량에 비례한다. 이것을 무슨 법칙이라 하는가?

㉮ 줄의 법칙 ㉯ 플레밍의 법칙
㉰ 키르히호프의 법칙 ㉱ 페러데이의 법칙

◆ 풀이 패러데이 법칙 $W=k \cdot I \cdot t$
(k : 전기화학당량, I : 전류, t : 시간)

답 ㉱

06 RL 직렬회로에서 임피던스 Z의 크기를 나타내는 식은?

㉮ $R^2+X_L^2$ ㉯ $R^2-X_L^2$ ㉰ $\sqrt{R^2+X_L^2}$ ㉱ $\sqrt{R^2-X_L^2}$

◆ 풀이 $R-L$ 직렬시 $Z=\sqrt{R^2+X_L^2}$

답 ㉰

07 전압 1.5 [V], 내부저항 0.2 [Ω]의 전지 5개를 직렬로 접속하면 전전압은 몇 [V]인가?

㉮ 5.7 ㉯ 0.2 ㉰ 1.0 ㉱ 7.5

◆ 풀이 $V=\dfrac{nE}{nr}=\dfrac{5\times1.5}{5\times0.2}=7.5\,[\text{V}]$

답 ㉱

08 자체 인덕턴스가 $L_1 L_2$인 두 코일을 직렬로 접속하였을 때 합성 인덕턴스를 나타내는 식은?

㉮ L_1+L_2+M ㉯ L_1-L_2+M
㉰ $L_1+L_2\pm2M$ ㉱ $L_1-L_2\pm2M$

◆ 풀이 $L_0=L_1+L_2\pm2M$

답 ㉰

09 권수 N[T]인 코일에 I[A]의 전류가 흘러 자속 ϕ[Wb]가 발생할 때의 인덕턴스는 몇 [H]인가?

㉮ $\dfrac{N\phi}{I}$　　㉯ $\dfrac{I\phi}{N}$　　㉰ $\dfrac{NI}{\phi}$　　㉱ $\dfrac{\phi}{NI}$

◆ 풀이　$LI = N\phi$

$\therefore L = \dfrac{N\phi}{I}$

답 ㉮

10 용량 30 [Ah]의 전지는 2 [A]의 전류로 몇 시간 사용할 수 있겠는가?

㉮ 5　　㉯ 10　　㉰ 15　　㉱ 30

◆ 풀이　$Q = I\ t$

$\therefore t = \dfrac{Q}{I} = \dfrac{30}{2} = 15\,[\mathrm{H}]$

답 ㉰

11 자장의 세기 10 [AT/m]인 점에 자극을 놓았을 때 50 [N]의 힘이 작용하였다. 이 자극의 세기는 몇 [Wb]인가?

㉮ 5　　㉯ 10　　㉰ 15　　㉱ 25

◆ 풀이　$F = mH$

$\therefore m = \dfrac{F}{H} = \dfrac{50}{10} = 5\,[\mathrm{Wb}]$

답 ㉮

12 등전위면은 전기력선과 어떤 관계에 있는가?

㉮ 평행한다.　　㉯ 주기적으로 교차한다.

㉰ 직각으로 교체한다.　　㉱ sin30°의 각으로 교차한다.

◆ 풀이　전기력선은 등전위면에 직교한다.

답 ㉰

13 $v = V_n \sin(\omega t + 30°)$[V], $i = I_m \sin,\ (\omega t - 30°)$[A]일 때 전압을 기준으로 하면 위상차는?

㉮ 60° 뒤진다.　　㉯ 60° 앞선다.
㉰ 30° 뒤진다.　　㉱ 30° 앞선다.

◆ 풀이 위상차 $\theta = 30° - (-30°) = 60°$
∴ 전압이 전류보다 60° 앞선다.

답 ㉯

14 자속밀도 2[Wb/m²]의 평등 자장 안에 길이 20 [cm]의 도선을 자장과 60°의 각도로 놓고 5 [A]의 전류를 흘리면 도선에 작용하는 힘은 몇 [N]인가?

㉮ 0.1　　㉯ 0.75　　㉰ 1.732　　㉱ 3.46

◆ 풀이 $F = BIl\sin\theta = 2 \times 0.2 \times 5 \times \sin 60° = 1.732$

답 ㉰

15 어떤 회로의 부하전류가 10 [A], 역률이 0.8일 때 부하의 유효전류는 몇 [A]인가?

㉮ 6　　㉯ 8　　㉰ 10　　㉱ 12

◆ 풀이 $\dot{I} = 10(\cos\theta + j\sin\theta) = 10(0.8 + j\,0.6) = 8 + i\,6$
유효전류 : 8 [A]
무효전류 : 6 [A]

답 ㉯

16 플레밍의 오른손 법칙에서 셋째 손가락의 방향은?

㉮ 운동 방향　　㉯ 자속밀도의 방향
㉰ 유도 기전력의 방향　　㉱ 자장의 세기

◆ 풀이 엄지손가락 : 운동의 방향
검지손가락 : 자속의 방향
중지손가락 : 유도기전력의 방향

답 ㉰

17 0.2 [℧]의 컨덕턴스를 가진 저항체에 3 [A]의 전류를 흘리려면 몇 [V]의 전압을 가하면 되겠는가?

㉮ 5 ㉯ 10 ㉰ 15 ㉱ 20

◆ 풀이 $V = I \cdot R = \frac{I}{G} = \frac{3}{0.2} = 15\,[\mathrm{V}]$ 답 ㉰

18 파형률과 파고율이 모두 1인 파형은?

㉮ 삼각파 ㉯ 정현파 ㉰ 구형파 ㉱ 반원파

◆ 풀이 구형파에서는 최대값=실효값=평균값이므로 파고율과 파형률이 모두 1이다. 답 ㉰

19 L[H]의 코일에 I[A]의 전류가 흐를 때 저축되는 에너지는 몇 [J]인가?

㉮ LI ㉯ $\frac{1}{2}LI$ ㉰ LI^2 ㉱ $\frac{1}{2}LI^2$

◆ 풀이 인덕턴스에 축적되는 에너지

$W = \frac{1}{2}LI^2\,[\mathrm{J}]$ 답 ㉱

20 히스테리시스 곡선이 횡축과 마나는 점의 값은 무엇을 나타내는가?

㉮ 보자력 ㉯ 잔류자기
㉰ 자속밀도 ㉱ 자장의 세기

◆ 풀이 히스테리시스곡선
① 횡축과 만나는 점을 보자력
② 종축과 만나는 점을 잔류자기 라고 한다. 답 ㉮

3회 실전연습문제

01 정전 흡인력에 대한 설명 중 옳은 것은?

㉮ 정전 흡인력은 전압의 제곱에 비례한다.
㉯ 정전 흡인력은 극판 간격에 비례한다.
㉰ 정전 흡인력은 극판 면적의 제곱에 비례한다.
㉱ 정전 흡인력은 쿨롱의 법칙으로 직접 계산된다.

◆ 풀이 단위 면적당 정전 흡연력 f 는 $f=\frac{1}{2}\epsilon_0 V^2[\mathrm{N/m^2}]$ **답** ㉮

02 반지름 r, 권수 N인 원형 코일에 전류 I[A]가 흐를 때 그 중심의 자장의 세기의 식은?

㉮ $\frac{N \cdot I}{2r}$ ㉯ $N \cdot I$ ㉰ $\frac{N \cdot I}{4\pi r}$ ㉱ $\frac{N \cdot I}{2\pi r}$

◆ 풀이 원형 중심에서의 자장의 세기 $H=\frac{N \cdot I}{2r}[\mathrm{AT/m}]$ **답** ㉮

03 볼타전지로부터 전류를 얻게 되면 양극의 표면이 수소기체에 의해 둘러싸이게 되는데 이를 무엇이라 하는가?

㉮ 전해 작용 ㉯ 화학 작용 ㉰ 전기 분해 ㉱ 분극 작용

◆ 풀이 • 분극(성극) 작용과 국부 작용 **답** ㉱

① 분극(성극) 작용(polarization effect) : 전지에 부하를 걸면 +극의 표면에 수소(H2)의 기포가 붙어 화학반응을 방해하고, 수소와 전극 사이에 역기전력이 생겨 전지의 기전력을 감소시키는 현상으로 감극제를 사용하여 방지한다.

② 국부 작용(local action) : 전지의 전극에 불순물이 포함되어 있는 경우, 불순물과 전극이 국부적인 하나의 전지를 이루어 전지 내부에서 순환하는 전류가 생겨 화학 변화가 일어나 기전력을 감소시키는 현상으로, 전지의 수명을 짧게하므로 아연에 수은 도금을 하여 방지한다.

04 공기 중에서 m[Wb]로부터 나오는 자력선의 총 수는?

㉮ $\dfrac{\mu_0}{m}$ ㉯ $\dfrac{m_0}{\mu}$ ㉰ $\dfrac{m}{\mu_0}$ ㉱ $\mu \cdot m$

◆ 풀이 자력선수 $N = \dfrac{m}{\mu_0}$

답 ㉰

05 비오-사바르의 법칙과 가장 관계가 깊은 것은?

㉮ 전류가 만드는 자장의 세기 ㉯ 전류와 전압의 관계
㉰ 기전력과 자속의 세기 ㉱ 기전력과 자속의 변화

◆ 풀이 비오-사바르 법칙 : 전류에 의한 자장의 세기

$$\Delta H = \frac{I\Delta \ell}{4\pi r^2}\sin\theta\,[\mathrm{AT/m}]$$

답 ㉮

06 1 [W · sec]와 같은 것은?

㉮ 1 [J] ㉯ 2 [F] ㉰ 1 [kcal] ㉱ 860 [KWh]

◆ 풀이 1 [W · sec] : 1 [J]에 해당하는 전력량

답 ㉮

07 500 [Ω]의 저항에 1 [A]의 전류가 1분 동안 흐를 때에 발생하는 열량은 몇 [cal]인가?

㉮ 3600 ㉯ 5000 ㉰ 6200 ㉱ 7200

◆ 풀이 $W = 0.24p \cdot t\,[\mathrm{J}] = 0.24 \times I^2 \cdot R \cdot t$
$= 0.24 \times 1^2 \times 500 \times 60 = 7200\,[\mathrm{cal}]$

답 ㉱

08 다음 중 강자성체가 아닌 것은?

㉮ 니켈　㉯ 철　㉰ 백금　㉱ 망간

◆ 풀이 ① 강자성체 : 철 · 니켈 · 코발트 · 망간
② 상자성체 : 백금 · 알루미늄
③ 반자성체 : 금 · 은 · 구리 · 아연 · 안티몬

답 ㉰

09 교류의 파형률이란?

㉮ $\frac{최대값}{실효값}$　㉯ $\frac{평균값}{실효값}$　㉰ $\frac{실효값}{평균값}$　㉱ $\frac{실효값}{최대값}$

답 ㉰

10 $e = 141.4\sin(100\pi t)$[V]의 교류 전압이 있다. 이 교류의 실효값은 몇 [V]인가?

㉮ 100　㉯ 110　㉰ 141　㉱ 282

◆ 풀이 $V = \frac{V_m}{\sqrt{2}} = \frac{141.4}{\sqrt{2}} = \frac{100\sqrt{2}}{\sqrt{2}} = 100$[V]

답 ㉮

11 자체 인덕턴스 L_1, L_2 상호 인덕턴스 M인 두 코일의 결합 계수가 1이면 어떤 관계가 되는가?

㉮ $M = L_1 \times L_2$　㉯ $M = \sqrt{L_1 \times L_2}$
㉰ $M = L_1\sqrt{L_2}$　㉱ $M > \sqrt{L_1 \times L_2}$

◆ 풀이 $M = k\sqrt{L_1 \cdot L_2}$ (결합계수 $k = 1$이므로)$= \sqrt{L_1 \cdot L_2}$

답 ㉯

12 Y 결선에서 상 전압이 220 [V]이면 선간 전압은 약 몇 [V]인가?

㉮ 110　㉯ 220　㉰ 380　㉱ 440

◆ 풀이 Y결선시 $Vl = \sqrt{3}\,V_p = \sqrt{3} \times 220 = 381$[V]

답 ㉰

13 전자력의 방향과 관계가 있는 법칙은?

㉮ 렌츠의 법칙 ㉯ 패러데이의 법칙
㉰ 플레밍의 오른손 법칙 ㉱ 플레밍의 왼손 법칙

답 ㉱

14 $V=100\sqrt{2}\,sin\left(120\pi t+\frac{\pi}{4}\right)$[V], $i=100\sin\left(120\pi t+\frac{\pi}{2}\right)$[A]인 경우 전류는 전압보다 위상이 어떻게 되는가?

㉮ $\frac{\pi}{2}$[rad]만큼 앞선다. ㉯ $\frac{\pi}{2}$[rad]만큼 뒤진다.
㉰ $\frac{\pi}{4}$[rad]만큼 앞선다. ㉱ $\frac{\pi}{4}$[rad]만큼 뒤진다.

◆ 풀이 $\theta=\frac{\pi}{4}-\frac{\pi}{2}=\frac{\pi}{4}$

답 ㉰

15 권선수 50인 코일에 5 [A]의 전류가 흘렀을 때 10^{-3}[Wb]의 자속이 코일 전체를 쇄교하였다면 이 코일의 자체 인덕턴스는?

㉮ 10 [mH] ㉯ 20 [mH] ㉰ 30 [mH] ㉱ 40 [mH]

◆ 풀이 $LI=N\phi$

$$\therefore L=\frac{N\phi}{I}=\frac{50\times10^{-3}}{5}\times10^3\,[\mathrm{mH}]=10\,[\mathrm{mH}]$$

답 ㉮

16 RL 병렬회로에서 합성 임피던스는 어떻게 표현되는가?

㉮ $\frac{R}{R^2+X_L^2}$ ㉯ $\frac{X}{\sqrt{R^2+X_L^2}}$ ㉰ $\frac{R+X_L}{R^2+X_L^2}$ ㉱ $\frac{R\cdot X_L}{\sqrt{R^2+X_L^2}}$

◆ 풀이 $Z=\frac{1}{Y}=\frac{1}{\sqrt{\left(\frac{1}{R}\right)^2+\left(\frac{1}{X_L}\right)^2}}=\frac{R\cdot X_L}{\sqrt{R^2+X_L^2}}$

답 ㉱

17 다음 중 직렬공진회로에서 최대가 되는 것은?

㉮ 임피던스 ㉯ 리액턴스 ㉰ 저항 ㉱ 전류

답 ㉱

18 자기저항의 단위는?

㉮ [H/m] ㉯ [AT/Wb] ㉰ [AT/m] ㉱ [Wb/m2]

◆ 풀이 $F=\phi \cdot R$

$$R=\frac{F}{\phi}=\frac{NI}{\phi}\,[\mathrm{AT/Wb}]$$

답 ㉯

19 4[μF]의 두 콘덴서를 직렬 접속할 때 합성 정전용량은 몇[μF]인가?

㉮ 2 ㉯ 2.4 ㉰ 10 ㉱ 24

◆ 풀이 직렬 연결시 합성 정정용량

$$C_0=\frac{C_1\cdot\ C_2}{C_1+C_2}=\frac{4\cdot\ 4}{4+4}=2\,[\mu\mathrm{F}]$$

답 ㉮

20 다음 중 저저항 측정에 사용되는 브리지는?

㉮ 휘트스톤 브리지 ㉯ 빈 브리지
㉰ 맥스웰 브리지 ㉱ 캘빈더블 브리지

◆ 풀이 휘트스톤 브리지 : 중저항 측정

답 ㉱

4회 실전연습문제

01 3 [℧]와 4 [℧]의 컨덕턴스를 병렬로 접속할 때의 합성값은 얼마인가?

㉮ 2 [℧]　　㉯ 5 [℧]　　㉰ 7 [℧]　　㉱ 9 [℧]

◆ 풀이　병렬에서 합성 컨덕턴스　**답** ㉰
$G_0 = G_1 + G_2 = 3 + 4 = 7$ [℧]

02 "유도기전력은 자신이 발생 원인이 되는 자속의 변화를 방해하려는 방향으로 발생한다." 이것을 나타내는 법칙은?

㉮ 렌츠의 법칙　　㉯ 플레밍의 법칙
㉰ 페러데이의 법칙　　㉱ 줄의 법칙

◆ 풀이　렌츠의 법칙 : 코일에 발생하는 기전력의 방향은 그 유도 전류가 만드는 자속이 원래 자속의 증가 또는 감소를 방해하는 방향이다.　**답** ㉮

03 Y-Y 결선회로에서 선간전압이 220 [V]일 때 상전압은 약 몇[V]인가?

㉮ 100　　㉯ 115　　㉰ 120　　㉱ 135

◆ 풀이　Y 결선 : $V_l = \sqrt{3}\, V_P$　$\therefore\ V_P = \dfrac{V_l}{\sqrt{3}} = \dfrac{220}{\sqrt{3}} \fallingdotseq 115$ [V]　**답** ㉯

04 대칭 3상 교류에서 기전력 및 주파수가 같을 경우 각 상간의 위상차는 얼마인가?

㉮ π　　㉯ $\dfrac{\pi}{2}$　　㉰ $\dfrac{2\pi}{3}$　　㉱ 2π

◆ 풀이　대칭 3상 교류의 위상차　$\dfrac{2}{3}\pi\,[\mathrm{rad}] = 120°$　**답** ㉰

05 24[V]의 전원 전압에 의하여 6[A]의 전류가 흐르는 전기회로의 컨덕턴스는 몇 [℧]인가?

㉮ 0.25 ㉯ 0.4 ㉰ 2.5 ㉱ 4

◆ 풀이 $I = GV, \quad G = \frac{I}{V} = \frac{6}{24} = 0.25\,[℧]$

답 ㉮

06 자기력선의 설명 중 맞는 것은?

㉮ 자기력선은 자석의 N극에서 시작하여 S극에서 끝난다.
㉯ 자기력선은 상호간에 교차한다.
㉰ 자기력선은 자석의 S극에서 시작하여 N극에서 끝난다.
㉱ 자기력선은 가시적으로 보인다.

◆ 풀이 •자력선의 성질
① N극에서 S극으로 들어가는 가상적인 선
② 자력선은 서로 교차하지 않는다.

답 ㉮

07 $e = 100\sin\left(314t - \frac{\pi}{6}\right)$[V]인 파형의 주파수는 약 몇[Hz]인가?

㉮ 40 ㉯ 50 ㉰ 60 ㉱ 80

◆ 풀이 $\omega = 2\pi f \quad \therefore\ f = \frac{\omega}{2\pi} = \frac{314}{2\pi} = 50\,[\text{Hz}]$

답 ㉯

08 10[μF]의 콘덴서에 45[J]의 에너지를 축적하기 위하여 필요한 충전전압은 몇 [V]인가?

㉮ 3×10^2 ㉯ 3×10^3 ㉰ 3×10^4 ㉱ 3×10^5

◆ 풀이 $W = \frac{1}{2}CV^2$

$$\therefore\ V = \frac{\sqrt{2W}}{C} = \frac{\sqrt{2\times45}}{10\times10^{-6}} = \sqrt{9\times10^6} = 3\times10^3\,[\text{V}]$$

답 ㉯

09 평균길이 10[cm], 권수 10회인 환상 솔레노이드에 3[A]의 전류가 흐르면 그 내부 자장의 세기는 몇 [AT/m]인가?

㉮ 300 ㉯ 30 ㉰ 3 ㉱ 0.3

◆ 풀이 $H = \dfrac{NI}{l} = \dfrac{10 \times 3}{10 \times 10^{-2}} = 300\,[\mathrm{AT/m}]$

답 ㉮

10 자기 인덕턴스가 같은 L_1, L_2[H]의 두 원통 코일이 서로 직교하고 있다. 두 코일 간의 상호 인덕턴스는 어떻게 되는가?

㉮ $L_1 + L_2$ ㉯ $\sqrt{L_1 L_2}$ ㉰ $L_1 \times L_2$ ㉱ 0

◆ 풀이 상호 인덕턴스 $M = k\sqrt{L_1 L_2}$

직교 $k = 0$ ∴ $M = 0$

답 ㉱

11 자체 인덕턴스 200[mH]의 코일에 0.1 [s] 동안에 30[A]의 전류가 변화하였다. 코일에 유도되는 기전력은 몇[V]인가?

㉮ 6 ㉯ 15 ㉰ 60 ㉱ 150

◆ 풀이 $e = L\dfrac{di}{dt} = 200 \times 10^{-3}\dfrac{30}{0.1} = 60\,[\mathrm{V}]$

답 ㉰

12 전류의 발열작용과 관계가 있는 것은?

㉮ 옴의 법칙 ㉯ 키르히호프의 법칙 ㉰ 줄의 법칙 ㉱ 플레밍의 법칙

◆ 풀이 줄의 법칙 : 전류의 발열작용

답 ㉰

13 유효 전력의 식으로 맞는 것은? (단, 전압은 E, 전류는 I, 역률은 $\cos\theta$ 이다.)

㉮ $EI\cos\theta$ ㉯ $EI\sin\theta$ ㉰ $EI\tan\theta$ ㉱ EI

◆ 풀이
- 유효 전력 $P = VI\cos\theta$ [W]
- 무효 전력 $P = VI\sin\theta$ [Var]
- 피상 전력 $P_a = VI$ [VA]

답 ㉮

14 직렬 공진회로에서 최대가 되는 것은?

㉮ 저항 ㉯ 전류 ㉰ 리액턴스 ㉱ 임피던스

◆ 풀이 직렬 공진시 임피던스는 최소, 따라서 전류는 최대

답 ㉯

15 어떤 전지에서 5[A]의 전류가 10분간 흘렀다면 이 전지에서 나온 전기량은 몇 [C]인가?

㉮ 500 ㉯ 5000 ㉰ 300 ㉱ 3000

◆ 풀이 $Q = It = 5 \times 10 \times 60 = 3000$ [C]

답 ㉱

16 자기저항의 단위는 어느 것인가?

㉮ [AT/m] ㉯ [AT] ㉰ [H/m] ㉱ [AT/Wb]

◆ 풀이 자기저항 $R = \dfrac{F}{\phi} = \dfrac{NI}{\phi}$ [AT/Wb]

답 ㉱

17 R-L-C 직렬 공진시의 주파스 f_0 [Hz]는 얼마인가?

㉮ $\dfrac{1}{2\pi LC}$ ㉯ $\dfrac{1}{2\pi\sqrt{LC}}$ ㉰ $2\pi f LC$ ㉱ $2\pi\sqrt{LC}$

◆ 풀이 직렬 공진 주파수 $f = \dfrac{1}{2\pi\sqrt{LC}}$ [Hz]

답 ㉯

18 5[W · h]는 몇[J]인가?

㉮ 3600 ㉯ 18000 ㉰ 12000 ㉱ 6000

◆ 풀이 $W = P \times t\,[\mathrm{J}] = 5\,[\mathrm{W \cdot h}] = 5\,[\mathrm{W}] \times 3600\,[\mathrm{sec}] = 18000\,[J]$ 답 ㉯

19 일정 전압을 가하고 있는 평행판 전극에 극판 간격을 1/3로 줄이면 내부 전장의 세기는 몇 배로 되는가?

㉮ 1/3배 ㉯ $1/\sqrt{3}$ ㉰ 3배 ㉱ 9배

◆ 풀이 $V = rE$ 답 ㉰

$$E = \frac{V}{r} = \frac{V}{r/3} = \frac{3V}{r}\,[\mathrm{V/m}]$$

20 다음 그림에서 A, B 단자 사이의 전압은 몇 [V]인가?

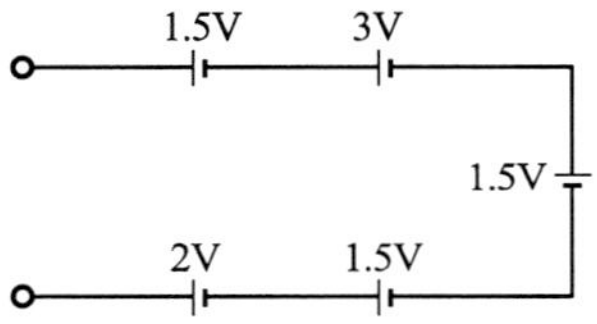

㉮ 1.5
㉯ 2.5
㉰ 6.5
㉱ 9.5

◆ 풀이 $V_{ab} = 1.5 + 3 + 1.5 - 1.5 - 2 = 2.5\,[\mathrm{V}]$ 답 ㉯

5회 실전연습문제

01 콘덴서의 정전용량이 커질수록 용량 리액턴스의 값은 어떻게 되는가?

㉮ 무한대로 접근한다. ㉯ 커진다.
㉰ 작아진다. ㉱ 변화하지 않는다.

◆ 풀이 • 용량성 리액턴스 X_c 답 ㉰

$$X_c = \frac{1}{\omega C} = \frac{1}{2\pi f C} \qquad \therefore \ X_c \propto \frac{1}{c}$$

정전용량 C 값이 커지면 용량성 리액턴스는 작아진다.

02 1μF의 콘덴서에 100 [V]의 전압을 가할 때 충전 전하량은 몇 [C]인가?

㉮ 1×10^{-4} ㉯ 1×10^{-5}
㉰ 1×10^{-8} ㉱ 1×10^{-10}

◆ 풀이 • 전하량 Q 답 ㉮

$Q = CV = 1\times10^{-6}\times100 = 1\times10^{-4}$[C]

03 전류의 열작용과 관계가 있는 법칙은?

㉮ 키르히호프의 법칙 ㉯ 줄의 법칙
㉰ 플레밍의 법칙 ㉱ 전류의 옴의 법칙

◆ 풀이 줄의 법칙 : 전류의 열작용 답 ㉯

04 다음 중 자기저항의 단위에 해당되는 것은?

㉮ [Ω] ㉯ [Wb/AT]
㉰ [H/m] ㉱ [AT/Wb]

◆ 풀이 자기저항 $R = \frac{F}{\phi} = \frac{NI}{\phi}$ [AT/Wb]

답 ㉱

05 무한장 직선 도체에 전류를 통했을 때 10 [cm] 떨어진 점의 자계의 세기가 2 [AT/m]라면 전류의 크기는 약 몇 [A]인가?

㉮ 1.26 ㉯ 2.16 ㉰ 2.84 ㉱ 3.14

◆ 풀이 • 무한장 직선 전류에 의한 자장의 세기

$$H = \frac{I}{2\pi r} [\mathrm{AT/m}] \therefore I = 2\pi r H = 2\pi \times 10 \times 10^{-2} \times 2 \fallingdotseq 1.26 [\mathrm{A}]$$

답 ㉮

06 유도 기전력에 관계되는 사항으로 옳은 것은?

㉮ 쇄교 자속의 1.6제곱에 비례한다.
㉯ 쇄교 자속의 시간의 변화에 비례한다.
㉰ 쇄교 자속에 반비례한다.
㉱ 쇄교 자속에 비례한다.

◆ 풀이 • 패러데이 법칙 : 유도 기전력의 크기 결정

$$e = -N\frac{d\phi}{dt} [\mathrm{V}]\, e \propto \frac{d\phi}{dt}$$

답 ㉯

07 자체 인덕턴스 40 [mH]의 코일에서 0.2초 동안에 10 [A]의 전류가 변화하였다. 코일에 유도되는 기전력은 몇 [V]인가?

㉮ 1 ㉯ 2 ㉰ 3 ㉱ 4

◆ 풀이 $e = L\frac{di}{dt} = 40 \times 10^{-3} \frac{10}{0.2} = 2 [\mathrm{V}]$

답 ㉯

08 기전력이 1.5 [V], 내부저항 0.1 [Ω]인 전지 10개를 직렬로 연결하고 2 [Ω]의 저항을 가진 전구에 연결할 때 전구에 흐르는 전류는 몇 [A]인가?

㉮ 2 ㉯ 3 ㉰ 4 ㉱ 5

◆ 풀이 $V_o = 1.5 \times 10 = 15\,[\mathrm{V}]$

답 ㉱

$r_o = 0.1 \times 10 = 1\,[\Omega]$

$$R = 2\,[\mathrm{m}] \quad \therefore I_o = \frac{V_o}{r_o + R} = \frac{15}{1+2} = 5\,[\mathrm{A}]$$

09 100 [V], 100 [W] 전구의 필라멘트 저항은 몇 [Ω]인가?

㉮ 1 ㉯ 10 ㉰ 100 ㉱ 1000

◆ 풀이 $P = \dfrac{V^2}{R}$

답 ㉰

$$\therefore R = \frac{V^2}{P} = \frac{(100)^2}{100} = 100\,[\Omega]$$

10 RL 직렬회로의 시상수 T[s]는 어떻게 되는가?

㉮ $\dfrac{R}{L}$ ㉯ $\dfrac{L}{R}$ ㉰ RL ㉱ $\dfrac{1}{RL}$

◆ 풀이 • RL 직렬회로 시상수 T

답 ㉯

$$T = \frac{L}{R}\,[\mathrm{s}]$$

11 대칭 3상 교류의 성형결선에서 선간 전압이 220 [V]일 때 상 전압은 약 몇 [V]인가?

㉮ 73 ㉯ 127 ㉰ 172 ㉱ 380

◆ 풀이 • 성형결선=Y 결선 답 ㉯

Y 결선 $\left[\begin{array}{l} V_l = \sqrt{3}\, v_p \\ I_l = I_p \end{array}\right.$

$$\therefore V_p = \frac{V_l}{\sqrt{3}} = \frac{220}{\sqrt{3}} \fallingdotseq 127\,[\mathrm{V}]$$

12 $R=3[\Omega]$, $\omega L=8[\Omega]$, $\dfrac{1}{\omega C}=4[\Omega]$인 RLC 직렬회로의 임피던스는 몇 [Ω]인가?

㉮ 5 ㉯ 8.5 ㉰ 12.4 ㉱ 15

◆ 풀이 • RLC 직렬회로 답 ㉮

$$Z = \sqrt{R^2+(X_L-X_C)^2} = \sqrt{R^2+\left(\omega_L - \frac{1}{\omega_C}\right)^2}$$

$$= \sqrt{3^2+(8-4)^2} = 5\,[\Omega]$$

13 복소수 $3+j4$의 절대값은 얼마인가?

㉮ 2 ㉯ 4 ㉰ 5 ㉱ 7

◆ 풀이 $3+j4 = \sqrt{3^2+4^2} = 5$ 답 ㉰

14 그림과 같은 회로에서 합성저항은 몇 [Ω]인가?

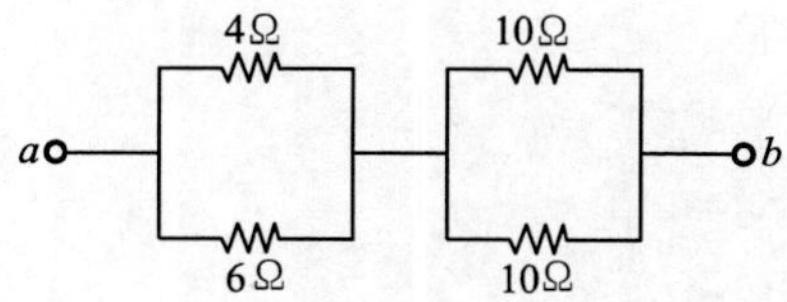

㉮ 6.6　　㉯ 7.4　　㉰ 8.7　　㉱ 9.4

◆ 풀이

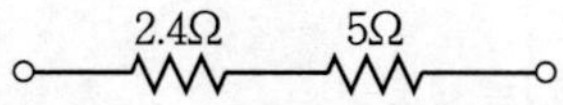

$$R_{ab}=\frac{4\times 6}{4+6}+\frac{10\times 10}{10+10}=2.4+5=7.4\,[\Omega]$$

답 ㉯

15 저항 100 [Ω]의 부하에서 10 [kW]의 전력이 소비되었다면 이때 흐르는 전류는 몇 [A]인가?

㉮ 1　　㉯ 2　　㉰ 5　　㉱ 10

◆ 풀이 $P=I^2R\ I^2=\frac{P}{R}$

$$\therefore I=\frac{\sqrt{P}}{R}=\frac{\sqrt{10\times 10^3}}{100}=10\,[\text{A}]$$

답 ㉱

16 자장 내에 있는 도체에 전류를 흘리면 힘(전자력)이 작용하는데, 이 힘의 방향은 어떤 법칙으로 정하는가?

㉮ 플레밍의 오른손 법칙　　㉯ 플레밍의 왼손 법칙
㉰ 렌츠의 법칙　　㉱ 앙페르의 오른나사 법칙

◆ 풀이 플레밍의 왼손 법칙(전동기의 원리)
자장 내에 있는 도체에 전류를 흘리면 힘(전자력)이 발생

답 ㉯

17 일반적인 경우 교류를 사용하는 전기난로의 전압과 전류의 위상에 대한 설명으로 옳은 것은?

㉮ 전압과 전류는 동상이다.
㉯ 전압이 전류보다 90도 앞선다.
㉰ 전류가 전압보다 90도 앞선다.
㉱ 전류가 전압보다 60도 앞선다.

◆ 풀이 전기난로는 저항만 존재하므로 위상은 동상이다(R만의 부하). 답 ㉮

18 전선에 안전하게 흘릴 수 있는 최대 전류를 무슨 전류라 하는가?

㉮ 과도 전류 ㉯ 전도 전류
㉰ 허용 전류 ㉱ 맥동 전류

◆ 풀이 허용 전류 : 도체 또는 전선에 안전하게 흘릴 수 있는 전류 답 ㉰

19 3 [F]와 6 [F]의 콘덴서를 병렬로 접속했을 때의 합성 정전용량은 몇 [F]인가?

㉮ 2 ㉯ 4 ㉰ 6 ㉱ 9

◆ 풀이 • 콘덴서의 병렬접속시 합성 정전용량=저항의 직렬 답 ㉱
$C_0 = C_1 + C_2 = 3 + 6 = 9\,[\text{F}]$

20 전기와 자기의 요소를 서로 대칭되게 나타내지 않는 것은?

㉮ 전계 – 자계 ㉯ 전속 – 자속
㉰ 유전율 – 투자율 ㉱ 전속밀도 – 자기량

◆ 풀이 산업인력공단에서의 답은 ㉱이지만 문제 자체에 오류가 있다. 답 ㉱
맞는 것이 ㉮ 전계–자계이며 나머지는 대응이 틀리다.
㉯ 자속–전류, ㉰ 투자율–도전율, ㉱ 자속밀도–전류밀도로 변경되어야 할 것이다.

6회 실전연습문제

01 다음 중 전류와 자장의 세기와의 관계는 어떤 법칙과 관계가 있는가?

㉮ 패러데이의 법칙 ㉯ 플레밍의 왼손 법칙
㉰ 비오-사바르의 법칙 ㉱ 앙페르의 오른나사의 법칙

◆ 풀이 비오-사바르의 법칙 : 전류와 자장의 세기와의 관계

답 ㉰

02 자체 인덕턴스 0.2 [H]의 코일에 전류가 0.01초 동안에 3 [A]로 변화하였을 때 이 코일에 유도되는 기전력은 몇 [V]인가?

㉮ 40 ㉯ 50 ㉰ 60 ㉱ 70

◆ 풀이 $e = L\dfrac{di}{dt} = 0.2 \times \dfrac{3}{0.01} = 60\,[\mathrm{V}]$

답 ㉰

03 다음 중 무효 전력의 단위는 어느 것인가?

㉮ [W] ㉯ [var] ㉰ [kW] ㉱ [V · A]

◆ 풀이 • 유효 전력 [W], [kW] • 무효 전력 [VAR], [kVAR]
• 피상 전력 [VA], [kVA]

답 ㉯

04 $R=6\,[\Omega]$, $X_c=8\,[\Omega]$일 때 임피던스 $\dot{Z}=6-j8\,[\Omega]$으로 표시되는 것은 일반적으로 어떤 회로인가?

㉮ RL 직렬회로 ㉯ RL 병렬회로 ㉰ RC 병렬회로 ㉱ RC 직렬회로

◆ 풀이 • 복소수 $R=6\,[\Omega]$, $X_C=8\,[\Omega]$
① RC 직렬회로 $Z=R-jX_c=6-j8\,[\Omega]$
② RL 직렬회로 $Z=R+jX_c=6+j8\,[\Omega]$

답 ㉱

05 히스테리시스 곡선이 횡축과 만나는 점의 값은 무엇을 나타내는가?

㉮ 자속밀도　　㉯ 자화력　　㉰ 보자력　　㉱ 잔류자기

◆ 풀이 • 히스테리시스곡선
① 횡축 : 보자력
② 종축 : 잔류자기

답 ㉰

06 다음 중 전기 화학당량에 대한 설명 중 옳지 않은 것은?

㉮ 전기 화학당량의 단위는 [g/C]이다.
㉯ 화학당량은 원자량을 원자가로 나눈 값이다.
㉰ 전기 화학당량은 화학당량에 비례한다.
㉱ 1 [g] 당량을 석출하는 데 필요한 전기량은 물질에 따라 다르다.

◆ 풀이 • 패러데이 법칙
1 [g] 당량을 석출하는 데 필요한 전기량은 항상 일정해야 한다.

답 ㉱

07 어떤 물질이 정상 상태보다 전자의 수가 많거나 적어져서 전기를 띠는 현상을 무엇이라 하는가?

㉮ 방전　　㉯ 전기량　　㉰ 대전　　㉱ 하전

◆ 풀이 대전 : 어떤 물질이 정상 상태보다 전자의 수가 많거나 적어진 상태

답 ㉰

08 다음 중 반도체로 만든 PN 접합은 주로 무슨 작용을 하는가?

㉮ 증폭작용　　㉯ 발진작용　　㉰ 정류작용　　㉱ 변조작용

◆ 풀이 PN 접합 다이오드 : 정류작용(교류 ⇒ 직류)

답 ㉰

09 자속밀도 0.5 [Wb/m^2]의 자장 안에 자장과 직각으로 20 [cm]의 도체를 놓고 이것에 10 [A]의 전류를 흘릴 때 도체가 50 [cm] 운동한 경우의 한 일은 몇 [J]인가?

㉮ 0.5 ㉯ 1 ㉰ 1.5 ㉱ 5

◆ 풀이 • $F = Bl \sin\theta = 0.5 \times 10 \times 20 \times 10^{-2} = 1$ [N]
$W = F \times r = 1 \times 50 \times 10^{-2} = 0.5$ [J]

답 ㉮

10 $i = I_m \sin \omega t$ [A]인 교류의 실효값은?

㉮ $\frac{I_m}{\sqrt{2}}$ ㉯ $\frac{2}{\pi} I_m$ ㉰ I_m ㉱ $\sqrt{2}\, I_m$

◆ 풀이 • $i = I_m \sin \omega t$ [A]

$I_m = \sqrt{2}\, I \ \therefore I = \frac{\mathrm{I_m}}{\sqrt{2\,[\mathrm{A}]}}$

(여기서, i : 순시값, I_m : 최대값, I : 실효값)

답 ㉮

11 전기장의 세기에 대한 단위로 맞는 것은?

㉮[m/V] ㉯[V/m^2] ㉰[V/m] ㉱[m^2/V]

◆ 풀이 전기장 세기의 단위 : [V/m]

답 ㉰

12 10^{-2}[F]의 콘덴서에 100 [V]의 전압을 가할 때 충전되는 전하는 몇 [C]인가?

㉮ 0.1 ㉯ 1 ㉰ 1.5 ㉱ 2

◆ 풀이 $Q = C \times V = 10^{-2} \times 100 = 1$ [C]

답 ㉯

13 선간 전압 210 [V], 선전류 10 [A]의 Y-Y 회로가 있다. 상전압과 상전류는 각각 얼마인가?

㉮ 약 121 [V], 5.77 [A]　　㉯ 약 121 [V], 10 [A]
㉰ 약 210 [V], 5.77 [A]　　㉱ 약 210 [V], 10 [A]

◆ 풀이 • Y 결선　　답 ㉯

① $V_l = \sqrt{3}\, V_p$,　$V_p = \dfrac{V_l}{\sqrt{3}} = \dfrac{210}{1.732} \fallingdotseq 121\,[\mathrm{V}]$

② $I_l = I_p = 10\,[\mathrm{A}]$

14 정전용량 $C_1 = 120\,[\mu\mathrm{F}]$, $C_2 = 30\,[\mu\mathrm{F}]$가 직렬로 접속되었을 때 합성 정전용량은 몇 $[\mu\mathrm{F}]$인가?

㉮ 14　　㉯ 24　　㉰ 50　　㉱ 150

◆ 풀이 • 합성 정전용량(직렬)　　답 ㉯

$$C_0 = \frac{C_1 \cdot C_2}{C_1 + C_2} = \frac{120 \times 30}{120 + 30} = \frac{3600}{150} = 24\,[\mu\mathrm{F}]$$

15 $e = 100 \sin\left(377t - \dfrac{\pi}{5}\right)[\mathrm{V}]$의 파형 주파수는 약 몇 [Hz]인가?

㉮ 50　　㉯ 60　　㉰ 80　　㉱ 100

◆ 풀이 • 주파수 f [Hz]　　답 ㉯

$$\omega = 2\pi f \quad \therefore f = \frac{w}{2\pi} = \frac{377}{2\pi} \fallingdotseq 60\,[\mathrm{Hz}]$$

16 가장 일반적인 저항기로 세라믹 봉에 탄소계의 저항제를 구워 붙이고, 여기에 나선형으로 홈을 파서 원하는 저항값을 만든 저항기는?

㉮ 금속피막 저항기　　㉯ 탄소피막 저항기
㉰ 가변 저항기　　㉱ 어레이 저항기

답 ㉯

17 전하의 성질에 대한 설명 중 옳지 않은 것은?

㉮ 전하는 가장 안정한 상태를 유지하려는 성질이 있다.
㉯ 같은 종류의 전하끼리는 흡인하고 다른 종류의 전하끼리는 반발한다.
㉰ 낙뢰는 구름과 지면 사이에 모인 전기가 한꺼번에 방전되는 현상이다.
㉱ 대전체의 영향으로 비대전체에 전기가 유도된다.

◆ 풀이 • 같은 종류의 전하 : 반발력
• 다른 종류의 전하 : 흡인력

답 ㉯

18 다음 (①)과 (②)에 들어갈 내용으로 알맞은 것은?

배율기는 (①)의 측정 범위를 넓히기 위한 목적으로 사용하는 것으로서, 회로에 (②)에 접속하는 저항기를 말한다.

㉮ ① 전압계, ② 병렬　　㉯ ① 전류계, ② 병렬
㉰ ① 전압계, ② 직렬　　㉱ ① 전류계, ② 직렬

◆ 풀이 • 배율기 : 전압계에 직렬로 접속
• 분류기 : 전류계에 병렬로 접속

답 ㉰

19 $R=10\,[\Omega]$, $C=318\,[\mu\text{F}]$의 병렬회로에 주파수 $f=60\,[\text{Hz}]$, 크기 $V=200\,[\text{V}]$의 사인파 전압을 가할 때 콘덴서에 흐르는 전류 I_c 값은 약 몇 A인가?

㉮ 24　㉯ 31　㉰ 41　㉱ 55

◆ 풀이 $I_C = wCV = 2\pi f CV = 2\pi \times 60 \times 318 \times 10^{-6} \times 200 \fallingdotseq 24\,[\text{A}]$

답 ㉮

20 자기 인덕턴스 10 [mH]의 코일에 50 [Hz], 314 [V]의 교류전압을 가했을 때 몇 [A]의 전류가 흐르는가? (단, 코일의 저항은 없는 것으로 하며, $\pi=3.14$로 계산한다.)

㉮ 10　㉯ 31.4　㉰ 62.8　㉱ 100

◆ 풀이 • $I_L = \dfrac{V}{X_L} = \dfrac{V}{wL} = \dfrac{V}{2\pi f L} = \dfrac{314}{2\pi \times 50 \times 10 \times 10^{-3}} \fallingdotseq 100\,[\text{A}]$

답 ㉱

7회 실전연습문제

01 권수 200회의 코일에서 5 [A]의 전류가 흘러서 0.025 [Wb]의 자속이 코일을 지난다고 하면, 이 코일의 자체 인덕턴스는 몇 [H]인가?

㉮ 2　　㉯ 1　　㉰ 0.5　　㉱ 0.1

◆ 풀이　$LI = N\phi \quad L = \dfrac{N\phi}{I} = \dfrac{200 \times 0.025}{5} = 1\,[\text{H}]$

답 ㉯

02 1 [cal]는 약 몇 [J]인가?

㉮ 0.24　　㉯ 0.4186　　㉰ 2.4　　㉱ 4.186

◆ 풀이
- 1 [cal] = 4.2 [J]
- 1 [J] = 0.24 [cal]

답 ㉱

03 저항 R_1, R_2를 병렬로 접속하면 합성저항은?

㉮ $R_1 + R_2$　　㉯ $\dfrac{1}{R_1 + R_2}$　　㉰ $\dfrac{R_1 \cdot R_2}{R_1 + R_2}$　　㉱ $\dfrac{R_1 + R_2}{R_1 \cdot R_2}$

◆ 풀이
- 저항의 병렬 합성저항

$$R_o = \frac{R_1 \cdot R_2}{R_1 + R_2}$$

답 ㉰

04 히스테리시스 곡선이 횡축과 만나는 점은?

㉮ 보자력　　㉯ 기자력　　㉰ 잔류자기　　㉱ 포화자속

◆ 풀이 • 히스테리시스 곡선
① 횡축 : 보자력
② 종축 : 잔류자기

답 ㉮

05 투자율 μ의 단위는?

㉮ [AT/m]　　㉯ $[Wb/m^2]$　　㉰ [AT/Wb]　　㉱ [H/m]

◆ 풀이 $B = \mu H,\ \mu = \dfrac{B}{H}\left[\dfrac{W_o/m^2}{AT/m}\right] = [H/m]$

답 ㉱

06 전류가 전압에 비례하고 저항에 반비례한다. 다음 중 어느 것과 가장 관계가 있는가?

㉮ 키르히호프의 제 1 법칙　　㉯ 키르히호프의 제 2 법칙
㉰ 옴의 법칙　　㉱ 중첩의 원리

◆ 풀이 옴의 법칙 $I = \dfrac{V}{R}[A]$

답 ㉰

07 교류 100 [V]의 최대값은 약 몇 [V]인가?

㉮ 90　　㉯ 100　　㉰ 111　　㉱ 141

◆ 풀이 최대값 $V_m = \sqrt{2} \cdot V = \sqrt{2} \times 100 = 141.4[V]$

답 ㉱

08 자체 인덕턴스 20 [mH]의 코일에 20 [A]의 전류를 흘릴 때 저장 에너지는 몇 [J]인가?

㉮ 2　　㉯ 4　　㉰ 6　　㉱ 8

◆ 풀이　에너지 $W=\dfrac{1}{2}LI^2=\dfrac{1}{2}\times 20\times 10^{-3}\times 20^2$ 　답 ㉯

09 반지름 5 [cm] 권수 10회인 원형 코일에 15 [A]의 전류가 흐르면 코일 중심의 자장의 세기는 몇 [AT/m]인가?

㉮ 1300　　㉯ 1500　　㉰ 1700　　㉱ 1400

◆ 풀이　• 원형 코일에서의 자장의 세기 　답 ㉯

$$H=\frac{NI}{2r}=\frac{10\times 15}{2\times 5\times 10^{-2}}=1500\,[\mathrm{AT/m}]$$

10 10 [V/m]의 전장에 어떤 전하를 놓으면 0.1 [N]의 힘이 작용한다. 전하의 양은 몇 [C]인가?

㉮ 10^2　　㉯ 10^{-4}　　㉰ 10^{-2}　　㉱ 10^4

◆ 풀이　$F=EQ[\mathrm{N}]$　$Q=\dfrac{F}{E}=\dfrac{0.1}{10}=0.01=10^{-2}[\mathrm{C}]$ 　답 ㉰

11 자기회로의 누설계수를 나타낸 식은?

㉮ $\dfrac{\text{누설자속}+\text{유효자속}}{\text{전자속}}$　　㉯ $\dfrac{\text{누설자속}}{\text{전자속}}$

㉰ $\dfrac{\text{누설자속}}{\text{유효자속}}$　　㉱ $\dfrac{\text{누설자속}+\text{유효자속}}{\text{유효자속}}$

◆ 풀이　누설계수$=\dfrac{\text{누설자속}+\text{유효자속}}{\text{유효자속}}$ 　답 ㉱

12 저항 4 [Ω], 유도 리액턴스 8 [Ω], 용량 리액턴스 5 [Ω]이 직렬로 된 회로에서의 역률은 얼마인가?

㉮ 0.8 ㉯ 0.7 ㉰ 0.6 ㉱ 0.5

◆ 풀이 • $R-L-C$ 직렬회로 **답** ㉮

$$Z=\sqrt{R^2+(X_L-X_C)^2}=\sqrt{4^2+(8-5)^2}=5\,[\Omega]$$

$$\cos\theta=\frac{R}{Z}=\frac{4}{5}=0.8$$

13 세 변의 저항 $R_a=R_b=R_c=15\,[\Omega]$인 Y 결선회로가 있다. 이것과 등가인 △ 결선회로의 각 변의 저항은 몇 [Ω]인가?

㉮ 5 ㉯ 10 ㉰ 25 ㉱ 45

◆ 풀이 • Y-△ 변환 **답** ㉱

$$R_{\triangle}=3\cdot R=3\times 15=45\,[\Omega]$$

14 원자핵의 구속력을 벗어나서 물질 내에서 자유로이 이동할 수 있는 것은?

㉮ 중성자 ㉯ 양자 ㉰ 분자 ㉱ 자유전자

◆ 풀이 자유전자 : 원자핵의 구속력을 벗어나 물질 내에서 자유로이 이동 **답** ㉱

15 평행한 두 도체에 같은 방향의 전류를 흘렸을 때 두 도체 사이에 작용하는 힘은 어떻게 되는가?

㉮ 반발력이 작용한다. ㉯ 힘은 0이다.

㉰ 흡인력이 작용한다. ㉱ $\frac{1}{2\pi r}$의 힘이 작용한다.

◆ 풀이 • 같은 방향 : 흡인력 **답** ㉰

• 반대 방향 : 반발력

16 그림에서 2 [Ω]의 저항에 흐르는 전류 I_1은 몇 [A]인가?

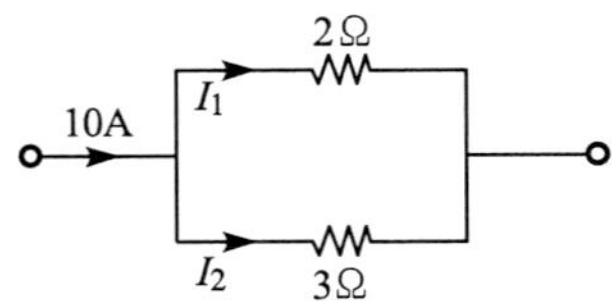

㉮ 3 ㉯ 4 ㉰ 5 ㉱ 6

◆ 풀이 답 ㉱

- $I_1 = \dfrac{R_2}{R_1+R_2} \cdot I = \dfrac{3}{2+3} \times 10 = 6\,[\text{A}]$
- $I_2 = \dfrac{R_1}{R_1+R_2} \cdot I = \dfrac{2}{2+3} \times 10 = 4\,[\text{A}]$

17 기전력 1.5 [V], 내부저항 0.1 [Ω]인 전지 10개를 직렬로 연결하여 2 [Ω]의 저항을 가진 전구에 연결할 때 전구에 흐르는 전류는 몇 [A]인가?

㉮ 2 ㉯ 3 ㉰ 4 ㉱ 5

◆ 풀이 답 ㉱

$V_o = 1.5 \times 10 = 15\,[\text{V}]$

$I_o = \dfrac{V_o}{R_o} = \dfrac{V_o}{r+R} = \dfrac{15}{1+2} = 5\,[\text{A}]$

$r = 0.1 \times 10 = 1\,[\Omega]$

$R = 2\,[\Omega]$

18 선간 전압이 380 [V]인 전원에 $\dot{Z}=8+j6\,[\Omega]$의 부하를 Y 결선으로 접속했을 때 선전류는 약 몇 [A]인가?

㉮ 12 ㉯ 22 ㉰ 28 ㉱ 38

◆ 풀이 • Y 결선 답 ㉯

① $V_l = \sqrt{3}\,V_P$

$Z = \sqrt{8^2+6^2} = 10\,[\Omega]$

② $I_l = I_P$

$$I_l = I_P = \frac{V_P}{Z} = \frac{\frac{380}{\sqrt{3}}}{10} = 22\,[\text{A}]$$

19 비사인파의 일반적인 구성이 아닌 것은?

㉮ 삼각파 ㉯ 고조파 ㉰ 기본파 ㉱ 직류파

◆ 풀이 비사인파 = 직류파 + 기본파 + 고조파 답 ㉮

20 다음 중 전류의 발열 작용에 관한 법칙과 가장 관계가 있는 것은?

㉮ 옴의 법칙 ㉯ 패러데이 법칙
㉰ 줄의 법칙 ㉱ 키르히호프 법칙

◆ 풀이 줄의 법칙 : 전류의 열작용 답 ㉰

8회 실전연습문제

01 전류에 의한 자기장의 방향을 결정하는 법칙은?

㉮ 앙페르의 오른나사 법칙
㉯ 플레밍의 오른손 법칙
㉰ 플레밍의 왼손 법칙
㉱ 렌츠의 법칙

◆ 풀이 앙페르의 오른나사 법칙 : 전류에 의한 자장의 방향을 결정

답 ㉮

02 L[H], C[F]를 병렬로 결선하고 전압 [V]을 가할 때 전류가 0이 되려면 주파수 f는 몇 [Hz]이어야 하는가?

㉮ $f = 2\pi\sqrt{LC}$
㉯ $f = \dfrac{2\pi}{\sqrt{LC}}$
㉰ $f = \dfrac{\sqrt{LC}}{2\pi}$
㉱ $f = \dfrac{1}{2\pi\sqrt{LC}}$

◆ 풀이 •$L \cdot C$ 병렬 회로의 공진 주파수

$$f_o = \frac{1}{2\pi\sqrt{LC}}[\text{Hz}]$$

답 ㉱

03 2 [C]의 전기량이 두 점 사이를 이동하여 48 [J]의 일을 하였다면 이 두 점 사이의 전위차는 몇 [V]인가?

㉮ 12 ㉯ 24 ㉰ 48 ㉱ 64

◆ 풀이 $W = VQ$

$$V = \frac{W}{Q} = \frac{48}{2} = 24\,[\text{V}]$$

답 ㉯

04 강자성체의 투자율에 대한 설명이다. 옳은 것은?

㉮ 투자율은 매질의 두께에 비례한다.
㉯ 투자율은 자화력에 따라서 크기가 달라진다.
㉰ 투자율이 큰 것은 자속이 통하기 어렵다.
㉱ 투자율은 자속밀도에 반비례한다.

◆ 풀이 투자율은 자화력에 따라서 크기가 달라진다. 답 ㉯

05 그림과 같은 회로에서 R-C 임피던스는?

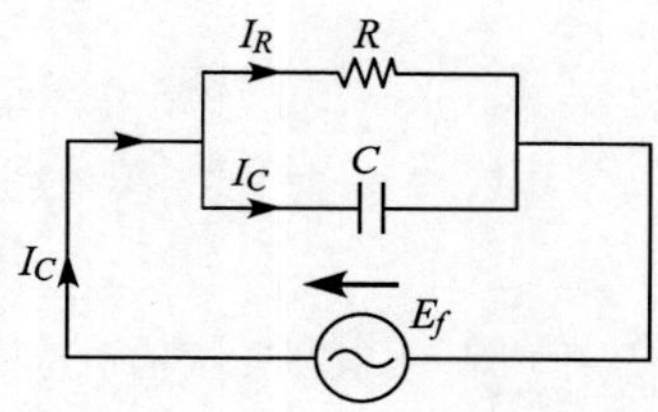

㉮ $\dfrac{1}{\sqrt{\dfrac{1}{R^2}+\left(\dfrac{1}{\omega C}\right)^2}}$
㉯ $\dfrac{1}{\sqrt{\dfrac{1}{R^2}+(\omega C)^2}}$
㉰ $\sqrt{\dfrac{1}{R^2}+(\omega C)^2}$
㉱ $\sqrt{R^2+\left(\dfrac{1}{\omega C}\right)^2}$

◆ 풀이 $R-C$ 병렬에서의 임피던스 답 ㉯

$$Z=\frac{1}{\sqrt{\left(\frac{1}{R}\right)^2+(\omega C)^2}}$$

06 4 [Ω], 6 [Ω], 8 [Ω]의 3개 저항을 병렬접속할 때 합성저항은 약 몇 [Ω]인가?

㉮ 1.8　　㉯ 2.5　　㉰ 3.6　　㉱ 4.5

◆ 풀이 • 저항 3개의 병렬시 합성저항 　　　답 ㉮

$$R_o = \frac{R_1 \cdot R_2 \cdot R_3}{R_1 \cdot R_2 + R_2 \cdot R_3 + R_3 \cdot R_1}$$

$$= \frac{4 \times 6 \times 8}{4 \times 6 + 6 \times 8 + 8 \times 4} = \frac{192}{104} \fallingdotseq 1.846\ [\Omega]$$

07 다음 중 자기차폐와 가장 관계가 깊은 것은?

㉮ 상자성체　　㉯ 강자성체

㉰ 반자성체　　㉱ 비투자율이 1인 자성체

◆ 풀이 자기차폐 : 비투자율이 매우 큰 강자성체를 사용하여 내외부간 자계의 영향을 차단하는 것 　　　답 ㉯

08 구리선의 길이를 2배, 반지름을 $\frac{1}{2}$로 할 때 저항은 몇 배가 되는가?

㉮ 2　　㉯ 4　　㉰ 6　　㉱ 8

◆ 풀이 　　　답 ㉱

$$R = \rho\frac{l}{A} = \rho\frac{l}{\pi r^2} = \rho\frac{2l}{\pi\left(\frac{1}{2}r\right)^2}$$

$$= \rho\frac{2l}{\pi\frac{1}{4}r^2} = \rho\frac{8l}{\pi r^2}$$

$\therefore\ R = 8$ 배

09 다음은 연(납)축전지에 대한 설명이다. 옳지 않은 것은?

㉮ 전해액은 황산을 물에 섞어서 비중을 1.2~1.3 정도로 하여 사용한다.

㉯ 충전시 양극은 PbO로 되고 음극은 $PbSO_4$로 된다.

㉰ 방전전압의 한계는 1.8 [V]로 하고 있다.

㉱ 용량은 방전전류×방전시간으로 표시하고 있다.

◆ 풀이 • 연(납)축전지 **답** ㉯

충전시 ① 양극 : $PbSO_4$

② 음극 : $PbSO_4$

10 다음 중 전자력 작용을 응용한 대표적인 것은?

㉮ 전동기 ㉯ 전열기 ㉰ 축전기 ㉱ 전등

◆ 풀이 전동기 : 전자력 작용 **답** ㉮

11 최대값 10 [A]인 교류 전류의 평균값은 약 몇 [A]인가?

㉮ 0.2 ㉯ 0.5 ㉰ 3.14 ㉱ 6.37

◆ 풀이 • 평균값 $V_{av} = \frac{2}{\pi} V_m = \frac{2}{\pi} \times 10 = 6.37\,[A]$ **답** ㉱

12 4 [W · h]는 몇 [J]인가?

㉮ 3600 ㉯ 5200 ㉰ 7200 ㉱ 14400

◆ 풀이 $4\,[w \cdot h] = 4 \times 3600 = 14400\,[J]$ **답** ㉱

13 평형 3상 교류 회로에서 △ 결선할 때 선전류 I_l과 상전류 I_p와의 관계 중 옳은 것은?

㉮ $I_l = 3I_p$　　㉯ $I_l = 2I_p$　　㉰ $I_l = \sqrt{3}\, I_p$　　㉱ $I_l = I_p$

◆ 풀이　• △ 결선　① $V_l = V_p$
② $I_l = \sqrt{3}\, I_p$

답 ㉰

14 두 콘덴서 C_1, C_2를 직렬 접속하고 양단에 V[V]의 전압을 가할 때 C_1에 걸리는 전압은?

㉮ $\dfrac{C_1}{C_1 + C_2} V$[V]　　㉯ $\dfrac{C_2}{C_1 + C_2} V$[V]

㉰ $\dfrac{C_1 + C_2}{C_1} V$[V]　　㉱ $\dfrac{C_1 + C_2}{C_2} V$[V]

◆ 풀이　• 콘덴서의 직렬접속

① $V_1 = \dfrac{C_2}{C_1 + C_2} V$

② $V_2 = \dfrac{C_1}{C_1 + C_2} V$

답 ㉯

15 $R = 5$ [Ω], $L = 2$[H]인 직렬회로의 시상수는 몇 [s]인가?

㉮ 0.1　　㉯ 0.2　　㉰ 0.3　　㉱ 0.4

◆ 풀이　• $R \cdot L$ 직렬에서의 시상수

$$T = \frac{L}{R} = \frac{2}{5} = 0.4 [s]$$

답 ㉱

16 전압 1.5 [V] 내부저항 0.2 [Ω]의 전지 5개를 직렬로 접속하면 전전압은 몇 [V]인가?

㉮ 0.2　　㉯ 1.0　　㉰ 5.7　　㉱ 7.5

◆ 풀이　• 전지의 직렬 접속　$V_o = 1.5 \times 5 = 7.5$ [V]

답 ㉱

17 100[μF]의 콘덴서에 100[V]의 전압을 가하여 충전한 뒤 저항을 통하여 방전시키면 저항에 발생하는 열량은 몇 [cal]인가?

㉮ 3 ㉯ 5 ㉰ 12 ㉱ 43

◆ 풀이 • 에너지 **답** ㉰

$$W=\frac{1}{2}CV^2=\frac{1}{2}\times 100\times 10^{-6}\times 1000^2=50[\text{J}]$$

$H=0.24\times W=0.24\times 50=12[\text{cal}]$ $1[\text{J}]=0.24[\text{cal}]$

18 히스테리시스손은 최대 자속밀도의 몇 제곱에 비례하는가?

㉮ 1.1 ㉯ 1.6 ㉰ 2.6 ㉱ 3.2

◆ 풀이 • 히스테리시스손 $Ph \propto B_n^{1.6}$ **답** ㉯

19 $R=10[\text{k}\Omega]$, $C=5[\mu\text{F}]$의 직렬회로에 110[V]의 직류 전압을 인가했을 때 시상수(τ)는?

㉮ 5[ms] ㉯ 50[ms]

㉰ 1[s] ㉱ 2[s]

◆ 풀이 • $R \cdot C$ 직렬회로의 시상수 **답** ㉯

$T=R\cdot C=10\times 10^3\times 5\times 10^{-6}=50\times 10^{-3}=50[\text{ms}]$

20 감은 횟수 200회의 코일 P와 300회의 코일 S를 가까이 놓고 P에 1[A]의 전류를 흘릴 때 S와 쇄교하는 자속이 4×10^{-4}[Wb]이었다면 이들 코일 사이의 상호 인덕턴스는?

㉮ 0.12[H] ㉯ 0.12[mH]

㉰ 1.2×10^{-4}[H] ㉱ 1.2×10^{-4}[mH]

◆ 풀이 • $LI=N\phi$

$$L=\frac{N}{I}\phi=\frac{200}{1}\times 4\times 10^{-4}=0.12[\text{H}]$$ **답** ㉮

9회 실전연습문제

01 평형 3상 교류회로의 Y 회로로부터 Δ 회로로 등가 변환하기 위해서는 어떻게 하여야 하는가?

㉮ 각 상의 임피던스를 3배로 한다.

㉯ 각 상의 임피던스를 $\sqrt{3}$ 배로 한다.

㉰ 각 상의 임피던스를 $\frac{1}{\sqrt{3}}$ 로 한다.

㉱ 각 상의 임피던스를 $\frac{1}{3}$ 로 한다.

◆ 풀이 • Y → △ : 각 상 임피던스가 3배

• △ → Y : 각 상 임피던스가 $\frac{1}{3}$ 배

답 ㉮

02 $R_1 = 3\,[\Omega]$, $R_2 = 5\,[\Omega]$, $R_3 = 6\,[\Omega]$의 저항 3개를 그림과 같이 병렬로 접속한 회로에 30 [V]의 전압을 가하였다면 이때 R_2 저항에 흐르는 전류 [A]는 얼마인가?

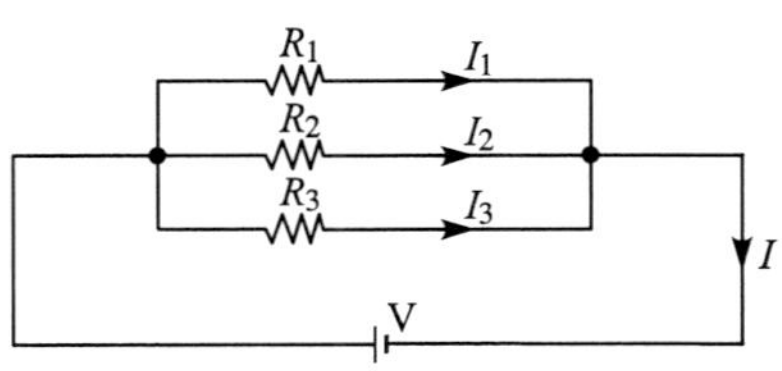

㉮ 6 ㉯ 10 ㉰ 15 ㉱ 20

◆ 풀이 병렬=전압 일정.

R_2에 흐르는 전류

$I_2 = \frac{V}{R_2} = \frac{30}{5} = 6\,[\text{A}]$

답 ㉮

03 길이 10 [cm]의 도선이 자속밀도 1 [Wb/m2]의 평등 자장 안에서 자속과 수직방향으로 3 [sec] 동안에 12 [m] 이동하였다. 이때 유도되는 기전력은 몇 [V]인가?

㉮ 0.1 [V] ㉯ 0.2 [V] ㉰ 0.3 [V] ㉱ 0.4 [V]

◆ 풀이 $e = Blu\sin\theta = 1\times 0.1\times \frac{12}{3}\times \sin 90° = 0.4\,[\mathrm{V}]$

답 ㉱

04 10 [Ω]의 저항에 2 [A]의 전류가 흐를 때 저항의 단자전압은 얼마인가?

㉮ 5 [V] ㉯ 10 [V] ㉰ 15 [V] ㉱ 20 [V]

◆ 풀이 $V = IR = 2\times 10 = 20\,[\mathrm{V}]$

답 ㉱

05 100 [V], 5 [A]의 전열기를 사용하여 2 [l]의 물을 20 [℃]에서 100 [℃]로 올리는 데 필요한 시간 [sec]은 약 얼마인가? (단, 열량은 전부 유효하게 사용됨)

㉮ 1.33×10^3 ㉯ 1.34×10^4

㉰ 1.35×10^5 ㉱ 1.36×10^6

◆ 풀이 $0.24\,Pt\eta = c\cdot m(T_2 - T_1)$ 에서

$$t = \frac{1\times 2000(100-20)}{0.24\times 100\times 5\times 1} = 1.33\times 10^3\,[\mathrm{sec}]$$

답 ㉮

06 다음 중 자기저항의 단위는?

㉮ [A/Wb] ㉯ [AT/m] ㉰ [AT/Wb] ㉱ [AT/H]

◆ 풀이 $R_n = \frac{NI}{\phi}\,[\mathrm{AT/Wb}]$

답 ㉰

07 그림과 같은 4개의 콘덴서를 직 · 병렬로 접속한 회로가 있다. 이 회로의 합성 정전용량은? (단, $C_1=2[\mu F]$, $C_2=4[\mu F]$, $C_3=3[\mu F]$, $C_4=1[\mu F]$)

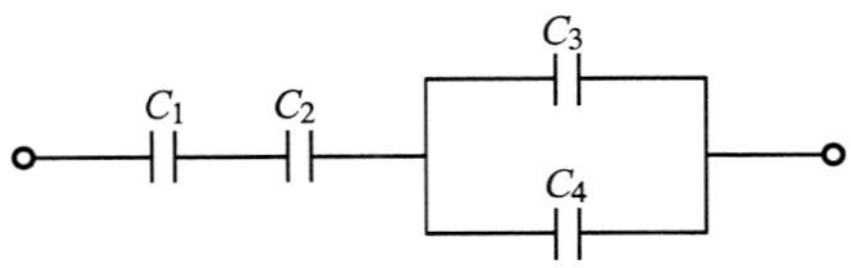

㉮ $1[\mu F]$　　㉯ $2[\mu F]$　　㉰ $3[\mu F]$　　㉱ $4[\mu F]$

◆ 풀이 C_3와 C_4가 병렬이므로 $C_{34}=3+1=4$이고, C_1, C_2, C_{34}가 직렬이므로 **답** ㉮

$$C_0=\frac{C_1\cdot C_2\cdot C_{34}}{C_1\cdot C_2+C_2\cdot C_{34}+C_{34}\cdot C_1}=\frac{2\times4\times4}{(2\times4+4\times4+4\times2)}=1[\mu F]$$

08 $200[\mu F]$의 콘덴서를 충전하는 데 9 [J]의 일이 필요하였다. 충전 전압은 몇 [V]인가?

㉮ 200　　㉯ 300　　㉰ 450　　㉱ 900

◆ 풀이 $W=\frac{1}{2}CV^2$에서 **답** ㉯

$$V=\sqrt{\frac{2W}{C}}=\sqrt{\frac{2\times9}{200\times10^{-6}}}=300[V]$$

09 전기장(電氣場)에 대한 설명으로 옳지 않은 것은?

㉮ 대전(帶電)된 무한장 원통의 내부 전기장은 0이다.
㉯ 대전된 구(球)의 내부전기장은 0이다.
㉰ 대전된 도체 내부의 전하(電荷) 및 전기장은 모두 0이다.
㉱ 도체 표면의 전기장은 그 표면에 평행이다.

◆ 풀이 도체 표면의 전기장은 그 표면에 수직이다. **답** ㉱

10 무한히 긴 평행 2직선이 있다. 이들 도선에 같은 방향으로 일정한 전류가 흐를 때 상호간에 작용하는 힘은? (단, r은 두 도선 간의 거리이다.)

㉮ 흡인력이며 r이 클수록 작아진다.
㉯ 반발력이며 r이 클수록 작아진다.
㉰ 흡인력이며 r이 클수록 커진다.
㉱ 반발력이며 r이 클수록 커진다.

◆ 풀이 평행한 도체에 작용하는 힘 $F \propto \dfrac{I_1 I_2}{r}$ 이고
전류가 같은 방향은 흡인력, 다른 방향(왕부도체)은 반발력이다. 답 ㉮

11 교류회로에서 전압과 전류의 위상차를 θ[rad]이라 할 때 $\cos\theta$는 회로의 무엇인가?

㉮ 전압 변동률 ㉯ 파형률 ㉰ 효율 ㉱ 역률

◆ 풀이 $\cos\theta$는 여현파로서 역률을 의미한다. 답 ㉱

12 전선에서 길이 1 [m], 단면적 1 [mm^2]를 기준으로 고유저항은 어떻게 나타내는가?

㉮ [Ω] ㉯ [$\Omega \cdot m^2$] ㉰ [Ω/m] ㉱ [$\Omega \cdot mm^2/m$]

◆ 풀이 $R = \rho\dfrac{l}{A}$ 에서 $\rho = R \cdot \dfrac{A}{l} = \dfrac{[\Omega \cdot mm^2]}{[m]}$ 답 ㉱

13 유도 기전력은 자신의 발생 원인이 되는 자속의 변화를 방해하려는 방향으로 발생한다. 이것을 유도 기전력에 관한 무슨 법칙이라 하는가?

㉮ 옴(Ohm)의 법칙 ㉯ 렌츠(Lenz)의 법칙
㉰ 쿨롱(Coulomb)의 법칙 ㉱ 앙페르(Ampere)의 법칙

◆ 풀이 렌츠의 법칙 : 전자 유도에 의한 유도 기전력의 방향 답 ㉯

14 반도체로 만든 PN 접합은 무슨 작용을 하는가?

㉮ 증폭 작용 ㉯ 발진 작용 ㉰ 정류 작용 ㉱ 변조 작용

답 ㉯

15 8 [Ω]의 용량 리액턴스에 어떤 교류 전압을 가하면 10 [A]의 전류가 흐른다. 여기에 어떤 저항을 직렬로 접속하여 같은 전압을 가하면 8 [A]로 감소되었다. 저항은 몇 [Ω]인가?

㉮ 6 ㉯ 8 ㉰ 10 ㉱ 12

◆ 풀이 $V_c = I \times X_c = 10 \times 8 = 80\,[\mathrm{V}]$

$Z = \dfrac{V}{I} = \dfrac{80}{8} = 10 = \sqrt{R^2 + X_c^2}$ 에서

$R = \sqrt{10^2 - 8^2} = 6\,[\Omega]$

답 ㉮

16 유전율 ε의 유전체 내에 있는 전하 Q[C]에서 나오는 전기력선수는?

㉮ Q ㉯ $\dfrac{Q}{\epsilon_0}$ ㉰ $\dfrac{Q}{\epsilon}$ ㉱ $\dfrac{Q}{\epsilon_s}$

◆ 풀이 전기력선수 $N = \dfrac{Q}{\epsilon}$ 유전속수 $N = Q$

답 ㉰

17 옴의 법칙을 바르게 설명한 것은?

㉮ 전류의 크기는 도체의 저항에 비례한다.
㉯ 전류의 크기는 도체의 저항에 반비례한다.
㉰ 전압은 전류에 반비례한다.
㉱ 전압은 전류의 2승에 비례한다.

◆ 풀이 $I = \dfrac{V}{R}$ 이므로 전압에 비례, 저항에 반비례이다.

답 ㉯

18 다음 중 논리식을 간소화시키는 방법은?

㉮ 카르노도에 의한 방법 ㉯ 논리 연산자법
㉰ 진리도법 ㉱ 2진수법

◆ 풀이 카르노 도표 : 논리식을 간소화시키는 방법 답 ㉮

19 망간 건전지의 양극으로 무엇을 사용하는가?

㉮ 아연판 ㉯ 구리판 ㉰ 탄소막대 ㉱ 묽은 황산

◆ 풀이 • 양극 – 탄소막대 답 ㉰
• 음극 – 아연판
• 전해액 – 염화암모늄

20 어떤 도체에 10 [V]의 전위를 주었을 때 1 [C]의 전하가 축적되었다면 이 도체의 정전용량 C는?

㉮ 0.1 [μF] ㉯ 0.1 [F] ㉰ 0.1 [pF] ㉱ 10 [F]

◆ 풀이 $Q = CV$에서 $C = \frac{Q}{V} = \frac{1}{10} = 0.1\,[\mathrm{F}]$ 답 ㉯

10회 실전연습문제

01 다음 중에서 자석의 일반적인 성질에 대한 설명으로 틀린 것은?

㉮ N극과 S극이 있다.

㉯ 자력선은 N극에서 나와 S극으로 향한다.

㉰ 자력이 강할수록 자기력선수의 수가 많다.

㉱ 자석은 고온이 되면 자력이 증가한다.

◆ 풀이 고온에서 자력은 감소한다. **답** ㉱

02 유전체 중 유전율이 가장 큰 것은?

㉮ 공기 ㉯ 수정 ㉰ 운모 ㉱ 고무

◆ 풀이 • 비유전율(ϵ_s) **답** ㉰

① 공기≒1 ② 수정≒3.6 ③ 운모≒5~9 ④ 고무≒2~3

03 다음 중 전기력선의 성질로 틀린 것은?

㉮ 전기력선은 양전하에서 나와 음전하에서 끝난다.

㉯ 전기력선은 접선 방향이 그 점의 전장의 방향이다.

㉰ 전기력선의 밀도는 전기장의 크기를 나타낸다.

㉱ 전기력선은 서로 교차한다.

◆ 풀이 전기력선은 서로 반발하여 교차하지 않는다. **답** ㉱

04 $0.2[\mu F]$ 콘덴서와 $0.1[\mu F]$ 콘덴서를 병렬 연결하여 40 [V]의 전압을 가할 때 $0.2[\mu F]$에 축적되는 전하$[\mu C]$의 값은?

㉮ 2 ㉯ 4 ㉰ 8 ㉱ 12

◆ 풀이 $Q = CV = 0.2 \times 40 = 8[\mu C]$

답 ㉰

05 각속도 $\omega = 377[\text{rad/sec}]$인 사인파 교류의 주파수는 약 몇 [Hz]인가?

㉮ 30 ㉯ 60 ㉰ 90 ㉱ 120

◆ 풀이 $\omega = 2\pi f$ 에서 $f = \dfrac{\omega}{2\pi} = \dfrac{377}{2\pi} = 60[\text{Hz}]$

답 ㉯

06 주파수 100 [Hz]의 주기는 몇 초인가?

㉮ 0.05 ㉯ 0.02 ㉰ 0.01 ㉱ 0.1

◆ 풀이 $T = \dfrac{1}{f} = \dfrac{1}{100} = 0.01[\text{sec}]$

답 ㉰

07 기전력이 50 [V], 내부저항 $r = 5[\Omega]$인 전원이 있다. 이 전원에 부하를 연결하여 얻을 수 있는 최대전력은 몇 [W]인가?

㉮ 50 ㉯ 75 ㉰ 100 ㉱ 125

◆ 풀이 • 최대 전력 조건 부하=내부저항이므로

답 ㉱

$P = I^2R = 5^2 \times 5 = 125[\text{W}]$

$I = \dfrac{V}{r+R} = \dfrac{50}{5+5} = 5$

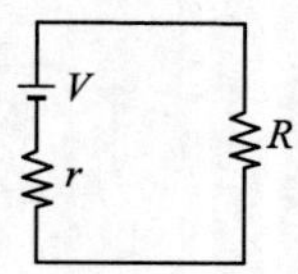

08 평균 길이 40 [cm]의 환상 철심에 200회의 코일을 감고, 여기에 5 [A]의 전류를 흘렸을 때 철심 내의 자기장의 세기는 몇 [AT/m]인가?

㉮ 25×10^2 [AT/m]　　㉯ 2.5×10^2 [AT/m]
㉰ 200 [AT/m]　　㉱ 8000 [AT/m]

◆ 풀이　$H = \dfrac{NI}{l} = \dfrac{200 \times 5}{0.4} = 2500 = 25 \times 10^2$ [AT/m]　　답 ㉮

09 자체 인덕턴스 40 [mH]와 90 [mH]인 2개의 코일이 있다. 양 코일 사이에 누설자속이 없다고 하면 상호 인덕턴스는 몇 [mH]인가?

㉮ 20　　㉯ 40　　㉰ 50　　㉱ 60

◆ 풀이　$M = k\sqrt{L_1 L_2}$ 에서 $k = 1$(누설자속이 없으므로)　　답 ㉱
$\therefore M = \sqrt{40 \times 90} = 60$ [mH]

10 자기장의 세기에 대한 설명으로 잘못된 것은?

㉮ 단위 자극에 작용하는 힘과 같다.
㉯ 자속밀도에 투자율을 곱한 것과 같다.
㉰ 수직 단면의 자력선 밀도와 같다.
㉱ 단위 길이당 기자력과 같다.

◆ 풀이　$H = \dfrac{B}{\mu}$ 이므로 자속밀도를 투자율로 나눈 값이다.　　답 ㉯

11 전선의 체적을 일정하게 하고 길이를 2배로 늘리면 저항은 몇 배가 되는가?

㉮ $\frac{1}{2}$　　㉯ 2　　㉰ 4　　㉱ $\frac{1}{4}$

◆ 풀이 • $l=2$ 배이면 $A=\frac{1}{2}$ 이 된다(체적 불변 상태). 답 ㉰

$$\therefore R=\rho\frac{l}{A}=\frac{2}{\frac{1}{2}}=4 \text{ 배}$$

12 P형 반도체의 설명 중 틀린 것은?

㉮ 불순물은 4가의 원소이다.
㉯ 다수 반송자는 정공이다.
㉰ 불순물을 억셉터(acceptor)라 한다.
㉱ 정공 및 전자의 이동으로 전도가 된다.

◆ 풀이 순수한 4가 원소(실리콘 or 게르마늄)로 공유 결합된 반도체이다. 답 ㉮

13 5[μF]의 콘덴서를 1000 [V]로 충전하면 축적되는 에너지는 몇 [J]인가?

㉮ 2.5　　㉯ 4　　㉰ 5　　㉱ 10

◆ 풀이 $W=\frac{1}{2}CV^2=\frac{1}{2}\times 5\times 10^{-6}\times 1000^2=2.5\,[\text{J}]$ 답 ㉮

14 비정현파를 여러 개의 정현파의 합으로 표시하는 방법은?

㉮ 키르히호프의 법칙
㉯ 노튼의 정리
㉰ 푸리에 분석
㉱ 테일러의 분석

◆ 풀이 • 푸리에 급수 : 비정현파를 해석하는 방법 답 ㉰

$$f(t)=a_o+\sum_{n=1}^{\infty}a_n\cdot\cos n\omega t+\sum_{n=1}^{\infty}b_n\cdot\sin n\omega t$$

15 전기 분해하여 금속의 표면에 산화피막을 만들어 이것을 유전체로 이용한 것은?

㉮ 마일러 콘덴서 ㉯ 마이카 콘덴서
㉰ 전해 콘덴서 ㉱ 세라믹 콘덴서

◆ 풀이 전해 콘덴서 : 유전체로 얇은 산화막을 사용하고, 전극으로는 알루미늄을 사용하며 콘덴서 체적에 비해 큰 용량을 얻을 수 있다. 답 ㉰

16 자극의 세기가 20 [Wb]인 길이 15 [cm]의 막대자석의 자기 모멘트는 몇 [Wb · m]인가?

㉮ 0.45 ㉯ 1.5 ㉰ 3.0 ㉱ 6.0

◆ 풀이 $M = m \cdot l\,[\text{Wb} \cdot \text{m}] = 20 \times 0.15 = 3\,[\text{Wb} \cdot \text{m}]$ 답 ㉰

17 다음 회로에서 10 [Ω]에 걸리는 전압은 몇 [V]인가?

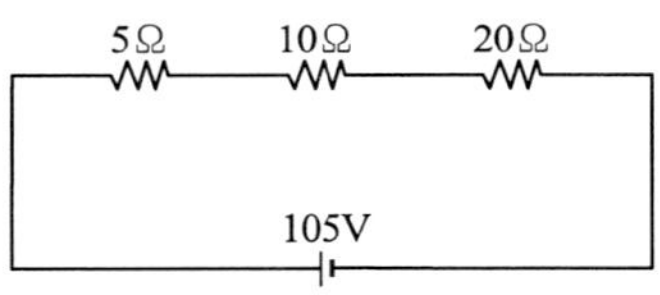

㉮ 2 ㉯ 10 ㉰ 20 ㉱ 30

◆ 풀이 $I_o = \dfrac{105}{5+10+20} = 3\,[\text{A}]$ ∴ 10 [Ω]에 걸리는 전압 답 ㉱

$V_{10} = 3 \times 10 = 30\,[\text{V}]$

18 10 [Ω]의 저항회로에 $e = 100\sin\left(377t + \dfrac{\pi}{3}\right)$[V]의 전압을 가했을 때 $t=0$에서의 순시전류는 몇 [A]인가?

㉮ $5\sqrt{3}$ ㉯ 5 ㉰ $5\sqrt{2}$ ㉱ 10

◆ 풀이 $i = \dfrac{e}{R} = \dfrac{100}{10}\sin\left(377t + \dfrac{\pi}{3}\right)\Big|_{t=0} = 10 \cdot \sin\dfrac{\pi}{3} = 10 \times \dfrac{\sqrt{3}}{2} = 5\sqrt{3}$ 답 ㉮

19 권선수 50인 코일에 5 [A]의 전류가 흘렀을 때 10^{-3}[Wb]의 자속이 코일 전체를 쇄교하였다면 이 코일의 자체 인덕턴스는 몇 [mH]인가?

㉮ 10 ㉯ 20 ㉰ 30 ㉱ 40

◆ 풀이 $L = \dfrac{N\phi}{I} = \dfrac{50 \times 10^{-3}}{5} \times 10^3 = 10\,[\mathrm{mH}]$

답 ㉮

20 유전율의 단위는?

㉮ [F/m] ㉯ [V/m] ㉰ [$\mathrm{C/m^2}$] ㉱ [H/m]

◆ 풀이 유전율 $\epsilon = \epsilon_0 \cdot \epsilon_s\,[\mathrm{F/m}]$

답 ㉮

11회 실전연습문제

01 진공의 투자율 μ_0[H/m]는?

㉮ 6.33×10^4 ㉯ 8.55×10^{-12} ㉰ $4\pi \times 10^{-7}$ ㉱ 9×10^9

◆ 풀이 진공투자율 $\mu_o = 4\pi \times 10^{-7}$[H/m] 답 ㉰

02 전류에 의해 만들어지는 자기장의 자기력선 방향을 간단하게 알아내는 법칙은?

㉮ 플레밍의 왼손 법칙 ㉯ 플레밍의 오른손 법칙
㉰ 앙페르의 오른나사 법칙 ㉱ 렌츠의 법칙

◆ 풀이 • 플레밍의 왼손 법칙 – 전동기 회전방향
플레밍의 오른손 법칙 – 발전기 원리
렌츠의 법칙 – 전자유도에 의한 유도 기전력의 방향
답 ㉰

03 코일의 자체 인덕턴스는 어느 것에 따라 변화하는가?

㉮ 투자율 ㉯ 유전율 ㉰ 도전율 ㉱ 저항률

◆ 풀이 $L = \frac{\mu A N^2}{l}$[H] μ : 투자율, A : 단면적, N : 권수, l : 자로길이 답 ㉮

04 어떤 전압계의 측정 범위를 10배로 하자면 배율기의 저항을 전압계 내부 저항의 몇 배로 하여야 하는가?

㉮ 10 ㉯ $\frac{1}{10}$ ㉰ 9 ㉱ $\frac{1}{9}$

◆ 풀이 $R_n = r_n(m-1)$에서 $m = 10$인 경우 $R_n = 9 \cdot r_n$이므로
배율기 저항 R_n은 전압계 내부 저항 r_n의 9배이다.
답 ㉰

05 어떤 도체에 t 초 동안에 Q[C]의 전기량이 이동하면 이때 흐르는 전류 [A]는?

㉮ $I=Q\cdot t$[A]　　㉯ $I=Q^2t$[A]　　㉰ $I=\frac{t}{Q}$[A]　　㉱ $I=\frac{Q}{t}$[A]

◆ 풀이　$I=\frac{Q}{t}$[A] = [c/s]　　**답** ㉱

06 3 [Ω]의 저항이 5개, 7 [Ω]의 저항이 3개, 114 [Ω]의 저항이 1개 있다. 이들을 모두 직렬로 접속할 때의 합성 저항은 몇 [Ω]인가?

㉮ 120　　㉯ 130　　㉰ 150　　㉱ 160

◆ 풀이　합성저항 $R_o=3\,[\Omega]\times5+7\,[\Omega]\times3+114\,[\Omega]=150\,[\Omega]$이다.　　**답** ㉰

07 A-B 사이 콘덴서의 합성정전 용량은 얼마인가?

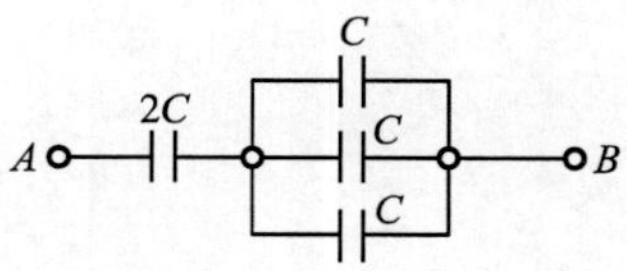

㉮ $1C$　　㉯ $1.2C$　　㉰ $2C$　　㉱ $2.4C$

◆ 풀이　$\therefore C_{AB}=\frac{2C\times3C}{2C+3C}=1.2C$　　**답** ㉯

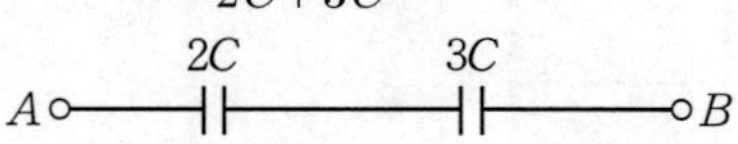

08 $e=141\sin\left(120\pi t-\frac{\pi}{3}\right)$인 파형의 주파수는 몇 [Hz]인가?

㉮ 120　　㉯ 60　　㉰ 30　　㉱ 15

◆ 풀이　$\omega=2\pi f$ 에서　　**답** ㉯

$$f=\frac{\omega}{2\pi}=\frac{120\pi}{2\pi}=60\,[\text{Hz}]$$

09 5 [Wh]는 몇 [J]인가?

㉮ 720 ㉯ 1800 ㉰ 7200 ㉱ 18000

◆ 풀이 • 1 [J] = 1 [W · sec]이므로 　　　　답 ㉱

$5\,[\text{Wh}] = 5\,[\text{W}] \times 1\,[\text{h}] = 5\,[\text{W}] \times 3600\,[\text{sec}] = 18000\,[\text{W} \cdot \text{sec}] = [J]$

10 저항 3 [Ω], 유도 리액턴스 4 [Ω]의 직렬회로에 교류 100 [V]를 가할 때 흐르는 전류와 위상각은 얼마인가?

㉮ 14.3 [A], 37° 　　㉯ 14.3 [A], 53°

㉰ 20 [A], 37° 　　㉱ 20 [A], 53°

◆ 풀이 • $Z = \sqrt{3^2 + 4^2} = 5\,[\Omega]$ 　　　　답 ㉱

$$I = \frac{V}{Z} = \frac{100}{5} = 20\,[\text{A}]$$

$$\theta = \tan^{-1}\frac{\text{허수}}{\text{실수}} = \tan^{-1}\frac{4}{3} = 53.1°$$

11 그림을 테브낭 등가회로로 고칠 때 개방 전압 V'와 저항 R'는?

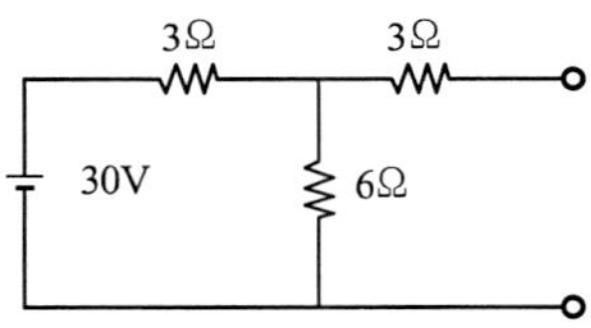

㉮ 20 [V], 5 [Ω] 　　㉯ 30 [V], 8 [Ω]

㉰ 15 [V], 12 [Ω] 　　㉱ 10 [V], 1.2 [Ω]

◆ 풀이 ① 개방단, 즉 6 [Ω]이 걸리는 전압 　　　　답 ㉮

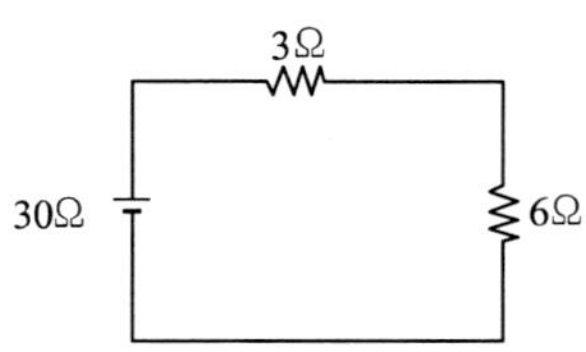

$$V = \frac{6}{3+6} \times 30 = 20\,[\text{V}]$$

② 개방단에서 회로를 바라본 저항(이때 전압원은 단락)

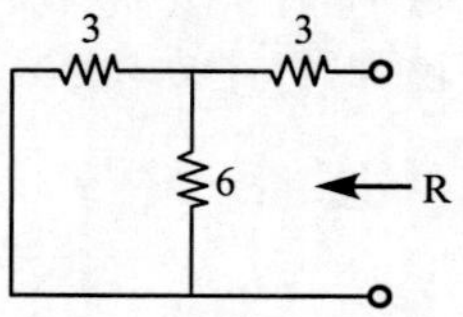

$$R = 3 + \frac{3 \times 6}{3+6} = 5\ [\Omega]$$

12 전압 220 [V] 1상 부하 $Z = 8 + j6\ [\Omega]$인 △ 회로의 선전류는 몇 [A]인가?

㉮ 22 ㉯ $22\sqrt{3}$ ㉰ 11 ㉱ $\frac{22}{\sqrt{3}}$

◆ 풀이 △선전류 $I_l = \sqrt{3}\, I_p = \sqrt{3} \times \frac{V_p}{Z_p} = \sqrt{3} \times \frac{220}{\sqrt{8^2+6^2}} = 22\sqrt{3}$ 답 ㉯

13 줄(Joule)의 법칙에서 발열량 계산식을 옳게 표시한 것은?

㉮ $H = 0.24 I^2 R$ ㉯ $H = 0.024 I^2 Rt$

㉰ $H = 0.024 I^2 R^2$ ㉱ $H = 0.24 I^2 Rt$

◆ 풀이 $H = 0.24 I^2 Rt\,[\text{cal}]$ 답 ㉱

14 200 [V]에서 1 [kW]의 전력을 소비하는 전열기를 100 [V]에서 사용하면 소비 전력은 몇 [W]인가?

㉮ 150 ㉯ 250 ㉰ 400 ㉱ 1000

◆ 풀이 $P' = P\left(\frac{V'}{V}\right)^2 = 1000 \times \left(\frac{100}{200}\right)^2 = 250\,[\text{W}]$ 답 ㉯

15 질산은을 전기 분해할 때 직류 전류를 10시간 흘렸더니 음극에 120.7 [g]의 은이 부착하였다. 이때의 전류는 약 몇 [A]인가? (단, 은의 전기화학 당량 K=0.001118 [g/c]이다.)

㉮ 1　　㉯ 2　　㉰ 3　　㉱ 4

◆ 풀이　$W = K \cdot I \cdot t$ 에서　　답 ㉰

$$I = \frac{W}{K \cdot t} = \frac{120.7}{0.001118 \times 10 \times 3600} = 3\,[\text{A}]$$

16 0.02 [μF]의 콘덴서에 12 [μC]의 전하를 공급하면 몇 [V]의 전위차를 나타내는가?

㉮ 600　　㉯ 900　　㉰ 1200　　㉱ 2400

◆ 풀이　$Q = CV$ 에서　　답 ㉮

$$V = \frac{Q}{C} = \frac{12}{0.02} = 600\,[\text{V}]$$

17 주기적인 구형파 신호의 성분은 어떻게 되는가?

㉮ 성분 분석이 불가능하다.
㉯ 직류분만으로 합성된다.
㉰ 무수히 많은 주파수의 합성이다.
㉱ 교류 합성을 갖지 않는다.

◆ 풀이　주기적인 구형파 신호는 무수히 많은 주파수 합성으로 이루어져 있다.　　답 ㉰

18 최대값 10 [A]인 교류 전류의 평균값은 약 몇 [A]인가?

㉮ 3.34　　㉯ 4.43　　㉰ 5.65　　㉱ 6.37

◆ 풀이　$I_o = \frac{2 \cdot I_m}{\pi} = \frac{2 \times 10}{\pi} \fallingdotseq 6.37\,[\text{A}]$　　답 ㉱

19 자기력선의 설명 중 맞는 것은?

㉮ 자기력선은 자석의 N극에서 시작하여 S극에서 끝난다.
㉯ 자기력선은 상호간에 교차한다.
㉰ 자기력선은 자석의 S극에서 시작하여 N극에서 끝난다.
㉱ 자기력선은 가시적으로 보인다.

◆ 풀이 • 자력선의 성질 답 ㉮

① N극에서 시작하여 S극에서 끝난다.
② 서로 반발하여 교차하지 않는다.
③ 자력선의 접선 방향은 그 점의 자장 방향과 같다.
④ 자력선의 밀도는 그 점의 자장 세기와 같다.
⑤ m [Wb]의 자극으로부터 $\frac{m}{\mu}$ 개의 자력선이 나온다.

20 전하의 성질을 잘못 설명한 것은?

㉮ 같은 종류의 전하는 흡인하고 다른 종류의 전하끼리는 반발한다.
㉯ 대전체에 들어 있는 전하를 없애려면 접지시킨다.
㉰ 대전체의 영향으로 비대 전체에 전기가 유도된다.
㉱ 전하는 가장 안정한 상태를 유지하려는 성질이 있다.

◆ 풀이 ① 같은 전하 사이 – 반발력 답 ㉮

② 다른 전하 사이 – 흡인력

12회 실전연습문제

01 고유저항 ρ의 단위로 맞는 것은?

㉮ [Ω] ㉯ [Ω・m] ㉰ [AT/Wb] ㉱ $[\Omega^{-1}]$

◆ 풀이 • $R=\rho\dfrac{l}{A}$ 에서

$$\rho=\frac{R\cdot A}{l}\,[\Omega\cdot mm^2/m]$$

$$1\,[\Omega\cdot m]=10^2\,[\Omega\cdot cm]=10^6\,[\Omega\cdot mm^2/m]$$

답 ㉯

02 Y-Y 결선회로에서 선간 전압이 200 [V]일 때 상전압은 약 몇 [V]인가?

㉮ 100 ㉯ 115 ㉰ 120 ㉱ 135

◆ 풀이 Y 결선시 $I_l=I_p$, $V_l=\sqrt{3}\cdot V_p$ 이므로

$$v_p=\frac{v_l}{\sqrt{3}}=\frac{200}{\sqrt{3}}=115\,[V]$$

답 ㉯

03 전선의 길이를 2배로 늘리면 저항은 몇 배가 되는가? (단, 동선의 체적은 일정하다.)

㉮ 1 ㉯ 2 ㉰ 4 ㉱ 8

◆ 풀이 • 체적이 불변상태에서 $l=2$ 배이면 $A=\dfrac{1}{2}$ 배이다.

$$\therefore R=\rho\frac{l}{A}=1\times\frac{2}{\frac{1}{2}}=4\text{배}$$

답 ㉰

04 $e=141.4\sin(100\pi t)$ [V]의 교류 전압이 있다. 이 교류의 실효값은 몇 [V]인가?

㉮ 100 ㉯ 110 ㉰ 141 ㉱ 282

◆ 풀이 $V=0.707\,V_m$ 이므로

$V=0.707\times 141.4 \fallingdotseq 100$ [V]

답 ㉮

05 다음 중 삼각파의 파형률은 약 얼마인가?

㉮ 1 ㉯ 1.155 ㉰ 1.414 ㉱ 1.732

◆ 풀이 삼각파 파형률 $=\dfrac{\text{실효값}}{\text{평균값}}=\dfrac{\frac{1}{\sqrt{3}}}{\frac{1}{2}}=\dfrac{2}{\sqrt{3}}=1.15$

답 ㉯

06 두 콘덴서 C_1, C_2가 병렬로 접속되어 있을 때의 합성 정전 용량은?

㉮ C_1+C_2

㉯ $\dfrac{1}{C_1}+\dfrac{1}{C_2}$

㉰ $\dfrac{C_1C_2}{C_1+C_2}$

㉱ $\dfrac{C_1+C_2}{C_1C_2}$

◆ 풀이 병렬시 $C_o=C_1+C_2$

직렬시 $C_o=\dfrac{C_1\times C_2}{C_1+C_2}$ 이다.

답 ㉮

07 자기 저항의 단위는?

㉮ [Wb/m^2] ㉯ [Wb] ㉰ [AT] ㉱ [AT/Wb]

◆ 풀이 자기 저항 $R_m=\dfrac{NI}{\phi}$ [AT/Wb]

답 ㉱

08 공기 중 자장의 세기가 20[AT/m]인 곳에 8×10^{-3}[Wb]의 자극을 놓으면 작용하는 힘[N]은?

㉮ 0.16 ㉯ 0.32 ㉰ 0.43 ㉱ 0.56

◆ 풀이 $F = mH = 8 \times 10^{-3} \times 20 = 0.16$[N]

답 ㉮

09 전기력선의 성질 중 옳지 않은 것은?

㉮ 음전하에서 출발하여 양전하에서 끝나는 선을 전기력선이라 한다.
㉯ 전기력선의 접선 방향은 그 접점에서의 전기장의 방향이다.
㉰ 전기력선의 밀도는 전기장의 크기를 나타낸다.
㉱ 전기력선은 서로 교차하지 않는다.

◆ 풀이 전기력선의 성질 : 양전하에서 나와 음전하에서 끝난다.

답 ㉮

10 10[Ω]과 15[Ω]의 병렬회로에서 10[Ω]에 흐르는 전류가 3[A]이라면 전체 전류[A]는?

㉮ 2 ㉯ 3 ㉰ 4 ㉱ 5

◆ 풀이 $I_1 = \frac{15}{10+15} \times I$에서

$$I = \frac{10+15}{15} \times 3 = 5\,[\text{A}]$$

답 ㉱

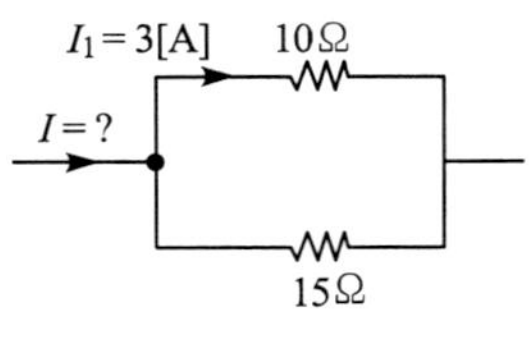

11 전류에 의해 발생되는 자장의 크기는 전류의 크기와 전류가 흐르고 있는 도체와 고찰하려는 점까지의 거리에 의해 결정된다. 이러한 관계를 무슨 법칙이라 하는가?

㉮ 비오-사바르의 법칙 ㉯ 플레밍의 왼손 법칙
㉰ 쿨롱의 법칙 ㉱ 패러데이의 법칙

◆ 풀이 • 비오-사바르 법칙

$$\Delta H = \frac{\Delta l \cdot I}{4\pi r^2} \cdot \sin\theta \, [\text{AT/m}]$$

전류에 의한 자장의 세기에 관한 법칙

답 ㉮

12 줄의 법칙에서 발생하는 열량의 계산식이 옳은 것은?

㉮ $H = 0.24RI^2t\,[\text{cal}]$ ㉯ $H = 0.024RI^2t\,[\text{cal}]$
㉰ $H = 0.24RI^2\,[\text{cal}]$ ㉱ $H = 0.024RI^2\,[\text{cal}]$

◆ 풀이 • $H = 0.24I^2Rt\,[\text{cal}]$

저항 $R\,[\Omega]$인 도체에 t 초 동안 전류를 흘리면 발생한 열량은 전류 제곱에 비례한다.

답 ㉮

13 니켈의 원자가는 2이고 원자량은 58.70이다. 이때 화학당량의 값은?

㉮ 29.35 ㉯ 58.70 ㉰ 60.70 ㉱ 117.4

◆ 풀이 $\text{화학당량} = \dfrac{\text{원자량}}{\text{원자가}} = \dfrac{58.7}{2} = 29.35$

답 ㉮

14 3상 기전력을 2개의 전력계 W_1, W_2로 측정해서 W_1의 지시값이 P_1, W_2의 지시값이 P_2라고 하면 3상 전력은 어떻게 표현되는가?

㉮ $P_1 - P_2$ ㉯ $3(P_1 - P_2)$ ㉰ $P_1 + P_2$ ㉱ $3(P_1 + P_2)$

◆ 풀이 2전력 제법의 3상 유효 전력 $= P_1 + P_2$ 3상 무효 전력 $= \sqrt{3}(P_1 - P_2)$

답 ㉰

15 저항 5 [Ω], 유도 리액턴스 30 [Ω], 용량 리액턴스 18 [Ω]인 RLC 직렬회로에 130 [V]의 교류를 가할 때 흐르는 전류 [A]는?

㉮ 10 [A], 유도성　　㉯ 10 [A], 용량성
㉰ 5.9 [A], 유도성　　㉱ 5.9 [A], 용량성

◆ 풀이 • $I=\dfrac{V}{Z}$ 에서　　답 ㉮

$Z=\sqrt{5^2+(30-18)^2}=13$

$\therefore\ I=\dfrac{130}{13}=10\,[\mathrm{A}]$

$X_L > X_C$ 이므로 유도성이다.

16 1회 감은 코일에 지나가는 자속이 1/100 [sec] 동안에 0.3 [Wb]에서 0.5 [Wb]로 증가하였다면 유도 기전력 [V]은?

㉮ 5　　㉯ 10　　㉰ 20　　㉱ 40

◆ 풀이 유도 기전력　　답 ㉰

$e=-N\dfrac{di}{dt}=-1\times\dfrac{0.5-0.3}{\dfrac{1}{100}}=-20\,[\mathrm{V}]$

이지만 방향을 무시하고 크기만 구하므로 20 [V]이다.

17 2 [μF]과 3 [μF]의 직렬회로에서 3[μF]의 양단에 60 [V] 전압이 가해졌다면 이 회로의 전 전기량은 몇 [μC]인가?

㉮ 60　　㉯ 180　　㉰ 240　　㉱ 360

◆ 풀이 • 3 [μF]의 전압 $60=\dfrac{2}{2+3}\times V$ 에서　　답 ㉯

전체전압 $V=\dfrac{5}{2}\times 60=150\,[\mathrm{V}]$

$\therefore\ Q=CV=\dfrac{2\times 3}{2+3}\times 150=180\,[\mu\mathrm{C}]$ 이다.

18 키르히호프의 법칙을 맞게 설명한 것은?

㉮ 제1법칙은 전압에 관한 법칙이다.
㉯ 제1법칙은 전류에 관한 법칙이다.
㉰ 제1법칙은 회로망의 임의의 한 폐회로 중의 전압 강하의 대수합과 기전력의 대수합은 같다.
㉱ 제2법칙은 회로망에 유입하는 전류의 합은 유출하는 전류의 합과 같다.

◆ 풀이 • 제1법칙(전류법칙) : 임의의 점에 유입하는 전류합은 유출되는 전류합과 같다.
• 제2법칙(전압법칙) : 임의의 폐회로에서 전압 강하는 기전력의 합과 같다.

답 ㉯

19 자기 히스테리시스 곡선의 횡축과 종축은 어느 것을 나타내는가?

㉮ 자기장의 크기와 자속밀도
㉯ 투자율과 자속밀도
㉰ 투자율과 잔류자기
㉱ 자기장의 크기와 보자력

◆ 풀이 횡축 : H(자장의 세기), 종축 : B(자속밀도)

답 ㉮

20 2 [C]의 전기량이 2점간을 이동하여 12 [J]의 일을 했을 때 2점간의 전위차 [V]는?

㉮ 6　㉯ 12　㉰ 24　㉱ 144

◆ 풀이 $V=\dfrac{W}{Q}=\dfrac{12}{2}=6\,[\mathrm{V}]$

답 ㉮

13회 실전연습문제

01 다음 ( ) 안에 들어갈 알맞은 내용은?

자기 인덕턴스 1H는 전류의 변화율이 1A/s일 때, (　　)가(이) 발생할 때의 값이다.

㉮ 1N의 힘　　㉯ 1J의 에너지
㉰ 1V의 기전력　　㉱ 1Hz의 주파수

◆ 풀이　유도 기전력 $e = L\frac{di}{dt}[V] = 1 \times 1 = 1[V]$의 기전력　　답 ㉰

02 Q(C)의 전기량이 도체를 이동하면서 한 일을 W(J)이라 했을 때 전위차 V(V)를 나타내는 관계식으로 옳은 것은?

㉮ $V = QW$　　㉯ $V = \frac{W}{Q}$　　㉰ $V = \frac{Q}{W}$　　㉱ $V = \frac{1}{QW}$

◆ 풀이　전기량이 한 일 $W = QV[J]$에서 $V = \frac{W}{Q}[V]$이다.　　답 ㉯

03 단면적 A(m^2), 자로의 길이 ℓ (m), 투자율 μ , 권수 N회인 환상 철심의 자체 인덕턴스(H)는?

㉮ $\frac{\mu A N^2}{l}$　　㉯ $\frac{A l N^2}{4\pi\mu}$　　㉰ $\frac{4\pi A N^2}{l}$　　㉱ $\frac{\mu l N^2}{A}$

◆ 풀이　자체 인덕턴스 $L = \frac{\mu A N^2}{l}[H]$　　답 ㉮

04 자기회로에 강자성체를 사용하는 이유는?

㉮ 자기저항을 감소시키기 위하여
㉯ 자기저항을 증가시키기 위하여
㉰ 공극을 크게 하기 위하여
㉱ 주자속을 감소시키기 위하여

◆ 풀이 강자성체는 비투자율 μ_s가 아주 크므로
자기 저항$\left(R=\dfrac{l}{\mu A}\right)$이 현저히 감소한다. **답** ㉮

05 4Ω의 저항에 200V의 전압을 인가할 때 소비되는 전력은?

㉮ 20W ㉯ 400W ㉰ 2.5kW ㉱ 10kW

◆ 풀이 소비 전력 $P=\dfrac{V^2}{R}=\dfrac{200^2}{4}=10{,}000[W]=10[kW]$ **답** ㉱

06 6Ω의 저항과, 8Ω의 용량성 리액턴스의 병렬회로가 있다. 이 병렬회로의 임피던스는 몇 Ω인가?

㉮ 1.5 ㉯ 2.6 ㉰ 3.8 ㉱ 4.8

◆ 풀이 병렬 회로의 합성 임피던스 **답** ㉱

$$Z=\frac{R\cdot X}{\sqrt{R^2+X^2}}=\frac{6\times 8}{\sqrt{6^2+8^2}}=\frac{48}{100}=4.8[\Omega]$$

07 평형 3상 교류 회로에서 Δ부하의 한 상의 임피던스가 $Z_\triangle$일 때, 등가 변환한 Y부하의 한 상의 임피던스 Z_Y는 얼마인가?

㉮ $Z_Y = \sqrt{3}\, Z_\triangle$　　㉯ $Z_Y = 3Z_\triangle$

㉰ $Z_Y = \dfrac{1}{\sqrt{3}} Z_\triangle$　　㉱ $Z_Y = \dfrac{1}{3} Z_\triangle$

◆ 풀이　3상 평형 회로의 임피던스 변환식 $Z = \dfrac{1}{3} Z_\triangle$　　답 ㉱

08 다음 중 전동기의 원리에 적용되는 법칙은?

㉮ 렌츠의 법칙　　㉯ 플레밍의 오른손 법칙

㉰ 플레밍의 왼손 법칙　　㉱ 옴의 법칙

◆ 풀이　전동기는 전자력에 의해 회전이 발생하는 기기이며 전자력의 방향을 알기 쉽게 정의한 플레밍의 왼손 법칙이다.　　답 ㉰

㉠ 엄지 : F(전자력)
㉡ 검지 : B(자속밀도)
㉢ 중지 : I(전류)

09 1eV는 몇 J인가?

㉮ 1　　㉯ 1×10^{-10}　　㉰ 1.16×10^{4}　　㉱ 1.602×10^{-19}

◆ 풀이　전자 볼트 1[eV]=1.602×10^{-19}　　답 ㉱

10 평행한 왕복 도체에 흐르는 전류에 의한 작용은?

㉮ 흡인력　　㉯ 반발력　　㉰ 회전력　　㉱ 작용력이 없다.

◆ 풀이　평행한 왕복 도체에 흐르는 전류는 방향이 서로 반대이므로 서로 반발력이 작용한다.　　답 ㉯

11 저항 50[Ω]인 전구에 $e=100\sqrt{2}\sin wt[V]$의 전압을 가할 때 순시전류(A)의 값은?

㉮ $\sqrt{2}\sin wt$ ㉯ $2\sqrt{2}\sin wt$
㉰ $5\sqrt{2}\sin wt$ ㉱ $10\sqrt{2}\sin wt$

◆ 풀이 $R=50[\Omega]$, $e=100\sqrt{2}\sin wt[V]$ 답 ㉯

$$i=\frac{e}{R}=\frac{100\sqrt{2}\sin wt}{50}=2\sqrt{2}\sin wt[A]$$

12 진공 중에서 같은 크기의 두 자극을 1m 거리에 놓았을 때, 그 작용하는 힘이 $6.33\text{N}\times10^4\text{N}$이 되는 자극 세기의 단위는?

㉮ 1Wb ㉯ 1C ㉰ 1A ㉱ 1W

◆ 풀이 답 ㉮

$$F=\frac{1}{4\pi\mu_0}\cdot\frac{m\cdot m}{r^2}=6.33\times10^4[V]$$

$$\therefore m=1[Wb]$$

13 사인파 교류전압을 표시한 것으로 잘못된 것은? (단, θ 는 회전각이며, ω 는 각속도이다.)

㉮ $v=V_m\sin\theta$ ㉯ $v=V_m\sin wt$
㉰ $v=V_m\sin 2\pi t$ ㉱ $v=V_m\sin\frac{2\pi}{T}t$

◆ 풀이 사인파 교류 전압 $v=V_m\sin\theta=V_m\sin 2\pi ft=V_m\sin\frac{2\pi}{T}t[V]$ 답 ㉰

14 공기 중 자장의 세기가 20AT/m인 곳에 8×10^{-3}Wb의 자극을 놓으면 작용하는 힘(N)은?

㉮ 0.16 ㉯ 0.32 ㉰ 0.43 ㉱ 0.56

◆ 풀이 힘과 자계와의 관계식 답 ㉮

$$F=mH=8\times10^{-3}\times20=0.16[N]$$

15 평등자계 B(Wb/m^2) 속을 V(m/s)의 속도를 가진 전자가 움직일 때 받는 힘(N)은?

㉮ B^2eV ㉯ $\frac{eV}{B}$ ㉰ BeV ㉱ $\frac{BV}{e}$

◆ 풀이 전자력 $F = IBl = eVB[N]$ 답 ㉰

16 R=8Ω, L=19.1mH의 직렬회로에 5A가 흐르고 있을 때 인덕턴스(L)에 걸리는 단자 전압의 크기는 약 몇 V인가? (단, 주파수는 60Hz이다.)

㉮ 12 ㉯ 25 ㉰ 29 ㉱ 36

◆ 풀이 $V_L = wLI = 2\pi fLI = 2 \times \pi \times 60 \times 19.1 \times 10^{-3} \times 5 = 36[V]$ 답 ㉱

17 무효전력에 대한 설명으로 틀린 것은?

㉮ $P = VI\sin\theta$로 계산된다.
㉯ 부하에서 소모되지 않는다.
㉰ 단위로는 Var를 사용한다.
㉱ 전원과 부하 사이를 왕복하기만 하고 부하에 유효하게 사용되지 않는 에너지이다.

◆ 풀이 무효 전력 $P_r = VI\sin\theta[Var]$로 표시된다. 답 ㉮

18 두 금속을 접속하여 여기에 전류를 흘리면, 줄열 외에 그 접점에서 열의 발생 또는 흡수가 일어나는 현상은?

㉮ 줄 효과 ㉯ 홀 효과
㉰ 제벡 효과 ㉱ 펠티에 효과

◆ 풀이 ㉰ 제베크 효과 : 두 금속의 접합점에 온도차를 주면 열전류가 흐르는 현상 답 ㉱
㉱ 펠티에 효과 : 제베크 효과와 반대로, 즉 전류를 인가하면 열의 발생 또는 흡수가 일어나는 현상

19 전지의 전압강하 원인으로 틀린 것은?

㉮ 국부작용 ㉯ 산화작용 ㉰ 성극작용 ㉱ 자기방전

◆ 풀이 전압 강하의 원인으로는 분극 작용(성극 작용), 국부 작용, 자기 방전 등이 있다. 산화 작용은 화학 작용으로 전압 강하와 무관하다. 답 ㉯

20 실효값 5A, 주파수 f(Hz), 위상 60°인 전류의 순시값 i(A)를 수식으로 옳게 표현한 것은?

㉮ $i=5\sqrt{2}\sin\left(2\pi ft+\frac{\pi}{2}\right)$ ㉯ $i=5\sqrt{2}\sin\left(2\pi ft+\frac{\pi}{3}\right)$

㉰ $i=5\sin\left(2\pi ft+\frac{\pi}{2}\right)$ ㉱ $i=5\sin\left(2\pi ft+\frac{\pi}{3}\right)$

◆ 풀이 최대값 $I_m=\sqrt{2}I=\sqrt{2}\times 5=5\times\sqrt{2}[A], \theta=60^\circ=\frac{\pi}{3}[rad]$이므로 답 ㉯

$i(t)=I_m\sin(2\pi ft+\theta)=5\sqrt{2}\sin\left(2\pi ft+\frac{\pi}{3}\right)[A]$

14회 실전연습문제

01 콘덴서의 정전용량에 대한 설명으로 틀린 것은?

㉮ 전압에 반비례한다. ㉯ 이동 전하량에 비례한다.
㉰ 극판의 넓이에 비례한다. ㉱ 극판의 간격에 비례한다.

◆ 풀이 $Q=CV$에서 **답** ㉱

$C=\dfrac{Q}{V}$(전하량에 비례, 전압에 반비례)

$C=\dfrac{\epsilon S}{d}=\dfrac{\varepsilon_0 \cdot \varepsilon_s \cdot S}{d}$로써(극판 넓이에 비례, 극판 간격에 반비례)

02 정전에너지 W(J)를 구하는 식으로 옳은 것은? (단, C는 콘덴서용량(μF), V는 공급전압(V)이다.)

㉮ $W=\dfrac{1}{2}CV^2$ ㉯ $W=\dfrac{1}{2}CV$

㉰ $W=\dfrac{1}{2}C^2V$ ㉱ $W=2CV^2$

◆ 풀이 $W=\dfrac{1}{2}QV,\ Q=CV=\dfrac{1}{2}CV^2$ **답** ㉮

03 등전위면과 전기력선의 교차 관계는?

㉮ 직각으로 교차한다. ㉯ 30°로 교차한다.
㉰ 45°로 교차한다. ㉱ 교차하지 않는다.

◆ 풀이 **답** ㉮

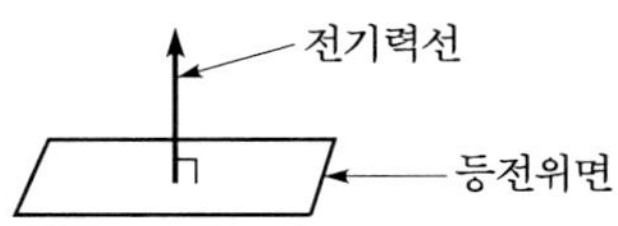

04 전기분해를 통하여 석출된 물질의 양은 통과한 전기량 및 화학당량과 어떤 관계인가?

㉮ 전기량과 화학당량에 비례한다.
㉯ 전기량과 화학당량에 반비례한다.
㉰ 전기량에 비례하고 화학당량에 반비례한다.
㉱ 전기량에 반비례하고 화학당량에 비례한다.

◆ 풀이 $W = K \cdot Q$(전기량 Q와 화학당량 K에 비례) **답** ㉮

05 평형 3상 교류회로에서 Y결선할 때 선간전압(Vi)과 상전압(Vp)의 관계는?

㉮ $V_l = V_p$ ㉯ $V_l = \sqrt{2}\, V_p$
㉰ $V_l = \sqrt{3}\, V_p$ ㉱ $V_l = \frac{1}{\sqrt{3}} V_p$

답 ㉰

06 2전력계법으로 3상 전력을 측정할 때 지시값이 P1= 200W, P2= 200W일 때 부하전력(W)은?

㉮ 200 ㉯ 400 ㉰ 600 ㉱ 800

◆ 풀이 전력계법 $P = P_1 + P_2 = 200 + 200 = 400[W]$ **답** ㉯

07 20분간 876000J의 일을 할 때 전력은 몇 kW인가?

㉮ 0.73 ㉯ 7.3 ㉰ 73 ㉱ 730

◆ 풀이 일 $W = P \cdot t \Rightarrow P = \frac{W}{t} = \frac{876000}{20 \times 60} = 730[W] = 0.73[kW]$ **답** ㉮

08 전류에 의해 만들어지는 자기장의 자기력선 방향을 간단하게 알아내는 방법은?

㉮ 플레밍의 왼손 법칙 ㉯ 렌츠의 자기유도 법칙
㉰ 앙페르의 오른나사 법칙 ㉱ 패러데이의 전자유도 법칙

답 ㉰

09 R=5Ω, L=30mH의 RL 직렬회로에 V=200V, f=60㎐의 교류전압을 가할 때 전류의 크기는 약 몇 A 인가?

㉮ 8.67 ㉯ 11.42 ㉰ 16.17 ㉱ 21.25

◆ 풀이 $i=\dfrac{V}{Z}=\dfrac{V}{\sqrt{R^2+X_L^2}}=\dfrac{200}{\sqrt{5^2+11.3^2}}=16.18[\Omega]$ 답 ㉰

$X_L=wL=2\pi fL=2\pi\times60\times30\times10^{-3}=11.3[\Omega]$

10 1cm 당 권선수가 10인 무한 길이 솔레노이드에 1A의 전류가 흐르고 있을 때 솔레노이드 외부 자계의 세기(AT/m)는?

㉮ 0 ㉯ 5 ㉰ 10 ㉱ 20

◆ 풀이 솔레노이드는 내부자계만 있고 외부 자계는 "0" 답 ㉮

11 그림과 같은 RL 병렬회로에서 R=25Ω, $wL=\dfrac{100}{3}[\Omega]$일 때, 200V의 전압을 가하면 코일에 흐르는 전류 $I_L[A]$은?

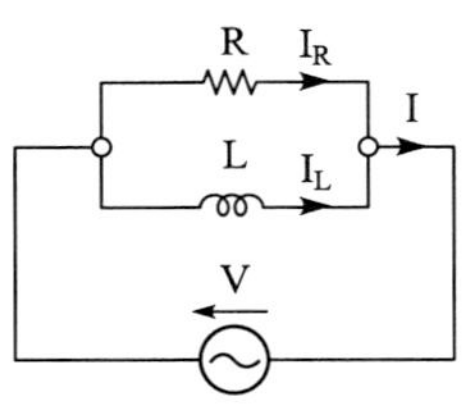

㉮ 3.0
㉯ 4.8
㉰ 6.0
㉱ 8.2

◆ 풀이 $I_L=\dfrac{V}{X_L}=\dfrac{V}{wL}=\dfrac{200}{\dfrac{100}{3}}[A]$ 답 ㉰

12 다음 중 1V와 같은 값을 갖는 것은?

㉮ 1 J/C ㉯ 1 Wb/m ㉰ 1 Ω/m ㉱ 1 A·sec

◆ 풀이 $W = QV$

$V = \frac{W}{Q}[J/C]$

답 ㉮

13 그림과 같은 회로의 저항값이 $R_1 > R_2 > R_3 > R_4$ 일 때 전류가 최소로 흐르는 저항은?

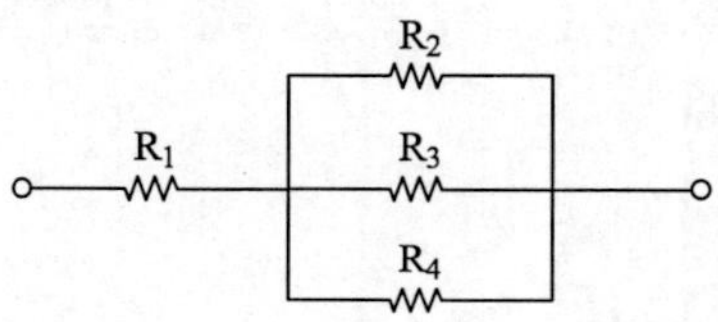

㉮ R_1

㉯ R_2

㉰ R_3

㉱ R_4

◆ 풀이 R_1은 직렬로 연결되어 전체전류가 흐르며, R_2, R_3, R_4는 병렬로 연결되어 전류가 분배된다. 그 중 R_2의 저항값이 R_3, R4보다 크기 때문에 전류는 최소.

답 ㉯

14 원자핵의 구속력을 벗어나서 물질 내에서 자유로이 이동할 수 있는 것은?

㉮ 중성자 ㉯ 양자 ㉰ 분자 ㉱ 자유전자

◆ 풀이 문제의 조건 : 자유로이 이동 → 자유전자

답 ㉱

15 권수가 150인 코일에서 2초간 1Wb의 자속이 변화한다면, 코일에 발생 되는 유도 기전력의 크기는 몇 V 인가?

㉮ 50 ㉯ 75 ㉰ 100 ㉱ 150

◆ 풀이 $e = -N \cdot \frac{d\varnothing}{dt} = \left| -150 \times \frac{1}{2} \right| = 75[V]$

답 ㉯

16 복소수에 대한 설명으로 틀린 것은?

㉮ 실수부와 허수부로 구성된다.
㉯ 허수를 제곱하면 음수가 된다.
㉰ 복소수는 A = a +jb 의 형태로 표시한다.
㉱ 거리와 방향을 나타내는 스칼라 양으로 표시한다.

◆ 풀이 스킬라 양이 아닌 "벡터"

답 ㉱

17 자기 인덕턴스가 각각 L_1 과 L_2인 2개의 코일이 직렬로 가동접속 되었을 때, 합성 인덕턴스는? (단, 자기력선에 의한 영향을 서로 받는 경우이다.)

㉮ $L = L_1 + L_2 - M$
㉯ $L = L_1 + L_2 - 2M$
㉰ $L = L_1 + L_2 + M$
㉱ $L = L_1 + L_2 + 2M$

◆ 풀이 가동접속(+)되어 영향을 서로 받음.
$(L_1 + 2M,\ L_2 + M)$으로써
합성 인덕턴스는 $L_1 + L_2 + 2M$

답 ㉱

18 저항이 있는 도선에 전류가 흐르면 열이 발생한다. 이와 같이 전류의 열작용과 가장 관계가 깊은 법칙은?

㉮ 패러데이의 법칙
㉯ 키르히호프의 법칙
㉰ 줄의 법칙
㉱ 옴의 법칙

답 ㉰

19 RL 직렬회로에 교류전압 $v = V_m \sin\theta [V]$ 를 가했을 때 회로의 위상각 θ 를 나타낸 것은?

㉮ $\theta = \tan^{-1}\dfrac{R}{wL}$
㉯ $\theta = \tan^{-1}\dfrac{wL}{R}$
㉰ $\theta = \tan^{-1}\dfrac{1}{RwL}$
㉱ $\theta = \tan^{-1}\dfrac{R}{\sqrt{R^2+(wL)^2}}$

◆ 풀이

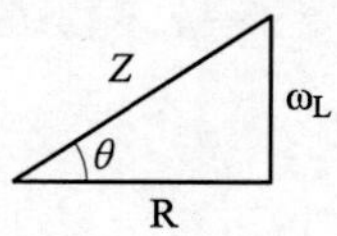

$$\tan\theta = \frac{wL}{R}$$

$$\theta = \tan^{-1}\frac{wL}{R}$$

답 ㉯

20 그림에서 a-b간의 합성저항은 c-d간의 합성저항 보다 몇 배인가?

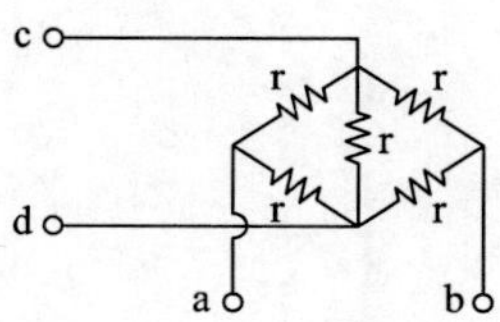

㉮ 1배
㉯ 2배
㉰ 3배
㉱ 4배

◆ 풀이 i) Rab 등가회로 : 휘스톤 브리지 평형 등가

답 ㉯

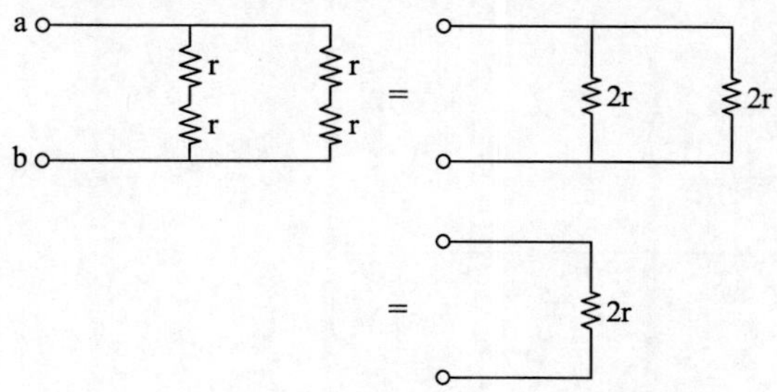

ii) Rcd 등가회로

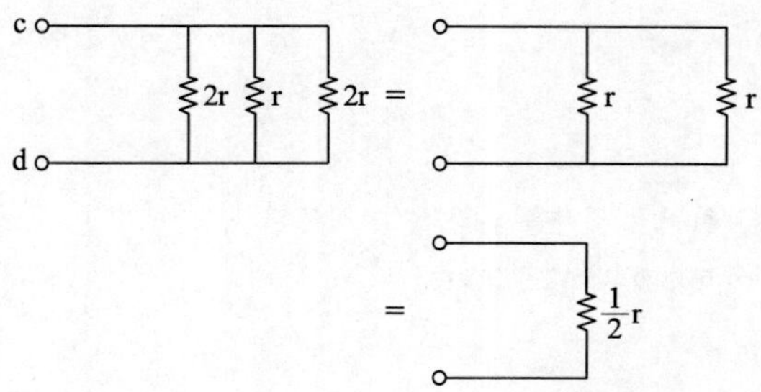

15회 실전연습문제

01 △결선에서 선전류가 $10\sqrt{3}$ 이면 상전류는?

㉮ 5 A　　㉯ 10 A　　㉰ $10\sqrt{3}$ A　　㉱ 30 A

◆ 풀이　3상 교류 △결선의 전압 · 전류　　답 ㉯

① 선간전압 = 상전압

② 선전류 = $\sqrt{3}$ ×상전류

$$\therefore 상전류 = \frac{선전류}{\sqrt{3}} = \frac{10\sqrt{3}}{\sqrt{3}} = 10A$$

02 인덕턴스 0.5H에 주파수가 60 Hz이고 전압이 220V인 교류 전압이 가해질 때 흐르는 전류는 약 몇 A 인가?

㉮ 0.59　　㉯ 0.87　　㉰ 0.97　　㉱ 1.17

◆ 풀이　$I = \frac{V}{X_L} = \frac{V}{2\pi fL} = \frac{220}{2\pi \times 60 \times 0.5} = \frac{220}{188.4} \fallingdotseq 1.17$　　답 ㉱

03 교류 전력에서 일반적으로 전기기기의 용량을 표시하는데 쓰이는 전력은?

㉮ 피상전력　　㉯ 유효전력　　㉰ 무료전력　　㉱ 기전력

◆ 풀이　피상전력(apparent power)　　답 ㉮

① 교류 기기나 교류 전원의 용량을 나타낼 때 사용된다.

② 단위 : VA(volt-ampere), kVA, MVA

04 전류에 의한 자기장의 세기를 구하는 비오-사바르의 법칙을 옳게 나타낸 것은?

㉮ $\Delta H=\frac{I\Delta l\sin\theta}{4\pi r^2}$[AT/m]　　㉯ $\Delta H=\frac{I\Delta l\sin\theta}{4\pi r}$[AT/m]

㉰ $\Delta H=\frac{I\Delta l\cos\theta}{4\pi r}$[AT/m]　　㉱ $\Delta H=\frac{I\Delta l\cos\theta}{4\pi^2}$[AT/m]

◆ 풀이　비오-사바르의 법칙(Biot-Savart's law)　**답** ㉮

: 도선에 전류 I[A]가 흐르고 있을 때, 도선상의 미소 부분 Δl에 흐르는 전류에 의해 r[m]에 떨어진 P점의 자기장 세기 △H는

$\Delta H=\frac{I\Delta l\sin\theta}{4\pi r^2}$[AT/m]

05 일반적으로 온도가 높아지게 되면 전도율이 커져서 온도 계수가 부(-)의 값을 가지는 것이 아닌 것은?

㉮ 구리　㉯ 반도체　㉰ 탄소　㉱ 전해액

◆ 풀이　부(-)저항 온도계수　**답** ㉮

① 온도가 상승하면 저항값이 감소하는 특성을 나타낸다.

② 반도체, 탄소, 절연체, 전해액, 서미스터(thermistor) 등이 있다.

06 평행한 두 도선의 간의 전자력은?

㉮ 거리 r 에 비례한다.　　㉯ 거리 r 에 반비례한다.

㉰ 거리 r^2 에 비례한다.　　㉱ 거리 r^2 에 반비례한다.

◆ 풀이　평형한 두 도선간에 작용하는 전자력 $F=\frac{2I_1I_2}{r}\times 10^{-7}[N]$　**답** ㉯

여기서, r : 두 도선간의 거리

07 권선수 100회 감은 코일에 2 A의 전류가 흘렀을때 50×10-3Wb 자속이 코일에 쇄교 되었다면 자기 언덕턴스는 몇 H 인가?

㉮ 1.0　㉯ 1.5　㉰ 2.0　㉱ 2.5

◆ 풀이　자기 인덕턴스 $L=\frac{N\Phi}{I}=\frac{100\times 50\times 10^{-3}}{2}=2.5H$　**답** ㉱

08 코일의 성질에 대한 설명으로 틀린 것은?

㉮ 공진하는 성질이 있다.
㉯ 상호유도작용이 있다.
㉰ 전원 노이즈 차단기능이 있다.
㉱ 전류의 변화를 확대시키려는 성질이 있다.

◆ 풀이 코일의 성질 답 ㉱

1) 전류의 변화를 안정시키려고 하는 성질이 있다.
   (가) 렌츠의 법칙 : 전류가 흐르려고 하면 코일은 전류를 흘리지 않으려고 하며, 전류가 감소하면 계속 흘리려고 하는 성질이다.
   (나) 전자유도작용에 의해 회로에 발생하는 유도 전류는 항상 유도작용을 일으키는 자속의 변화를 장해하는 방향으로 흐른다는 것이다.
2) 상호유도작용이 있다.
3) 전자석의 성질이 있다.
4) 공진하는 성질이 있다.
5) 전원 노이즈 차단 기능이 있다.

09 200 V의 교류전원에 선풍기를 접속하고 전력과 전류를 측정하였더니 600 W, 5 A 이였다. 이 선풍기의 역률은?

㉮ 0.5 ㉯ 0.6 ㉰ 0.7 ㉱ 0.8

◆ 풀이 역률 $\cos\theta = \dfrac{P}{VI} = \dfrac{600}{200 \times 5} = 0.6$ 답 ㉯

10 임의의 폐회로에서 키르히호프의 제2법칙을 가장 잘 나타낸 것은?

㉮ 기전력의 합 = 합성 저항의 합
㉯ 기전력의 합 = 전압 강하의 합
㉰ 전압 강하의 합 = 합성 저항의 합
㉱ 합성 저항의 합 = 회로 전류의 합

◆ 풀이 키르히호프 법칙(Kirchhoff's law) 답 ㉯

① 제1법칙(전류 법칙) : Σ유입 전류 = Σ유출 전류
② 제2법칙(전압 강하의 법칙) : $\Sigma V = \Sigma IR$

11 5 Wh는 몇 J 인가?

㉮ 720　　㉯ 1800　　㉰ 7200　　㉱ 18000

◆ 풀이 $1W \cdot s = 1J$　　답 ㉱

$\therefore 5\,Wh = 5 \times 60 \times 60 = 18000J$

12 자속밀도 $0.5Wb/m^2$의 자장 안에 자장과 직각으로 20 cm의 도체를 놓고 이것에 10 A의 전류를 흘릴 때 도체가 50 cm 운동한 경우의 한 일은 몇 J 인가?

㉮ 0.5　　㉯ 1　　㉰ 1.5　　㉱ 5

◆ 풀이 $F = BlIsin\theta = 0.5 \times 20 \times 10^{-2} \times 10 \times 1 = 1N$　　답 ㉮

$\therefore W = F \cdot r = 1 \times 50 \times 10^{-2} = 0.5J$

13 일반적으로 절연체를 서로 마찰시키면 이들 물체는 전기를 띠게 된다. 이와 같은 현상은?

㉮ 분극　　㉯ 정전　　㉰ 대전　　㉱ 코로나

◆ 풀이 대전(electrification) : 물체가 전기를 띠는 현상　　답 ㉰

14 공기 중에서 m(Wb)의 자극으로부터 나오는 자력선의 총수는 얼마인가? (단, μ 는 물체의 투자율이다.)

㉮ m　　㉯ μm　　㉰ m/μ　　㉱ μ/m

◆ 풀이 $N = H \times 4\pi r^2 = \dfrac{1}{4\pi\mu_0} \cdot \dfrac{m}{r^2} \times 4\pi r^2 = \dfrac{m}{\mu_0}$　　답 ㉰

※ $\dfrac{m}{\mu_0} = \dfrac{m}{4\pi \times 10^{-7}} \fallingdotseq 7.958 \times 10^5 \times m$

15 그림에서 단자 A-B 사이의 전압은 몇 V 인가?

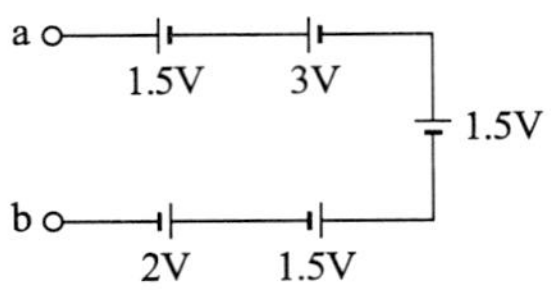

㉮ 1.5

㉯ 2.5

㉰ 6.5

㉱ 9.5

◆ 풀이 $E_{AB} = 1.5 + 3 + 1.5 - (1.5 + 2) = 2.5\,V$ 답 ㉯

16 전구를 점등하기 전의 저항과 점등한 후의 저항을 비교하면 어떻게 되는가?

㉮ 점등 후의 저항이 크다. ㉯ 점등 전의 저항이 크다.

㉰ 변동 없다. ㉱ 경우에 따라 다르다.

◆ 풀이 (+) 저항온도 계수 : 전구를 점등하면 온도가 상승하므로 저항이 비례하여 상승하게 된다.
∴ 점등 후의 저항이 크다. 답 ㉮

17 진공 중에서 같은 크기의 두 자극을 1m 거리에 놓았을 때 작용하는 힘이 6.33×104N이 되는 자극의 단위는?

㉮ 1 N ㉯ 1 J ㉰ 1 Wb ㉱ 1 C

◆ 풀이 MKS 단위계에서는 진공 중에서 같은 크기의 두 자극을 1m거리에 놓았을 때, 그 작용하는 힘이 6.33×10^4이 되는 자극의 세기를 단위로 하여 1Wb라고 한다. 답 ㉰
※ 쿨롱의 법칙(Coulomb's law)

$$F = 6.33 \times 10^4 \times \frac{m_1 \cdot m_2}{r^2} = 6.33 \times 10^4 \times \frac{1 \times 1}{1^2} = 6.33 \times 10^4 N$$

18 2개의 저항 R_1, R_2를 병렬 접속하면 합성 저항은?

㉮ $\frac{1}{R_1 + R_2}$ ㉯ $\frac{R_1}{R_1 + R_2}$ ㉰ $\frac{R_1 \cdot R_2}{R_1 + R_2}$ ㉱ $\frac{R_2}{R_1 + R_2}$

◆ 풀이 저항 병렬 접속 회로의 합성저항 답 ㉰

$$R = \frac{\text{두 저항의 곱}}{\text{두 저항의 합}} = \frac{R_1 \cdot R_2}{R_1 + R_2}$$

19 다음 전압 파형의 주파수는 약 몇 Hz인가?

$$e = 100\sin(377t - \frac{\pi}{5})[V]$$

㉮ 50　　㉯ 60　　㉰ 80　　㉱ 100

◆ 풀이　$e = E_m\sin(\omega t - \theta)[V] = 100\sin(377t - \frac{\pi}{5})[V]$에서　$\omega = 377$　　답 ㉯

$\therefore f = \frac{\omega}{2\pi} = \frac{377}{2\pi} = 60Hz$

20 납축전지가 완전히 방전되면 음극과 양극은 무엇으로 변하는가?

㉮ $PbSO_4$　　㉯ $PbSO_2$　　㉰ H_2SO_4　　㉱ Pb

◆ 풀이　연(납) 축전지　　답 ㉮

방전(discharge)과 충전(charge)

양극		전해액		음극
PbO_4	+	$2H_2SO_4$	+	Pb
(이산화납)		(황산)		(납)

방전↓　+　　+　**충전↑**

양극		전해액		음극
$PbSO_4$	+	$2H_2O$	+	$PbSO_4$
(이산화납)		(황산)		(납)

16회 실전연습문제

01 그림의 단자 1-2에서 본 노튼 등가회로의 개방단 컨덕턴스는 몇 ℧인가?

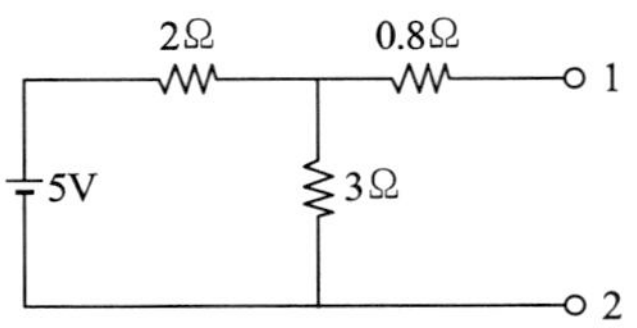

㉮ 0.5
㉯ 1
㉰ 2
㉱ 5.8

◆ 풀이 $R_{12} = \frac{2 \times 3}{2+3} + 0.8 = 2\Omega$

$\therefore G_{12} = \frac{1}{R_{12}} = \frac{1}{2} = 0.5℧$

답 ㉮

02 $e = 100\sin(314t - \frac{\pi}{6})$(V)인 파형의 주파수는 약 몇 Hz인가?

㉮ 40　㉯ 50　㉰ 60　㉱ 80

◆ 풀이 $\omega = 2\pi f$에서, $f = \frac{\omega}{2\pi}[Hz]$

$\therefore f = \frac{\omega}{2\pi} = \frac{314}{2\pi} = 50Hz$

답 ㉯

03 비정현파의 실효값을 나타낸 것은?

㉮ 최대파의 실효값
㉯ 각 고조파의 실효값의 합
㉰ 각 고조파의 실효값의 합의 제곱근
㉱ 각 고조파의 실효값의 제곱의 합의 제곱근

◆ 풀이 ① 비사인파=직류분+기본파+고조파

② 비사인파의 실효값은 직류 성분 및 각 고조파 실효값 제곱의 합의 제곱근과 같다.

$V_S = \sqrt{V_0^2 + V_1^2 + V_2^2 + \cdots}\ [V]$

답 ㉱

04 평균 반지름이 r(m)이고, 감은 횟수가 N인 환상 솔레노이드에 전류 I(A)가 흐를 때 내부의 자기장의 세기 H(AT/m)는?

㉮ $H=\dfrac{NI}{2\pi r}$　　㉯ $H=\dfrac{NI}{2r}$　　㉰ $H=\dfrac{2\pi r}{NI}$　　㉱ $H=\dfrac{2r}{NI}$

◆ 풀이　환상 솔레노이드(solenoid)의 내부 자계　　답 ㉮

$$H=\frac{NI}{2\pi r}[AT/m]$$

05 어떤 도체의 길이를 2배로 하고 단면적을 1/3로 했을 때의 저항은 원래 정항의 몇 배가 되는가?

㉮ 3배　　㉯ 4배　　㉰ 6배　　㉱ 9배

◆ 풀이　$R=\rho\dfrac{1}{A}$에서, $R=\rho\dfrac{2l}{\frac{A}{3}}=6\cdot\rho\dfrac{1}{A}=6R$　　답 ㉰

∴ 저항은 처음의 6배가 된다.

06 기전력이 V_0 (V), 내부저항이 r (Ω)인 n개의 전지를 직렬 연결하였다. 전체 내부저항을 옳게 나타낸 것은?

㉮ r/n　　㉯ nr　　㉰ r/n^2　　㉱ nr^2

◆ 풀이　전체 내부저항　　답 ㉯

① 직렬일 때 : nr, ② 병렬일 때 : r/n

07 공기 중에서 자속밀도 $3Wb/m^2$의 평등 자장 속에 길이 10cm의 직선 도선을 자장의 방향과 직각으로 놓고 여기에 4A의 전류를 흐르게 하면 이 도선이 받는 힘은 몇 N 인가?

㉮ 0.5　　㉯ 1.2　　㉰ 2.8　　㉱ 4.2

◆ 풀이　전자력　　답 ㉯

$F=BlI\sin\theta=3\times10\times10^{-2}\times4\times1=1.2N$　(여기서, $\sin 90°=1$)

08 정전용량 C (nF)의 콘덴서에 충전된 전하가 $q=\sqrt{2}\,Q\sin\omega t[C]$와 같이 변화 하도록 하였다면 이때 콘덴서에 흘러들어가는 전류의 값은?

㉮ $i=\sqrt{2}\,\omega Q\sin\omega t$ ㉯ $i=\sqrt{2}\,Q\sin\omega t$
㉰ $i=\sqrt{2}\,\omega Q\sin(\omega t-60°)$ ㉱ $i=\sqrt{2}\,\omega Q\cos(\omega t-60°)$

◆ 풀이 $q=\sqrt{2}\,Q\sin\omega t[C]$

$i=\dfrac{\Delta q}{\Delta t}=\dfrac{\Delta}{\Delta t}\sqrt{2}\,Q\sin\omega t[A]$

답 ㉯

09 4F와 6F의 콘덴서를 병렬접속하고 10V의 전압을 가했을 때 축적되는 전하량 Q(C) 는?

㉮ 19 ㉯ 50 ㉰ 80 ㉱ 100

◆ 풀이 $Q=(C_1+C_2)V=(4+6)\times 10=100C$

답 ㉱

10 회로망의 임의의 접속점에 유입되는 전류는 ΣI=0 라는 법칙은?

㉮ 쿨롱의 법칙 ㉯ 패러데이의 법칙
㉰ 키르히호프의 제1법칙 ㉱ 키르히호프의 제2법칙

◆ 풀이 키르히호프의 법칙(Kirchhoff' low)

제1법칙(전류 법칙) : 회로망 중 임의의 점에 흘러 들어오는 전류의 대수합과 흘러 나가는 전류의 대수합은 같다.

Σ 유입전류=유출전류

$\therefore \Sigma I=O$

답 ㉰

11 자체 인덕턴스가 각각 160mH, 150mH의 두 코일이 있다 두 코일 사이의 상호인덕턴스가 150mH 이면 결합계수는?

㉮ 0.5 ㉯ 0.62 ㉰ 0.75 ㉱ 0.86

◆ 풀이 결합계수 $k=\dfrac{M}{\sqrt{L_1L_2}}=\dfrac{150}{\sqrt{160\times 250}}=\dfrac{150}{200}=0.75$

답 ㉰

12 저항이 10Ω인 도체에 1A의 전류를 10분간 흘렸다면 발생하는 열량은 몇 kcal 인가?

㉮ 0.62 ㉯ 1.44 ㉰ 4.46 ㉱ 6.24

◆ 풀이 $H = 0.24I^2Rt = 0.24 \times 1^2 \times 10 \times 10 \times 60 = 1440cal$

$\therefore 1.44kcal$

답 ㉯

13 히스테리시스손은 최대 자속밀도 및 주파수의 각각 몇승에 비례 하는가?

㉮ 최대자속밀도 : 1.6, 주파수 : 1.0
㉯ 최대자속밀도 : 1.0, 주파수 : 1.6
㉰ 최대자속밀도 : 1.0, 주파수 : 1.0
㉱ 최대자속밀도 : 1.6, 주파수 : 1.6

◆ 풀이 히스테리시스 손실(hysteresis loss)

$P_h = \eta \cdot f \cdot B_m^{1.6} [W/m^3]$

여기서, f : 주파수, B_m :최대자속밀도

답 ㉮

14 유효전력의 식으로 옳은 것은? (단, E 는 전압, I 는 전류, θ 는 위상각이다)

㉮ $EI\cos\theta$ ㉯ $EI\sin\theta$ ㉰ $EI\tan\theta$ ㉱ EI

◆ 풀이 전력의 표시

㉮ : 유효전력 ㉯ : 무효전력 ㉱ : 피상전력

답 ㉮

15 전원과 부하가 다같이 Δ 결선된 3상 평형회로가 있다. 상전압이 220V, 부하 임피던스가 $Z=6+j8\,\Omega$ 인 경우 선전류는 몇 A 인가?

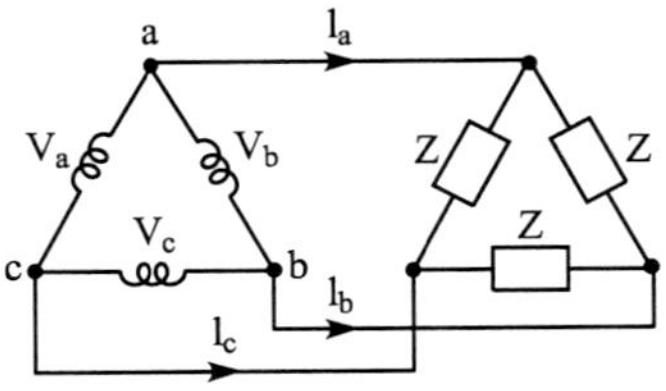

㉮ 20

㉯ $\dfrac{20}{\sqrt{3}}$

㉰ $20\sqrt{3}$

㉱ $10\sqrt{3}$

◆ 풀이 $|Z|=\sqrt{R^2+X^2}=\sqrt{8^2+6^2}=10\Omega$ **답** ㉰

$I_l=\sqrt{3}\cdot I_p=\sqrt{3}\times\dfrac{V}{Z}=\sqrt{3}\times\dfrac{200}{10}=20\sqrt{3}\,[A]$

16 다음 회로의 합성 정전용량 (μ F) 은?

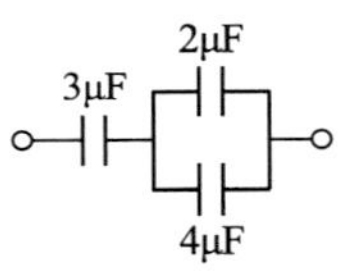

㉮ 5

㉯ 4

㉰ 3

㉱ 2

◆ 풀이 ① $C=2+4=6\mu F$ **답** ㉱

② $C_{ab}\dfrac{C_{ab}\times C_{bc}}{C_{ab}+C_{bc}}=\dfrac{3\times 6}{3+6}=2\mu F$

17 물질에 따라 자석에 반발하는 물체를 무엇이라 하는가?

㉮ 비자성체 ㉯ 상자성체 ㉰ 반자성체 ㉱ 가역성체

◆ 풀이 ① 반자성체(자석에 반발하는 물체) **답** ㉰

: $\mu_s<1$물체로서 금(Au), 은(Ag),구리(Cu), 아연(Zn), 안티몬(Sb)등이 있다.

② 상자성체 : $\mu_s<1$인 물체로서 알루미늄(Al), 백금(Pt),산소(O), 공기 등이 있다.

18 그림의 병렬 공진 회로에서 공진 주파수 f0(Hz)는?

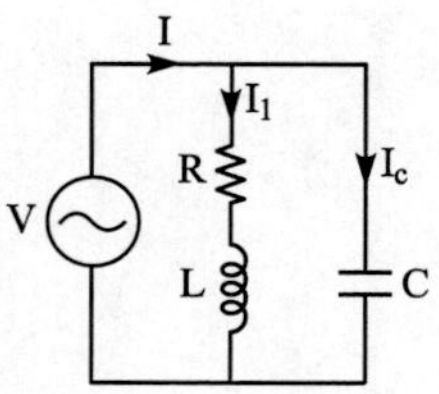

㉮ $f_0 = \frac{1}{2\pi}\sqrt{\frac{R}{L} - \frac{1}{LC}}$

㉯ $f_0 = \frac{1}{2\pi}\sqrt{\frac{L^2}{R^2} - \frac{1}{LC}}$

㉰ $f_0 = \frac{1}{2\pi}\sqrt{\frac{1}{LC} - \frac{L}{R}}$

㉱ $f_0 = \frac{1}{2\pi}\sqrt{\frac{1}{LC} - \frac{R^2}{L^2}}$

◆ 풀이 공진 주파수 $f_0 = \frac{1}{2\pi}\sqrt{\frac{1}{LC} - \frac{R^2}{L^2}}\,[Hz]$ 답 ㉱

19 전기장의 세기 단위로 옳은 것은?

㉮ H/m ㉯ F/m ㉰ AT/m ㉱ V/m

◆ 풀이 ① 전기장의 세기(E)는 전기장 중에 단위 전하인 +1C의 전하를 놓을 때, 여기에 작용하는 전기력의 크기(F)를 나타낸다. 답 ㉱

② 본문 그림 1-12에서, $E = K \cdot \frac{Q}{r^2}[V/m]$

※ 1V/m는 전기장 중에 놓인 +1C의 전하에 작용하는 힘이 1N인 경우의 전기장 세기를 의미한다.

20 전기 전도도가 좋은 순서대로 도체를 나열한 것은?

㉮ 은 → 구리 → 금 → 알루미늄
㉯ 구리 → 금 → 은 → 알루미늄
㉰ 금 → 구리 → 알루미늄 → 은
㉱ 알루미늄 → 금 → 은 → 구리

◆ 풀이 전도도(conductivity) 답 ㉮

① 고유저항, 즉 저항률과 반대의 의미이며, 도체 내의 전류가 흐르기 쉬운 정도를 나타내는 말로서 저항률의 역수로 취급한다.

② 전도도가 좋은 순서 : 은→구리→금→알루미늄→니켈→철

실전응용문제

1회 실전응용문제

01 다음 회로의 4단자 정수는?

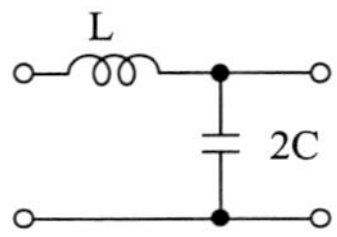

① $A=1-2\omega^2LC,\ B=j\omega L,\ C=j2\omega C,\ D=1$

② $A=2\omega^2LC,\ B=j\omega C,\ C=j2\omega,\ D=1$

③ $A=1-2\omega^2LC,\ B=j\omega L,\ C=j\omega C,\ D=0$

④ $A=2\omega^2LC,\ B=j\omega L,\ C=j2\omega C,\ D=0$

◆ 풀이 $A=1+\searrow=1+\dfrac{j\omega L}{\dfrac{1}{j2\omega C}}=1+j^2 2\omega^2LC=1-2\omega^2LC$ 답 ①

$B=j\omega L$

$C=j2\omega C$

$D=1+\swarrow=1$ (Tip : A 나 D 는 반드시 1 이 있어야 한다.)

02 전송 선로에서 무손실 일 때, $L=96$ [mH], $C=0.6$ [μF]이면 특성 임피던스[Ω]는?

① 400 ② 500 ③ 600 ④ 700

◆ 풀이 무손실 선로 $Z_0=\sqrt{\dfrac{L}{C}}=\sqrt{\dfrac{96\times10^{-3}}{0.6\times10^{-6}}}=400$ [Ω] 답 ①

03 $R-L$ 직렬회로에서 주파수가 변할 때 임피던스 궤적은?

① 4사분면 내의 직선 ② 1사분면 내의 반원

③ 2사분면 내의 직선 ④ 1사분면 내의 직선

답 ④

04 그림과 같은 회로에서 $t=0$ 에서 S를 닫을 때의 방전 과도 전류 $i(t)$ [A]는?

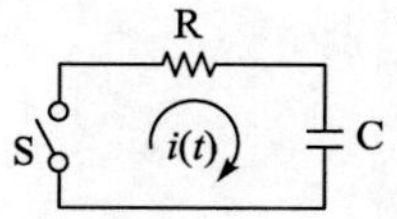

① $\dfrac{Q}{RC}e^{-\frac{t}{RC}}$

② $-\dfrac{Q}{RC}e^{\frac{t}{RC}}$

③ $\dfrac{Q}{RC}\left(1+e^{\frac{t}{RC}}\right)$

④ $\dfrac{Q}{RC}\left(1+e^{-\frac{t}{RC}}\right)$

◆ 풀이 $R-C$ 직렬 과도현상 $i(t)=\dfrac{Q}{RC}e^{-\frac{1}{RC}t}$ 답 ①

05 함수 $f(t)=te^{-3t}$ 의 라플라스 변환 $F(s)$ 은?

① $F(s)=\dfrac{1}{(s+3)^2}$ ② $F(s)=\dfrac{1}{(s-3)^2}$

③ $F(s)=\dfrac{1}{(s-3)}$ ④ $F(s)=\dfrac{1}{(1+3)}$

◆ 풀이 $f(t)=t\cdot\ e^{-3t}$ 답 ①

$$F(s)=\frac{1}{s^2}\Big|_{s=s+3}=\frac{1}{(s+3)^2}$$

06 대칭 5상 교류에서 선간 전압과 상전압간의 위상차는?

① 27° ② 36° ③ 54° ④ 72°

◆ 풀이 5ϕ 시 위상차 $\theta=\dfrac{\pi}{2}\left(1-\dfrac{2}{n}\right)=\dfrac{\pi}{2}\left(1-\dfrac{2}{5}\right)=54^\circ$ 답 ③

07 그림의 사다리꼴 회로에서 부하전압 V_L [V] 은?

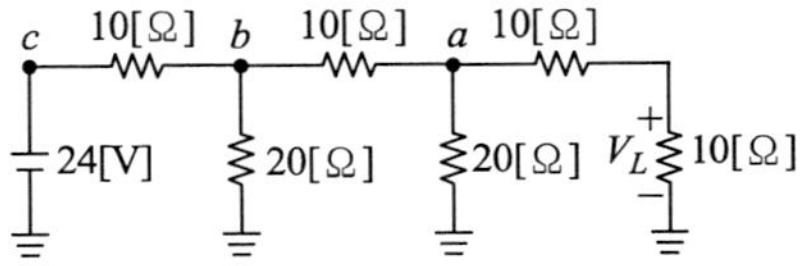

① 3
② 3.25
③ 4
④ 4.15

◆ TIP 전원 24[V]가 병렬회로로 분기될 때마다 $\frac{1}{2}$ 배를 줄어든다.

답 ①

08 그림과 같은 회로에서 E_1 과 E_2 는 각각 100[V] 이면서 60 의 위상차가 있다. 유도 리액턴스의 단자 전압은? (단, $R = 10$ [Ω], $X_L = 30$ [Ω] 임)

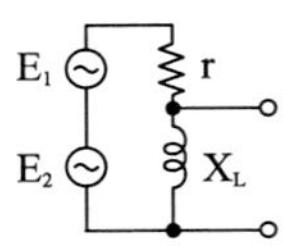

① 164 [V]
② 174 [V]
③ 200 [V]
④ 150 [V]

◆ 풀이 $E_3 = 2E\cos 30^\circ = 2 \times 100 \times \cos 30^\circ = 100\sqrt{3}$

답 ①

$$I = \frac{E_3}{Z} = \frac{100\sqrt{3}}{\sqrt{10^2 + 30^2}} = 5.477 \quad [A]$$

$$\therefore V_L = I \; X_L = 5.477 \times 30 \fallingdotseq 164 \quad [V]$$

09 $R = 10$ [Ω], $L = 10$ [mH], $C = 1$ [μF]인 직렬회로에 100[V] 전압을 가했을 때 공진의 첨예도 Q는 얼마인가?

① 1000 ② 100 ③ 10 ④ 1

◆ 풀이 선택도 $Q = \frac{1}{R}\sqrt{\frac{L}{C}} = \frac{1}{10}\sqrt{\frac{10 \times 10^{-3}}{1 \times 10^{-6}}} = 10$

답 ③

10 ω가 0에서 ∞ 까지 변화하였을 때 $G(j\omega)$ 의 크기와 위상각을 극좌표에 그린 것으로 이 궤적을 표시하는 선도는?

① 근궤적도 ② 나이퀴스트 선도 ③ 니콜스 선도 ④ 보드 선도

답 ②

11 비정현파를 구성하는 일반적인 성분이 아닌 것은?

① 기본파 ② 고조파 ③ 직류분 ④ 삼각파

◆ 풀이 비정현파의 구성 성분 : 직류분 + 기본파 + 고조파

답 ④

12 다음의 설명 중 틀린 것은?

① 최소 위상 함수는 양의 위상 여유이면 안정하다.
② 최소 위상 함수는 위상여유가 0이면 임계 안정하다.
③ 최소 위상 함수는 상대안정도는 위상각의 증가와 함께 작아진다.
④ 이득 교차 주파수는 진폭비가 1이 되는 주파수이다.

답 ③

13 루스 후르비쯔 판별법에서 $F(s) = s^3 + 4s^2 + 2s + K = 0$에서 시스템이 안정하기 위한 K의 범위를 구하시오.

① $0 < K < 8$ ② $-8 < K < 0$
③ $1 < K < 8$ ④ $-1 < K < 8$

◆ 풀이 루드 후르비쯔 판별법

답 ①

s^3	1	2	1열의 부호 변환이 없으면 안정
s^2	4	K	$\frac{8-K}{4} > 0$, $K > 0$
s^1	$\frac{8-K}{4}$	0	$\therefore 0 < K < 8$
s^0	K		

14 $G(j\omega) = j\,0.1\,\omega$ 에서 $\omega = 0.01$ [rad/s]일 때, 계의 이득[dB]은?

① -100 ② -80 ③ -60 ④ -40

◆ 풀이 $G(j\omega) = j0.1\,\omega\,(\omega = 0.01) = j0.001 = j10^{-3}$] 답 ③

$\therefore\ g = 20\log_{10} \mid G(j\omega) \mid = 20\log_{10}10^{-3} = -3 \times 20\log_{10}10 = -60$ [dB

15 응답이 최종값이 10[%]에서 90[%]까지 되는데 요하는 시간은?

① 상승 시간(rise time) ② 지연 시간(delay time)

③ 응답 시간(response time) ④ 정정 시간(settling time)

◆ 풀이 상승시간 : 응답이 정상값의 10~90[%] 까지 도달하는데 걸리는 시간 답 ①

16 다음 논리식 중 다른 값을 나타내는 논리식은?

① $XY + X\overline{Y}$ ② $(X+Y)(X+\overline{Y})$

③ $X(X+Y)$ ④ $X(\overline{X}+Y)$

◆ 풀이 • $XY + X\overline{Y} = X(Y+\overline{Y}) = X$ 답 ④

• $(X+Y)(X+\overline{Y}) = X(Y+\overline{Y}) = X$

• $X(X+Y) = XX + XY = X(1+Y) = X$

• $X(\overline{X}+Y) = X\overline{X} + XY = XY$

17 다음과 같이 정의된 신호를 z 변환하면?

$$\delta(k) = \begin{pmatrix} 1, & k=0 \\ 0, & k \neq 0 \end{pmatrix}$$

① 1　② $\frac{1}{1+z^{-1}}$　③ $\frac{1}{1-z^{-1}}$　④ $\frac{1}{z}$

◆ 풀이

$$\delta(t) \xrightarrow{\mathcal{L}} 1$$
$$\delta(t) \xrightarrow{Z} 1$$

답 ①

18 특성 방정식이 실수 계수를 갖는 s의 유리함수일 때 근궤적은 무슨 축에 대칭인가?

① 실수축　② 허수축　③ 대칭축이 없다.　④ 원점

답 ①

19 계의 이득 여유는 보드 선도에서 위상곡선이 (　)의 점에서의 이득값이 된다. (　) 에 알맞은 것은?

① 90°　② 180°　③ −90°　④ −180°

답 ④

20 다음 설명 중 옳지 않은 것은?

① S 평면의 우측면은 Z 평면의 원점에 중심을 둔 단위원 내부로 사상된다.

② $\frac{Z}{Z-1}$ 에 대응되는 라플라스 변환함수는 $\frac{1}{S}$ 이다.

③ $\frac{Z}{Z-e^{-\alpha t}}$ 에 대응되는 시간함수는 $e^{-\alpha t}$ 이다.

④ $e(t)$ 의 초기값은 $e(t)$ 의 Z 변환을 $E(z)$ 라 할 때 $\lim_{z \to \infty} E(z)$ 이다.

◆ 풀이 S 평면의 우측면은 Z 평면의 원점에 중심을 둔 단위원 외부로 사상된다.

답 ①

2회 실전응용문제

01 각 상의 임피던스가 $R+jX$ [Ω]인 것을 Y 결선으로 한 평형 3상 부하에 선간전압 E[V]를 가하면 선전류는 몇 [A]가 되는가?

① $\dfrac{E}{\sqrt{2(R^2+X^2)}}$ ② $\dfrac{\sqrt{2}\,E}{\sqrt{R^2+X^2}}$

③ $\dfrac{\sqrt{3}\,E}{\sqrt{R^2+X^2}}$ ④ $\dfrac{E}{\sqrt{3(R^2+X^2)}}$

◆ 풀이 3ϕ (Y) 답 ④

$$I_p = \frac{V_p}{Z} = \frac{\frac{V_\ell}{\sqrt{3}}}{\sqrt{R^2+X^2}} = \frac{V_\ell}{\sqrt{3(R^2+X^2)}} = I_\ell$$

02 2단자 임피던스 함수 $Z(s)$가 $Z(s) = \dfrac{(s+3)}{(s+4)(s+5)}$ 일 때의 영점은?

① 4, 5 ② −4, −5 ③ 3 ④ −3

◆ 풀이 영점(분자 = 0) : $s+3=0 \quad \therefore s=-3$ 답 ④

03 분포정수회로에서 직렬 임피던스를 Z, 병렬어드미턴스를 Y라 할 때, 선로의 특성임피던스 Z_0는?

① ZY ② $\sqrt{ZY}$ ③ $\sqrt{\dfrac{Y}{Z}}$ ④ $\sqrt{\dfrac{Z}{Y}}$

◆ 풀이 특성 임피던스 $Z_0 = \sqrt{\dfrac{Z}{Y}}$ 답 ④

04 $R=2\ [\Omega]$, $L=10$ [mH], $C=4\ [\mu\text{F}]$의 직렬 공진회로의 Q는 얼마인가?

① 25　　② 45　　③ 65　　④ 85

◆ 풀이 선택도 $Q=\frac{1}{R}\sqrt{\frac{L}{C}}=\frac{1}{2}\sqrt{\frac{10\times10^{-3}}{4\times10^{-6}}}=25$

답 ①

05 회로에서 $V_1(s)$를 입력, $V_2(s)$를 출력이라 할 때 전달함수가 $\frac{1}{s+1}$이 되려면 $C\,[\mu\text{F}]$의 값은?

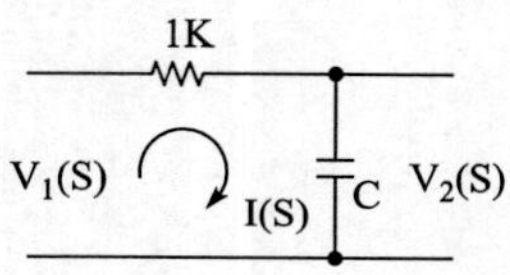

① 10^{-6}　　② 10^{-3}　　③ 10^{3}　　④ 10^{6}

◆ 풀이 $G(s)=\frac{\text{출력측 } Z}{\text{입력측 } Z}=\frac{\frac{1}{Cs}}{R+\frac{1}{Cs}}\times Cs=\frac{1}{RCs+1}=\frac{1}{s+1}$

$\therefore RC=1\,(R=10^3),\quad C=10^3[\mu F]$

답 ③

06 4단자 정수 A, B, C, D로 출력측을 개방시켰을 때 입력측에서 본 구동점 임피던스 $Z_{11}=\left.\frac{V_1}{I_1}\right|_{I_2=0}$를 표시한 것 중 옳은 것은?

① $Z_{11}=\frac{A}{C}$　　② $Z_{11}=\frac{B}{D}$　　③ $Z_{11}=\frac{A}{B}$　　④ $Z_{11}=\frac{B}{C}$

◆ 풀이 출력측 개방 조건$(A,\ C)$

$$\frac{A}{C}=\frac{\frac{V_1}{V_2}}{\frac{I_1}{V_2}}=\frac{V_1}{I_1}=Z_{11}$$

답 ①

07 $R\,[\Omega]$의 저항 3를 Y로 접속한 것을 전압 200 [V]의 3상 교류전원에 연결할 때 선전류가 10 [A] 흐른다면, 이 3개의 저항을 △로 접속하고 동일 전원에 연결하면 선전류는 몇 [A]가 되는가?

① 30 ② 25 ③ 20 ④ $\dfrac{20}{\sqrt{3}}$

◆ 풀이 Y → △ 결선 변경시 선전류는 3배가 된다.
$\therefore$ 10 [A] → 30 [A]

답 ①

08 권수가 2,000회 이고, 저항이 12[Ω]인 솔레노이드에 전류 10[A]를 흘릴 때 자속이 6×10^{-2}[Wb]가 발생하였다. 이 회로의 시정수는 몇 [sec]인가?

① 0.001 ② 0.01 ③ 0.1 ④ 1

◆ 풀이 $LI = N\phi$

$$L = \frac{N\phi}{I} = \frac{2000\times6\times10^{-2}}{10} = 12 \quad [\text{H}]$$

$$\therefore \tau = \frac{L}{R} = \frac{12}{12} = 1 \quad [\text{s}]$$

답 ④

09 저항 R, 커패시턴스 C의 병렬회로에서 전원주파수가 변할 때의 임피던스 궤적은?

① 제1상한내의 반직선 ② 제1상한내의 반원
③ 제4상한내의 반원 ④ 제4상한내의 반직선

답 ③

10 기본파의 30[%]인 제 3 고조파와 20[%]인 제 5 고조파를 포함하는 전압파의 왜형율(歪形率)은?

① 0.26 ② 0.3 ③ 0.36 ④ 0.5

◆ 풀이 $$\text{왜형률} = \frac{\text{나머지 전 고조파의 실효값}}{\text{기본파의 실효값}} = \frac{\sqrt{0.3^2+0.2^2}}{1} = 0.36$$

답 ③

11 특성방정식 $s^2+2\delta\omega_n s+\omega_n^2=0$ 에서 감쇠진동을 하는 제동비 δ의 값에 해당되는 것은?

① $\delta > 1$ ② $\delta = 1$ ③ $\delta = 0$ ④ $0 < \delta < 1$

◆ 풀이 감쇠 진동(=부족 제동) $0 < \delta < 1$ 답 ④

12 다음의 회로를 블록선도로 그린 것 중 옳은 것은?

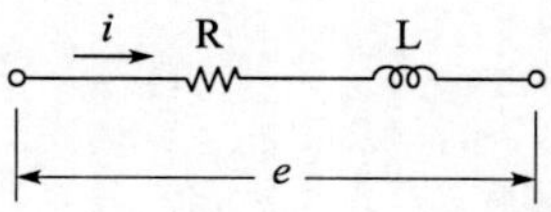

① 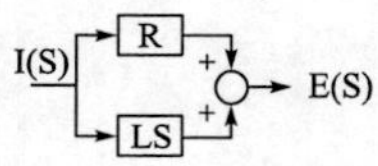

② 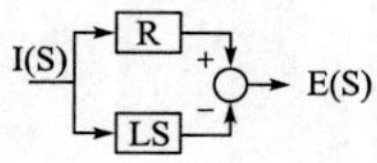

③ 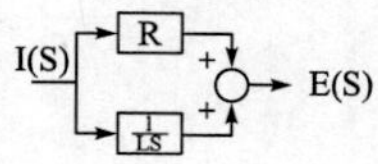

④ 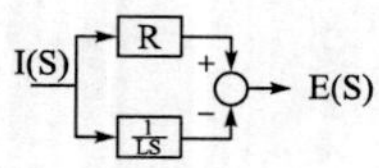

답 ②

13 그림과 같은 블록선도에서 전달함수 $\frac{C}{R}$는 얼마인가? (단, $D=R$ 이다.)

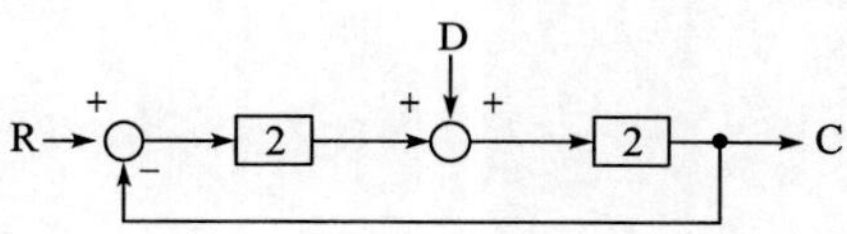

① $\frac{6}{7}$ ② $\frac{8}{7}$ ③ $\frac{9}{7}$ ④ $\frac{11}{7}$

◆ 풀이 $G(s)=\frac{C}{R}+\frac{C}{D}=\frac{6}{1+6}+\frac{3}{1+6}=\frac{9}{7}$ 답 ③

14 다음의 논리기호가 나타내는 논리식은?

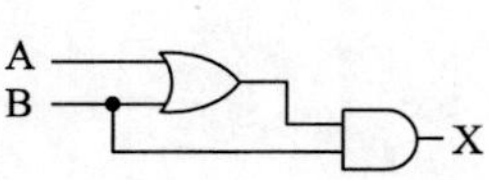

① $X=A+B$
② $X=(A+B)\cdot B$
③ $X=A\cdot B+A$
④ $X=\overline{A}\cdot B+A\cdot \overline{B}$

◆ 풀이 $X=(A+B)\cdot B$ 답 ②

15 어떤 제어계에 단위 계단입력을 가하였더니 출력이 $1-e^{-2t}$ 로 나타났다. 이 계의 전달함수는?

① $\frac{1}{s+2}$ ② $\frac{2}{s+2}$ ③ $\frac{1}{s(s+2)}$ ④ $\frac{2}{s(s+2)}$

◆ 풀이 $G(s)=\frac{C(s)}{R(s)}=\frac{\mathcal{L}[1-e^{-2t}]}{\mathcal{L}[u(t)]}=\frac{\frac{2}{s(s+2)}}{\frac{1}{s}}=\frac{2}{s+2}$ 답 ②

(∵ 입력이 계단함수이므로)

16 단위 계단함수 $u(t)$ 의 Z변환을 나타내는 것은?

① $F(Z)=\frac{1}{Z+1}$ ② $F(Z)=\frac{Z}{Z-1}$

③ $F(Z)=\frac{1}{Z-1}$ ④ $F(Z)=\frac{Z}{Z+1}$

◆ 풀이 $u(t)\xrightarrow{\mathcal{L}}\frac{1}{s}$

$u(t)\xrightarrow{Z}\frac{Z}{Z-1}$ 답 ②

17 단위 부궤환 제어시스템(unit negative feedback control system)의 개루프(open loop) 전달함수 $G(s)$가 다음과 같이 주어져 있다. 이 때 다음 설명 중 틀린 것은?

$$G(s)=\frac{\omega_n^2}{s(s+2\zeta\omega_n)}$$

① 이 시스템은 $\zeta=1.2$ 일 때 과제동된 상태에 있게 된다.

② 이 폐루프 시스템의 특성방정식은 $s^2+2\zeta\omega_n s+\omega_n^2=0$ 이다.

③ ζ 값이 작게 될 수록 제동이 많이 걸리게 된다.

④ ζ 값이 음의 값이면 불안정하게 된다.

◆ 풀이 $\delta>1$ 과제동이 된다. 답 ③

18 시퀀스 $y(k)$ 의 z 변환을 $Y(z)$ 라고 할 때, 시퀀스 $y(k+n)$ 의 z 변환으로 옳은 것은?

① $z_n[Y(z)-\sum_{k=1}^{n-1} y(k)\, z^{-k}]$ ② $z_n[Y(z)-\sum_{k=0}^{n-1} y(k)\, z^{-k}]$

③ $z_n[Y(z)-\sum_{k=0}^{n-1} y(k)\, z^{k}]$ ④ $z_n[Y(z)-\sum_{k=1}^{n-1} y(k)\, z^{k}]$

답 ②

19 제어 목적에 의한 분류에 해당되는 것은?

① 프로세스 제어 ② 서보 기구 ③ 자동조정 ④ 비율제어

◆ 풀이 • 제어 목적에 의한 분류

㉠ 정치 제어 ㉡ 프로그램 제어 ㉢ 추종 제어 ㉣ 비율 제어

• 제어량의 성질에 의한 분류

㉠ 프로세스 제어 ㉡ 서보기구 ㉢ 자동조정

답 ④

20 $G(s)=\dfrac{1}{0.005s\,(0.1s+1)^2}$ 에서 $\omega=10$ [rad/s]일 때의 이득 및 위상각은?

① 20[dB], −180° ② 20[dB], −90°

③ 40[dB], −180° ④ 40[dB], −90°

◆ 풀이 $G(s) \to G(j\omega)=\dfrac{1}{0.005j\omega(0.1j\omega+1)^2}$ ($\omega=10$ 대입)

$=\dfrac{1}{0.05\,(j1+1)^2}$

$\therefore\ g=20\log_{10}[G(j\omega)]=20\log_{10}10^1=20\,[\text{dB}]$

$\theta=\angle\, G(j\omega)=-180^\circ$

답 ①

3회 실전응용문제

01 10[mH]의 두 자기인덕턴스가 있다. 결합계수를 0.1로부터 0.9까지 변화시킬 수 있다면 이것을 접속시켜 얻을 수 있는 합성 인덕턴스의 최대값과 최소값의 비는 얼마인가?

① 9 : 1　　② 13 : 1　　③ 16 : 1　　④ 19 : 1

◆ 풀이 $L_0 = L_1 + L_2 \pm 2k\sqrt{L_1 \cdot L_2}$ 　　답 ④

최대 조건(가동 결합)

$L_0 = L_1 + L_2 + 2k\sqrt{L_1 L_2} = 10 + 10 + 2 \times 0.9\sqrt{10 \times 10} = 38$

최소 조건(차동 결합)

$L_0 = L_1 + L_2 = 2k\sqrt{L_1 L_2} = 10 + 10 - 2 \times 0.9\sqrt{10 \times 10} = 2$

(Tip : 최고 큰 값과 최소 작은 값을 나타내는 비율이 답)

02 그림과 같은 T 형 4단자 회로망의 임피던스 파라미터 Z_{11} 은?

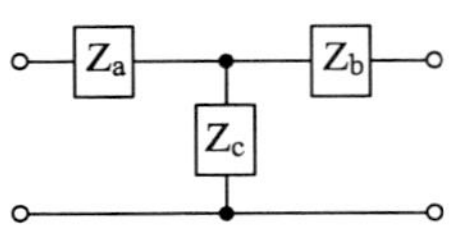

① $Z_b + Z_c$
② $Z_a + Z_c$
③ $Z_a + Z_b$
④ Z_b

◆ 풀이 $Z_{11} = Z_a + Z_c$ 　　답 ②

03 한 상의 임피던스가 6+j8[Ω]인 △ 부하에 대칭 선간전압 200[V]를 인가할 때 3상 전력은 몇 [W]인가?

① 2,400　　② 3,600　　③ 7,200　　④ 10,800

◆ 풀이 $3\phi(\triangle)\ Z = 6 + j8 \quad V_\ell = 200$

답 ③

$$I_p = \frac{V_p}{Z} = \frac{200}{10} = 20\ \ [A]$$

$(\because Z = \sqrt{6^2 + 8^2} = 10$, Δ 결선이므로 $V_\ell = V_p = 200)$

$$P = 3I^2 \cdot R = 3 \times 20^2 \times 6 = 7200\,[W]$$

04 그림과 같은 회로에서 처음에 스위치 S 가 닫힌 상태에서 회로에 정상전류가 흐르고 있었다. t=0에서 스위치 S를 연다면 회로의 전류는?

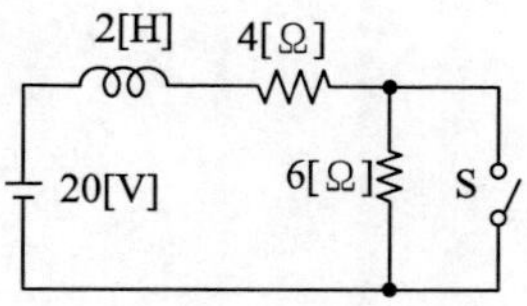

① $2 + 3e^{-5t}$

② $2 + 3e^{-2t}$

③ $4 + 2e^{-2t}$

④ $4 + 2e^{-5t}$

답 ①

05 어떤 송전선로가 무손실 선로일 때 감쇄정수는 얼마인가?

① $\sqrt{\frac{L}{C}}$　　② $j\omega\sqrt{LC}$　　③ 0　　④ $\frac{1}{\sqrt{LC}}$

◆ 풀이 무손실 선로시 $\alpha = 0$ (감쇄정수)

답 ③

06 3상 불평형 전압에서 역상전압 50[V], 정상전압 250[V] 및 영상전압 20[V]이면, 전압 불평형률은 몇 [%]인가?

① 10　　② 15　　③ 20　　④ 25

◆ 풀이 $\text{불평형률} = \frac{\text{역상분}}{\text{정상분}} = \frac{50}{250} \times 100 = 20\ \ [\%]$

답 ②

07 함수 $F(s) = \dfrac{3}{(s+2)^2}$ 을 라플라스 역변환하면 $f(t)$ 는 어떻게 되는가?

① $3e^{-2t}$ ② $3e^{2t}$ ③ $3te^{2t}$ ④ $3te^{-2t}$

◆ TIP 역으로 보기를 라플라스 변환한다. 답 ④

08 그림과 같은 회로의 전달함수는?

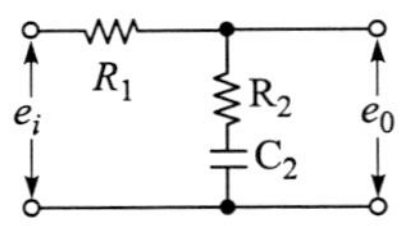

① $\dfrac{R_2 s+1}{(R_1+C_2)s+1}$ ② $\dfrac{R_2 C_2 s+1}{(R_1+R_2)C_2 s+1}$

③ $\dfrac{R_1 R_2 s+1}{(R_1+C_2)C_2 s+1}$ ④ $\dfrac{R_2 C_2 s+1}{(R_1+C_2)s+1}$

◆ 풀이 $G(s) = \dfrac{\text{출력측 } Z}{\text{입력측 } Z} = \dfrac{R_2 + \dfrac{1}{C_2 s}}{R_1 + R_2 + \dfrac{1}{C_2 s}} \times C_2 s$ 답 ②

$= \dfrac{R_2 C_2 s + 1}{(R_1+R_2)C_2 s+1}$

09 $3[\mu F]$인 커패시컨스를 $50[\Omega]$의 용량리액턴스로 사용하면 주파수는 약 몇 [Hz]인가?

① 1.06×10^3 ② 2.06×10^3 ③ 3.06×10^3 ④ 4.06×10^3

◆ 풀이 $X_c = \dfrac{1}{\omega C} = \dfrac{1}{2\pi f C}$ 답 ①

$\therefore f = \dfrac{1}{2\pi \times 3 \times 10^{-6} \times 50} = 1.06\times 10^3$ [Hz]

10 비정현파 전압이 $V = \sqrt{2}\,100\sin\omega t + \sqrt{2}\,50\sin 2\omega t + \sqrt{2}\,30\sin 3\omega t$ [V]일 때 실효치는 약 몇 [V]인가?

① 13.4 ② 38.6 ③ 115.7 ④ 180.3

◆ 풀이 비정현파의 실효값 $V = \sqrt{100^2+50^2+30^2} = 115.7$ [V] 답 ③

11 그림과 같은 요소는 제어계의 어떤 요소인가?

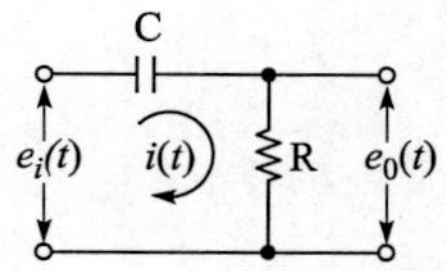

① 적분요소
② 미분요소
③ 1차 지연요소
④ 1차 지연 미분요소

◆ 풀이 1차 지연 미분요소

답 ④

12 폐루프 전달함수 $G(s)$ 가 $\frac{8}{(s+2)^3}$ 인 때 근궤적의 허수축과의 교점이 64이면 이득 여유는 약 몇 [dB]인가?

① 6 ② 12 ③ 18 ④ 24

답 ③

13 논리식 $\overline{x}\cdot\ y+\overline{x}\cdot\ \overline{y}$ 을 간단히 하면?

① $x\cdot\ y$ ② $\overline{x}$ ③ $\overline{y}$ ④ $x+y$

◆ 풀이 $\overline{x}\cdot\ y+\overline{x}\cdot\ \overline{y}=\overline{x}(y+\overline{y})=\overline{x}\cdot\ 1=\overline{x}$

답 ②

14 다음 그림 중 ① 에 알맞은 신호는?

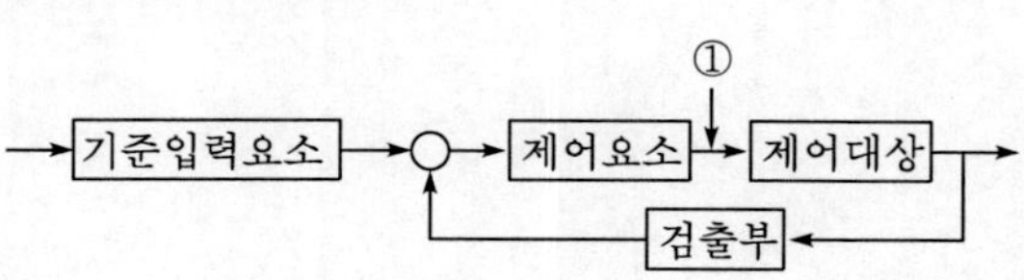

① 기준입력 ② 동작신호 ③ 조작량 ④ 제어량

◆ 풀이 조작량 : 제어요소에서 제어대상으로 가해지는 양

답 ③

15 다음 설명 중 틀린 것은?

① 상태공간 해석법은 비선형 · 시변 시스템에 대해서도 사용 가능하다.
② 상태 방정식은 입력과 상태변수의 관계로 표현된다.
③ 상태변수는 시스템의 과거, 현재 그리고 미래 조건을 나타내는 척도로 이용된다.
④ 상태 방정식의 형태가 다르게 표현되면 시간응답 또는 주파수 응답이 변한다.

답 ④

16 $G(s) = \dfrac{k}{s(s+1)}$ 의 나이퀴스트 선도는?

①
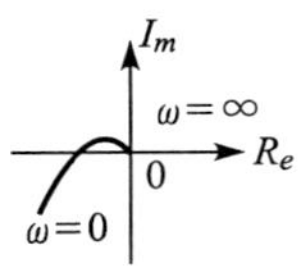

②
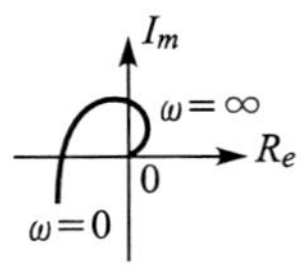

③
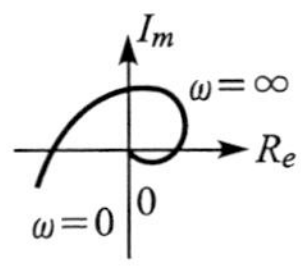

④
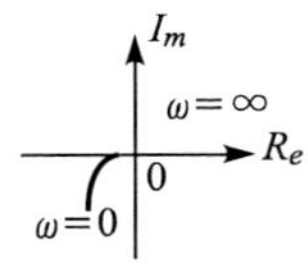

답 ④

17 그림과 같은 제어계가 안정하기 위한 K의 범위는?

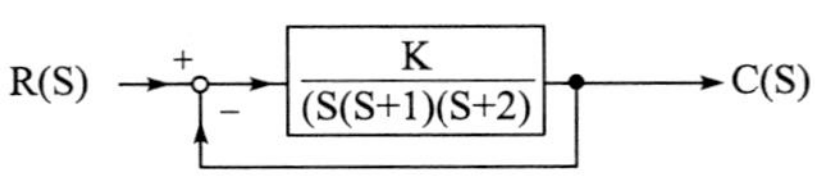

① $K < -2$
② $K > 6$
③ $0 < K < 6$
④ $K > 6,\ K < 0$

◆ 풀이 • 특성방정식(분모 = 0)

답 ③

$s(s+1)(s+2) + K = s^3 + 2s^2 + 2s + K = 0$

• 루드 후르비쯔 판별법

s^3	1	2
s^2	3	K
s^1	$\dfrac{6-K}{3}$	0
s^0	K	

제어계가 안정되려면 제 1열의 부호가 + 이어야 하므로

$\dfrac{6-K}{3} > 0$, $K > 0$

$\therefore\ 0 < K < 6$

18 단위 부궤환 시스템에서 개루프 전달함수 $G(s)$ 가 다음과 같을 때 $K=3$ 이면 무슨 제동인가?

$$G(s)=\frac{K}{s(s+4)}$$

① 무제동 ② 임계제동 ③ 과제동 ④ 부족제동

◆ 풀이 특성 방정식 ($K=3$ 일 때) 답 ③

$s(s+4)+K=s^2+4s+3=0$

$\therefore s=-2\pm 1$ (서로 다른 두실근이므로 과제동이 된다.)

19 벡터 궤적의 임계점$(-1,\ j0)$에 대응하는 보드 선도상의 점은 이득이 A[dB], 위상이 B되는 점이다. A, B에 알맞은 것은?

① $A=0$ [dB], $B=-180°$ ② $A=0$ [dB], $B=0°$

③ $A=1$ [dB], $B=0°$ ④ $A=1$ [dB], $B=180°$

◆ 풀이 이득 $g=20\log|G(j\omega)|=20\log 1=0$ [dB] 답 ①

위상 $\theta=\pm 180°$

20 다음 동작 중 속응도와 정상 편차에서 최적 제어가 되는 것은?

① PI 동작 ② P 동작 ③ PD 동작 ④ PID 동작

◆ 풀이 최적 제어 → PID 동작 : 속응도와 정상편차와 최적 답 ④

4회 실전응용문제

01 주기적인 구형파의 신호는 그 성분이 어떻게 되는가?

① 성분분석이 불가능하다.
② 무수히 많은 주파수의 합성이다.
③ 직류분만으로 합성된다.
④ 교류합성을 갖지 않는다.

답 ②

02 $R = 100$ [Ω], $X_c = 100$ [Ω]이고 L만을 가변할 수 있는 R, L, C직렬회로가 있다. 이 때 $f = 500$ [Hz], $E = 100$ [V]를 인가하여 L을 변화시킬 때 L의 단자전압 E_L의 최대값은 몇 [V]인가?

① 200　　② 150　　③ 100　　④ 50

◆ 풀이　E_L의 최대값은 $E_L = E = 100$ [V] 이다.　　답 ③

03 그림과 같은 회로의 4단자 정수 중 A의 값은 어떻게 되는가?

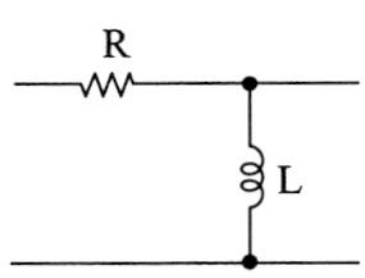

① $1 + \frac{R}{sL}$
② R
③ $\frac{1}{sL}$
④ 1

◆ 풀이　$A = 1 + $ ↘ $= 1 + \frac{R}{j\omega L} = 1 + \frac{R}{Ls}$　　답 ①

04 회로에서의 전압비 전달함수 $\dfrac{E_0(s)}{E_i(s)}$ 는?

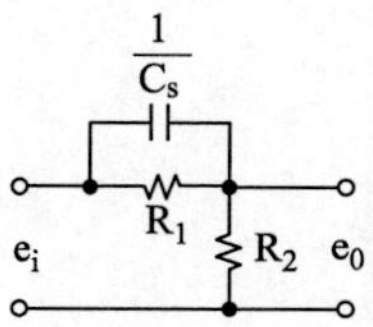

① $\dfrac{R_1 + Cs}{R_1 + R_2 + Cs}$

② $\dfrac{R_2 + Cs}{R_1 + R_2 + Cs}$

③ $\dfrac{R_1 + R_1 R_2 Cs}{R_1 + R_2 + R_1 R_2 Cs}$

④ $\dfrac{R_2 + R_1 R_2 Cs}{R_1 + R_2 + R_1 R_2 Cs}$

◆ 풀이

$$G(s) = \frac{V_2(s)}{V_1(s)} = \frac{R_2}{\dfrac{R_1 \cdot \dfrac{1}{Cs}}{R_1 + \dfrac{1}{Cs}} + R_2}$$

$$= \frac{R_2}{\dfrac{\dfrac{R_1}{Cs} + R_1R_2 + \dfrac{R_2}{Cs}}{R_1 + \dfrac{1}{Cs}}} \times \frac{Cs}{Cs} = \frac{R_1 + R_1R_2Cs}{R_1 + R_2 + R_1R_2Cs}$$

답 ④

05 다음 중 전류원의 내부 저항에 관하여 가장 옳은 것은?

① 정류 공급을 받는 회로의 구동점 임피던스와 같아야 한다.
② 경우에 따라 다르다.
③ 작을수록 이상적이다.
④ 클수록 이상적이다.

◆ 풀이 전압원의 내부저항은 적을수록 전류원의 내부저항은 클수록 이상적이다.

답 ④

06 6[Ω]과 2[Ω]의 저항 3개를 그림과 같이 연결하였을 때 a, b 사이의 합성저항은 몇 [Ω]인가?

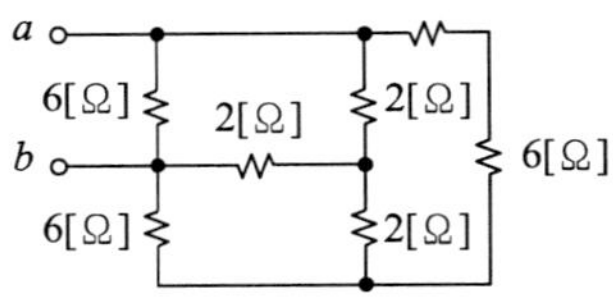

① 4
② 3
③ 2
④ 1

답 ③

07 무손실 전송선로에서 L = 96 [mH], C = 0.6 [μF]일 때 특성임피던스는 몇 [Ω]인가?

① 100　② 200　③ 300　④ 400

◆ 풀이　무손실시 특성임피던스 $Z_0 = \sqrt{\frac{L}{C}} = \sqrt{\frac{96 \times 10^{-3}}{0.6 \times 10^{-6}}} = 400$　답 ④

08 다음 그래프에서 기울기는 무엇을 나타내는가?

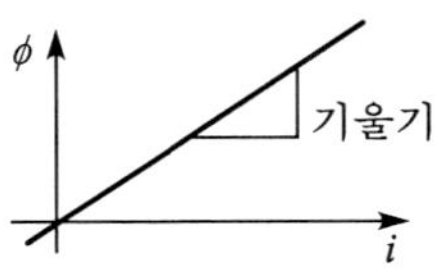

① 저항 R
② 인덕턴스 L
③ 커패시턴스 C
④ 컨덕턴스 G

◆ 풀이　$LI = N\phi$　　$L = \frac{\phi}{I}N$　답 ②

09 어떤 회로의 전류가 $i(t) = 20 - 20e^{-200t}$ [A] 로 주어졌다. 정상값은 몇 [A]인가?

① 5　② 12.6　③ 15.6　④ 20

◆ 풀이　정상값 = 최종값 = $t \to \infty$　답 ④
$\therefore\ i(t) = 20 - 0 = 20$ [A]

10 어떤 교류 전압의 평균치가 382[V]일 때 실효치 값은 약 몇 [V]인가?

① 424 ② 342 ③ 240 ④ 125

◆ 풀이 교류 = 정현파 : $V_a = \frac{2}{\pi} V_m = 382$

답 ①

$\therefore V = \frac{V_m}{\sqrt{2}} = \frac{599.7}{\sqrt{2}} = 424$ [V]

$\therefore V_m = \frac{382}{0.637} = 599.7$ [V]

11 라플라스 변환값과 Z 변화값이 같은 함수는?

① t^2 ② t ③ $u_s(t)$ ④ $\delta(t)$

◆ 풀이 Z 변환

답 ④

$f(t)$	$F(s)$	$F(z)$
$\delta(t)$	1	1
$u(t)$	$\frac{1}{s}$	$\frac{z}{z-1}$
e^{-at}	$\frac{1}{s+a}$	$\frac{z}{z-e^{-at}}$

12 반전 연산회로의 출력을 바르게 표현한 것은? (단, OP 증폭기는 이상적인 것으로 생각한다.)

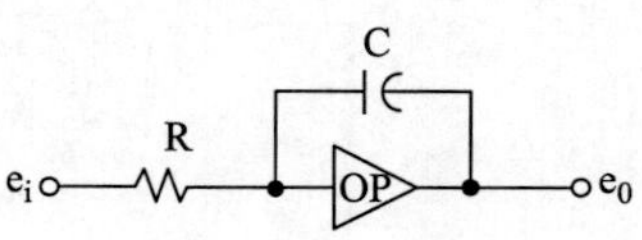

① $e_0 = -\frac{1}{RC}\int e_i\,dt$

② $e_0 = -\frac{1}{RC}\frac{de_1}{dt}$

③ $e_0 = -RC\int e_i\,dt$

④ $e_0 = -\frac{C}{R}\int e_i\,dt$

◆ 풀이 적분기이므로 $e_0 = -\frac{1}{RC}\int e_i dt$

답 ①

13 Z 변환법을 사용한 샘플치 제어계가 안정되려면 $1+GH(Z)=0$ 의 근의 위치는?

① Z 평면의 좌반면에 존재하여야 한다.
② Z 평면의 우반면에 존재하여야 한다.
③ $|Z|=1$ 인 단위 원내에 존재하여야 한다.
④ $|Z|=1$ 인 단위 원밖에 존재하여야 한다.

◆ 풀이 전체 전달함수에 모든 극점이 원점에 중심을 둔 단위원 내부에 사상되어야 안정하다.

답 ③

14 안정된 제어계의 특성근이 2개의 공액복소근을 가질 때, 이 근들이 허수축 가까이에 있는 경우 허수축에서 멀리 떨어져 있는 안정된 근에 비해 과도응답 영향은 어떻게 되는가?

① 과도응답은 천천히 사라진다.
② 과도응답이 같다.
③ 과도응답이 빨리 사라진다.
④ 과도응답에는 영향을 미치지 않는다.

답 ①

15 프로세스제어, 자동조정과 같이 목표값이 시간에 따라 변화하지 않는 제어방식은?

① 비율제어 ② 정치제어 ③ 추종제어 ④ 프로그램제어

답 ②

16 개루프 전달함수가 $G(s)H(s)=\dfrac{s+2}{(s+1)(s+3)}$ 인 부궤환 제어계의 특성방정식은?

① $s^2+4s+3=0$
② $s^2+5s+5=0$
③ $s^2+5s+6=0$
④ $s^2+6s+5=0$

◆ 풀이

$$G(s)H(s)=\frac{\dfrac{s+2}{(s+1)(s+3)}}{1+\dfrac{s+2}{(s+1)(s+3)}}=\frac{s+2}{(s^2+5s+5)}$$

∴ 특성 방정식은 $s^2+5s+5=0$

답 ②

17 이득이 60[dB]의 전압 증폭도는?

① 10,000　　② 1,000　　③ 100　　④ 10

◆ 풀이　이득 $= 20\log 10^3$　$\therefore 10^3 = 1000$

답 ②

18 주파수 응답에 의한 위치제어계의 설계에서 계통의 안정도 척도와 관계가 적은 것은?

① 공진치　　② 고유주파수　　③ 위상여유　　④ 이득여유

답 ②

19 다음의 미분방정식으로 표시되는 시스템의 계수 행렬 A는 어떻게 표시되는가?

$$\frac{d^2c(t)}{dt^2} + 5\frac{dc(t)}{dt} + 3c(t) = r(t)$$

① $\begin{bmatrix} -5 & -3 \\ 0 & 1 \end{bmatrix}$　　② $\begin{bmatrix} -3 & -5 \\ 0 & 1 \end{bmatrix}$　　③ $\begin{bmatrix} 0 & 1 \\ -3 & -5 \end{bmatrix}$　　④ $\begin{bmatrix} 0 & 1 \\ -5 & -3 \end{bmatrix}$

◆ 풀이　$\frac{d^2c(t)}{dt^2} + 5\frac{dc(t)}{dt} + 3c(t) = r(t)$

A 계수 행렬 $\begin{bmatrix} 0 & 1 \\ -3 & -5 \end{bmatrix}$

답 ③

20 상태 방정식 $\frac{d}{dt}x(t) = Ax(t) + Bu(t)$, 출력 방정식 $y(t) = Cx(t)$ 에서, $A = \begin{bmatrix} -1 & 1 \\ 0 & -3 \end{bmatrix}$, $B = \begin{bmatrix} 0 \\ 1 \end{bmatrix}$, $C = [0 \;\; 1]$ 일 때 다음 설명 중 옳은 것은?

① 이 시스템은 제어 및 관측이 가능하다.
② 이 시스템은 제어는 가능하나 관측은 불가능하다.
③ 이 시스템은 제어는 불가능하나 관측은 가능하다.
④ 이 시스템은 제어 및 관측이 불가능하다.

답 ②

5회 실전응용문제

01 $R = 2\ [\Omega]$, $L = 10\ [\text{mH}]$, $C = 4\ [\mu\text{F}]$의 직렬 공진회로의 선택도 Q값은 얼마인가?

① 25 ② 45 ③ 65 ④ 85

◆ 풀이 선택도 $Q = \dfrac{1}{R}\sqrt{\dfrac{L}{C}} = \dfrac{1}{2}\sqrt{\dfrac{10\times10^{-3}}{4\times10^{-6}}} = 25$

답 ①

02 전송선로의 특성임피던스가 50[Ω]이고 부하저항이 150[Ω]이면 부하에서의 반사계수는 얼마인가?

① 0 ② 0.5 ③ 0.7 ④ 1

◆ 풀이 반사 계수 $\rho = \dfrac{Z_L - Z_0}{Z_L + Z_0} = \dfrac{150-50}{150+50} = 0.5$

답 ②

03 그림의 회로에서 합성 인덕턴스는?

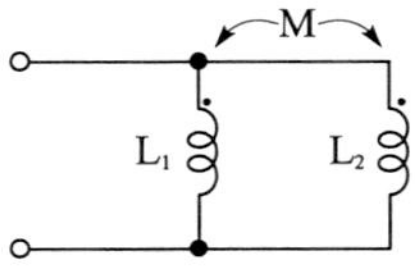

① $\dfrac{L_1 L_2 + M^2}{L_1 + L_2 - 2M}$

② $\dfrac{L_1 L_2 - M^2}{L_1 + L_2 - 2M}$

③ $\dfrac{L_1 L_2 + M^2}{L_1 + L_2 + 2M}$

④ $\dfrac{L_1 L_2 - M^2}{L_1 + L_2 + 2M}$

◆ 풀이 병렬(가극성) $L_0 = \dfrac{L_1 \cdot L_2 - M^2}{L_1 + L_2 - 2M}$

답 ②

04 $R-L$ 직렬회로에서 스위치 S를 닫아 직류전압 E[V]를 회로 양단에 급히 가하면 $\frac{L}{R}$초 후의 전류값은 약 얼마인가?

① $\frac{E}{R}$ [A]　② $0.368\frac{E}{R}$ [A]　③ $0.5\frac{E}{R}$ [A]　④ $0.632\frac{E}{R}$ [A]

◆ 풀이 $R-L$ 직렬 회로시 S 를 닫을 때　답 ④

$T=\tau=\frac{L}{R}$ 이면 $i(t)=0.632\frac{E}{R}$

05 회로에서 7[Ω]의 저항 양단의 전압은 몇 [V]인가?

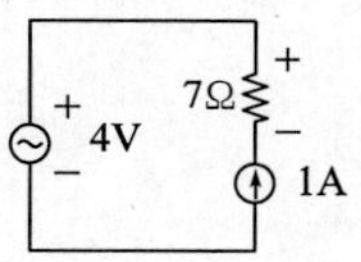

① 7
② −7
③ 4
④ −4

◆ 풀이 중첩의 원리　답 ②

전압원과 전류원이 직렬 연결 되어 있으므로 전압원에 의한 전류는 존재하지 않으며 전류원의 방향과 저항 단자의 극성이 반대이므로
$V=-1\times 7=-7$ [V]

06 전압의 순시값이 다음과 같을 때 실효값은 약 몇 [V]인가?

$$e=3+10\sqrt{2}\sin\omega t+5\sqrt{2}\sin(3\omega t-30^\circ)$$

① 11.6　② 13.2　③ 16.4　④ 20.1

◆ 풀이 비정현파의 실효값　답 ①

$V=\sqrt{3^2+10^2+5^2}=11.6$ [V]

07 그림과 같은 T형 회로의 임피던스 파라미터 Z_{11}의 값은?

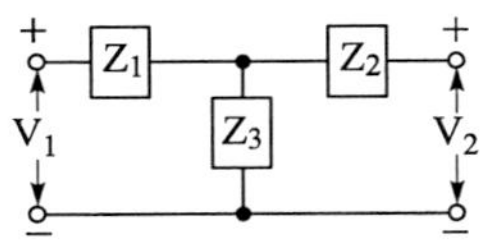

① Z_3
② Z_1+Z_2
③ Z_2+Z_3
④ Z_1+Z_3

◆ 풀이 $Z_{11}=\left.\dfrac{V_1}{I_1}\right|_{I_2=0}=\searrow=Z_1+Z_3$ 답 ④

08 20[mH]의 두 자기인덕턴스가 있다. 결합계수를 0.1 부터 0.9까지 변화시킬 수 있다면 이것을 접속시켜 얻을 수 있는 합성 인덕턴스의 최대값과 최소값의 비는 얼마인가?

① 9 : 1 ② 13 : 1 ③ 16 : 1 ④ 19 : 1

◆ 풀이 $L_0=L_1+L_2+2k\sqrt{L_1\cdot L_2}$ 답 ④

최대 조건(가동 결합)

$L_0=L_1+L_2+2k\sqrt{L_1\cdot L_2}=20+20+2\times0.9\sqrt{20\times20}=76$

최소 조건(차동 결합)

$L_0=L_1+L_2-2k\sqrt{L_1\cdot L_2}=20+20-2\times0.9\sqrt{20\times20}=4$

$\therefore$ 76 : 4 = 19 : 1

09 RC 저역 필터회로의 전달함수 $G(j\omega)$ 는 얼마인가? (단, $\omega=0$ 이다.)

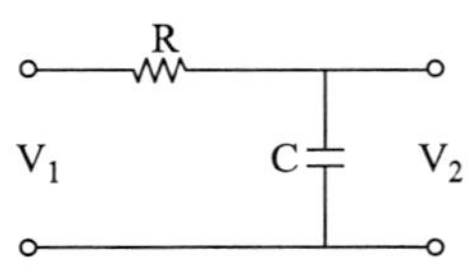

① 0
② 0.5
③ 0.707
④ 1

◆ 풀이 $G(j\omega)=\dfrac{\text{부하측 }Z}{\text{입력측 }Z}=\dfrac{\dfrac{1}{j\omega C}}{R+\dfrac{1}{j\omega C}}\times j\omega C=\dfrac{1}{jR\omega C+1}$ 답 ④

$\therefore\ G(j\omega)=\dfrac{1}{1}=1$

10 대칭 좌표법에서 대칭분을 각 상전압으로 표시한 것 중 틀린 것은?

① $E_0 = \frac{1}{3}(E_a + E_b + E_c)$ ② $E_1 = \frac{1}{3}(E_a + aE_b + a^2E_c)$

③ $E_2 = \frac{1}{3}(E_a + a^2E_b + aE_c)$ ④ $E_3 = \frac{1}{3}(E_a^2 + E_b^2 + E_c^2)$

◆ 풀이 E_3 는 없다. 답 ④

11 특성방정식이 $S^3 + S^2 + S = 0$ 일 때 이 계통은 어떻게 되는가?

① 안정하다. ② 불안정하다. ③ 조건부 안정이다. ④ 임계상태이다.

◆ 풀이 루스 후르비쯔에 의해 답 ④

s^3	1	1
s^2	1	1
s^1	1	0
s^0	0	

∴ 제1열에 부호의 변화는 없으나 '0'이 있으므로 임계 상태

$\therefore 0 < K < 6$

12 그림과 같은 회로망은 어떤 보상기로 사용될 수 있는가?

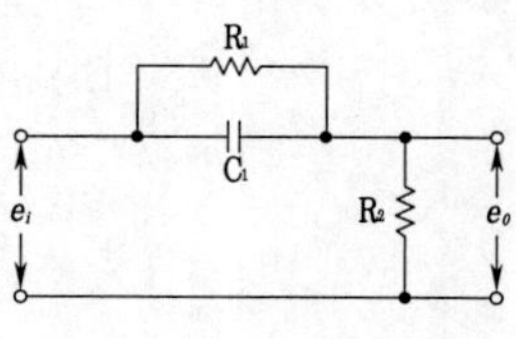

① 지연 보상기 ② 지·진상 보상기 ③ 지상 보상기 ④ 진상 보상기

◆ 풀이 미분회로이므로 진상 보상기(Tip : PD 수첩은 사건의 진상을 알아본다.) 답 ④

13 자동제어의 추치제어에 속하지 않는 것은?

① 프로세스제어 ② 추종제어 ③ 비율제어 ④ 프로그램제어

◆ 풀이 추치 제어의 종류 : ① 추종 제어 ② 프로그램 제어 ③ 비율 제어 답 ①

14 다음의 상태방정식으로 표시되는 제어계가 있다. 이 방정식의 값은 어떻게 되는가?
(단, $X(0)$ 는 초기상태 벡터이다.)

$$\dot{X}(t) = AX(t)$$

① $e^{-AT}X(0)$ ② $e^{AT}X(0)$ ③ $A\cdot\ e^{-AT}X(0)$ ④ $A\cdot\ e^{AT}X(0)$

답 ①

15 상태방정식 $\dot{X} = AX + BU$ 에서 $A = \begin{bmatrix} 0 & 1 \\ -2 & -3 \end{bmatrix}$, $B = \begin{bmatrix} 0 \\ 1 \end{bmatrix}$ 일 때 고유값은?

① −1, −2 ② 1, 2 ③ −2, −3 ④ 2, 3

◆ 풀이 $|sI - A| = \begin{bmatrix} s & 0 \\ 0 & s \end{bmatrix} - \begin{bmatrix} 0 & 1 \\ -2 & -3 \end{bmatrix} = \begin{bmatrix} s & -1 \\ 2 & s+3 \end{bmatrix}$

$= s(s+3) - (-1\times 2) = s^2 + 3s + 2 = 0$

$\therefore\ s = -1, -2$

답 ①

16 함수 $f(t) = e^{-2t}\cos 3t$ 의 라플라스 변환은?

① $F(s) = \dfrac{s+2}{s^2+4s+13}$ ② $F(s) = \dfrac{s-2}{s^2+4s+13}$

③ $F(s) = \dfrac{s+2}{s^2+4s-5}$ ④ $F(s) = \dfrac{s-2}{s^2+4s-5}$

◆ 풀이 $f(t) = e^{-2t}\cdot\ \cos 3t$

$$F(s) = \frac{s}{s^2+3^2}\Bigg|_{s=s+2} = \frac{s+2}{(s+2)^2+9} = \frac{s+2}{s^2+4s+13}$$

답 ①

17 그림과 같은 논리회로는?

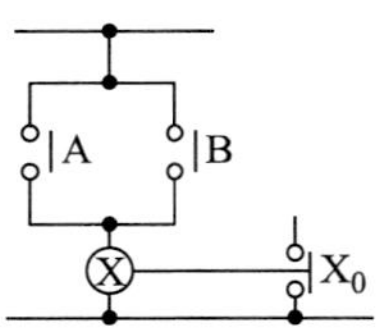

① OR 회로
② AND 회로
③ NOT 회로
④ NOR 회로

◆ 풀이 논리합(병렬회로) : OR 회로

답 ①

18 다음 안정도 판별법 중 $G(s)\,H(s)$ 의 극점과 영점이 우반 평면에 있을 경우 판정 불가능한 방법은?

① Routh – Hurwitz 판별법 ② Bode 선도
③ Nyquist 판별법 ④ 근궤적법

답 ②

19 그림과 같은 제어계에서 단위 계단 입력 D가 인가될 때 외란 D에 의한 정상편차는 얼마인가?

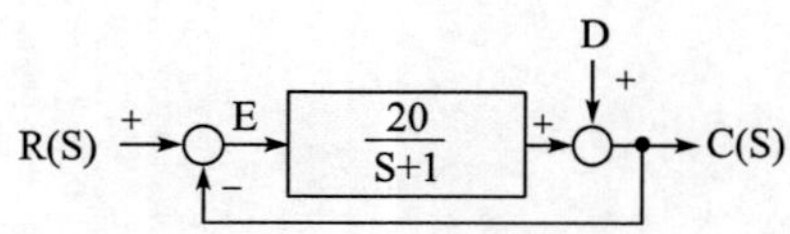

① 20 ② 21 ③ $\frac{1}{10}$ ④ $\frac{1}{21}$

◆ 풀이 정상 편차 답 ④

$$E_{ss} = \lim_{s\to 0} s\cdot\ E(s) = \lim_{s\to 0}\frac{1}{1+\dfrac{20}{1+s}} = \frac{1}{1+\dfrac{20}{1+0}} = \frac{1}{21}$$

20 그림과 같은 블록선도에서 등가 전달함수는?

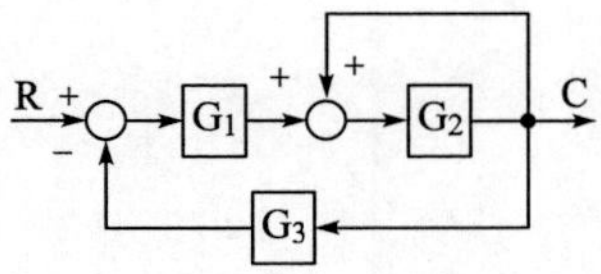

① $\dfrac{G_1\,G_2}{1+G_2+G_1\,G_2\,G_3}$ ② $\dfrac{G_1\,G_2}{1-G_2+G_1\,G_2\,G_3}$

③ $\dfrac{G_1\,G_3}{1-G_2+G_1\,G_2\,G_3}$ ④ $\dfrac{G_1\,G_3}{1+G_2+G_1\,G_2\,G_3}$

◆ 풀이 pass : $G_1\cdot\ G_2$ 답 ②

Loop1 : G_2

Loop2 : $-(G_1\cdot\ G_2\cdot\ G_3)$

$$\therefore\ G(s) = \frac{P}{1-L_1-L_2} = \frac{G_1\cdot\ G_2}{1-G_2+G_1\,G_2\,G_3}$$

6회 실전응용문제

01 그림과 같은 회로에서 2[Ω]의 단자 전압은 몇 [V]인가?

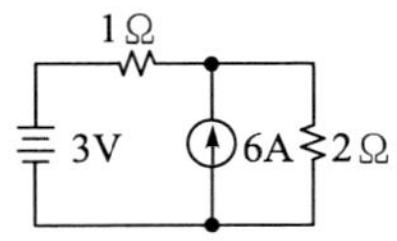

① 3
② 4
③ 6
④ 8

◆ 풀이 중첩의 원리 답 ③

1) 전류원 개방 $I' = \dfrac{1}{1+2} \times 3 = 1$ [A]

2) 전압원 단락 $I'' = \dfrac{1}{1+2} \times 6 = 2$ [A]

$\therefore I = I' + I'' = 3$ [A]

$\therefore V = I \cdot R = 3 \cdot 2 = 6$ [V]

02 대칭 3상 Y 결선 부하에서 각상의 임피던스가 $Z = 12 + j16$ [Ω]이고, 부하전류가 10[A]일 때, 이 부하의 선간전압은 약 몇 [V]인가?

① 235.7 ② 346.4 ③ 456.4 ④ 524.7

◆ 풀이 3ϕ(Y), $Z = 12 + j16$, $I_\ell = 10$ 답 ②

$V_p = I_p \cdot Z$ ($I_\ell = I_p$ 이므로)

$\therefore V_\ell = \sqrt{3}\, V_p = 200\sqrt{3} = 346.4$ [V] $= 10 \times 20 = 200$

03 $R=5\,[\Omega]$, $L=20\,[\text{mH}]$ 및 가변 콘덴서 C 로 구성된 RLC 직렬 회로에 주파수 1000[Hz]인 교류를 가한 다음 C를 가변시켜 직렬 공진시킬 때 C 의 값은 약 몇 $[\mu\text{F}]$인가?

① 1.27　② 2.54　③ 3.52　④ 4.99

◆ 풀이 RLC 직렬 공진조건　답 ①

$$\omega L=\frac{1}{\omega C}$$

$$\omega^2 LC=1$$

$$\therefore\ C=\frac{1}{\omega^2 L}=\frac{1}{(2\pi\times10^3)^2\times20\times10^{-3}}\times10^6=1.27\,[\mu\text{F}]$$

04 기본파의 40[%]인 제 3 고조파와 30[%]인 제 5 고조파를 포함하는 전압파의 왜형률은 얼마인가?

① 0.3　② 0.5　③ 0.7　④ 0.9

◆ 풀이 왜형률　답 ②

$$D=\frac{\text{나머지 전 고조파의 실효값}}{\text{기본파의 실효값}}=\frac{\sqrt{0.4^2+0.3^2}}{1}=0.5$$

05 3상 불평형 전압에서 역상전압이 25[V]이고, 정상전압이 100[V], 영상전압이 10[V]라 할 때, 전압의 불평형률은 얼마인가?

① 0.25　② 0.4　③ 4　④ 10

◆ 풀이 $\text{불평형율}=\frac{\text{역상분}}{\text{정상분}}=\frac{25}{100}\times100=25\ [\%]$　답 ①

06 4단자망의 파라미터 정수에 관한 서술 중 잘못된 것은?

① $ABCD$ 파라미터 중 A 및 D는 차원(dimension) 이 없다.
② h 파라미터 중 h_{12} 및 h_{21} 은 차원이 없다.
③ $ABCD$ 파라미터 중 B 는 어드미턴스, C는 임피던스의 차원을 갖는다.
④ h 파라미터 중 h_{11} 은 임피던스, h_{22} 는 어드미턴스의 차원을 갖는다.

◆ 풀이 B 는 임피던스 차원, C 는 어드미턴스 차원이다. 답 ③

07 분포 정수 회로에서 선로 정수가 R, L, C, G 이고 무왜 조건이 $RC = GL$ 과 같은 관계가 성립될 때 선로의 특성 임피던스 Z_0 는?

① $Z_0 = \sqrt{CL}$ ② $Z_0 = 1/\sqrt{CL}$ ③ $Z_0 = \sqrt{RG}$ ④ $Z_0 = \sqrt{L/C}$

◆ 풀이 무왜조건시 특성임피던스 $Z_0 = \sqrt{\dfrac{L}{C}}$ 답 ④

08 $\sin\omega t$ 의 라플라스 변환은?

① $\dfrac{s}{s^2+\omega^2}$ ② $\dfrac{\omega}{s^2+\omega^2}$ ③ $\dfrac{s}{s^2+\omega^2}$ ④ $\dfrac{\omega}{s^2-\omega^2}$

◆ 풀이 $f(t) = \sin\omega t \xrightarrow{\mathcal{L}} \dfrac{\omega}{s^2+\omega^2}$ 답 ②

09 그림의 정전용량 C[F]를 충전한 후 스위치 S를 닫아 이것을 방전하는 경우의 과도 전류는? (단, 회로에는 저항이 없다.)

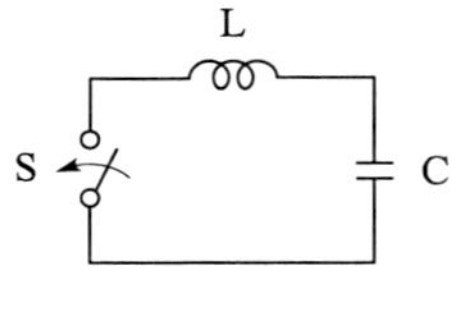

① 불변의 진동전류
② 감쇠하는 전류
③ 감쇠하는 진동전류
④ 일정치까지 증가한 후 감쇠하는 전류

◆ 풀이 LC 직렬 과도현상에서의 전류는 sin 파 이므로 불변의 진동전류이다. 답 ①

10 그림과 같은 회로의 출력 Z는 어떻게 표현되는가?

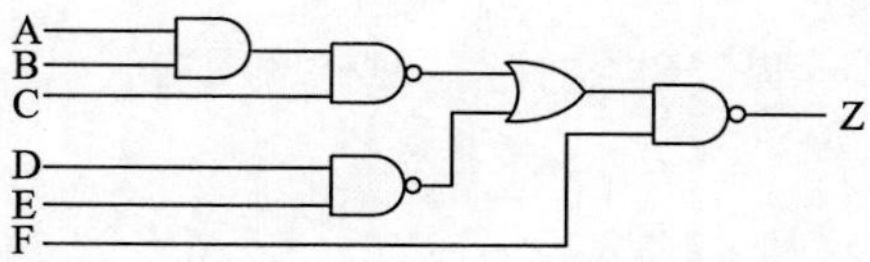

① $\overline{A}+\overline{B}+\overline{C}+\overline{D}+\overline{E}+F$

② $A+B+C+D+E+\overline{F}$

③ $\overline{A}\,\overline{B}\,\overline{C}\,\overline{D}\,\overline{E}+F$

④ $ABCDE+\overline{F}$

답 ④

11 그림과 같은 회로의 전달함수 $\dfrac{E_0(s)}{E_i(s)}$ 는?

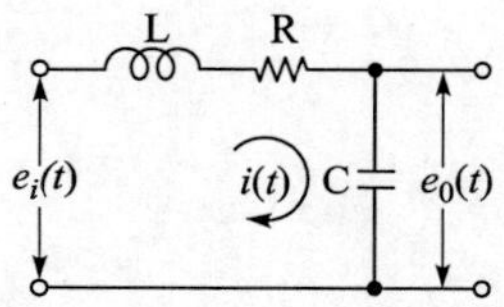

① $\dfrac{S}{LCs^2+RCs+1}$

② $\dfrac{1}{LCs^2+RCs+1}$

③ $\dfrac{Ls}{LCs^2+RCs+1}$

④ $\dfrac{Cs}{LCs^2+RCs+1}$

◆ 풀이 $G(s)=\dfrac{E_0}{E_i}=\dfrac{\text{출력측 } Z}{\text{입력측 } Z}=\dfrac{\dfrac{1}{Cs}}{Ls+R+\dfrac{1}{Cs}}\times Cs=\dfrac{1}{LCs^2+RCs+1}$ 답 ②

12 Z-변환함수 $Z/(Z-e^{-aT})$ 에 대응하는 라플라스 변환 함수는?

① $1/(s+a)^2$ ② $1/(1-e^{-Ts})$ ③ $a/s(s+a)$ ④ $1/(s+a)$

◆ 풀이 $f(t)=e^{-at}\xrightarrow{\mathcal{L}}F(s)=\dfrac{1}{s+a}\xrightarrow{Z}F(z)=\dfrac{Z}{Z-e^{-aT}}$ 답 ④

13 특성방정식 $s^4+2s^3+5s^2+4s+2=0$ 으로 주어졌을 때 이것을 후르비쯔(Hurwitz) 의 안정 조건으로 파별하면 이 계는 어떻게 되는가?

① 안정 ② 불안정 ③ 조건부 안정 ④ 임계상태

답 ①

14 다음 그림의 신호흐름 선도에서 $\dfrac{C}{R}$ 는?

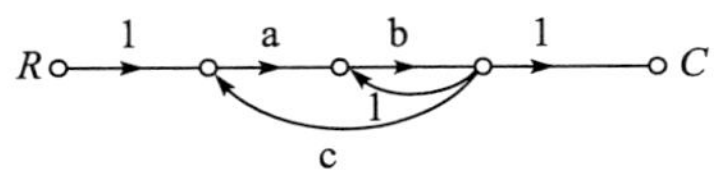

① $\dfrac{ab}{1+b-abc}$ ② $\dfrac{ab}{1-b-abc}$ ③ $\dfrac{ab}{1-b+abc}$ ④ $\dfrac{ab}{1-ab+abc}$

◆ 풀이 pass : $a\cdot\ b$ 답 ②

Loop1 : b

Loop2 : $a\cdot\ b\cdot\ c$

$$\therefore\ G(s)=\frac{C}{R}=\frac{P}{1-L_1-L_2}=\frac{ab}{1-b-abc}$$

15 상태방정식 $\dot{X}=\dot{A}x(t)+\dot{B}u(t)$ 에서 $\dot{A}=\begin{bmatrix}0 & 1\\ -2 & -3\end{bmatrix}$ 일 때 특성 방정식의 근은?

① −2, −3 ② −1, −2 ③ −1, −3 ④ 1, −3

◆ 풀이 $|\,sI-A\,|=\begin{bmatrix}s & 0\\ 0 & s\end{bmatrix}-\begin{bmatrix}0 & 1\\ -2 & -3\end{bmatrix}=\begin{bmatrix}s & -1\\ 2 & s+3\end{bmatrix}$ 답 ②

$$=s(s+3)-(-1\times 2)=s^2+3s+2=0$$

$$\therefore\ s=-1,-2$$

16 1차 요소 $G(s)=\dfrac{1}{1+Ts}$ 인 제어계의 절점 주파수에서 이득은 약 몇 [dB]인가?

① −5 ② −4 ③ −3 ④ −2

답 ③

17 과도 응답이 소멸되는 정도를 나타내는 감쇠비(decay ratio)는?

① 최대오버슈트 / 제 2 오버슈트　　② 제 3 오버슈트 / 제 2 오버슈트
③ 제 2 오버슈트 / 최대 오버슈트　　④ 제 2 오버슈트 / 제 3 오버슈트

◆ 풀이　$\text{감쇠비} = \dfrac{\text{제 2 오버슈트}}{\text{최대 오버슈트}}$　　답 ③

18 그림과 같은 회로망은 어떤 보상기로 사용할 수 있는가? (단, $1 \ll R_1 C$인 경우로 한다.)

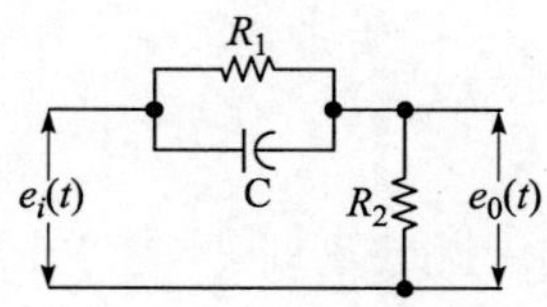

① 진상보상기
② 지상보상기
③ 지 · 진상보상기
④ 진 · 지상보상기

◆ 풀이　미분회로이므로 진상보상기　　답 ①

19 샘플러의 주기를 T라 할 때 S 평면상의 모든 점은 식 $Z= e^{sT}$에 의하여 Z 평면상에 사상된다. S 평면의 좌반평면상의 모든 점은 Z 평면상 단위원의 어느 부분으로 사상되는가?

① 내점　　② 외점　　③ 원주상의 점　　④ z 평면 전체

◆ 풀이　S 평면의 좌반면은 Z 평면의 원점을 중심으로 한 단위원 내부에 사상　　답 ①

20 기준 입력과 주궤환량과의 차로서, 제어계의 동작을 일으키는 원인이 되는 신호는?

① 조작신호　　② 동작신호　　③ 주궤환 신호　　④ 기준 입력 신호

◆ 풀이　동작 신호 : 기준 입력과 주궤환량과의 차　　답 ②

7회 실전응용문제

01 C[F]의 콘덴서에 V[V]의 직류 전압을 인가시 축적되는 에너지는 몇 [J]인가?

① $\frac{CV^2}{2}$　② $\frac{C^2V^2}{2}$　③ $2CV^2$　④ 0

◆ 풀이　정전용량 C에 축적되는 에너지 $W_c = \frac{1}{2}CV^2$　답 ①

02 성형 결선의 부하가 있다. 선간 전압이 300[V]의 3상 교류를 인가했을 때 선 전류가 40[A]이고 그 역률이 0.8이라면 리액턴스는 약 몇 [Ω]인가?

① 5.73　② 4.33　③ 3.46　④ 2.59

◆ 풀이　성형 결선(Y)　답 ④

- $V_\ell = \sqrt{3}\,V_p$
- $V_p = \frac{V_\ell}{\sqrt{3}} = \frac{300}{\sqrt{3}}$
- $I_\ell = I_p = 40$

$$\therefore Z = \frac{V_p}{I_p} = \frac{\frac{300}{\sqrt{3}}}{40} = 4.33\,[\Omega]$$

$$= 4.33(\cos\theta + j\sin\theta) = 4.33(0.8 + j0.6) = 3.464 + j2.598$$

$$\therefore R = 3.464,\ X = 2.598$$

03 단위 길이당 직렬임피던스 및 병렬어드미턴스가 각각 Z 및 Y인 전송 선로의 전파 정수 γ는?

① $\sqrt{\frac{Z}{Y}}$　② $\sqrt{\frac{Y}{Z}}$　③ $\sqrt{YZ}$　④ YZ

◆ 풀이　전파 정수 $\gamma = \sqrt{Z \cdot Y}$　답 ③

04 그림과 같은 성형 평형 부하가 선간 전압 220[V]의 대칭 3상 전원에 접속되어 있다. 이 접속선 중에 한 선이 × 의 양단에 나타나는 전압은 몇 [V]인가? (단, 전원전압은 변화하지 않는 것으로 한다.)

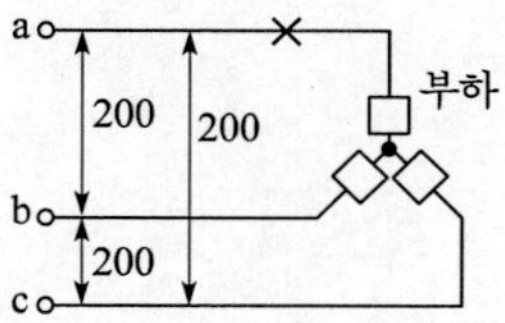

① 110
② $110\sqrt{3}$
③ 220
④ $220\sqrt{3}$

◆ 풀이 $V_a = V_\ell \sin\theta = 220 \times \dfrac{\sqrt{3}}{2} = 110\sqrt{3}$

답 ②

05 그림과 같은 회로의 전달함수는? (단, $T_1 = R_2 C$, $T_2 = (R_1 + R_2)C$ 이다.)

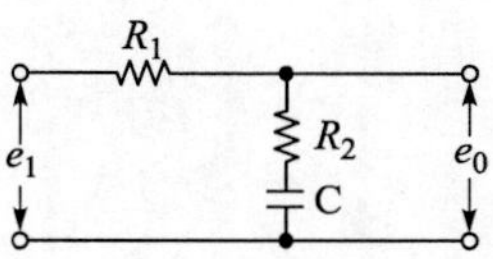

① $\dfrac{T_1}{T_2 S + 1}$
② $\dfrac{T_2 S}{T_1 S + 1}$
③ $\dfrac{T_1 S + 1}{T_2 S + 1}$
④ $\dfrac{T_1(T_1 S + 1)}{T_2(T_2 S + 1)}$

◆ 풀이 $G(s) = \dfrac{\text{출력측 } Z}{\text{입력측 } Z} = \dfrac{R_2 + \dfrac{1}{Cs}}{R_1 + R_2 + \dfrac{1}{Cs}} \times Cs = \dfrac{R_2 Cs + 1}{(R_1 + R_2)Cs + 1}$

답 ③

($T_1 = R_2 C,\ T_2 = (R_1 + R_2)C$ 이므로)

$G(s) = \dfrac{T_1 s + 1}{T_2 s + 1}$

06 비정현파 전류 $i(t) = 56\sin\omega t + 25\sin 2\omega t + 30\sin(3\omega t + 30°) + 40\sin(4\omega t + 60°)$로 주어졌을 때 왜형율은 약 얼마인가?

① 1.4 ② 1.0 ③ 0.5 ④ 0.1

◆ 풀이 왜형률 답 ②

$$D = \frac{\text{나머지 전 고조파의 실효값}}{\text{기본파의 실효값}} = \frac{\sqrt{\left(\frac{25}{\sqrt{2}}\right)^2 + \left(\frac{30}{\sqrt{2}}\right)^2 + \left(\frac{40}{\sqrt{2}}\right)^2}}{\frac{56}{\sqrt{2}}} \fallingdotseq 1.0$$

07 라플라스 함수 $F(s) = \dfrac{4s+16}{s^2+8s+20}$ 에 대한 시간 함수는?

① $4e^{-4t}\cos 2t$ ② $e^{-4t}\cos 2t$ ③ $e^{-4t}\sin 4t$ ④ $4e^{-t}\sin 4t$

◆ 풀이 답 ①

$$F(s) = \frac{4s+16}{s^2+8s+20} = \frac{4(s+4)}{(s+4)^2+2^2}$$

$$\therefore f(t) = 4 \cdot e^{-4t}\cos 2t$$

08 그림의 대칭 T 회로의 일반 4단자 정수가 다음과 같다. $A = D = 1.2$, $B = 44\,[\Omega]$, $C = 0.01\,[℧]$일 때, 임피던스 $Z[\Omega]$의 값은?

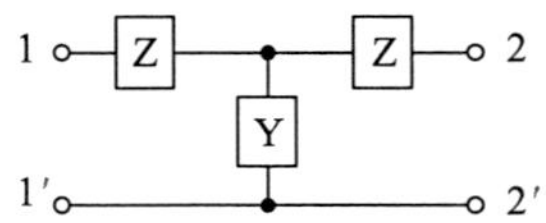

① 1.2
② 12
③ 20
④ 44

◆ 풀이 답 ③

$$A = 1 + Z \cdot Y$$

$$C = Y$$

$$\therefore A = 1 + Z \cdot C$$

$$Z = \frac{A-1}{C} = \frac{1.2-1}{0.01} = \frac{0.2}{0.01} = 20\,[\Omega]$$

09 그림과 같은 $R-C$ 병렬회로에서 전원전압이 $e(t)=3e^{-5t}$ 인 경우 이 회로의 임피던스는?

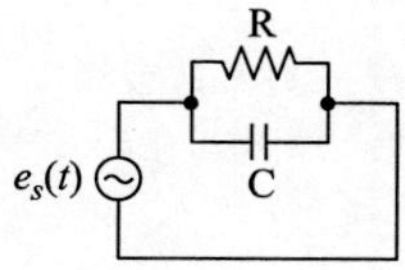

① $\dfrac{j\omega RC}{1+j\omega RC}$

② $\dfrac{R}{1-5RC}$

③ $\dfrac{R}{1+RCs}$

④ $\dfrac{1+j\omega RC}{R}$

◆ 풀이 $e(t)=3\cdot\ e^{-5t}$ 에서 $j\omega=-5$ 답 ②

$$\therefore\ Z=\frac{\frac{1}{Cs}}{R+\frac{1}{Cs}}\times Cs=\frac{1}{RCs+1}=\frac{1}{j\omega CR+1}=\frac{R}{1-5RC}$$

10 그림과 같은 직류 LC 직렬회로에 대한 설명 중 옳은 것은?

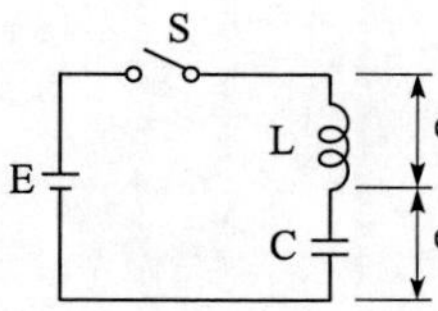

① e_L 은 진동함수이나 e_c 는 진동하지 않는다.

② e_L 의 최대치는 $2E$ 까지 될 수 있다.

③ e_c 의 최대치는 $2E$ 까지 될 수 있다.

④ C의 충전전하 q는 시간 t 에 무관하다.

◆ 풀이 C 에 걸리는 전압 e_c 의 최대치는 $2E$ 까지 될 수 있다. 답 ③

11 다음과 같이 정의된 신호를 z 변환하면?

$$\delta(k)=\begin{pmatrix}1, & k=0\\ 0, & k\neq 0\end{pmatrix}$$

① 1 ② $\dfrac{1}{1+z^{-1}}$ ③ $\dfrac{1}{1-z^{-1}}$ ④ $\dfrac{1}{z}$

◆ 풀이 $\delta(t)\xrightarrow{\mathcal{L}}1\xrightarrow{Z}1$ 답 ①

12 $A = \begin{bmatrix} -2 & 2 \\ 1 & -3 \end{bmatrix}$ 의 고유값은?

① $-2,\ -5$　　② $-1,\ -4$　　③ $1,\ 4$　　④ $2,\ 5$

◆ 풀이 $|sI-A| = \begin{vmatrix} s & 0 \\ 0 & s \end{vmatrix} - \begin{vmatrix} -2 & 2 \\ 1 & -3 \end{vmatrix} = \begin{vmatrix} s+2 & -2 \\ -1 & s+3 \end{vmatrix}$

$= (s+2)(s+3) - (-2\times -1)$

$= s^2 + 5s + 6 - 2 = s^2 + 5s + 4 = 0$

$\therefore\ s = -1,\ -4$

답 ②

13 다음의 미분 방정식을 신호 흐름 선도에 바르게 나타낸 것은?
(단, $c(t) = X_1(t)$, $X_2(t) = \frac{d}{dt}X_1(t)$ 로 표시한다.)

$$2\frac{dc(t)}{dt} + 5c(t) = r(t)$$

①

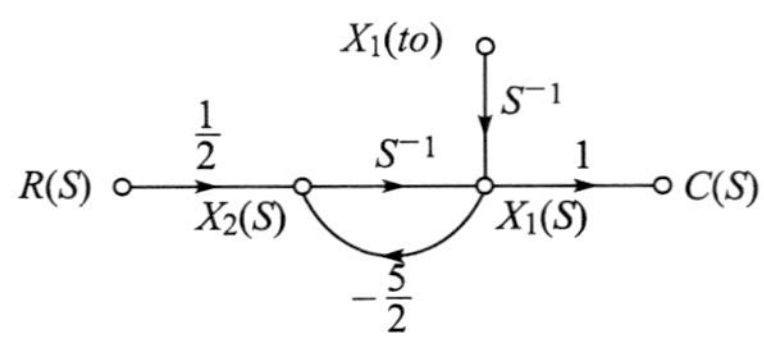

②

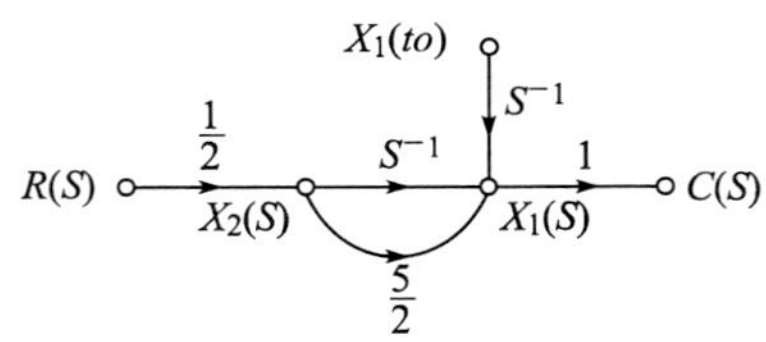

③

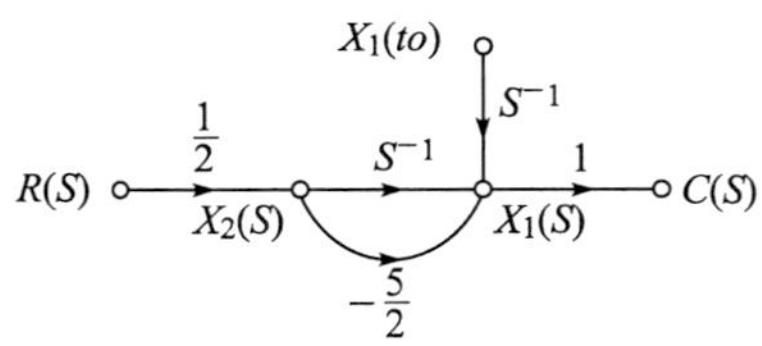

④

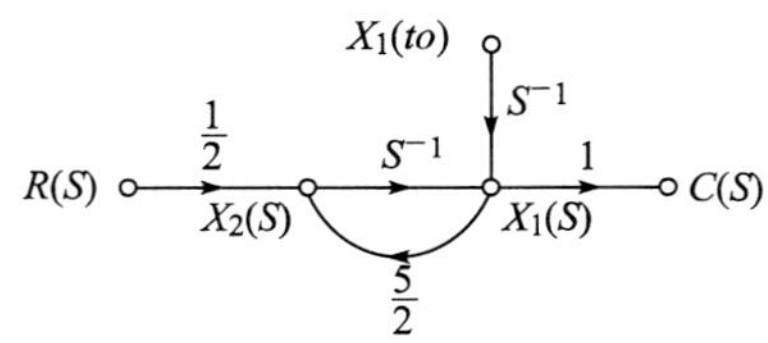

답 ①

14 안정한 제어계에 임펄스 응답을 가했을 때 제어계의 정상 상태 출력은?

① + 의 일정한 값　　② − 의 일정한 값
③ 0　　④ +∞ 또는 −∞

답 ③

15 특성 방정식이 $s^5+s^4+4s^3+3s^2+Ks+1=0$ 인 제어계가 안정하기 위한 K의 범위는?

① $0<K<4$　　② $\frac{5-\sqrt{5}}{2}<K<\frac{5+\sqrt{5}}{2}$
③ $0<K<\frac{5+\sqrt{5}}{2}$　　④ $\frac{5-\sqrt{5}}{2}<K<4$

답 ②

16 다음 (　　) 안에 알맞은 것은?

> "계의 이득 여유는 보드 선도에서 위상곡선이 (　)의 점에서의 이득값이 된다."

① 90°　　② 120°　　③ −90°　　④ −180°

◆ 풀이 위상곡선이 −180°를 지날 때 양의 이득 여유가 생긴다.

답 ④

17 보상기에서 원래 시스템에 극점을 첨가하면 일어나는 현상은?

① 시스템의 안정도가 감소된다.
② 시스템의 과도응답시간이 짧아진다.
③ 근궤적을 S-평면의 왼쪽으로 옮겨준다.
④ 안정도와는 무관하다.

답 ①

18 다음 논리회로의 출력 X_0는?

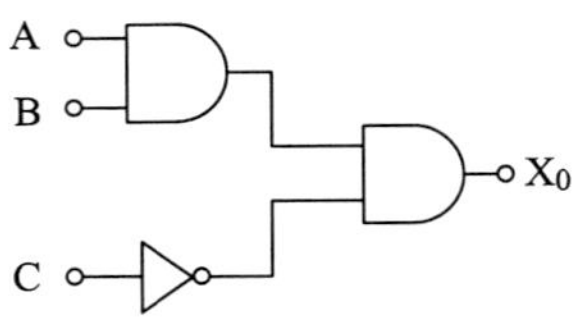

① $A \cdot B + \overline{C}$

② $(A+B)\overline{C}$

③ $A+B+\overline{C}$

④ $A \cdot B \cdot \overline{C}$

◆ 풀이 $X_0 = A \cdot B \cdot \overline{C}$

답 ④

19 보드 선도의 이득 교차점에서 위상각 선도가 -180°축의 상부에 있을 때 이 계의 안정 여부는?

① 불안정하다. ② 판정 불능이다.

③ 임계 안정이다. ④ 안정하다.

◆ 풀이 위상 선도가 −180° 축과 교차하면 위상 여부가 '0'보다 클 경우 안정위상 여부가 '0'보다 작은 경우 불안정
(Tip : 상부 → '0' 보다 큰 경우)

답 ④

20 다음 과도응답에 관한 설명 중 옳지 않은 것은?

① 지연 시간은 응답이 최초로 목표값의 50[%]가 되는데 소요되는 시간이다.

② 백분율 오버슈트는 최종 목표값과 최대 오버슈트와의 비를 %로 나타낸 것이다.

③ 감쇠비는 최종 목표값과 최대 오버슈트와의 비를 나타낸 것이다.

④ 응답시간은 응답이 요구하는 오차 이내로 정착되는데 걸리는 시간이다.

◆ 풀이 $감쇠비 = \frac{제\ 2\ 오버슈트}{최대\ 오버슈트}$

답 ③

8회 실전응용문제

01 $R = 100\ [\Omega]$, $C = 30\ [\mu F]$의 직렬회로에 $f = 60\ [Hz]$, $V = 100\ [V]$의 교류전압을 가할 때 전류[A]는 약 얼마인가?

① 133.5 ② 88.4 ③ 75 ④ 0.75

◆ 풀이 $R-C$ 직렬 회로 답 ④

$$Z = \sqrt{R^2 + \left(\frac{1}{\omega C}\right)^2} = \sqrt{100^2 + \left(\frac{10^6}{2\pi \times 60 \times 30}\right)} = 133.47$$

$$\therefore I = \frac{V}{Z} = \frac{100}{133.47} = 0.75$$

02 다음 내용 중 옳지 않은 것은?

① 회로의 임펄스 응답은 회로도를 알면 결정된다.
② 회로의 임펄스 응답과 입력을 알면 출력을 알 수 있다.
③ 초기조건에 따라 임펄스 응답이 결정된다.
④ 출력은 입력과 초기조건에 따라 결정된다.

답 ③

03 $R-L-C$ 직렬회로의 과도상태에서 저항의 값이 다음 중 어느 것일 때 진동이 되는가?

① $R = 2\sqrt{\frac{L}{C}}$ ② $R < 2\sqrt{\frac{L}{C}}$
③ $R > 2\sqrt{\frac{L}{C}}$ ④ $R = \frac{1}{\sqrt{LC}}$

◆ 풀이 『왼비오진』 왼쪽이 크면 비진동, 오른쪽이 크면 진동 답 ②

04 3상 불평형 전압에서 영상전압이 140[V] 이고, 정상전압이 600[V], 역상전압이 280[V] 이라면 전압의 불평형은?

① 2.144 ② 0.566 ③ 0.466 ④ 0.233

◆ 풀이 $\text{불평형률} = \dfrac{\text{역상분}}{\text{정상분}} = \dfrac{280}{600} = 0.466$ 답 ③

05 RL 직렬회로에 $v = 80 + 141.4\sin\left(3\omega t + \dfrac{\pi}{3}\right)$ [V]를 가할 때 전류[A]의 실효값은 약 얼마인가? (단, $R = 4$ [Ω], $\omega L = 1$ [Ω]이다.)

① 24.2 ② 26.3 ③ 28.3 ④ 30.2

◆ 풀이 $I_0 = \dfrac{V}{R} = \dfrac{80}{4} = 20$ [A] 답 ③

$I_3 = \dfrac{V}{R + j3\omega L} = \dfrac{100}{4 + j3} = 20$ [A]

$\therefore I = \sqrt{I_0^2 + I_3^2} = \sqrt{20^2 + 20^2} = 20\sqrt{2} = 28.3$ [A]

06 △ 결선된 3상 회로에서 상전류가 다음과 같을 때 선전류 I_1, I_2, I_3 중에서 그 크기가 가장 큰 것은 몇 [A]인가?

$I_{12} = 4\angle -36^\circ$ [A]

$I_{23} = 4\angle -156^\circ$ [A]

$I_{31} = 4\angle 84^\circ$ [A]

① 2.31 ② 4.0 ③ 6.93 ④ 8.0

◆ 풀이 『델압와류』 답 ③

$I_\ell = \sqrt{3}\, I_p = 4\sqrt{3} = 6.93$ [A]

07 Δ결선된 대칭 3상 부하가 있다. 역률이 0.8(지상) 이고, 전소비전력이 1800[W] 이다. 한 상의 선로저항이 0.5[Ω]이고 발생하는 전선로손실이 50[W]이면 부하단자 전압[V]은?

① 630 ② 876 ③ 300 ④ 225

답 ④

08 파형이 반파 정류파 일 때 파고율은?

① 0.5 ② 2.0 ③ 1.57 ④ 1.73

◆ 풀이 반파정류파 = 정현반파의 파고율 = $\frac{\text{최대값}}{\text{실효값}} = \frac{I_m}{\frac{I_m}{2}} = 2$

답 ②

09 무손실 선로에서 단위 길이에 대한 직렬 인덕턴스 L, 병렬 커패시턴스를 C, 감쇠정수를 α, 위상정수를 β, 전원의 각 주파수를 ω라 할 때 다음 관계가 성립하는 것은?

① $\alpha = 0, \beta = \omega\sqrt{LC}$ ② $\alpha \neq 0, \beta = \alpha\sqrt{LC}$
③ $\alpha = 0, \beta \neq \omega\sqrt{LC}$ ④ $\alpha \neq 0, \beta \neq \omega\sqrt{LC}$

◆ 풀이 무손실 선로 조건 $R = G = \alpha = 0, \beta = \omega\sqrt{LC}$

답 ①

10 다음 결합 회로의 4단자 정수 $ABCD$ 파라미터 행렬은?

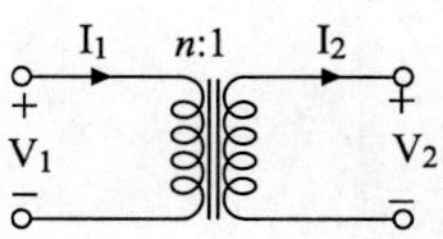

① $\begin{bmatrix} A & B \\ C & D \end{bmatrix} = \begin{bmatrix} n & 0 \\ 0 & 1/n \end{bmatrix}$

② $\begin{bmatrix} A & B \\ C & D \end{bmatrix} = \begin{bmatrix} 1 & n \\ 1/n & 0 \end{bmatrix}$

③ $\begin{bmatrix} A & B \\ C & D \end{bmatrix} = \begin{bmatrix} 0 & n \\ 1/n & 1 \end{bmatrix}$

④ $\begin{bmatrix} A & B \\ C & D \end{bmatrix} = \begin{bmatrix} 1/n & 0 \\ 0 & n \end{bmatrix}$

◆ 풀이 권수비 $\langle n : 1 \rangle$일 때 $\begin{bmatrix} n & 0 \\ 0 & \frac{1}{n} \end{bmatrix}$

답 ①

11 그림과 같은 블록선도로 표시되는 제어계는?

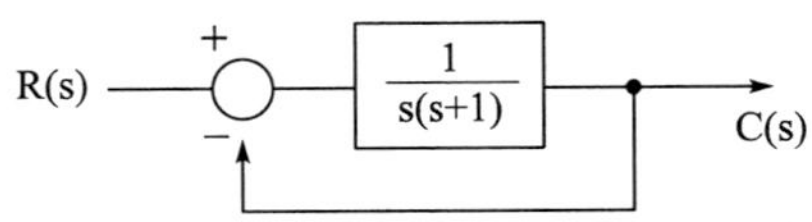

① 0 형
② 1 형
③ 2 형
④ 3 형

답 ②

12 다음 진리표의 게이트(gate) 는?

입 력		출 력
X	Y	A
0	0	1
1	0	1
0	1	1
1	1	0

① AND ② OR ③ NOR ④ NAND

답 ④

13 프로세스 제어의 제어량이 아닌 것은?

① 물체의 자세 ② 압력 ③ 유량 ④ 온도

◆ 풀이 제어량의 종류에 따른 분류 답 ①

① 서어보 기구 : 물체의 위치, 방위, 자세등의 기계적인 변위를 제어량으로 하는 제어계
예) 비행기, 선박 방향제어계, 추적용 레이더, 자동평형기록계

② 프로세스 제어 : 온도, 유량, 압력, 밀도, 액위, 농도 등의 공업프로세서의 상태량을 제어량으로 하는 제어계 예) 온도, 압력제어장치

③ 자동조정 : 전압, 전류, 속도, 주파수 등을 제어량으로 하는 것
예) 발전기의 조속기제어, 정전압장치

14 $G(s)H(s)$ 가 다음과 같이 주어지는 부궤환계에서 근궤적 점근선의 실수축과의 교차점은?

$$G(s)H(s) = \frac{K}{s(s+2)(s+4)}$$

① -3 ② -2 ③ -1 ④ 0

◆ 풀이 교차점 $\sigma = \dfrac{\sum 극점 - \sum 영점}{P-Z} = \dfrac{-6}{3-0} = -2$

답 ②

15 그림의 신호 흐름 선도에서 $\dfrac{C}{R}$를 구하면?

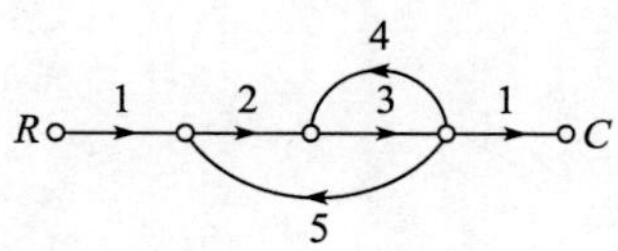

① $-\dfrac{7}{41}$

② $-\dfrac{6}{41}$

③ $-\dfrac{4}{41}$

④ $-\dfrac{3}{41}$

◆ 풀이 pass $= 2\times3 = 6$

Loop1 $= 3\times4$, Loop2 $= 2\times3\times5 = 30$

$\therefore G(s) = \dfrac{P}{1-L_1-L_2} = \dfrac{6}{1-12-30} = -\dfrac{6}{41}$

답 ②

16 다음의 전달함수를 갖는 회로가 진상 보상회로의 특성을 가지려면 그 조건은 어떠한가?

$$G(s) = \frac{s+b}{s+a}$$

① $a > b$ ② $a < b$ ③ $a > 1$ ④ $b > 1$

답 ①

17 $G(j\omega) = \dfrac{K}{j\omega(j\omega+1)}$ 의 나이퀴스드 선도를 도시한 것은? (단, $K > 0$)

①
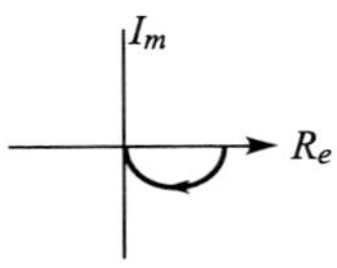

②
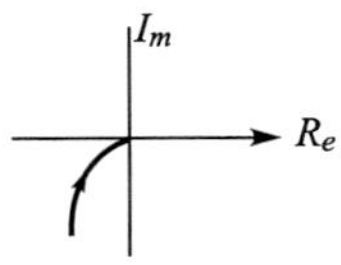

③
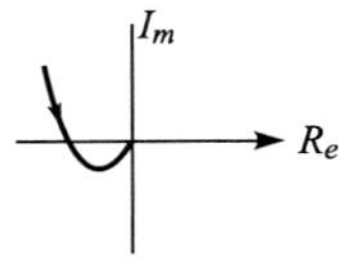

④
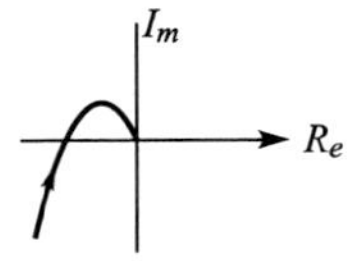

답 ②

18 $\dfrac{Z}{(Z-1)}$ 에 대응되는 라플라스 변환함수는?

① $\dfrac{1}{(S+1)}$　② $\dfrac{1}{S}$　③ $\dfrac{1}{(S+1)^2}$　④ $\dfrac{1}{S^2}$

◆ 풀이　Z 변환　　답 ②

$f(t)$	$F(s)$	$F(z)$
$\delta(t)$	1	1
$u(t)$	$\dfrac{1}{s}$	$\dfrac{z}{z-1}$
e^{-at}	$\dfrac{1}{s+a}$	$\dfrac{z}{z-e^{-at}}$

19 그림과 같은 미분요소에 입력으로 단위계단 함수를 사용하면 출력 파형으로 알맞은 것은?

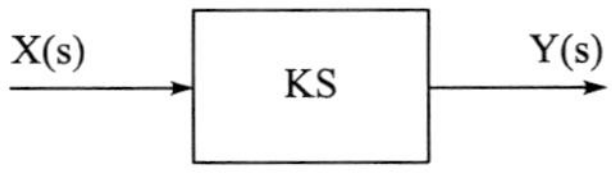

① 임펄스파형
② 사인파형
③ 삼각파형
④ 톱니파형

답 ①

20 다음 방정식으로 표시되는 제어계가 있다. 이 계를 상태 방정식 $\dot{X} = \dot{A}X + \dot{B}U$ 로 나타내면 계수 행렬 $\dot{A}$는 어떻게 되는가?

$$\frac{d^3C(t)}{dt^3} + 5\frac{d^2C(t)}{dt^2} + \frac{dC(t)}{dt} + 2C(t) = r(t)$$

① $\begin{bmatrix} 0 & 1 & 0 \\ 0 & 0 & 1 \\ -2 & -1 & -5 \end{bmatrix}$ ② $\begin{bmatrix} 0 & 0 & 1 \\ 1 & 0 & 0 \\ 5 & 1 & 2 \end{bmatrix}$

③ $\begin{bmatrix} 0 & 0 & 1 \\ 1 & 0 & 0 \\ 0 & 5 & 2 \end{bmatrix}$ ④ $\begin{bmatrix} 0 & 1 & 0 \\ 1 & 0 & 0 \\ -2 & -1 & 0 \end{bmatrix}$

◆ 풀이 $\frac{d^3c(t)}{dt^3} + 5\frac{d^2c(t)}{dt^2} + 1\frac{dc(t)}{dt} + 2c(t) = r(t)$

답 ①

$\therefore A$ 계수 행렬 $\begin{bmatrix} 0 & 1 & 0 \\ 0 & 0 & 1 \\ -2 & -1 & -5 \end{bmatrix}$

9회 실전응용문제

01 회로를 테브난(Thevenin) 의 등가회로로 변환하려고 한다. 이 때 테브난의 등가저항[Ω] R_T와 등가전압[V] V_T는?

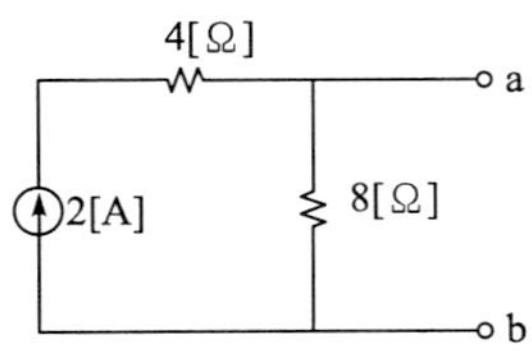

① $R_T = \frac{8}{3}$, $V_T = 8$
② $R_T = 6$, $V_T = 12$
③ $R_T = 8$, $V_T = 16$
④ $R_T = \frac{8}{3}$, $V_T = 16$

◆ 풀이 테브난의 정리 답 ③

i) $V_T = E_{ab}$: 8 [Ω]에 걸리는 전압
$\therefore V_T = 2 \times 8 = 16$ [V]

ii) $R_T = Z_{ab}$: a, b 측에서 본 입력측 Z (조건 : 전류원 개방)
$\therefore R_T = 8$ [Ω] (∵ 4[Ω]은 전류원 개방시 회로구성이 안된다.)

02 5[mH]인 두 개의 자기 인덕턴스가 있다. 결합 계수를 0.2로부터 0.8까지 변화시킬 수 있다면 이것을 접속하여 얻을 수 있는 합성 인덕턴스의 최대값과 최소값은 각각 몇 [mH]인가?

① 20, 8 ② 20, 2 ③ 18, 8 ④ 18, 2

◆ 풀이 최재조건이건, 최소조건이건 $k = 0.8$ 을 대입한다. 답 ④

i) 최소 : $L_0 = L_1 + L_2 - 2k\sqrt{L_1 L_2}$
$= 5 + 5 - 2 \times 0.8\sqrt{5 \times 5} = 2$ [H]

ii) 최대 : $L_0 = L_1 + L_2 + 2k\sqrt{L_1 L_2}$
$= 5 + 5 + 2 \times 0.8\sqrt{5 \times 5} = 18$ [H

03 4단자 회로에서 4단자 정수를 A, B, C, D라 하면 영상 임피던스 $\frac{Z_{01}}{Z_{02}}$는?

① $\frac{D}{A}$　② $\frac{B}{C}$　③ $\frac{C}{B}$　④ $\frac{A}{D}$

◆ 풀이 $\frac{Z_{02}}{Z_{01}} = \frac{D}{A}$ 이므로 $\frac{Z_{01}}{Z_{02}} = \frac{A}{D}$ 이다.

답 ④

04 한 상의 임피던스가 $6+j8$ [Ω]인 Δ 부하에 대칭선간 전압 200[V]를 인가한 경우의 3상 전력은 몇 [W]인가?

① 2400　② 4157　③ 7200　④ 12470

◆ 풀이 $3\phi(\triangle)$, $Z = 6+j8$, $V_\ell = 200$

답 ③

$$I_p = \frac{V_p}{Z} = \frac{200}{10} = 20 \text{ [A]}$$

$$\therefore P = 3I_p^2 \cdot R = 3 \times 20^2 \times 6 = 7200 \text{ [W]}$$

05 전압 대칭분을 각각 V_0, V_1, V_2 전류의 대칭분을 각각 I_0, I_1, I_2라 할 때 대칭분으로 표시되는 전전력은 얼마인가?

① $V_0 I_1 + V_1 I_2 + V_2 I_0$

② $V_0 I_0 + V_1 I_1 + V_2 I_2$

③ $3V_0 I_1 + 3V_1 I_2 + 3V_2 I_0$

④ $3V_0 I_0 + 3V_1 I_1 + 3V_2 I_2$

답 ④

06 그림과 같은 회로의 전압비 전달함수 $V_2(S) / V_1(S)$ 는?

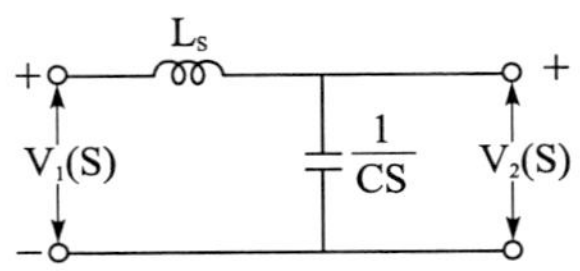

① $\dfrac{LCs}{s^2+LC}$　② $\dfrac{\frac{1}{LCs}}{s^2+LC}$

③ $\dfrac{\frac{1}{LC}}{s^2+\frac{1}{LC}}$　④ $\dfrac{\frac{1}{LC}}{s^2+LC}$

◆ 풀이 $G(s)=\dfrac{V_2(s)}{V_1(s)}=\dfrac{\frac{1}{Cs}}{Ls+\frac{1}{Cs}}\times\dfrac{Cs}{Cs}$

$=\dfrac{1}{LCs^2+1}\times\dfrac{\frac{1}{LC}}{\frac{1}{LC}}=\dfrac{\frac{1}{LC}}{s^2+\frac{1}{LC}}$

답 ③

07 전송선로에서 무손실일 때 $L=96$ [mH], $C=0.6$ [μF] 이면 특성임피던스는 몇 [Ω]인가?

① 100　② 200　③ 300　④ 400

◆ 풀이 무손실시 특성임피던스 $Z_0=\sqrt{\dfrac{L}{C}}=\sqrt{\dfrac{96\times10^{-3}}{0.6\times10^{-6}}}=400$ [Ω]

답 ④

08 회로에서 스위치 K 는 닫혀진 상태에 있었다. $t=0$ 에서 K 를 열었을 때 다음의 서술 중 잘못된 것은?

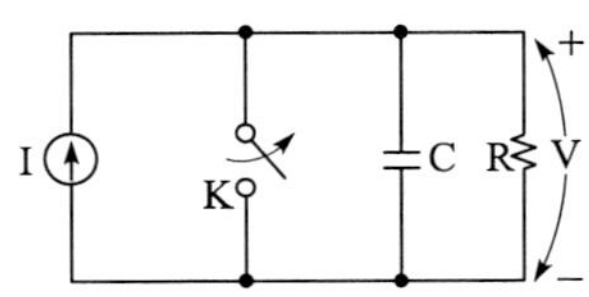

① $t\geq 0$ 에 대한 회로방정식은 $C\dfrac{dV}{dt}+\dfrac{V}{R}=I$ 이다.

② $V(0^+)=0$ 이다.

③ $\left.\dfrac{dV}{dt}\right|_{t=0^+}=0$ 이다.

④ V 의 정상값은 $V_{SS}=RI$ 이다.

◆ 풀이 $\left.\dfrac{dV}{dt}\right|_{t=0}=V$ 이다.

답 ③

09 개루프 전달함수가 다음과 같을 때 폐루프 전달함수는?

$$G(s) = \frac{S+2}{S(S+1)}$$

① $\frac{S+2}{S^2+S}$ ② $\frac{S+2}{S^2+2S+2}$ ③ $\frac{S+2}{S^2+S+2}$ ④ $\frac{S+2}{S^2+2S+4}$

◆ 풀이

$$G(s) = \frac{\frac{S+2}{S(S+1)}}{1+\frac{S+2}{S(S+1)}} = \frac{S+2}{S(S+1)+(S+2)}$$

$$= \frac{S+2}{S^2+S+S+2} = \frac{S+2}{S^2+2S+2}$$

답 ②

10 3상 교류대칭 전압에 포함되는 고조파 중에서 상회전이 기본파에 대하여 반대되는 것은?

① 제 3 고조파 ② 제 5 고조파 ③ 제 7 고조파 ④ 제 9 고조파

◆ 풀이 3상 교류 대칭 전압에 포함되는 고조파

답 ②

상회전이 기본파에 대하여 같다.	$3n+1$	4, 7, 10, ·· 고조파
각 상이 동상	$3n$	3, 6, 9, ·· 고조파
상회전이 기본파에 대하여 반대	$3n-1$	2, 5, 8, ·· 고조파

11 그림과 같은 회로는 어떤 논리회로 인가?

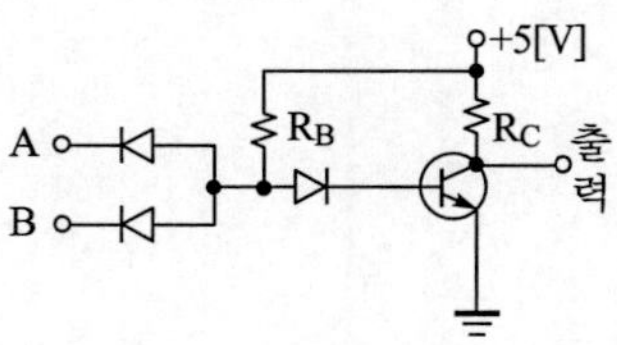

① AND 회로
② NAND 회로
③ OR 회로
④ NOR 회로

답 ②

12 $G(j\omega) = j0.1\omega$ 에서 $\omega = 0.01$ [rad/sec] 일 때 계의 이득[dB]은 얼마인가?

① −100 ② −80 ③ −60 ④ −40

◆ 풀이 $G(j\omega) = j0.1\omega$ ($\omega = 0.01$ 대입) 답 ③

$\therefore G(j\omega) = j0.1 \times 0.01 = j0.001$

$\therefore |G(j\omega)| = 10^{-3}$

$\therefore$ 이득 $= 20\log 10^{-3} = -60$ [dB]

13 다음 요소 중 피드백(feed back) 제어계의 제어장치에 속하지 않는 것은?

① 설정부 ② 제어요소 ③ 검출부 ④ 제어대상

◆ 풀이 제어대상은 제어장치에 포함되지 않는다. 답 ④

14 PID 동작은 어느 것인가?

① 사이클링과 오프셋이 제거되고 응답속도가 빠르며 안정성도 있다.
② 응답속도를 빨리 할 수 있으나 오프셋은 제거되지 않는다.
③ 오프셋은 제거되나 제어동작에 큰 부동작 시간이 있으면 응답이 늦어진다.
④ 사이클링을 제거할 수 있으나 오프셋이 생긴다.

◆ 풀이 PID동작(비례적분미분동작) 답 ①
: 정상특성과 응답 속응성을 동시에 개선하며 싸이클링과 오프셋이 제거된다.

15 블록 다이어그램에서 $\frac{\theta(s)}{R(s)}$ 의 전달함수는?

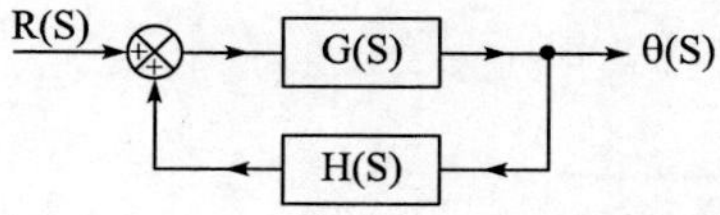

① $\frac{1}{1+G(s)\cdot\ H(s)}$

② $\frac{1}{1-G(s)\cdot\ H(s)}$

③ $\frac{G(s)}{1+G(s)\cdot\ H(s)}$

④ $\frac{G(s)}{1-G(s)\cdot\ H(s)}$

◆ 풀이 $G(s)=\frac{\theta(s)}{R(s)}=\frac{\sum 전향경로이득}{1-\sum 루프이득}=\frac{G(s)}{1-G(s)H(s)}$

답 ④

16 다음과 같은 상태방정식으로 표현되는 제어계에 대한 서술 중 바르지 못한 것은?

$$\dot{x}=\begin{bmatrix}0 & 1\\-2 & -3\end{bmatrix}x+\begin{bmatrix}1 & 1\\0 & -2\end{bmatrix}u$$

① 이 제어계는 2차 제어계이다.

② 이 제어계는 부족 제동된 상태이다.

③ x는 (2×1) 의 계위를 갖는다.

④ $(s+1)(s+2)=0$ 이 특성 방정식이다.

답 ②

17 샘플러의 주기를 T라 할 때 S-평면상의 모든점은 식 $Z=e^{ST}$ 에 의하여 Z-평면상에 사상된다. S-평면의 좌반 평면상의 모든 점은 Z-평면상 단위 원의 어느 부분으로 사상되는가?

① 내점 ② 외점 ③ 원주상의 점 ④ $Z-$평면전체

◆ 풀이 s평면의 z평면으로의 사상

① s평면 허수측$(j\omega)$ ➡ 원점에 중심을 둔 단위원주상에 사상

② s평면 좌반평면 ➡ 원점에 중심을 둔 단위원 내부에 사상

③ s평면 우반평면 ➡ 원점에 중심을 둔 단위원 외부에 사상

답 ①

18 $f(t) = e^{-at}$ 의 Z-변환은?

① $\dfrac{1}{Z-e^{-at}}$　　② $\dfrac{1}{Z+e^{-at}}$　　③ $\dfrac{Z}{Z-e^{-at}}$　　④ $\dfrac{Z}{Z+e^{-at}}$

◆ 풀이　Z 변환　　**답** ③

$f(t)$	$F(s)$	$F(z)$
$\delta(t)$	1	1
$u(t)$	$\dfrac{1}{s}$	$\dfrac{z}{z-1}$
e^{-at}	$\dfrac{1}{s+a}$	$\dfrac{z}{z-e^{-at}}$

19 특성 방정식이 $s^4+s^3+3s^2+Ks+2=0$ 인 제어계가 안정하기 위한 K의 범위는?

① $0 < K < 3$　　② $2 < K < 3$

③ $1 < K < 2$　　④ $3 < K$

◆ 풀이　　**답** ③

$$\begin{matrix} 1 & 3 & 2 \\ 1 & K & 0 \\ \dfrac{3-K}{1} & \dfrac{2-0}{1} & \\ \dfrac{(3-K)K-2}{3-K} & & 0 \\ 2 & & \end{matrix}$$

i) $3-K > 1$, $K < 3$

ii) $\dfrac{3K-K^2-2}{3-K} > 0$

$-K^2+3K-2 > 0$

$K^2-3K+2 < 0$

$(K-1)(K-2) < 0$

$\therefore 1 < K < 2$

결론적으로 i), ii) 식에 의거 필요충분조건에 만족하는 K 값의 범위는 $1 < K < 2$ 이다.

20 특성 방정식 $s^5+2s^4+2s^3+3s^2+4s+1$을 Routh-Hurwitz 판별법으로 분석한 결과이다. 옳은 것은?

① s-평면의 우반면에 근이 존재하지 않기 때문에 안정한 시스템이다.
② s-평면의 우반면에 근이 1개 존재하기 때문에 불안정한 시스템이다.
③ s-평면의 우반면에 근이 2개 존재하기 때문에 불안정한 시스템이다.
④ s-평면의 우반면에 근이 3개 존재하기 때문에 불안정한 시스템이다.

답 ③

10회 실전응용문제

01 그림과 같이 1개의 콘덴서와 2개의 코일이 직렬로 접속된 회로에 300[Hz]의 주파수가 공진한다고 한다. 콘덴서의 정전 용량 및 코일의 자기 인덕턴스를 각각 $C = 25\ [\mu F]$, $L_1 = 4.3$ [mH], $L_2 = 4.6$ [mH]라고 하면 코일간의 상호 인덕턴스 값은 약 몇 [mH]인가? (단, 코일은 같은 방향으로 감겨져 있고, 동일 축상에 놓여져 있는 것으로 한다.)

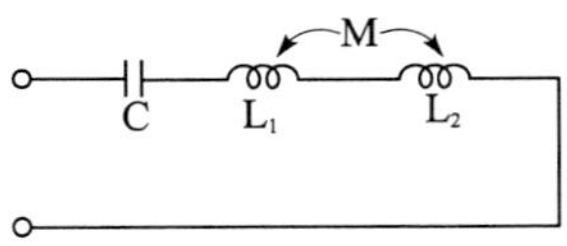

① 2.36
② 1.18
③ 1.91
④ 1.0

◆ TIP 보기중 113, 118, 119 가 나오면 답이 될 확률이 높아요!!

답 ②

02 [Ω], $L = 1$ [H]의 직렬회로에 직류 10[V]를 가할 때 순간의 전류식은?

① $5(1-e^{-5t})$ ② $2e^{-5t}$ ③ $5e^{-5t}$ ④ $2(1-e^{-5t})$

◆ 풀이 $R-L$ 직렬 과도현상

$$i(t) = \frac{E}{R}\left(1-e^{-\frac{R}{L}t}\right) = \frac{10}{5}\left(1-e^{-\frac{5}{1}t}\right) = 2(1-e^{-5t})$$

답 ④

03 $V = 3+5\sqrt{2}\sin\omega t + 10\sqrt{2}\sin\left(3\omega t - \frac{\pi}{3}\right)$ [V]의 실효치는 몇 [V]인가?

① 12.6 ② 11.5 ③ 10.6 ④ 9.6

◆ 풀이 비정현파의 실효값 $V = \sqrt{3^2+5^2+10^2} = 11.5$ [V]

답 ②

04 그림과 같은 4단자 회로의 4단자 정수 A, B, C, D 에서 C의 값은?

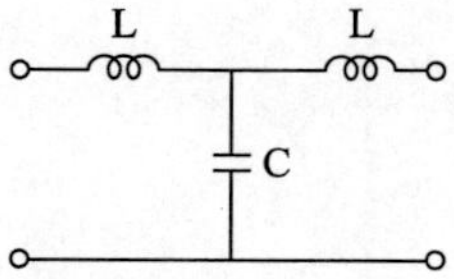

① $1-j\omega C$
② $1-\omega^2 LC$
③ $j\omega L(2-\omega^2 LC)$
④ $j\omega C$

◆ 풀이 C는 병렬 회로에 걸리는 Y(어드미턴스) 차원이므로 $C=j\omega C$ 답 ④

05 어느 함수가 $f(t)=1-e^{-at}$ 인 것을 라플라스 변환하면?

① $\dfrac{1}{S^2(S+a)}$ ② $\dfrac{s}{S(S+a)}$ ③ $\dfrac{1}{S(S+a)}$ ④ $\dfrac{a}{S(S+a)}$

◆ 풀이 $f(t)=1-e^{-at}$ 답 ④

$$F(s)=\frac{1}{S}-\frac{1}{S+a}=\frac{a}{S(S+a)}$$

06 대칭 3상 전압이 a상 V_a[V], b상 $V_b=a^2V_a$ [V], c상 $V_c=aV_a$ [V]일 때 a 상을 기준으로 한 대칭분 전압 중 V_1은 어떻게 표시되는가?

① $\dfrac{1}{3}V_a$ ② V_a ③ aV_a ④ a^2V_a

◆ 풀이 답 ②

$$V_1=\frac{1}{3}(V_a+aV_b+a^2V_c)=\frac{1}{3}(V_a+a^3V_a+a^3V_a)$$

$$=\frac{1}{3}(V_a+V_a+V_a)=\frac{1}{3}\cdot 3V_a=V_a$$

07 전송 선로에서 무손실 일 때 $L = 96$ [mH], $C = 0.6$ [μF] 이면 특성 임피던스[Ω]는?

① 400 ② 500 ③ 600 ④ 700

◆ 풀이 무손실 선로시 특성임피던스 답 ①

$$Z_0 = \sqrt{\frac{L}{C}} = \sqrt{\frac{96 \times 10^{-3}}{0.6 \times 10^{-6}}} = 400\,[\Omega]$$

08 저항 R, 커패시턴스 C의 병렬회로에서 전원 주파수가 변할 때의 임피던스 궤적은?

① 제 1 상한 내의 반직선
② 제 1 상한 내의 반원
③ 제 4 상한 내의 반원
④ 제 4 상한 내의 반직선

답 ③

09 RC 저역 여파기 회로의 전달함수 $G(j\omega)$에서 $\omega = \frac{1}{RC}$ 인 경우 $|G(j\omega)|$의 값은?

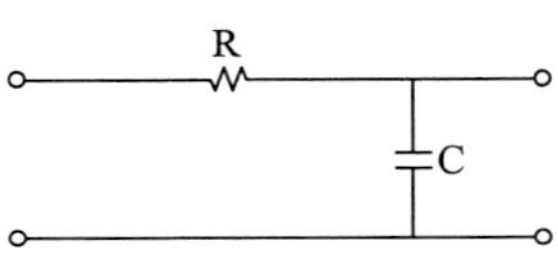

① 1
② 0.707
③ 0.5
④ 0

◆ 풀이 답 ②

$$G(j\omega) = \frac{\frac{1}{j\omega C}}{R + \frac{1}{j\omega C}} \times \frac{j\omega C}{j\omega C} = \frac{1}{jR\omega C + 1}$$

$$|G(j\omega)| = \frac{1}{\sqrt{1+1}} = \frac{1}{\sqrt{2}} = 0.707$$

10 전달함수 $G(s) = \dfrac{10}{S^2 + 3S + 2}$ 으로 표시되는 제어 계통에서 직류 이득은 얼마인가?

① 1　　② 2　　③ 3　　④ 5

◆ 풀이　직류 $D.C$라면 $S = 0$　$\therefore G(s) = \dfrac{10}{2} = 5$

답 ④

11 그림과 같은 순저항 회로에서 대칭 3상 전압을 가할 때 각 선에 흐르는 전류가 같으려면 R의 값은 몇 [Ω]인가?

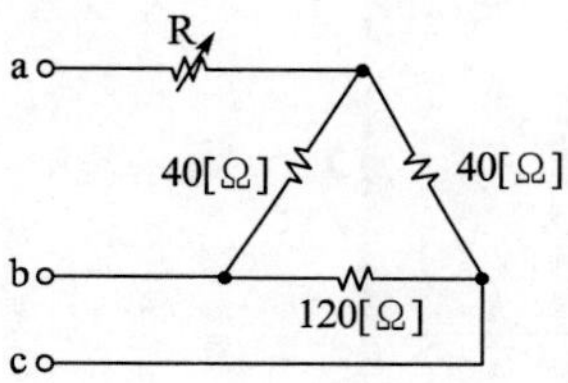

① 4
② 8
③ 12
④ 16

◆ 풀이　△ 결선의 Y 결선 변환

답 ④

$$Z_a = \frac{40 \cdot 40}{40 + 40 + 120} = \frac{1600}{200} = 8[\Omega]$$

$$Z_b = Z_c = \frac{40 \cdot 120}{40 + 40 + 120} = \frac{4800}{200} = 24[\Omega]$$

$\therefore R = 16\ [\Omega]$ 이면 각 선에 흐르는 전류가 같아진다.

12 상태 방정식 $\dfrac{d}{dt}x(t) = Ax(t) + Bu(t)$, 출력방정식 $y(t) = Cx(t)$ 에서,

$A = \begin{bmatrix} -1 & 2 & 3 \\ 0 & -4 & 0 \\ 0 & 1 & -5 \end{bmatrix}$, $B = \begin{bmatrix} 0 \\ 0 \\ 1 \end{bmatrix}$, $C = [1 \quad 0 \quad 0]$ 일 때, 아래 설명 중 맞는 것은?

① 이 시스템은 가제어(controllable)하고, 가관측(observable) 하다.
② 이 시스템은 가제어(controllable) 하나, 가관측하지 않는다(unobservable).
③ 이 시스템은 가제어하지 않으나(uncontrollable), 가관측하다(observable).
④ 이 시스템은 가제어하지 않고(uncontrollable), 가관측하지 않다(unobservable).

답 ③

13 특성방정식 $S^2+KS+2K-1=0$ 인 계가 안정될 K의 범위는?

① $K>0$　② $K>\frac{1}{2}$　③ $K<\frac{1}{2}$　④ $0<K<\frac{1}{2}$

◆ 풀이

S^2	1	$2K-1$	$\therefore 2K-1>0$
S^1	K	0	$2K>1$
S^0	$2K-1$		$K>\frac{1}{2}$

답 ②

14 그림과 같은 블록 선도에서 C의 값은?

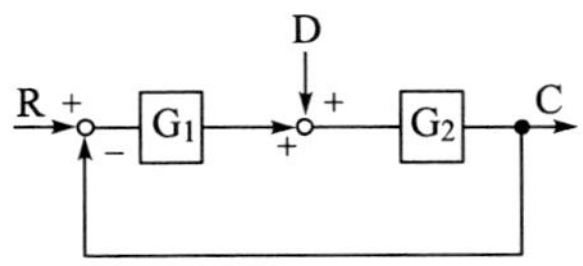

① $C=\frac{G_1G_2}{1+G_1G_2}R+\frac{G_1}{1+G_1G_2}D$

② $C=\frac{G_1G_2}{1+G_1G_2}R+\frac{G_2}{1+G_1G_2}D$

③ $C=\frac{G_1G_2}{1+G_1G_2}R+\frac{G_1G_2}{1+G_1G_2}D$

④ $C=\frac{G_1G_2}{1+G_1G_2}R+\frac{G_1G_2}{1-G_1G_2}D$

◆ 풀이 입력 R과 D 두 곳이므로

$$G_1(s)=\frac{C}{R}=\frac{G_1G_2}{1-G_1G_2G_3},\quad G_2(s)=\frac{C}{D}=\frac{G_2}{1-G_1G_2G_3}$$

$$\therefore G(s)=G_1(s)+G_2(s)=\frac{G_1G_2R+G_2D}{1-G_1G_2G_3}$$

답 ②

15 어떤 제어계의 전달함수가 $G(s) = \dfrac{2s+1}{s^2+s+1}$ 로 표시될 때, 이 계에 입력 $x(t)$ 를 가했을 경우 출력 $y(t)$ 를 구하는 미분방정식으로 알맞은 것은?

① $\dfrac{d^2y}{dt^2} + \dfrac{dy}{dt} + y = 2\dfrac{dy}{dx} + x$　② $\dfrac{d^2y}{dt^2} + \dfrac{dy}{dt} + y = 2\dfrac{dx}{dt} + x$

③ $\dfrac{d^2x}{dt} + \dfrac{dy}{dt} + y = 2\dfrac{dx}{dt} + x$　④ $\dfrac{d^2y}{dt} + \dfrac{dy}{dx} + y = 2\dfrac{dx}{dt} + x$

◆ 풀이　$G(s) = \dfrac{Y(s)}{X(s)} = \dfrac{2s+1}{s^2+s+1}$　답 ②

$(s^2+s+1)\,Y(s) = (2s+1)X(s)$를 역변환하면

$$\frac{d^2y(t)}{dt^2} + \frac{dy(t)}{dt} + y(t) = 2\cdot\ \frac{dx(t)}{dt} + x(t)$$

16 샘플링된 신호를 다음 샘플링 신호와 직선으로 연결하는 홀드를 무엇이라 하는가?

① Zero Order Hold　② First Order Hold

③ Second Order Hold　④ Third Order Hold

답 ②

17 단위 부궤환 제어시스템(unit negative feedback control system)이 개루프(open loop) 전달함수 $G(s)$ 가 다음과 같이 주어져 있다. 이 때 다음 설명 중 틀린 것은?

$$G(s) = \frac{\omega_n^2}{s(s+2\zeta\omega_n)}$$

① 이 시스템은 $\zeta = 1.2$ 일 때 과제동된 상태에 있게 된다.

② 이 폐루프 시스템의 특성방정식은 $s^2 + 2\zeta\omega_n s + \omega_n^2 = 0$ 이다.

③ ζ값이 작게 될수록 제동이 많이 걸리게 된다.

④ ζ값이 음의 값이면 불안정하게 된다.

◆ 풀이　$\delta > 1$: 과제동,　$\delta < 1$: 부족제동(감쇠)　답 ③

$\delta = 1$: 임계제동,　$\delta = 0$: 무제동

18 특성방정식이 실수계수를 갖는 S의 유리함수일 때 근궤적은 무슨 축에 대하여 대칭인가?

① 실수축 ② 허수축 ③ 대상축 없음 ④ 원점

답 ①

19 다음 회로는 무엇을 나타낸 것인가?

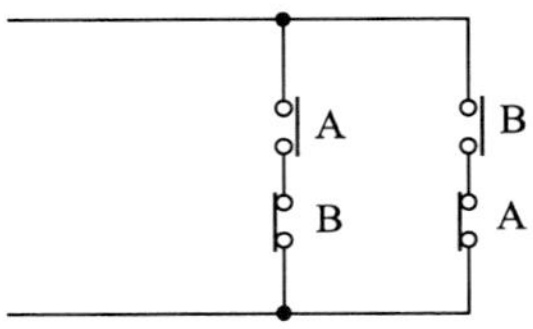

① AND
② OR
③ Exclusive OR
④ NAND

◆ 풀이 $X = \overline{A} \cdot B + A \cdot \overline{B} = A \oplus B$

답 ③

20 제어 목적에 의한 분류에 해당되는 것은?

① 프로세스 제어 ② 서보 기구 ③ 자동조정 ④ 비율제어

답 ④

11회 실전응용문제

01 그림과 같은 회로에서 $i_1 = I_m \sin\omega t$ [A]일 때 개방된 2차 단자에 나타나는 유기 기전력 V_2는 얼마인가?

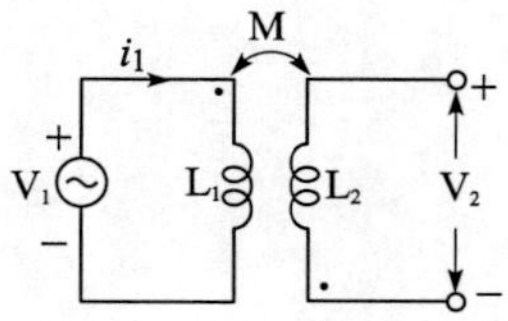

① $\omega M \sin\omega t$ [V]
② $\omega M \cos\omega t$ [V]
③ $\omega M I_m \sin(\omega t - 90^\circ)$
④ $\omega M I_m \sin(\omega t + 90^\circ)$

◆ 풀이 $e_2 = -M\dfrac{di}{dt} = -M\dfrac{d}{dt}(I_m \sin\omega t) = -MI_m\dfrac{d}{dt}\sin\omega t$ 답 ③

$= -\omega M I_m \cos\omega t = -\omega M I_m \sin(\omega t + 90^\circ) = \omega M I_m \sin(\omega t - 90^\circ)$

02 함수 $f(t) = 1 - e^{-at}$ 의 라플라스 변환은?

① $\dfrac{a}{s}$ ② $\dfrac{1}{s+a}$ ③ $\dfrac{1}{s(s+a)}$ ④ $\dfrac{a}{s(s+a)}$

◆ 풀이 $f(t) = 1 - e^{-at}$ 답 ④

$$F(s) = \frac{1}{s} - \frac{1}{s}\bigg|_{s=s+a} = \frac{1}{s} - \frac{1}{s+a} = \frac{s+a-s}{s(s+a)} = \frac{a}{s(s+a)}$$

03 대칭 n상에서 선전류와 상전류 사이의 위상차는 어떻게 되는가?

① $\dfrac{n}{2}\left(1-\dfrac{\pi}{2}\right)$ [rad] ② $\dfrac{\pi}{2}\left(1-\dfrac{n}{2}\right)$ [rad]

③ $2\left(1-\dfrac{2}{n}\right)$ [rad] ④ $\dfrac{\pi}{2}\left(1-\dfrac{2}{n}\right)$ [rad]

◆ TIP $n=3$ 대입해서 30° 나오는 것이 답 답 ④

04 그림과 같이 선간전압 200[V]의 3상 전원에 대칭 부하를 접속할 때 부하 역률은? (단, $R=9$ [Ω], $\frac{1}{\omega C}=4$ [Ω]이다.)

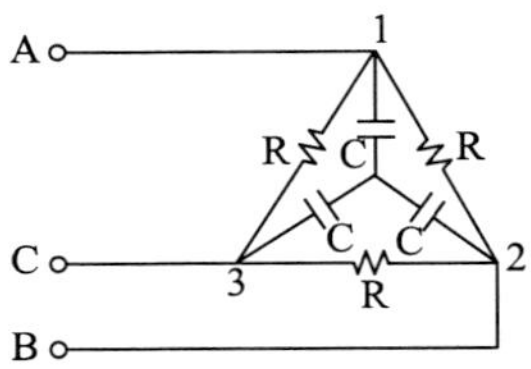

① 0.6
② 0.7
③ 0.8
④ 0.9

◆ 풀이 $R-C$ 병렬

$R=3$, $X_c=4$

$\therefore \cos\theta=\frac{X_c}{X}=\frac{4}{5}=0.8$

답 ③

05 60[Hz]에서 3[Ω]의 리액턴스를 갖는 자기 인덕턴스 L 및 정전용량 C 값은 약 얼마인가?

① 6[mH], 660[μF]
② 7[mH], 770[μF]
③ 8[mH], 884[μF]
④ 9[mH], 990[μF]

◆ 풀이 • $X_L=\omega L=2\pi fL=3$ [Ω]

$\therefore L=\frac{3}{2\pi\times 60}=7.96$ [mH]

• $X_C=\frac{1}{\omega C}=\frac{1}{2\pi fC}=3$ [Ω]

$\therefore C=\frac{1}{2\pi\times 60\times 3}=884$ [μF]

답 ③

06 자동제어계에서 중량함수(Weight function)라고 불리어지는 것은?

① 인디셜함수 ② 임펄스함수 ③ 전달함수 ④ 램프함수

◆ 풀이 $\delta(t)$: 인디셜함수, 단위하중함수, 단위중량함수, 단위충격함수라 일컫는다.

답 ②

07 분포정수 선로에서 무왜형조건이 성립하면 어떻게 되는가?

① 감쇠량은 주파수에 비례한다.
② 전파속도가 최대로 된다.
③ 감쇠량이 최소로 된다.
④ 위상정수가 주파수에 관계없이 일정하다.

◆ 풀이 감쇠하는 양이 최소일 때 일그러짐이 발생하지 않는다. 답 ③

08 전압의 순시값이 다음과 같을 때 실효값은 약 몇 [V]인가?

$$e = 3 + 10\sqrt{2}\sin\omega t + 5\sqrt{2}\sin(3\omega t - 30^\circ)$$

① 11.6 ② 13.2 ③ 16.4 ④ 20.1

◆ 풀이 비정현파의 실효값 $V = \sqrt{3^2 + 10^2 + 5^2} = 11.6$ [V] 답 ①

09 그림과 같은 4단자망 회로의 4단자 정수 중 D의 값은? (단, 각 주파수는 ω[rad/s]이다.)

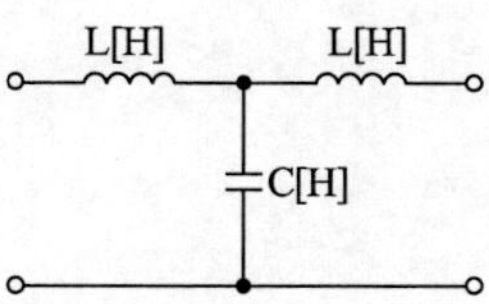

① $j\omega C$
② $j\omega L$
③ $j\omega L(1-\omega^2 LC)$
④ $1-\omega^2 LC$

◆ 풀이 $D = 1 + \swarrow = 1 + \frac{j\omega L}{\frac{1}{j\omega C}} = 1 + j^2\omega^2 LC = 1 - \omega^2 LC$ 답 ④

10 어떤 회로의 전류가 $i(t) = 20 - 20e^{-200t}$ [A]로 주어졌다. 정상값은 몇 [A]인가?

① 5 ② 12.6 ③ 15.6 ④ 20

◆ 풀이 정상값 : $t \to \infty$

$\therefore\ i(t) = 20 - 20e^{-200\times\infty} = 20$ [A]

답 ④

11 Z변환함수 $Z/(Z-e^{-aT})$ 에 대응되는 라플라스 변환과 이에 대응되는 시간함수는?

① $1/(S+a)^2,\quad te^{-at}$

② $1/(1-e^{-TS}),\quad \sum_{n=0}^{\infty}\delta(t-nT)$

③ $a/\{S(S+a)\},\quad 1-e^{-at}$

④ $1/(S+a),\quad e^{-at}$

◆ 풀이

$f(t)$	$F(s)$	$F(z)$
e^{-at}	$\frac{1}{s+a}$	$\frac{z}{z-e^{-at}}$

답 ④

12 그림과 같은 블록 선도에서 입력 R과 외란 D가 가해질 때 출력 C는?

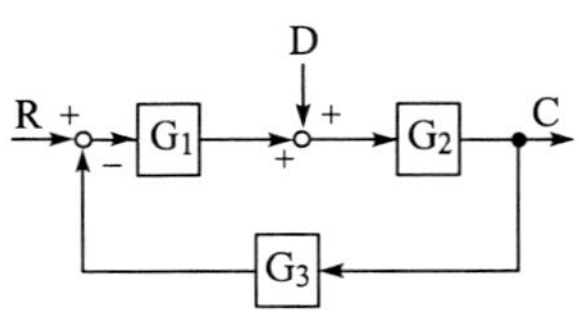

① $\dfrac{G_1G_2R+G_2D}{1+G_1G_2G_3}$

② $\dfrac{G_1G_2R-G_2D}{1+G_1G_2G_3}$

③ $\dfrac{G_1G_2R+G_2D}{1-G_1G_2G_3}$

④ $\dfrac{G_1G_2R+G_2D}{1+G_1G_2G_3}$

◆ 풀이 입력 R과 D 두곳이므로

답 ④

$$G_1(s) = \frac{C}{R} = \frac{G_1G_2}{1-G_1G_2G_3},\quad G_2(s) = \frac{C}{D} = \frac{G_2}{1-G_1G_2G_3}$$

$$\therefore\ G(s) = G_1(s) + G_2(s) = \frac{G_1G_2R+G_2D}{1-G_1G_2G_3}$$

13 그림의 회로는 어느 게이트(gate)에 해당되는가?

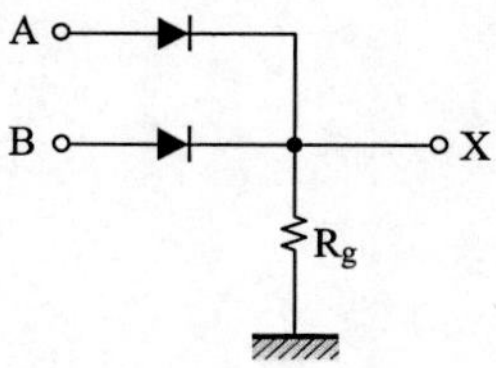

① OR
② AND
③ NOT
④ NOR

답 ①

14 상태 방정식 $\frac{d}{dt}x(t) = Ax(t) + Bu(t)$, 출력 방정식 $y(t) = Cx(t)$ 에서,

$A = \begin{bmatrix} -1 & 1 \\ 0 & -3 \end{bmatrix}$, $B = \begin{bmatrix} 0 \\ 1 \end{bmatrix}$, $C = [0 \quad 1]$ 일 때 다음 설명 중 옳은 것은?

① 이 시스템은 제어 및 관측이 가능하다.
② 이 시스템은 제어는 가능하나 관측은 불가능하다.
③ 이 시스템은 제어는 불가능하나 관측은 가능하다.
④ 이 시스템은 제어 및 관측이 불가능하다.

답 ②

15 근궤적의 출발점 및 도착점과 관계되는 $G(s)H(s)$ 의 요소는? (단, $K > 0$ 이다.)

① 영점, 분기점 ② 극점, 영점 ③ 극점, 분기점 ④ 지지점, 극점

◆ 풀이 근궤적의 출발점 : $G(s)H(s)$의 극점
근궤적의 종착점 : $G(s)H(s)$의 영점

답 ②

16 주파수 전달함수 $G(j\omega) = \dfrac{1}{j100\omega}$ 인 계에서 $\omega = 0.1$ [rad/s] 일 때의 이득[dB] 과 위상각 θ [deg]는 얼마인가?

① −20, −90°　② −40, −90°　③ 20, 90°　④ 40, 90°

◆ 풀이 $G(j\omega) = \dfrac{1}{j100 \times 0.1} = \dfrac{1}{j10}$ 답 ①

$\therefore |G(j\omega)| = \dfrac{1}{10} = 0.1$

∴ 이득 $= 20\log 10^{-1} = -20$ [dB]

위상각 $\theta = \dfrac{1}{j} = -90°$

17 전달 함수 $\dfrac{C(s)}{R(s)} = \dfrac{1}{3s^2 + 4s + 1}$ 인 제어계는 다음 중 어느 경우인가?

① 과제동　② 부족제동　③ 임계제동　④ 무제동

◆ 풀이 $2\delta\omega_n = \dfrac{4}{3}$, $\omega_n{}^2 = \dfrac{1}{3}$ $\therefore \omega_n = \dfrac{1}{\sqrt{3}}$ 답 ①

$\therefore \delta = \dfrac{2\sqrt{3}}{3} = \dfrac{2}{\sqrt{3}} > 1$ 이므로 과제동

18 다음의 설명 중 틀린 것은?

① 최소 위상 함수는 양의 위상 여유이면 안정하다.
② 최소 위상 함수는 위상 여유가 0 이면 임계안정하다.
③ 최소 위상 함수의 상대안정도는 위상각의 증가와 함께 작아진다.
④ 이득 교차 주파수는 진폭비가 1이 되는 주파수이다.

답 ③

19 s 평면의 허수축은 z평면의 어느 부분에 사상 되는가?

① 원점을 중심으로 한 무한소 원주상
② 원점을 중심으로 한 단위 원상
③ 원점을 중심으로 한 단위 원 내부
④ 원점을 중심으로 한 단위 원 외부

◆ 풀이 원상이란 원주를 말함이며 허수축은 z 평면의 단위 원주상에 사상되어 진다. 답 ②

20 단위 궤환제어계의 개루프 전달함수가 $G(s) = \dfrac{K}{s(s+2)}$ 일 때 특성방정식의 근 K가 $-\infty$ 로부터 $+\infty$ 까지 변할 때 알맞지 않은 것은?

① $-\infty < K < 0$ 에 대하여 근은 모두 실근이다.
② $K=0$ 에 대하여 $S_1 = 0,\ S_2 = -2$ 근은 $G(s)$ 의 극과 일치한다.
③ $0 < K < 1$ 에 대하여 2개의 근은 모두 음의 실근이다.
④ $1 < K < \infty$ 에 대하여 2개의 근은 음의 실부를 갖는 중근이다.

답 ④

12회 실전응용문제

01 $R=5[\Omega]$, $L=20[\text{mH}]$ 및 가변 콘덴서 C로 구성된 $R-L-C$ 직렬 회로에 주파수 1000 [Hz]인 교류를 가한 다음 C를 가변시켜 직렬 공진시킬 때 C의 값은 약 몇 $[\mu\text{F}]$인가 ?

① 1.27 ② 2.54 ③ 3.52 ④ 4.99

◆ 풀이 $R-L-C$ 직렬 공진시 답 ①

$$C=\frac{1}{\omega^2 L}=\frac{1}{(2\pi\times 10^3)^2\times 20\times 10}\times 10^6=1.27[\mu\text{F}]$$

02 다음의 3상 교류 대칭 전압 중에 포함되는 고조파에서 상순이 기본파와 같은 것은 ?

① 제 3 고조파 ② 제 5 고조파 ③ 제 7 고조파 ④ 제 9 고조파

◆ 풀이 상순이 $3n+1$일 때 기본파와 동일 답 ③

∴ 4, 7, 10, . . . 고조파가 해당

03 불평형 3상 전류가 $I_a=16+j2$ [A], $I_b=-20-j9$ [A], $I_c=-2+j10$ [A] 일 때 영상분 전류[A]는 ?

① $-2+j$ ② $-6+j3$ ③ $-9+j6$ ④ $-18+j9$

◆ 풀이 $I_o=\frac{1}{3}(I_a+I_b+I_c)=\frac{1}{3}\{16+j2+(-20-j9)+(-2+j10)\}=-2+j$ 답 ①

04 그림과 같은 회로의 2단자 임피던스 $Z(s)$ 는 ? (단, $s=j\omega$ 이다.)

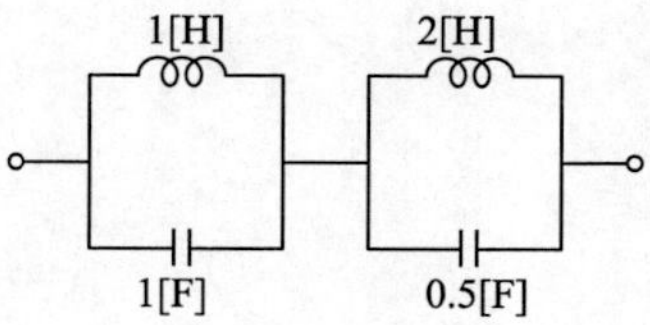

① $\dfrac{0.5s}{s^2+1}$

② $\dfrac{s}{s^2+1}$

③ $\dfrac{2s}{s^2+1}$

④ $\dfrac{3s}{s^2+1}$

답 ④

05 $i = 40\sin\omega t + 30\sin(3\omega t + 45°)$ 의 실효값은 몇 [A]인가 ?

① 25 ② $25\sqrt{2}$ ③ $35\sqrt{2}$ ④ 50

◆ 풀이 $I = \sqrt{\left(\dfrac{40}{\sqrt{2}}\right)^2 + \left(\dfrac{30}{\sqrt{2}}\right)^2} = 25\sqrt{2}$

답 ②

06 그림에서 단자 a, b에 나타나는 전압은 얼마인가 ?

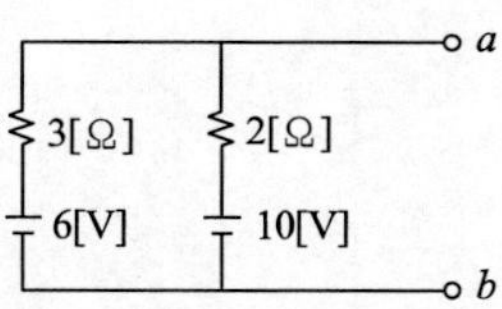

① 6

② 8.4

③ 10

④ 16

◆ 풀이 $V_{ab} = \dfrac{\dfrac{6}{3}+\dfrac{10}{2}}{\dfrac{1}{3}+\dfrac{1}{2}} = 8.4[\text{V}]$

답 ②

07 분포 정수 회로에서 선로 정수가 R, L, C, G이고 무왜 조건이 $RC = GL$ 과 같은 관계가 성립될 때 선로의 특성 임피던스 Z_0는 ?

① $Z_0 = \sqrt{CL}$ ② $Z_0 = \frac{1}{\sqrt{CL}}$ ③ $Z_0 = \sqrt{RG}$ ④ $Z_0 = \sqrt{\frac{L}{C}}$

◆ 풀이 무왜 조건시 $Z_0 = \sqrt{\frac{L}{C}}$

답 ④

08 회로에서 정전용량 C는 초기전하가 없었다. 지금 $t=0$ 에서 스위치 K를 닫았을 때 $t=0^+$ 에서의 $i(t)$ 값은 ?

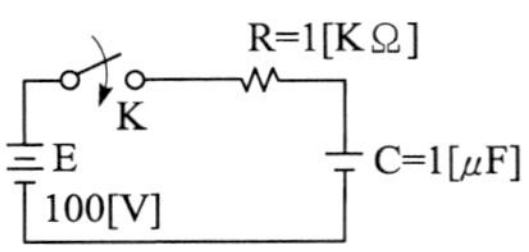

① 0.1[A]
② 0.2[A]
③ 0.4[A]
④ 1[A]

답 ①

09 $F(s) = \frac{S+1}{S^2+2S}$ 로 주어졌을 때 $F(s)$의 역변환을 한 것은 ?

① $\frac{1}{2}(1+e^{t})$ ② $\frac{1}{2}(1-e^{-t})$ ③ $\frac{1}{2}(1+e^{-2t})$ ④ $\frac{1}{2}(1-e^{-2t})$

답 ③

10 1[mV]의 입력 인가시 0.1[V]의 출력이 나오는 4단자 회로의 이득은 몇 [dB]인가 ?

① 10 ② 20 ③ 30 ④ 40

답 ④

11 그림은 무엇을 나타낸 논리 연산 회로인가 ?

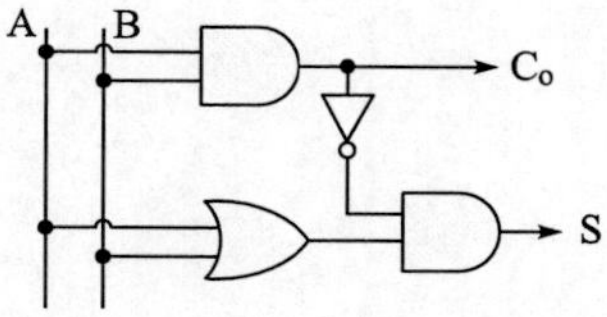

① NAND 회로
② Exclusive OR 회로
③ Half-adder 회로
④ Full-adder 회로

답 ③

12 다음 설명 중 옳지 않은 것은 ?

① S 평면의 우측면은 Z평면의 원점에 중심을 둔 단위원 내부로 사상된다.
② $\dfrac{Z}{Z-1}$ 에 대응되는 라플라스 변환함수는 $\dfrac{1}{S}$ 이다.
③ $\dfrac{Z}{Z-e^{-at}}$ 에 대응되는 시간함수는 e^{-at} 이다.
④ $e(t)$의 초기값은 $e(t)$ 의 Z변환을 $E(z)$라 할 때 $\lim_{z\to\infty}E(z)$이다.

답 ①

13 Z 변환법을 사용한 샘플치 제어계가 안정되려면 $1+GH(Z)=0$ 의 근의 위치는 ?

① Z 평면의 좌반면에 존재하여야 한다.
② Z 평면의 우반면에 존재하여야 한다.
③ $|Z|=1$ 인 단위 원내에 존재하여야 한다.
④ $|Z|=1$ 인 단위 원밖에 존재하여야 한다.

답 ①

14 루우스 안정판별표에서 수열의 최좌열이 다음과 같을 때 이 계통의 특성 방정식에서 양의 근 또는 양의 실수부를 갖는 근이 몇 개 있는가 ?

1
2
−1
3
1

① 전혀 없다.　② 1개 있다.　③ 2개 있다.　④ 3개 있다.

◆ 풀이 　부호 변환하는 횟수가 불안정(양의 실수부)한 근의 갯수가 된다.

답 ③

15 2차계의 주파수 응답과 시간 응답간의 관계이다. 잘못된 것은 ?

① 안정된 제어계에서 높은 대역폭은 큰 공진 첨두치와 대응된다.
② 최대 오버슈트와 공진첨두치는 ζ(감쇠율)만의 함수로 나타낼 수 있다.
③ ω_n 가 일정시 ζ가 증가하면 상승시간과 대역폭은 증가한다.
④ 대역폭은 0 주파수 이득보다 3[dB] 떨어지는 주파수로 정의된다.

답 ③

16 다음과 같은 특성방정식이 있을 때 근궤적의 가지수는 ?

$$s(s+1)(s+2)+K(s+3)=0$$

① 6　② 5　③ 4　④ 3

답 ④

17 그림과 같은 회로망은 어떤 보상기로 사용될 수 있는가 ?

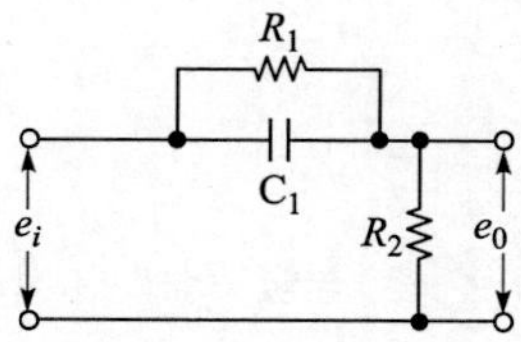

① 지연 보상기
② 지 · 진상 보상기
③ 지상 보상기
④ 진상 보상기

답 ④

18 다음 그림 중① 에 알맞은 신호는 ?

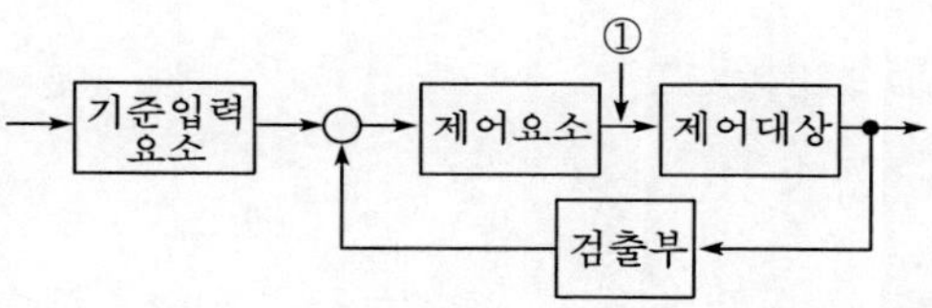

① 기준입력
② 동작신호
③ 조작량
④ 제어량

답 ③

19 $G(s) = \dfrac{20}{3+2s}$인 요소에서 $\omega = 2$인 정현파를 주었을 때 $|G(j\omega)|$와 $\angle G(j\omega)$를 구하면 ?

① 4, 53° ② 4, −53° ③ −4, 53° ④ −4, −53°

답 ②

20 ω가 0에서 ∞까지 변화하였을 때 $G(j\omega)$의 크기와 위상각을 극좌표에 그린 것으로 이 궤적을 표시하는 선도는 ?

① 근궤적도 ② 나이퀴스트선도 ③ 니콜스선도 ④ 보드선도

답 ②

13회 실전응용문제

01 분포 정수회로에서 저항 0.5[Ω/km], 인덕턴스 1[μH/km], 정전 용량 6[μF/km], 길이 250[km] 의 송전선로가 있다. 무왜형선로가 되기 위해서는 컨덕턴스[℧/km] 는 얼마가 되어야 하는가 ?

① 1 ② 2 ③ 3 ④ 4

◆ 풀이 • 무왜형선로시 $RC = LG$ 답 ③

$$\therefore\ G = \frac{RC}{L} = \frac{0.5 \times 6 \times 10^{-6}}{1 \times 10^{-6}} = 3\ [℧/\text{km}]$$

02 일정 전압의 직류 전원에 저항을 접속하고 전류를 흘릴 때 이 전류값을 20[%] 증가시키기 위해서는 저항 값을 몇 배로 하여야 하는가 ?

① 1.25배 ② 1.20배 ③ 0.83배 ④ 0.80배

◆ 풀이 • $R = \dfrac{V}{I}$, 답 ③

$$R' = \frac{1 \cdot V}{(1+0.2)I} = \frac{1}{1.2}\frac{V}{I} = 0.83R$$

03 4단자정수가 각각 $\dot{A} = \dfrac{5}{3}$, $\dot{B} = 800$, $\dot{C} = \dfrac{1}{450}$[℧], $\dot{D} = \dfrac{5}{3}$일 때 전달정수 $\dot{\theta}$는 얼마인가 ?

① $\log_e 2$ ② $\log_e 3$ ③ $\log_e 4$ ④ $\log_e 5$

◆ 풀이 • $\theta = \log_e(\sqrt{AD} + \sqrt{BC}) = \log_e\left(\sqrt{\dfrac{5}{3}\times\dfrac{5}{3}} + \sqrt{800 \times \dfrac{1}{450}}\right)$ 답 ②

$$= \log_e\left(\frac{5}{3} + \frac{4}{3}\right) = \log_e\frac{9}{3} = \log_e 3$$

04 RL 직렬회로에 $v=80+141.4\sin\left(3\omega t+\frac{\pi}{3}\right)$ [V] 를 가할 때 전류[A] 의 실효값은 약 얼마인가 ? (단, $R=4\,[\Omega]$, $\omega L=1\,[\Omega]$ 이다)

① 24.2 ② 26.3 ③ 28.3 ④ 30.2

◆ 풀이 • 비정현파의 실효값 답 ③

$$I_0=\frac{V_0}{R}=\frac{80}{4}=20\ \text{[A]},$$

$$I_3=\frac{V_3}{Z_3}=\frac{V_3}{R+j3\omega L}=\frac{100}{4+j3}=20$$

$$\therefore\ I=\sqrt{I_0^2+I_3^2}=\sqrt{20^2+20^2}=28.3\text{[A]}$$

05 $f(t)=te^{-3t}$ 일 때 라플라스 변환은 ?

① $\frac{1}{(s+3)^2}$ ② $\frac{1}{(s-3)^2}$ ③ $\frac{1}{(s-3)}$ ④ $\frac{1}{(s+3)}$

◆ 풀이 • $f(t)=te^{-3t}$ 답 ①

$$F(s)=\frac{1}{s^2}\bigg|_{s=s+3}=\frac{1}{(s+3)^2}$$

06 다음 중 전달함수에 관한 표현으로 옳은 것은 ?

① 전달함수의 분모의 차수는 초기값에 따라 결정된다.
② 2계 회로에서 전달함수의 분모는 s 의 2차식이 된다.
③ 전달함수의 분자의 차수에 따라 분모의 차수가 결정된다.
④ 2계 회로의 분모와 분자의 차수의 차는 s 의 1차식이 된다..

답 ②

07 6[Ω]과 2[Ω]의 저항 3개를 그림과 같이 연결하였을 때 a, b 사이의 합성저항은 몇 [Ω] 인가 ?

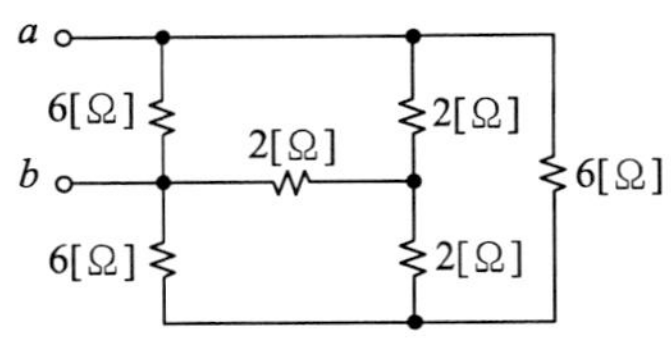

① 1
② 2
③ 3
④ 4

◆ 풀이

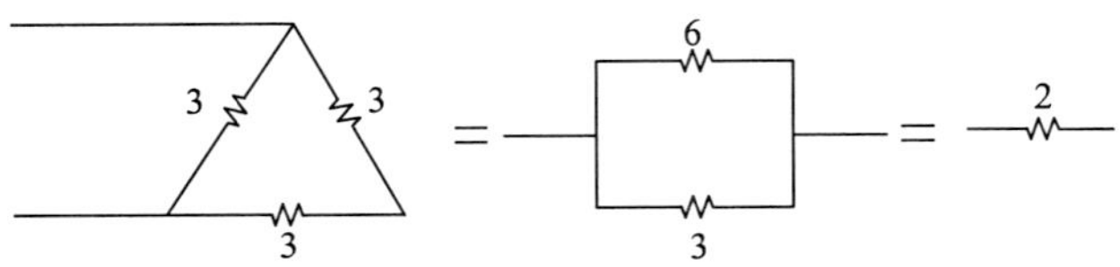

답 ②

08 △ 결선된 3상 회로에서 상전류가 다음과 같을 때 선전류 I_1, I_2, I_3 중에서 그 크기가 가장 큰 것은 몇 [A] 인가 ?

$$I_{12} = 4\angle -36° \text{ [A]}$$
$$I_{23} = 4\angle -156°$$
$$I_{31} = 4\angle 84°$$

① 2.31 ② 4.0 ③ 6.93 ④ 8.0

◆ 풀이 • △ 결선시 $I_\ell = \sqrt{3}\,I_p = \sqrt{3}\times 4 = 6.93$ [A]

답 ③

09 그림과 같은 직류 LC 직렬회로에 대한 설명 중 옳은 것은 ?

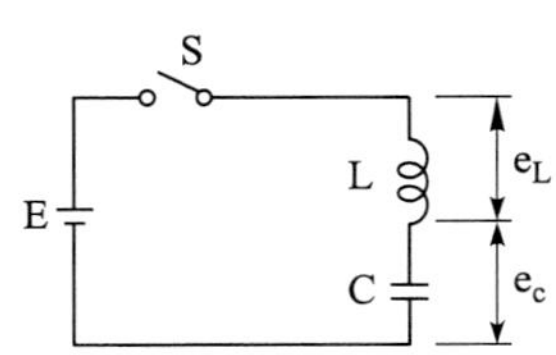

① e_L 은 진동함수이나 e_c는 진동하지 않는다.
② e_L 의 최대치가 $2E$까지 될 수 있다.
③ e_c 의 최대치가 $2E$까지 될 수 있다.
④ C의 충전전하 q는 시간 t에 무관하다.

◆ 풀이 • C에 충전할 수 있는 최대치는 전체 기전력의 2배까지 될 수 있다.

답 ③

10 내부에 기전력이 있는 회로가 있다. 이 회로의 한 쌍의 단자 전압을 측정 하였을 때 70[V]이고, 또 이 단자에서 본 이 회로의 임피던스가 60[Ω] 이라 한다. 지금 이 단자에 40[Ω]의 저항을 접속하면, 이 저항에 흐르는 전류는 몇 [A]인가 ?

① 0.5 ② 0.6 ③ 0.7 ④ 0.8

◆ 풀이 • 테브난의 정리에서 　 답 ③

$V_{ab}=70 \quad Z_{ab}=60 \quad Z_L=40$

$$\therefore I=\frac{V_{ab}}{Z_{ab}+Z_L}=\frac{70}{60+40}=0.7[\text{A}]$$

11 $G(s)=\dfrac{1}{1+Ts}$ 와 같이 주어진 제어시스템에서 절점주파수의 이득은 약 얼마인가 ?

① −2[dB] ② −3[dB] ③ −4[dB] ④ −5[dB]

◆ 풀이 • $G(s)=\dfrac{1}{1+Ts}$ 　 답 ②

$s=j\omega \rightarrow G(j\omega)=\dfrac{1}{1+j\omega T}$

절점주파수 : 실수부 = 허수부

$1=\omega T$

$G(j\omega)=\dfrac{1}{1+j}$

$|G(j\omega)|=\dfrac{1}{|1+j|}=\dfrac{1}{\sqrt{1^2+1^2}}=\dfrac{1}{\sqrt{2}}$

이득 $g=20\log|G(j\omega)|=20\log\dfrac{1}{\sqrt{2}}$

$=20\log 1-20\log\sqrt{2}\,[\text{dB}]=0-3\,[\text{dB}]=-3\,[\text{dB}]$

12 과도 응답이 소멸되는 정도를 나타내는 감쇠비(decay ration) 는 ?

① 최대오버슈트 / 제2오버슈트
② 제3오버슈트 / 제2오버슈트
③ 제2오버슈트 / 최대오버슈트
④ 제2오버슈트 / 제3오버슈트

답 ③

13 $A = \begin{bmatrix} 0 & 1 & 0 \\ 0 & -1 & 6 \\ -1 & -1 & -5 \end{bmatrix}$ 의 고유값은 ?

① -1, -2, -3 ② -2, -3, -4 ③ -1, -2, -4 ④ -1, -3, -4

◆ 풀이 • $|sI - A| = 0$ 즉, 특성방정식의 근을 구한다. 답 ①

$$sI - A = s\begin{bmatrix} 1 & 0 & 0 \\ 0 & 1 & 0 \\ 0 & 0 & 1 \end{bmatrix} - \begin{bmatrix} 0 & 1 & 0 \\ 0 & -1 & 6 \\ -1 & -1 & -5 \end{bmatrix}$$

$$= \begin{bmatrix} s & 0 & 0 \\ 0 & s & 0 \\ 0 & 0 & s \end{bmatrix} - \begin{bmatrix} 0 & 1 & 0 \\ 0 & -1 & 6 \\ -1 & -1 & -5 \end{bmatrix} = \begin{bmatrix} s & -1 & 0 \\ 0 & s+1 & -6 \\ 1 & 1 & s+5 \end{bmatrix}$$

$$|sI - A| = s(s+1)(s+5) + (-1)(-6)\cdot 1 - s\cdot(-6)\cdot 1$$

$$= s^3 + 6s^2 + 5s + 6 + 6s = s^3 + 6s^2 + 11s + 6$$

$|sI - A| = 0$ 의 근을 구하면

$s = -1, -2, -3$

14 그림과 같은 회로의 출력 Z 는 어떻게 표현되는가 ?

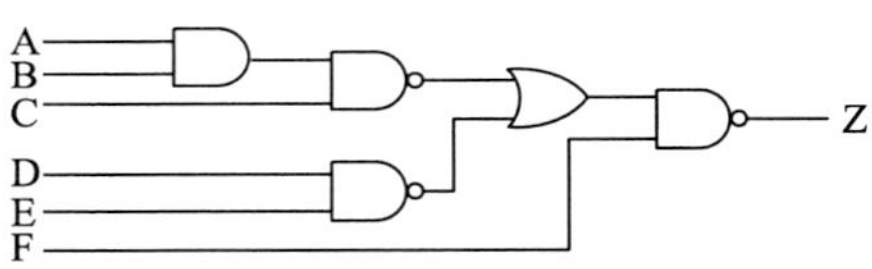

① $\overline{A} + \overline{B} + \overline{C} + \overline{D} + \overline{E} + F$

② $A + B + C + D + E + \overline{F}$

③ $\overline{A}\,\overline{B}\,\overline{C}\,\overline{D}\,\overline{E} + F$

④ $ABCDE + \overline{F}$

◆ 풀이 • $Z = \overline{(\overline{ABC} + \overline{DE})\cdot F}$ 답 ④

$$= \overline{\overline{ABC} + \overline{DE}} + \overline{F} = \overline{\overline{ABC}}\cdot\overline{\overline{DE}} + \overline{F} = ABCDE + \overline{F}$$

15 그림과 같은 요소는 제어계의 어떤 요소인가 ?

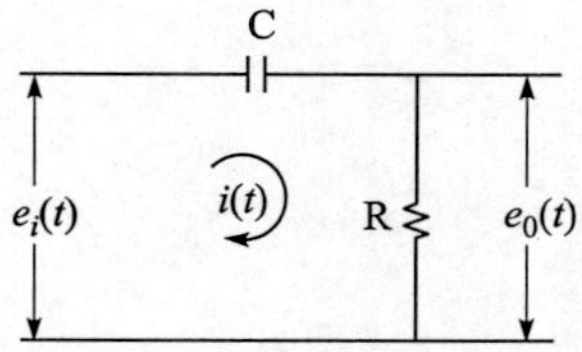

① 적분요소
② 미분요소
③ 1차 지연요소
④ 1차 지연 미분요소

◆ 풀이 • 전달함수를 구하면 답 ④

$$G(s) = \frac{R}{\frac{1}{Cs} + R} \cdot \frac{I(s)}{I(s)} = \frac{RCs}{1+RCs}\Bigg\} \text{시정수 } T = RC$$

$$= \frac{Ts}{1+Ts} = Ts \cdot \left(\frac{1}{1+Ts}\right)$$

$\Rightarrow$ 미분요소 : Ts, 1차 지연요소 : $\frac{1}{1+Ts}$

16 어떤 제어 계통에서 정상 위치 편차가 유한값일 때 이 제어계는 무슨 형인가 ?

① 0형 ② 1형 ③ 2형 ④ 3형

◆ 풀이 • 정상위치편차 답 ①

$e_{ssp} = \frac{1}{1+K_p}$, $K_p = \lim_{s \to 0} G(s)$ 로

e_{ssp}가 유한값이 나오려면 $G(s)$는 0형이어야 한다.

17 $G(j\omega) = \dfrac{K}{(1+2j\omega)(1+j\omega)}$ 의 이득 여유가 20[dB] 일 때 K 의 값은 ?

① 0 ② 1 ③ 10 ④ $\dfrac{1}{10}$

◆ 풀이 • 이득여유 $GM = 0 - 20\log|G(j\omega)|$ 답 ④

문제의 조건에 ω가 없을 때 $\omega = 0$ 을 대입 $\rightarrow G(j0) = K$

$GM = -20\log K = 20$

$-\log K = 1 \qquad \log K^{-1} = \log 10$

$\log \dfrac{1}{K} = \log 10 \qquad \therefore K = \dfrac{1}{10}$

18 잔류편차(off set)가 발생하는 제어는 ?

① 비례제어 ② 적분제어
③ 비례미분적분제어 ④ 비례적분제어

답 ①

19 나이퀴스트(Nyquist) 경로에 포위되는 영역에 특성방정식의 근이 존재하지 않으면 제어계는 어떻게 되는가 ?

① 불안정 ② 안정 ③ 진동 ④ 발산

답 ②

20 $G(s)H(s) = \dfrac{K(s+1)}{s(s+2)(s+3)}$ 에서 근궤적의 수는 ?

① 1 ② 2 ③ 3 ④ 4

◆ 풀이 • 근궤적의 수 : 특성방정식의 차수 = 분모의 차수 답 ③

14회 실전응용문제

01 $R = 2\,[\Omega]$, $L = 10\,[\text{mH}]$, $C = 4\,[\mu\text{F}]$ 의 직렬 공진회로의 Q는 얼마인가 ?

① 20 ② 25 ③ 45 ④ 50

◆ 풀이 • $R-L-C$ 직렬시 답 ②

선택도 $Q = \dfrac{1}{R}\sqrt{\dfrac{L}{C}} = \dfrac{1}{2}\sqrt{\dfrac{10\times10^{-3}}{4\times10^{-6}}} = 25$

02 전송선로의 특성 임피던스가 100[Ω] 이고, 부하저항이 400[Ω] 일 때 전압 정재파비 S는 얼마인가 ?

① 0.25 ② 0.6 ③ 1.67 ④ 4

◆ 풀이 • 반사계수 $\rho = \dfrac{Z_L - Z_0}{Z_L + Z_0} = \dfrac{400-100}{400+100} = \dfrac{3}{5}$ 답 ④

정재파비 $s = \dfrac{1+\rho}{1-\rho} = \dfrac{1+\dfrac{3}{5}}{1-\dfrac{3}{5}} = \dfrac{\dfrac{8}{5}}{\dfrac{2}{5}} = 4$

03 각상의 임피던스가 각각 $Z = 6 + j8\ [\Omega]$ 인 평형 Δ부하에 선간 전압이 220[V] 인 대칭 3 상 전압을 인가할 때의 선전류는 약 몇 [A] 인가 ?

① 27.2[A] ② 38.1[A] ③ 22[A] ④ 12.7[A]

◆ 풀이 • $3\phi(\triangle)$ $Z = 6 + j8\ [\Omega]$ $V_\ell = 220\ [\text{V}]$ 답 ②

$I_\ell = \sqrt{3}\,I_p = \sqrt{3}\times\dfrac{V_p}{Z} = \sqrt{3}\times\dfrac{220}{10} = 22\sqrt{3} = 38.1\ [\text{A}]$

04 회로의 전압비 전달함수 $H(j\omega)=\dfrac{V_c(j\omega)}{V(j\omega)}$ 는 ?

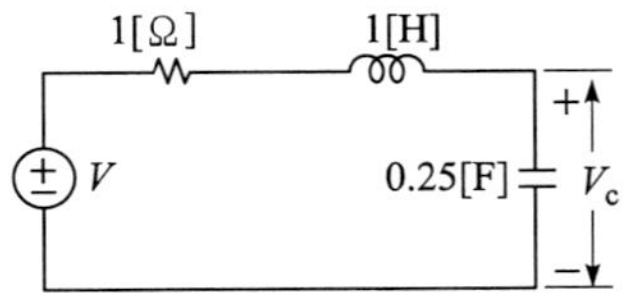

① $\dfrac{2}{(j\omega)^2+j\omega+2}$　② $\dfrac{2}{(j\omega)^2+j\omega+4}$

③ $\dfrac{4}{(j\omega)^2+j\omega+4}$　④ $\dfrac{1}{(j\omega)^2+j\omega+1}$

◆ 풀이　• $G(j\omega)=\dfrac{\dfrac{4}{j\omega}}{1+j\omega+\dfrac{4}{j\omega}}\times j\omega=\dfrac{4}{(j\omega)^2+j\omega+4}$

답 ③

05 다음과 같은 4단자 회로에서 임피던스 파라미터 Z_{11}의 값은 ?

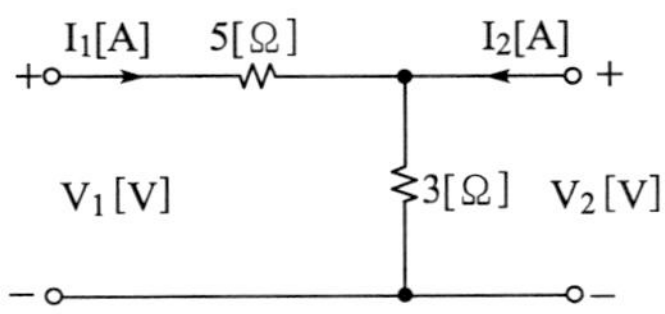

① 8[Ω]
② 5[Ω]
③ 3[Ω]
④ 2[Ω]

◆ 풀이　• $Z-P$ (T 형)

$Z_{11}=\searrow=5+3=8$ [Ω]

답 ①

06 다음 회로에서 저항 R 에 흐르는 전류(I)는 몇 [A] 인가 ?

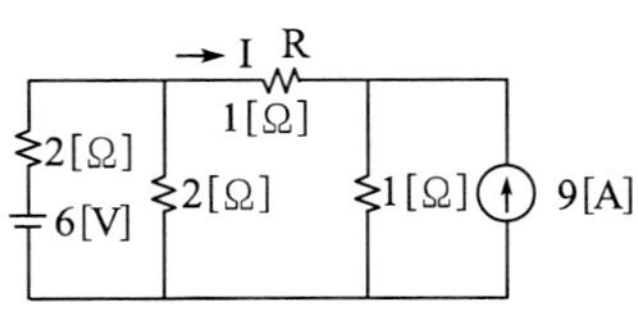

① 2[A]
② 1[A]
③ −2[A]
④ −1[A]

◆ 풀이　• 중첩의 원리

① 전류원 개방 $I'=\dfrac{2}{2+2}\times 2=1$ [A]

② 전압원 단락 $I''=-\dfrac{1}{2+1}\times 9=-3$ [A]

$\therefore\ I=I'+I''=-2$ [A]

(Tip〉 풀려고 하지 말고 답을 외우시오!!)

답 ③

07 $\sin\omega t$ 의 라플라스 변환은 ?

① $\dfrac{S}{S^2+\omega^2}$ ② $\dfrac{\omega}{S^2+\omega^2}$ ③ $\dfrac{S}{S^2-\omega^2}$ ④ $\dfrac{\omega}{S^2-\omega^2}$

◆ 풀이 • $\mathcal{L}[\sin\omega t]=\dfrac{\omega}{s^2+\omega^2}$, $\mathcal{L}[\cos\omega t]=\dfrac{s}{s^2+\omega^2}$ 답 ②

08 a, b 양단에 220[V] 전압을 인가시 전류 I 가 1[A] 흘렀다면 R의 저항은 몇 [Ω] 인가 ?

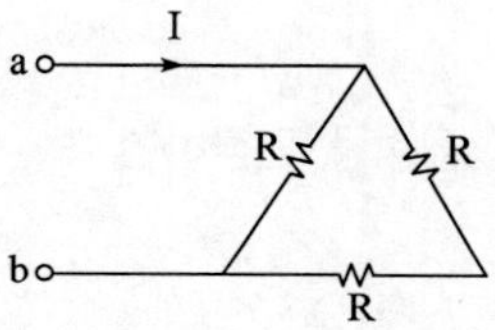

① 100[Ω]
② 150[Ω]
③ 220[Ω]
④ 330[Ω]

◆ 풀이 • $R_0=\dfrac{R\cdot 2R}{R+2R}=\dfrac{2}{3}R=\dfrac{V}{I}=\dfrac{220}{1}$ 답 ④

$\therefore\ R=\dfrac{3}{2}\times 220=330\ [\Omega]$

09 기본파의 40[%]인 제 3 고조파와 30[%]인 제 5 고조파를 포함하는 전압파의 왜형률은 얼마인가 ?

① 0.3 ② 0.5 ③ 0.7 ④ 0.9

◆ 풀이 • 비정현파의 왜형률 $D=\dfrac{\sqrt{0.4^2+0.3^2}}{1}=0.5$ 답 ②

10 다음의 회로에서 S 를 닫은 후 $t = 1$ [s] 일 때 회로에 흐르는 전류는 약 몇 [A] 인가 ?

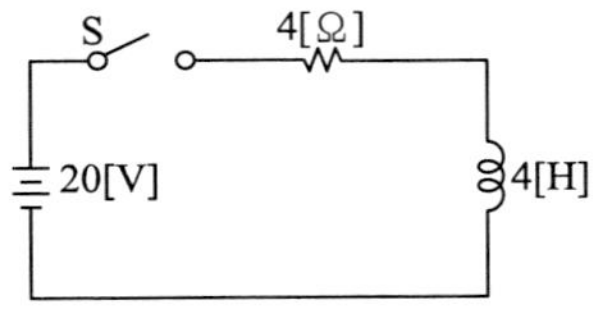

① 2.16[A]
② 3.16[A]
③ 4.16[A]
④ 5.16[A]

◆ 풀이 • $R-L$ 직렬시 과도현상

$$i(t) = \frac{E}{R}\left(1-e^{-\frac{R}{L}t}\right) = \frac{20}{4}\left(1-e^{-\frac{4}{4}\times 1}\right) = 5(1-e^{-1}) = 3.16[\text{A}]$$

답 ②

11 어떤 제어계의 전달함수 $G(S) = \dfrac{S}{(S+2)(S^2+2S+2)}$ 에서 안정성을 판정하면 ?

① 안정하다. ② 불안정하다. ③ 임계상태이다. ④ 알 수 없다.

◆ 풀이 • 전달함수의 분모 = 0, 즉 특성방정식

답 ①

$(S+2)(S^2+2S+2) = 0$ 에서

$S^3+4S^2+6S+4 = 0$ 에서 루쓰 수열을 만듦

S^3	1	6	S^3	1	6
S^2	4	4	S^2	4	
S^1	$\frac{4\times 6-1\times 4}{4}$		S^1	5	
S^0			S^0	$\frac{5\times 4-4\times 0}{5}$	

제 1 열의 부호 변화가 없으므로 안정하다.

12 다음 중 피드백 제어계의 일반적인 특징이 아닌 것은 ?

① 비선형 왜곡이 감소한다
② 구조가 간단하고 설치비가 저렴하다.
③ 대역폭이 증가한다.
④ 계의 특성 변화에 대한 입력 대 출력비의 감도가 감소한다.

◆ 풀이 • 피드백 제어계는 개루프 제어계(open−loop system) 보다 구조가 복잡, 따라서 설치비가 고가.

답 ②

13 $G(j\omega) = 10(j\omega)+1$ 에서 절점 각주파수 ω_0[rad/s] 는 ?

① 0.1 ② 1 ③ 10 ④ 100

◆ 풀이 • 절점 각 주파수는 허수부와 실수부가 같을 때이다. 답 ①

$G(j\omega) = 10(j\omega)+1 = j10\omega+1$

$\therefore 10\omega = 1$

$\omega = \frac{1}{10} = 0.1$

14 다음 논리식 $[(AB+A\overline{B})+AB]+\overline{A}B$ 를 간단히 하면 ?

① $A+B$ ② $\overline{A}+B$ ③ $A+\overline{B}$ ④ $A+A\cdot B$

◆ 풀이 • $[(AB+A\overline{B})+AB]+\overline{A}B$ 답 ①

$= [A(B+\overline{B}+B)]+\overline{A}B = A+\overline{A}B$

$= (A+\overline{A})\cdot(A+B) = 1\cdot(A+B) = A+B$

15 주파수 전달함수 $G(j\omega) = \frac{1}{j100\omega}$ 인 제어계에서 $\omega = 0.1$ [rad/s] 일 때의 이득[dB] 과 위상차는 ?

① 40, 90° ② −40, −90° ③ −20, −90° ④ 20, 90°

◆ 풀이 • $G(j\omega) = \frac{1}{j100\omega}\Big|_{\omega=0.1}$ 답 ③

$G(j0.1) = \frac{1}{j100\times 0.1} = \frac{1}{j10}$

① 이득 $g = 20\log|G(j\omega)| = 20\log\frac{1}{10} = 20\log 10^{-1} = -20$ [dB]

② 위상 $\angle\frac{1}{j10} = \frac{\angle 0°}{\angle 90°} = \angle -90°$

16 선형 시불변 시스템의 상태 방정식 $\frac{d}{dt}x(t) = Ax(t) + Bu(t)$ 에서

$A = \begin{bmatrix} 1 & 3 \\ 1 & -2 \end{bmatrix}$, $B = \begin{bmatrix} 0 \\ 1 \end{bmatrix}$ 일 때, 특성 방정식은 ?

① $s^2 + s - 5 = 0$ ② $s^2 - s - 5 = 0$

③ $s^2 + 3s + 1 = 0$ ④ $s^2 - 3s + 1 = 0$

◆ 풀이 • 특성방정식 : $|sI - A| = 0$ 에서 **답** ①

$$sI - A = s\begin{bmatrix} 1 & 0 \\ 0 & 1 \end{bmatrix} - \begin{bmatrix} 1 & 3 \\ 1 & -2 \end{bmatrix} = \begin{bmatrix} s & 0 \\ 0 & s \end{bmatrix} - \begin{bmatrix} 1 & 3 \\ 1 & -2 \end{bmatrix} = \begin{bmatrix} s-1 & -3 \\ -1 & s+2 \end{bmatrix}$$

$$|sI - A| = (s-1)(s+2) - (-3)(-1) = 0$$

$$= s^2 + s - 2 - 3 = 0 = s^2 + s - 5 = 0$$

17 다음 지상 네트워크의 전달함수는 ?

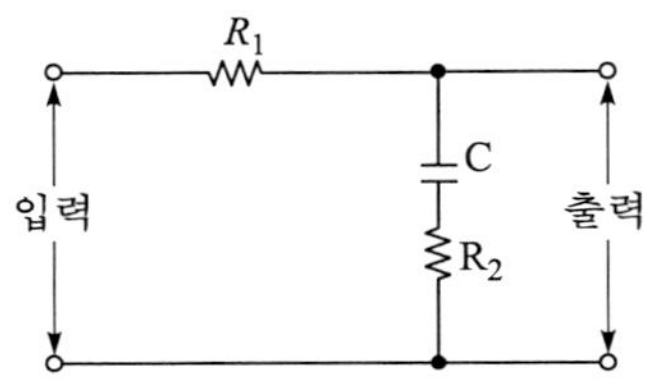

① $\dfrac{S(R_1 + R_1)C + 1}{SCR_1 + 1}$

② $\dfrac{SCR_2 + 1}{S(R_1 + R_2)C + 1}$

③ $\dfrac{R_1 + SC}{R_1 + R_2 + SC}$

④ $\dfrac{1}{1/R_1 + 1/R_2 + SC}$

◆ 풀이 • 전달함수 **답** ②

$$G(s) = \frac{출력}{입력} = \frac{\left(R_2 + \dfrac{1}{CS}\right) \cdot I}{\left(R_1 + R_2 + \dfrac{1}{CS}\right) I}$$

$$= \frac{R_2 CS + 1}{R_1 CS + R_2 CS + 1} = \frac{SCR_2 + 1}{S(R_1 + R_2)C + 1}$$

18 다음 신호흐름 선도에서 $\dfrac{C(s)}{R(s)}$의 값은 ?

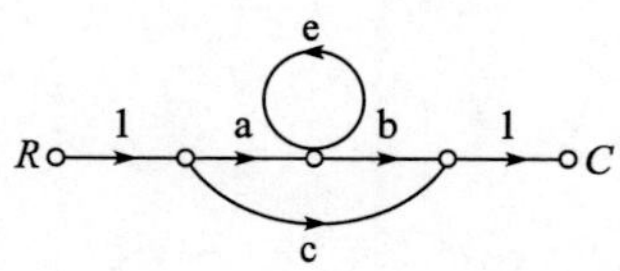

① $\dfrac{ab+c(1-e)}{1-e}$ ② $\dfrac{ab+c}{1-e}$

③ $ab+c$ ④ $\dfrac{ab+c(1+e)}{1+e}$

◆ 풀이 • $\dfrac{C(s)}{R(s)}=\dfrac{\text{경로이득}}{1-\text{루프이득}}$

$=\dfrac{ab}{1-e}+c$(c의 경로는 폐루프 e와 별개)

$=\dfrac{ab+c(1-e)}{1-e}$

답 ①

19 다음 중 z 변환에서 최종치정리를 나타낸 것은 ?

① $x(0)=\lim\limits_{z\to\infty}X(z)$ ② $x(0)=\lim\limits_{z\to 0}X(z)$

③ $x(\infty)=\lim\limits_{z\to 1}(1-z)X(z)$ ④ $x(\infty)=\lim\limits_{z\to 1}(1-z^{-1})X(z)$

답 ④

20 그림과 같은 블록선도에서 전달 함수는 ?

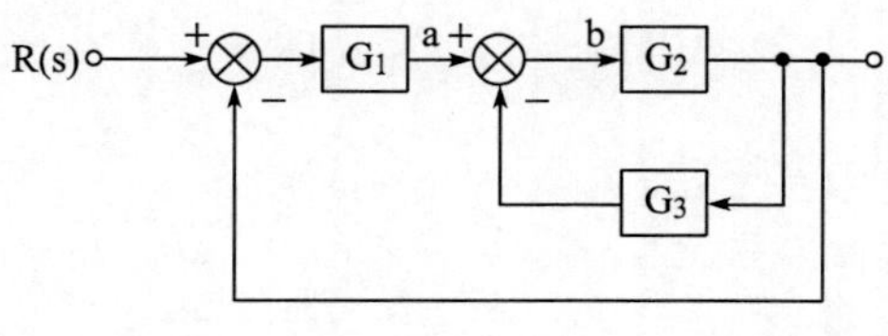

① $G(s)=\dfrac{G_1G_2}{1-G_1G_2-G_2G_3}$

② $G(s)=\dfrac{G_1G_3}{1-G_1G_2-G_2G_3}$

③ $G(s)=\dfrac{G_1G_3}{1+G_1G_2+G_2G_3}$

④ $G(s)=\dfrac{G_1G_2}{1+G_1G_2+G_2G_3}$

◆ 풀이 • 전달함수 $=\dfrac{\text{경로이득}}{1-\text{루프이득}}$

$=\dfrac{G_1G_2}{1-((-)G_1G_2(-)G_2G_3)}=\dfrac{G_1G_2}{1+G_1G_2+G_2G_3}$

답 ④

15회 실전응용문제

01 다음 중 제어량을 어떤 일정한 목표값으로 유지하는 것을 목적으로 하는 제어법은 ?

① 추종제어　② 비율제어　③ 프로그램제어　④ 정치제어

◆ 풀이　• 일정한 값 : 정치제어　답 ④

02 다음 중 $G(s)H(s) = \dfrac{K}{Ts+1}$ 일 때 이 계통은 어떤 형인가 ?

① 0 형　② 1 형　③ 2 형　④ 3 형

◆ 풀이　• 형(type) : $\dfrac{1}{S^n}$ 의 형태에서 n 의 개수　답 ①

03 $G(j\omega) = K(j\omega)^2$ 인 보드 선도의 기울기는 몇 [dB/dec] 인가 ?

① −40　② −20　③ 20　④ 40

◆ 풀이　• [dB/dec] ; ω 가 10 배씩 증가할 때 이득의 변화　답 ④

$G(j\omega) = K \cdot (j\omega)^2$

$|G(j\omega)| = K \cdot \omega^2$

$|G(j\omega)|_{\omega=1} = K \rightarrow g = 20\log K$

$|G(j\omega)|_{\omega=10} = K \cdot 10^2$

$\rightarrow g = 20\log K \cdot 10^2 = 20\log K + 20\log 10^2 = 20\log K + \boxed{40[\text{dB}]}$

$|G(j\omega)|_{\omega=100} = K \cdot 100^2$

$\rightarrow g = 20\log K \cdot 100^2 = 20\log K + 20\log 10^4 = 20\log K + \boxed{80[\text{dB}]}$

∴ 40[dB/dec] 즉, ω가 10배 증가할 때 이득은 40 [dB] 증가

04 개루프 전달함수 $G(s) = \dfrac{s+2}{(s+1)(s+3)}$ 인 단위 피드백 제어계의 특성방정식은 ?

① $s^2 + 3s + 2 = 0$　　② $s^2 + 4s + 3 = 0$

③ $s^2 + 4s + 6 = 0$　　④ $s^2 + 5s + 5 = 0$

◆ 풀이

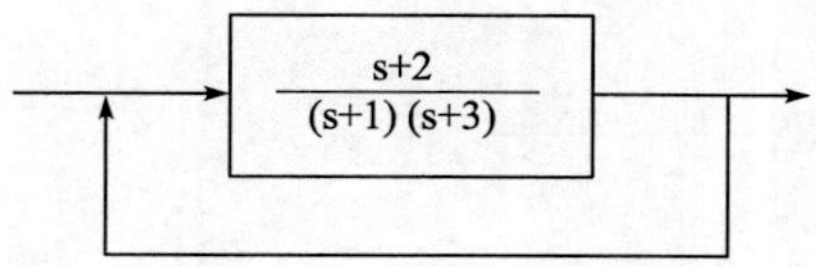

답 ④

• 종합전달함수= $\dfrac{\dfrac{s+2}{(s+1)(s+3)}}{1+\dfrac{s+2}{(s+1)(s+3)}}$

$= \dfrac{s+2}{(s+1)(s+3)+(s+2)}$

• 특성방정식 = 종합전달함수의 분포 = 개루프전달함수의 분모 + 분자

$\therefore (s+1)(s+3)+(s+2) = 0 \Rightarrow s^2+4s+3+s+2 = 0$

$\Rightarrow s^2+5s+5 = 0$

05 다음 중 라플라스 변환값과 Z 변환값이 같은 함수는 ?

① t^2　　② t　　③ $u(t)$　　④ $\delta(t)$

◆ 풀이 • $\delta(t)$는 $\mathcal{L}$ 변환과 Z 변환값이 모두 1이다.

답 ④

06 그림과 같은 RLC 회로에서 입력전압 $e_i(t)$, 출력 전류가 $i(t)$ 인 경우 이 회로의 전달함수 $I(s)\,/\,E_i(s)$는 ? (단, 모든 초기조건은 0 이다)

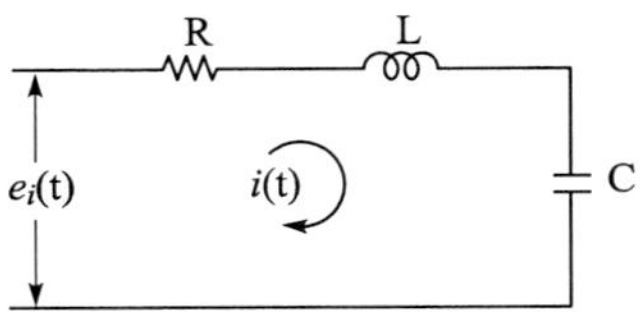

① $\dfrac{Cs}{RCs^2+LCs+1}$

② $\dfrac{1}{RCs^2+LCs+1}$

③ $\dfrac{Cs}{LCs^2+RCs+1}$

④ $\dfrac{1}{LCs^2+RCs+1}$

◆ 풀이 • 전달함수 $\dfrac{I(s)}{E_i(s)} = \dfrac{I(s)}{\left(R+Ls+\dfrac{1}{Cs}\right)I(s)}$ 답 ③

$$= \dfrac{1}{R+Ls+\dfrac{1}{Cs}} = \dfrac{Cs}{LCs^2+RCs+1}$$

〈별해〉 $\dfrac{I}{E} = Y$(어드미턴스) 이므로 $Y = \dfrac{1}{Z} = \dfrac{1}{R+Ls+\dfrac{1}{Cs}}$ 도 가능

07 $G(s)H(s) = \dfrac{K}{s^2(s+1)^2}$ 에서 근궤적의 수는 ?

① 4 ② 2 ③ 1 ④ 0

◆ 풀이 • 근궤적의 수 = 분모의 차수 답 ①

08 다음 중 $G(i\omega) = \dfrac{1}{1+j10\omega}$ 로 주어지는 계의 절점 각주파수는 ?

① 0.1[rad/s] ② 1[rad/s] ③ 10[rad/s] ④ 11[rad/s]

◆ 풀이 • 절점 각 주파수 : 허수부 = 실수부 답 ①

$10\omega = 1$, $\omega = \dfrac{1}{10} = 0.1$

09 다음 중 그림의 신호흐름 선도에서 C/R 는 ?

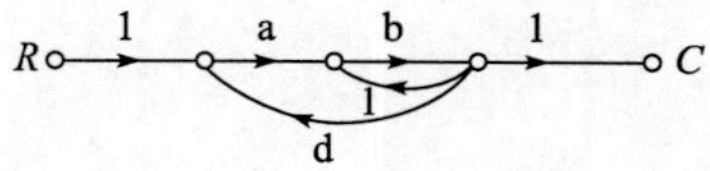

① $\dfrac{ab}{1+b-abd}$ ② $\dfrac{ab}{1-b-abd}$ ③ $\dfrac{ab}{1-b+abd}$ ④ $\dfrac{ab}{1-ab+abd}$

◆ 풀이 • $\dfrac{C}{R}=\dfrac{\text{경로이득}}{1-\text{루프이득}}=\dfrac{ab}{1-b-abd}$ 답 ②

10 그림과 같은 2중 입력으로 된 블록선도의 출력 C 는 ?

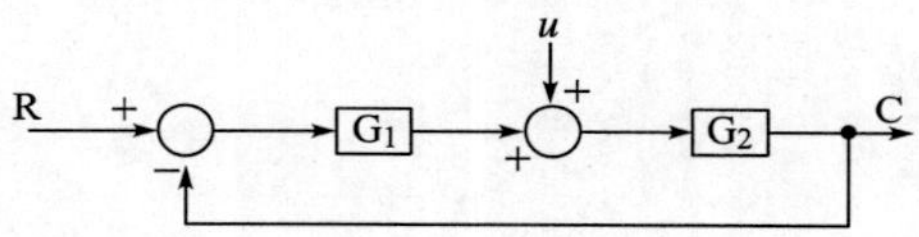

① $\left(\dfrac{G_2}{1-G_1G_2}\right)(G_1R+u)$ ② $\left(\dfrac{G_2}{1+G_1G_2}\right)(G_1R+u)$

③ $\left(\dfrac{G_2}{1-G_1G_2}\right)(G_1R-u)$ ④ $\left(\dfrac{G_2}{1+G_1G_2}\right)(G_1R-u)$

◆ 풀이 • 출력 $C=$ 전달함수 × 입력 답 ②

R 입력 → $C_1=\dfrac{G_1G_2}{1+G_1G_2}\times R$, u 입력 $C_2=\dfrac{G_2}{1+G_1G_2}\times u$

$\therefore C=C_1+C_2=\dfrac{G_2}{1+G_1G_2}(G_1R+u)$

11 분포정수회로에서 선로의 단위길이 당 저항을 100[Ω], 인덕턴스를 200[mH], 누설 컨덕턴스를 0.5[℧]라 할 때 일그러짐이 없는 조건을 만족하기위한 정전 용량은 몇 [μF] 인가 ?

① 0.001[μF] ② 0.1[μF] ③ 10[μF] ④ 1000[μF]

◆ 풀이 • 무왜형 선로 조건 $RC=LG$ 답 ④

$\therefore C=\dfrac{LG}{R}=\dfrac{200\times10^{-3}\times0.5}{100}\times10^6=10^3$ [μF]

12 4단자 정수 A, B, C, D 중에서 임피던스의 차원을 가지는 것은 ?

① A　　② B　　③ C　　④ D

◆ 풀이 • A : 전압비, B : Z, C : Y, D : 전류비

답 ②

13 다음 파형의 라플라스 변환은 ?

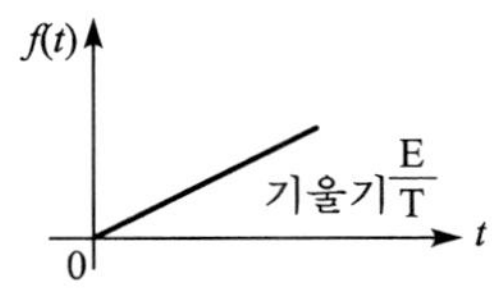

① $\dfrac{E}{s^2}$　　② $\dfrac{E}{Ts^2}$　　③ $\dfrac{E}{s}$　　④ $\dfrac{E}{Ts}$

◆ 풀이 • $f(t) = \dfrac{E}{T}\ t\ u(t)$

답 ②

$\therefore\ F(s) = \dfrac{E}{Ts^2}$

14 성형(Y) 결선의 부하가 있다. 선간 전압 300[V] 의 3상 교류를 인가했을 때 선전류가 40[A] 이고 역률이 0.8 이라면 리액턴스는 약 몇 [Ω] 인가 ?

① 2.6[Ω]　　② 4.3[Ω]　　③ 16.6[Ω]　　④ 35.6[Ω]

◆ 풀이 • $P_r = \sqrt{3}\ VI\sin\theta = \sqrt{3} \times 300 \times 40 \times 0.6 = 12470.8 = 3\,I_p^{\,2} \cdot X$

답 ①

$\therefore\ X = \dfrac{P_r}{3\,I_p^{\,2}} = \dfrac{12470.8}{3 \times 40^2} = 2.598\ [\Omega]$

$\therefore\ X = 2.6\ [\Omega]$

15 다음 회로에서 전류 I 는 몇 [A] 인가 ?

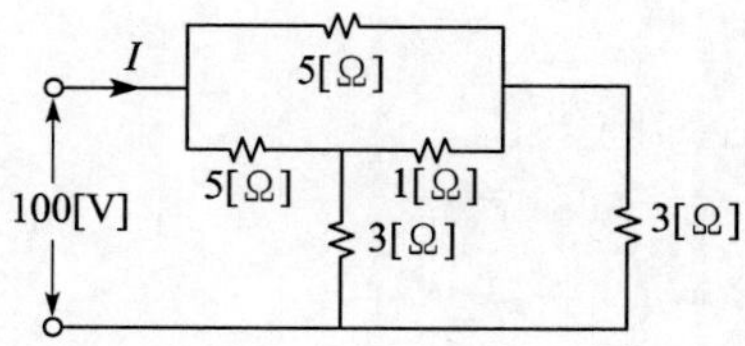

① 50[A]
② 25[A]
③ 12.5[A]
④ 10[A]

◆ 풀이 • $R_0 = \dfrac{(5+3)\cdot(5+3)}{(5+3)+(5+3)} = 4$ 답 ②

(∵ 평형 조건이 성립하므로 1[Ω]은 회로 구성에서 제외)

$\therefore\ I = \dfrac{V}{R_0} = \dfrac{100}{4} = 25$ [A]

16 비정현파 전압이 $V = 141.4\sin\omega t + 70.7\sin 2\omega t + 42.4\sin 3\omega t$ [V] 일 때 실효치는 약 몇 [V] 인가 ?

① 13.4[V] ② 38.6[V] ③ 115.7[V] ④ 180.3[V]

◆ 풀이 • 비정현파의 실효값 답 ③

$V = \sqrt{100^2 + 50^2 + 30^2} = 115.7$ [V]

17 각 상전압이 $V_a = 40\sin\omega t$ [V], $V_b = 40\sin(\omega t + 90^\circ)$ [V], $V_c = 40\sin(\omega t - 90^\circ)$ [V] 이라 하면 영상대칭분 전압은 ?

① $40\sin\omega t$
② $\dfrac{40}{3}\sin\omega t$
③ $\dfrac{40}{3}\sin(\omega t - 90^\circ)$
④ $\dfrac{40}{3}\sin(\omega t + 90^\circ)$

◆ 풀이 • $V_0 = \dfrac{1}{3}(V_a + V_b + V_c)$ (∵ $V_b = V_c$, 방향은 반대이므로 상쇄된다) 답 ②

$\therefore\ V_0 = \dfrac{1}{3}(40\sin\omega t) = \dfrac{40}{3}\sin\omega t$

18 다음과 같은 회로에서 $t=0$ 에서 스위치 S 를 닫으면서 전압 E[V] 를 가할 때 L 양단에 걸리는 전압 e_L[V] 는 ?

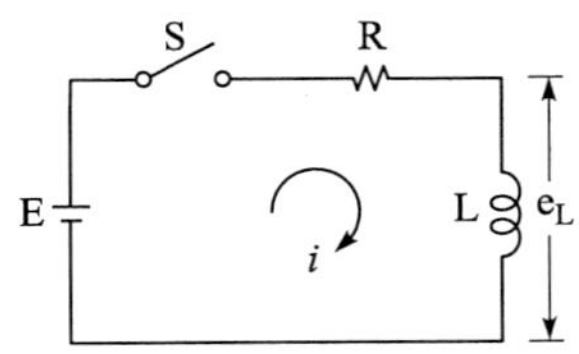

① $E\left(1-e^{-\frac{R}{L}t}\right)$

② $Ee^{-\frac{R}{L}t}$

③ $E\left(1+e^{\frac{R}{L}t}\right)$

④ $-Ee^{-\frac{R}{L}t}$

◆ 풀이 • $R-L$ 직렬시 $V_L=e_L=Ee^{-\frac{R}{L}t}$ 답 ②

19 정 K 형 필터(여과기)에 있어서 임피던스 Z_1, Z_2 는 공칭 임피던스 K 와는 어떤 관계가 있는가 ?

① $Z_1Z_2=K$ ② $\frac{Z_1}{Z_2}=K$ ③ $\sqrt{\frac{Z_1}{Z_2}}=K_2$ ④ $Z_1Z_2=K^2$

◆ 풀이 • $K^2=Z_1 \cdot Z_2$ 답 ④

20 대칭 5상 교류에서 선간전압과 상전압간의 위상차는 몇 도인가 ?

① 27° ② 36° ③ 54° ④ 72°

◆ 풀이 • 대칭 5상의 위상차는 답 ③

$$\theta=\frac{\pi}{2}\left(1-\frac{2}{n}\right)=\frac{\pi}{2}\left(1-\frac{2}{5}\right)=\frac{\pi}{2}\times\frac{3}{5}=\frac{3\pi}{10}=54°$$

16회 실전응용문제

01 $R-L$ 직렬회로에서 시간 $t=0$ 에서 스위치를 닫아 직류전압을 인가했을 때 전류 i 가 0 에서 정상 전류의 63.2[%]에 달하는 시간[s] 은 ? (단, L 의 초기전류는 0 이다)

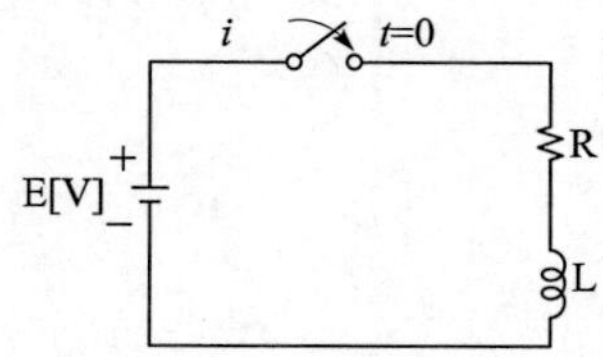

① LR[s]

② $\frac{1}{LR}$[s]

③ $\frac{L}{R}$[s]

④ $\frac{R}{L}$[s]

◆ 풀이 • $R-L$ 직렬 과도현상

답 ③

시정수 τ 대입시

$i(t) = 0.632\frac{E}{R}$ 이므로 63.2[%]에 도달하는 시간은 시정수 $\tau = \frac{L}{R}$ 이다.

02 $R-C$ 저역 필터회로의 전달함수 $G(j\omega)$ 는 ? (단, $\omega=0$ 이다)

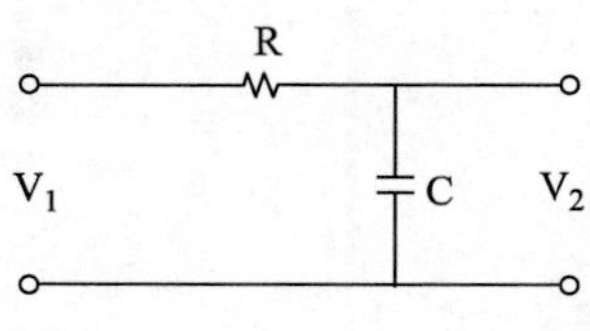

① 0

② 0.5

③ 0.707

④ 1

◆ 풀이 • $R-C$ 저역 필터 전달함수

답 ④

$$G(j\omega) = \frac{\frac{1}{j\omega C}}{R+\frac{1}{j\omega C}} \times j\omega C \text{ 이면}$$

$$= \frac{1}{jR\omega C+1} \;(\omega=0 \text{ 대입}) = \frac{1}{1} = 1$$

03 3상 불평형 전압에서 영상전압이 140[V] 이고, 정상전압이 600[V], 역상전압이 280[V] 이라면 전압의 불평형률은 ?

① 2.5　　② 0.47　　③ 0.4　　④ 0.23

◆ 풀이　• 불평형률이란 $= \dfrac{\text{역상분}}{\text{정상분}} = \dfrac{280}{600} = 0.47$　　답 ②

04 어느 회로의 유효전력은 300[W], 무효전력은 400[var] 이다. 이 회로의 피상전력은 몇 [VA] 인가 ?

① 350[VA]　　② 500[VA]　　③ 600[VA]　　④ 700[VA]

◆ 풀이　• 피상전력$(P_a) = \sqrt{300^2 + 400^2} = 500$　　답 ②

$P_a = \sqrt{P^2 + P_r^2}$ [VA]

05 선로의 임피던스 $Z = R + j\omega L$ [Ω], 병렬 어드미턴스가 $Y = G + j\omega C$ [Ω] 일 때 선로의 저항 R과 콘덕턴스 G가 동시에 0 이 되었을 때 전파 정수는 ?

① $j\omega\sqrt{LC}$　　② $j\omega\sqrt{\dfrac{C}{L}}$　　③ $j\omega\sqrt{L^2C}$　　④ $j\omega\sqrt{\dfrac{L}{C^2}}$

◆ 풀이　• 무손실 선로 조건 $(R = G = \propto = 0)$　　답 ①

$\therefore \gamma = j\beta = j\omega\sqrt{LC}$

06 다음과 같은 4단자 회로의 4단자 정수 A, B, C, D 에서 C 의 값은 ?

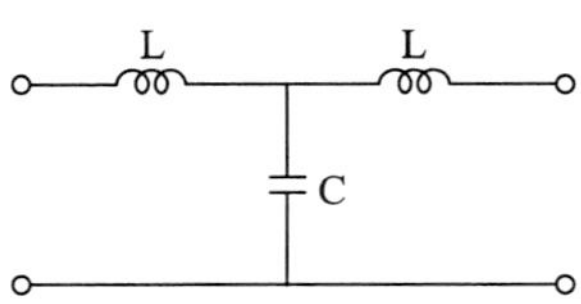

① $1 - j\omega C$
② $1 - \omega^2 LC$
③ $j\omega L(2 - \omega^2 LC)$
④ $j\omega C$

◆ 풀이　• $C = j\omega C$　　답 ④

07 $e = 14.1\sin\omega t + 7.1\sin\left(3\omega t + \frac{\pi}{3}\right) + 14.1\sin\left(5\omega t - \frac{\pi}{6}\right)$ 일 때 실효값은 약 몇 [V] 인가 ?

① 10.5[V] ② 15[V] ③ 22[V] ④ 25.6[V]

◆ 풀이 • $V = \sqrt{V_1^2 + V_3^2 + V_5^2} = \sqrt{\left(\frac{14.1}{\sqrt{2}}\right)^2 + \left(\frac{7.1}{\sqrt{2}}\right)^2 + \left(\frac{14.1}{\sqrt{2}}\right)^2} = 15[V]$ 답 ②

08 다음 회로의 a, b 단자간 임피던스가 R 이 되기 위한 조건은 ?

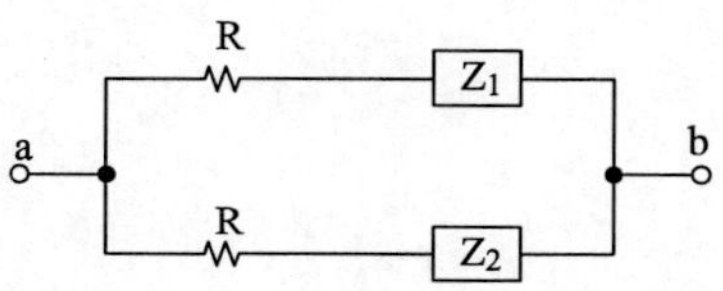

① $Z_1 Z_2 = R$

② $Z_1 Z_2 = R^2$

③ $\frac{Z_1}{Z_2} = R^2$

④ $\frac{Z_2}{Z_1} = R^2$

◆ 풀이 • 정저항 조건 $R^2 = Z_1 \cdot Z_2 = \frac{L}{C}$, $R = \sqrt{\frac{L}{C}}$ 답 ②

09 시간함수 $f(t) = 1 - e^{-at}$의 라플라스 변환은 ?

① $\frac{a}{s}$ ② $\frac{1}{s+a}$ ③ $\frac{1}{s(s+a)}$ ④ $\frac{a}{s(s+a)}$

◆ 풀이 • $f(t) = 1 - e^{-at}$ 답 ④

$$F(s) = \frac{1}{s} - \frac{1}{s+a} = \frac{s+a-s}{s(s+a)} = \frac{a}{s(s+a)}$$

10 저항 R, 커패시턴스 C 의 병렬회로에서 전원 주파수가 변할 때의 임피던스 궤적은 ?

① 제 1 상한 내의 반직선 ② 제 1 상한 내의 반원

③ 제 4 상한 내의 반원 ④ 제 4 상한 내의 반직선

◆ 풀이 • $R-C$ 병렬 회로시 임피던스 궤적은 제 4 상한 내의 반원이다. 답 ③

11 다음과 같이 주어진 상태 방정식에서 특성방정식의 근은 ?

$$\begin{bmatrix} \dot{x}_1 \\ \dot{x}_2 \end{bmatrix} = \begin{bmatrix} 0 & 1 \\ -2 & -3 \end{bmatrix} \begin{bmatrix} x_1 \\ x_2 \end{bmatrix} + \begin{bmatrix} 1 \\ 0 \end{bmatrix} u$$

① −1, −2 ② −2, −3 ③ −1, −3 ④ 1, −3

◆ 풀이 • $\dot{X} = AX + Bu$ 에서 계수행렬 $A = \begin{bmatrix} 0 & 1 \\ -2 & -3 \end{bmatrix}$ 답 ①

특성방정식 : $|sI - A| = 0$ 을 구한다.

12 그림과 같은 계전기 접점회로의 논리식은 ?

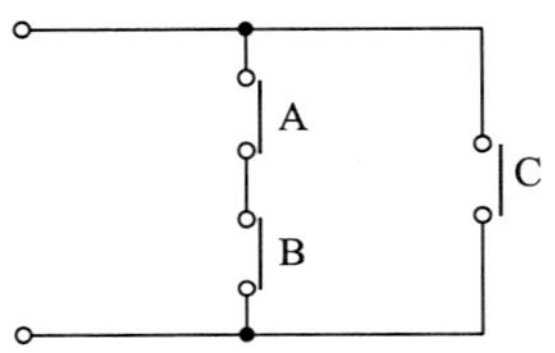

① $A+B+C$
② $(A+B)C$
③ $AB+C$
④ ABC

답 ③

13 그림과 같은 제어계가 안정되기 위한 K의 범위는 ?

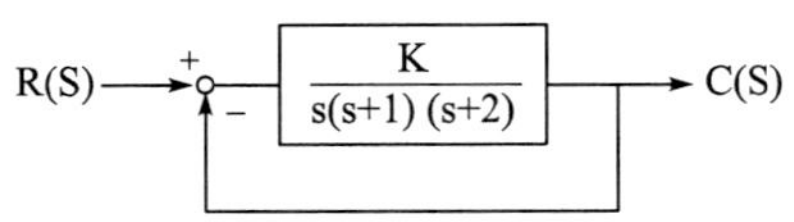

① $K < -2$ ② $K > 6$ ③ $0 < K < 6$ ④ $K > 6, K < 0$

◆ 풀이 • 종합전달함수 답 ③

$$G = \frac{경로이득}{1 - 루프이득} \text{ 에서}$$

$$= \frac{\dfrac{K}{s(s+1)(s+2)}}{1 + \dfrac{K}{s(s+1)(s+2)}} = \frac{K}{s(s+1)(s+2) + K}$$

종합전달함수의 분모를 0 으로 놓으면 특성방정식이 된다. 이때의 특성방정식은 개루프 전달함수의 분모+분자로 놓아도 된다.

특성방정식 $= s(s+1)(s+2)+K= s^3+3s^2+2s+K$ 이다.

안정되기 위한 조건은 ① 모든 차수가 존재해야 한다.
② 모든 부호가 동일해야(+로) 한다.
③ 루쓰 수열의 제 1 열 부호변화가 없다.

i) ①, ②번 조건에서 $K>0$

ii) 루쓰 수열을 만든다.

s^3	1	2
s^2	3	K
s^1	$\dfrac{3\times2-1\times K}{3}$	
s^0		

└ 1열

$\therefore\ 6-K>0\ ,\ 6>K$

$\therefore$ i) ii) 의 조건을 종합하면 $0<K<6$

14 다음 중 $f(t)=e^{-at}$ 의 Z변환은 ?

① $F(z)=\dfrac{z}{z-e^{-at}}$ ② $F(z)=\dfrac{1}{z-e^{-at}}$

③ $F(z)=\dfrac{z}{z+e^{at}}$ $F(z)=\dfrac{1}{z+e^{-at}}$

답 ①

15 2차계 과도응답의 특성방정식이 $s^2+2\delta\omega_n s+\omega_n^{\ 2}=0$ 인 경우 s가 서로 다른 2개의 실근을 가졌을 때의 제동은 ?

① 과제동 ② 부족제동 ③ 임계제동 ④ 무제동

◆ 풀이 • 과제동 : 서로 다른 2개의 실근 답 ①

부족제동 : 좌반면의 공액 복소근

16 $G(s)H(s) = \dfrac{k(s+1)}{s(s+5)(s+8)}$ 일 때 근궤적에서 점근선의 실수축과의 교차점은 ?

① −6 ② −5 ③ −4 ④ −1

◆ 풀이 • $\sigma = \dfrac{\sum P - \sum Z}{P - Z}$ 답 ①

$\sum P$: 유한극의 총합, $\sum Z$: 유한영점의 총합,

P : 극의 수, Z : 영점의 수

(유한) 영점 : $s = -1$ (1개)

(유한) 극 : $s = 0, -5, -8$ (3개)

$$= \frac{(-5-8)-(-1)}{3-1} = \frac{-13+1}{2} = \frac{-12}{2} = -6$$

17 전달함수 $G(s) = \dfrac{1}{s^2 + 2\delta\omega_n s + \omega_n^2}$ 인 제어계에서 $\omega_n = 2$, $\delta = 0$ 일 때 단위 임펄스 입력에 대한 출력은 ?

① $\sin\left(\dfrac{t}{2}\right)$ ② $\cos\left(\dfrac{t}{2}\right)$ ③ $\dfrac{1}{2}\sin 2t$ ④ $\dfrac{1}{2}\cos 2t$

◆ 풀이 • 단위 임펄스 입력에 대한 출력 ⟶ 전달함수 답

$$G(s) = \left.\frac{1}{s^2 + 2\delta\omega_n s + \omega_n^2}\right|_{\omega_n = 2,\ \delta = 0}$$

$$G(s) = \frac{1}{s^2 + 2^2} = C(s)$$

$$C(t) = \mathcal{L}^{-1}C(s) = \mathcal{L}^{-1}\left(\frac{1}{s^2+2^2}\right) = \mathcal{L}^{-1}\left(\frac{1}{2}\cdot\frac{2}{s^2+s^2}\right) = \frac{1}{2}\cdot\sin 2t$$

18 그림과 같은 신호 흐름선도에서 C/R은 ?

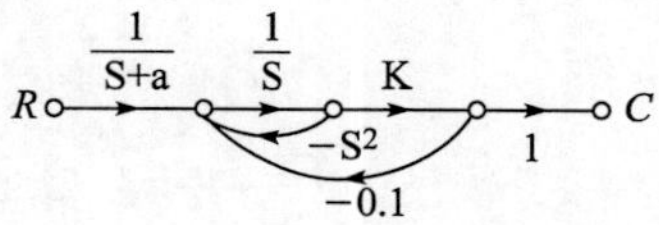

① $\dfrac{K}{(S+a)(S^2+S+0.1K)}$　② $\dfrac{K-0.1S}{(S+a)(S^2+S+0.1K)}$

③ $\dfrac{0.1K}{(S+a)(S^2+S+0.1K)}$　④ $\dfrac{K}{(S+a)(S^2-S-0.1K)}$

◆ 풀이 • $\dfrac{C}{R}=G=\dfrac{\text{경로이득}}{1-\text{루프이득}}$ 답 ①

$$=\frac{\frac{1}{s+a}\cdot\frac{1}{s}\cdot K}{1-\left(\frac{1}{s}\right)(-s^2)-\left(\frac{1}{s}\right)\cdot K\cdot(-0.1)}$$

$$=\frac{\frac{1}{s+a}\cdot\frac{1}{s}\cdot K}{1+s+\frac{0.1K}{s}}=\frac{K}{(s+a)(s^2+s+0.1K)}$$

19 어떤 제어계의 출력 $C(s)=\dfrac{s+0.5}{s(s^2+s+2)}$로 주어질 때 정상치는 ?

① 4　② 2　③ 0.5　④ 0.25

◆ 풀이 • 정상치 = 정상값 답 ④

$$\lim_{t\to\infty}C(t)=\lim_{s\to 0}s\,C(s)$$

$$=\lim_{s\to 0}s\cdot\frac{s+0.5}{s(s^2+s+2)}=\frac{0+0.5}{0^2+0+2}=0.25$$

20 다음 제어량 중에서 추종제어와 관계없는 것은 ?

① 위치　② 방위　③ 유량　④ 자세

◆ 풀이 • 위치, 방위, 자세는 서보기구(servomechanism) 이면서 추종제어이다. 답 ③

17회 실전응용문제

01 $R = 10\,[\Omega]$, $\omega L = 5\,[\Omega]$, $\dfrac{1}{\omega C} = 30\,[\Omega]$이 직렬로 접속된 회로에서 기본파에 대한 합성임피던스(Z_1)과 제3조파에 대한 합성임피던스(Z_3)는 각각 몇 $[\Omega]$인가?

① $Z_1 = \sqrt{725}$, $Z_3 = \sqrt{125}$
② $Z_1 = \sqrt{461}$, $Z_3 = \sqrt{461}$
③ $Z_1 = \sqrt{461}$, $Z_3 = \sqrt{125}$
④ $Z_1 = \sqrt{125}$, $Z_3 = \sqrt{461}$

◆ 풀이 $Z_1 = R + j\left(\omega L - \dfrac{1}{\omega C}\right) = 10 - j25 = \sqrt{10^2 + 25^2} = \sqrt{725}$ 답 ①

$Z_3 = R + j\left(3\omega L - \dfrac{1}{3\omega C}\right)$

$= 10 + j(15 - 10) = 10 + j5 = \sqrt{10^2 + 5^2} = \sqrt{125}$

02 그림과 같은 회로의 전달함수는? (단, $T = RC$ 이다.)

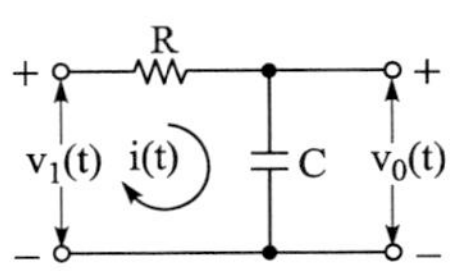

① $Ts + 1$
② $Ts^2 + 1$
③ $\dfrac{1}{Ts + 1}$
④ $\dfrac{1}{Ts^2 + 1}$

◆ 풀이 $G(s) = \dfrac{V_0}{V_i} = \dfrac{\text{출력측 } Z}{\text{입력측 } Z} = \dfrac{\dfrac{1}{Cs}}{R + \dfrac{1}{Cs}} \times Cs = \dfrac{1}{RCs + 1}$ 답 ③

($T = RC$ 이므로)

$G(s) = \dfrac{1}{Ts + 1}$

02 $\frac{di(t)}{dt} + 4i(t) + 4\int i(t)\,dt = 50u(t)$ 를 라플라스 변환하여 전류 $i(t)$ 의 값을 구하면?
(단, $t = 0$ 에서 $i(0) = 0$, $\int_{-\infty}^{0} i(t)\,dt = 0$ 이다.)

① $-50e^{-2t}$ ② $-50e^{2t}$ ③ $50te^{2t}$ ④ $50t\,e^{-2t}$

◆ 풀이 $\frac{di(t)}{dt} + 4i(t) + 4\int i(t)\,dt = 50u(t)$ 를 라플라스 변환하면

$$sI(s) + 4I(s) + \frac{4}{s}I(s) = \frac{50}{s}$$

$$\left(s + 4 + \frac{4}{s}\right)I(s) = \frac{50}{s}$$

$$\therefore\ I(s) = \frac{50}{s\left(s+4+\frac{4}{s}\right)} = \frac{50}{s^2+4s+4} = \frac{50}{(s+2)^2}$$

$$i(t) = \mathcal{L}^{-1}[I(s)] = 50t\,e^{-2t}$$

답 ④

03 Δ 결선된 저항부하를 Y 결선으로 바꾸면 소비 전력은 어떻게 되겠는가? (단, 저항과 선간 전압은 일정하다.)

① 3 배 ② 9 배 ③ $\frac{1}{9}$ 배 ④ $\frac{1}{3}$ 배

◆ 풀이 $\Delta \rightarrow$ Y 결선으로 변환시 소비전력은 $\frac{1}{3}$ 배가 된다.

답 ④

04 R-L-C 직렬공진 회로에서 $R = 100$ [Ω], $L = 314$ [mH], $C = 125.6$ [pF] 일 때, 선택도(전압 확대율) Q 는?

① 2×10^3 ② 3×10^3 ③ 4×10^2 ④ 5×10^2

◆ 풀이 선택도

$$Q = \frac{1}{R}\sqrt{\frac{L}{C}} = \frac{1}{100}\sqrt{\frac{314\times10^{-3}}{125.6\times10^{-12}}} = 500$$

답 ④

05 저항과 유도리액턴스의 직렬 회로에 $\dot{E}=14+j38$ [V]인 교류 전압을 가하니 $\dot{I}=6+j2$ [A]의 전류가 흐른다. 이 회로의 저항과 유도리액턴스는 얼마인가?

① $R=4$ [Ω], $X_L=5$ [Ω] ② $R=5$ [Ω], $X_L=4$ [Ω]
③ $R=6$ [Ω], $X_L=3$ [Ω] ④ $R=7$ [Ω], $X_L=2$ [Ω]

◆ 풀이 $Z=\dfrac{V}{I}=\dfrac{14+j38}{6+j2}\dfrac{(6-j2)}{(6-j2)}$

$=\dfrac{(84+76)+j(228-28)}{40}=\dfrac{160+j200}{40}=4+j5$

답 ①

06 $Ri(t)+L\dfrac{di(t)}{dt}=E$ 에서 모든 초기값을 0으로 하였을 때의 $i(t)$ 의 값은?

① $\dfrac{E}{R}e^{-\frac{R}{2}L}$ ② $\dfrac{E}{R}e^{-\frac{L}{R}t}$
③ $\dfrac{E}{R}\left(1-e^{-\frac{R}{L}t}\right)$ ④ $\dfrac{E}{R}\left(1-e^{-\frac{L}{R}t}\right)$

◆ 풀이 $R-L$ 직렬 과도현상

$i(t)=\dfrac{E}{R}\left(1-e^{-\frac{R}{L}t}\right)$

답 ③

07 일반적으로 대칭 3상 회로의 전압, 전류에 포함되는 전압, 전류의 고조파는 n을 임의의 정수로 하여 $(3n+1)$ 일 때의 상회전은 어떻게 되는가?

① 상회전은 기본파와 동일 ② 각상 동위상
③ 정지상태 ④ 상회전은 기본파와 반대

◆ 풀이 $3n+1$: 상회전은 기본파와 동일
$3n$: 각 상 동상
$3n-1$: 상회전은 기본파와 반대

답 ①

08 그림에서 저항 20[Ω]에 흐르는 전류는 몇 [A]인가?

① 0.4 ② 1 ③ 3 ④ 3.4

◆ 풀이 중첩의 원리 답 ②

i) 전류원 개방 $I' = \dfrac{10}{5+20} = 0.4$ [A]

ii) 전압원 단락 $I'' = \dfrac{5}{5+20} \times 3 = 0.6$ [A]

$\therefore I = I' + I'' = 1$ [A]

09 4단자 정수 A, B, C, D 중에서 어드미턴스의 차원을 가진 정수는 어느 것인가?

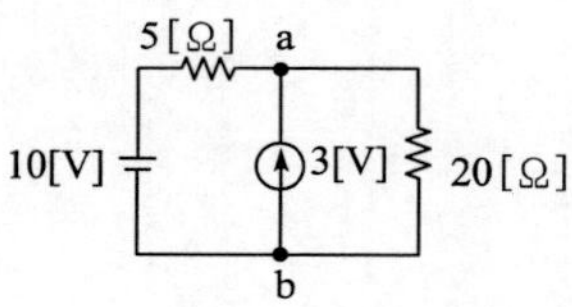

① A

② B

③ C

④ D

◆ 풀이 각 정수의 성분 답 ③

A : 전압비, $B = Z$, $C = Y$, D : 전류비

10 인덕턴스 L인 코일에 전류 $i = I_m \sin\omega t$가 흐르고 있다. L에 축적된 에너지의 첨두(Peak) 값은?

① $\dfrac{1}{\sqrt{2}} L I_m^2$ ② $\dfrac{1}{\sqrt{3}} L I_m^2$ ③ $\dfrac{1}{2} L I_m^2$ ④ $\dfrac{1}{2} L^2 I_m^2$

◆ 풀이 L에 축적되는 에너지

$W_L = \dfrac{1}{2} L I^2$ 에서 Peak 치 값은 $W_L = \dfrac{1}{2} L I_m^2$ [J] 답 ③

11 다음 파형의 라플라스 변환은?

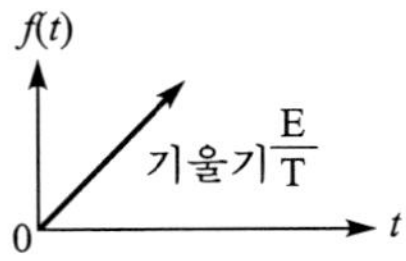

① $\frac{E}{s}$ ② $\frac{E}{s^2}$

③ $\frac{E}{Ts}$ ④ $\frac{E}{Ts^2}$

◆ 풀이 $f(t) = \frac{E}{T} t\, u(t)$, $F(s) = \frac{E}{Ts^2}$ 답 ④

12 대칭 3상 교류에서 순시값의 벡터 합은?

① 0 ② 40 ③ 0.577 ④ 86.6

◆ 풀이 $V_a + V_b + V_c = V_a + a^2 V_a + a V_a = V_a(1 + a^2 + a) = 0$ 답 ①

$(\because\ 1 + a + a^2 = 0\ )$

13 그림과 같은 회로망에서 Z_1을 4단자 정수에 의해 표시하면 어떻게 되는가?

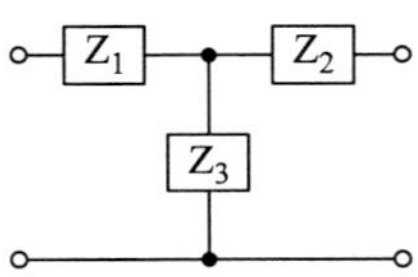

① $\frac{1}{C}$ ② $\frac{D-1}{C}$

③ $\frac{B-1}{C}$ ④ $\frac{A-1}{C}$

◆ 풀이 $A = 1 + \searrow = 1 + \frac{Z_1}{Z_3}$, $C = \frac{1}{Z_3}$ $\therefore A = 1 + Z \cdot C$ 답 ④

$Z_1 = \frac{A-1}{C}$

14 두 코일이 있다. 한 코일의 전류가 매초 40[A]의 비율로 변화할 때 다른 코일에는 20[V]의 기전력이 발생하였다면 두 코일의 상호인덕턴스[H]는?

① 0.2 ② 0.5 ③ 0.8 ④ 1.0

◆ 풀이 $e = M\frac{di}{dt}$

$\therefore M = e\frac{dt}{di} = 20 \times \frac{1}{40} = \frac{1}{2} = 0.5$ [H] 답 ②

15 3상 불평형 전압에서 역상 전압이 50[V]이고 정상 전압이 200[V], 영상전압이 10[V]라고 할 때 전압의 불평형률은?

① 0.01　　② 0.05　　③ 0.25　　④ 0.5

◆ 풀이　$\text{불평형률} = \dfrac{\text{역상분}}{\text{정상분}} = \dfrac{50}{200} = \dfrac{1}{4} = 0.25$　　답 ③

16 그림의 RL 직렬회로가 스위치를 닫은 상태에서 정상이었다. 스위치를 개방한 후 $t = 10^{-3}$ [sec] 일 때의 전류 i [A]는?

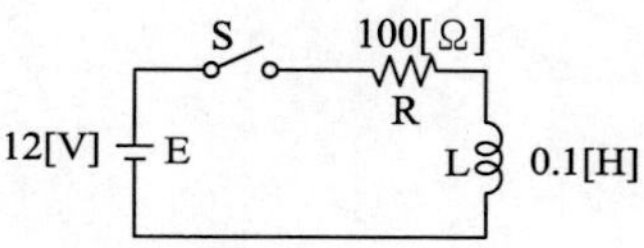

① 0.12
② 0.084
③ 0.076
④ 0.044

◆ 풀이　$R-L$ 직렬 과도현상　　답 ③

$$i(t) = \frac{E}{R}\left(1 - e^{-\frac{R}{L}t}\right) \quad : t = 10^{-3}$$

$$= \frac{12}{100}\left(1 - e^{-\frac{100}{0.1}\times 10^{-3}}\right) = \frac{12}{100}(1 - e^{-1}) = 0.0758$$

17 $R-L-C$ 병렬회로에서 L 및 C의 값을 고정시켜 놓고 저항 R의 값만 큰 값으로 변화시킬 때 옳게 설명한 것은?

① 이 회로의 Q(선택도)는 커진다.
② 공진주파수는 커진다.
③ 공진주파수는 변화한다.
④ 공진주파수는 커지고, 선택도는 작아진다.

◆ 풀이　공진 주파수　　답 ①

$$f_r = \frac{1}{2\pi\sqrt{LC}}$$: 공진주파수와 저항은 관련이 없다.

18 데브낭(Thevenin) 의 정리를 사용하여 그림(a) 의 회로를 (b)와 같은 등가회로로 바꾸려 한다. V와 R의 값은?

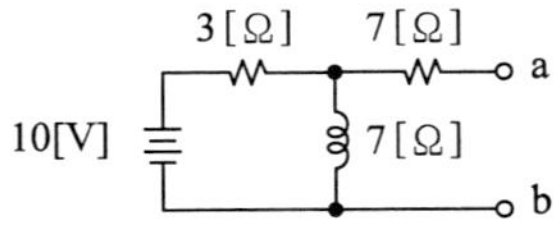

(a)

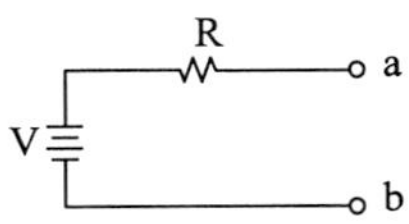

(b)

① 7[V], 9.1[Ω]
② 10[V], 9.1[Ω]
③ 7[V], 6.5[Ω]
④ 10[V], 6.5[Ω]

◆ 풀이 테브난의 정리

$$V = V_{ab} = \frac{7}{3+7} \times 10 = 7 \quad [V]$$

$$R = Z_{ab} = 7 + \frac{3 \cdot 7}{3+7} = 9.1 \quad [\Omega]$$

답 ①

20 그림과 같은 4단자망의 4단자 정수는?

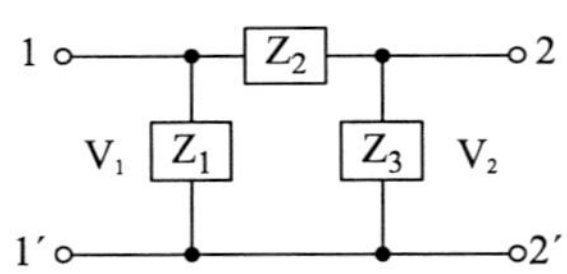

① $1+Z_2Z_3,\ Z_2,\ Z_1(1+Z_2Z_3),\ 1+Z_1Z_2$

② $1+Z_2Z_3,\ Z_2,\ \dfrac{Z_1+Z_2+Z_3}{Z_1},\ 1+Z_1Z_2$

③ $\dfrac{1+Z_2}{Z_3},\ Z_2,\ \dfrac{Z_1+Z_2+Z_3}{Z_1Z_3},\ 1+\dfrac{Z_1}{Z_2}$

④ $1+\dfrac{Z_2}{Z_3},\ Z_2,\ \dfrac{Z_1+Z_2+Z_3}{Z_1Z_3},\ 1+\dfrac{Z_2}{Z_1}$

◆ 풀이 $A = 1+\dfrac{Z_2}{Z_3}$, $B = Z_2$, $C = \dfrac{Z_1+Z_2+Z_3}{Z_1 Z_3}$, $D = 1+\dfrac{Z_2}{Z_1}$

답 ④

18회 실전응용문제

01 그림과 같은 4단자망의 영상 전달정수 θ 는?

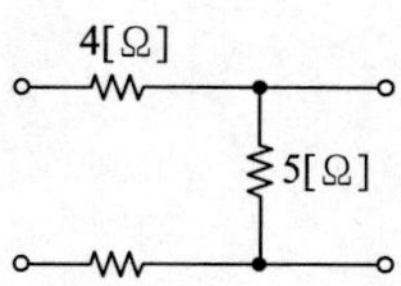

① $\sqrt{5}$
② $\log_e \sqrt{5}$
③ $\log_e \frac{1}{\sqrt{5}}$
④ $5 \log_e \sqrt{5}$

◆ 풀이 $A = 1 + \frac{4}{5} = \frac{9}{5}$, $B = 4$, $C = \frac{1}{5}$, $D = 1$ 답 ②

$\therefore \theta = \log_e(\sqrt{AD} + \sqrt{BC}) = \log_e\left(\sqrt{\frac{9}{5} \times 1} + \sqrt{\frac{4}{5}}\right) = \log_e \sqrt{5}$

02 $Z = 8 + j6$ [Ω]인 평형 Y 부하에 선간전압이 200[V]인 대칭 3상 전압을 가할 때 선전류는 약 몇 [A]인가?

① 0.08 ② 11.5 ③ 17.8 ④ 19.5

◆ 풀이 3ϕ(Y), $Z = 8 + j6$, $V_\ell = 200$ 답 ②

$I_p = \frac{V_p}{Z} = \frac{\frac{200}{\sqrt{3}}}{10} = \frac{20}{\sqrt{3}}$

($\because$ $Z = \sqrt{8^2 + 6^2} = 10$, Y 결선이므로 $V_p = \frac{V_\ell}{\sqrt{3}} = \frac{200}{\sqrt{3}}$)

$\therefore$ Y 결선이므로 $I_\ell = I_p = 11.5$

03 회로에서 $t = 0$ 인 순간에 전압 E를 인가한 경우, 인덕턴스 L에 걸리는 전압은?

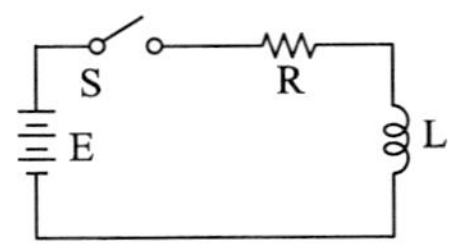

① 0
② E
③ $\frac{LE}{R}$
④ $\frac{E}{R}$

◆ 풀이 $R-L$ 직렬 과도현상 **답** ②

$t = 0$ 인 순간 전압은 모두 L 에 걸린다.

$\therefore V_L = E$

04 단상 전력계 2개로 평형 3 상 부하의 전력을 측정하였더니 각각 300[W] 와 600[W]를 나타내었다. 부하역률은 얼마인가? (단, 전압과 전류는 정현파이다.)

① 0.5 ② 0.577 ③ 0.637 ④ 0.866

◆ 풀이 2 전력계법 **답** ④

$$\cos\theta = \frac{P_1 + P_2}{2\sqrt{P_1^2 + P_2^2 - P_1 P_2}},$$

$P_2 = 2P_1$ 이므로

$= 0.866$ (Tip : 하나가 다른 전력계의 두배 : $\cos\theta = 0.866$)

05 어떤 부하에 $e = 100\sin\left(100\pi t + \frac{\pi}{6}\right)$ [V]의 기전력을 가하니 전류가 $i = 10\cos\left(100\pi t - \frac{\pi}{3}\right)$ [A] 이었다. 이 부하의 소비전력은 몇 [W]인가?

① 250 ② 433 ③ 500 ④ 866

◆ 풀이 i 를 sin 파로 변환하면 $i = 10\sin(100\pi t + 30^\circ)$

$$\therefore P = \frac{100 \times 10}{2}\cos 0^\circ = 500 \text{ [W]}$$ **답** ③

06 그림과 같은 회로에서 $V_1 = 110$ [V], $V_2 = 120$ [V], $R_1 = 1$ [Ω], $R_2 = 2$ [Ω] 일 때 a, b 단자에 5[Ω]의 R_3 를 접속하였을 때 a, b 간의 전압 V_{ab}는 몇 [V]인가?

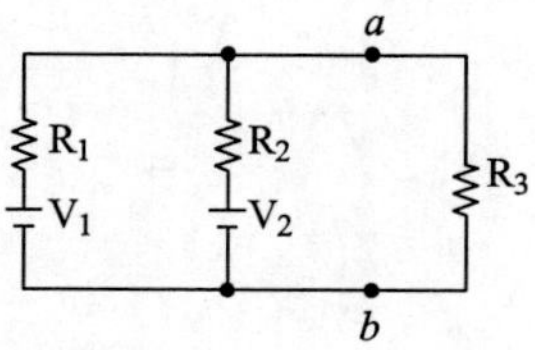

① 85
② 90
③ 100
④ 105

◆ 풀이 밀만의 정리 답 ③

$$V_{ab} = \frac{\frac{V_1}{R_1} + \frac{V_2}{R_2}}{\frac{1}{R_1} + \frac{1}{R_2} + \frac{1}{R_3}} = \frac{\frac{110}{1} + \frac{120}{2}}{\frac{1}{1} + \frac{1}{2} + \frac{1}{5}} \times 10 = \frac{1100 + 600}{10 + 5 + 2} = \frac{1700}{17} = 100\,[\text{V}]$$

07 어느 회로에 전압과 전류의 실효값이 각각 50[V], 10[A]이고 역률이 0.8이다. 무효전력은 몇 [Var]인가?

① 300 ② 400 ③ 500 ④ 600

◆ 풀이 $V = 50$, $I = 10$, $\cos\theta = 0.8$ 답 ①

$\therefore \sin\theta = \sqrt{1 - \cos^2\theta} = \sqrt{1 - 0.8^2} = 0.6$

$\therefore P_r = VI\sin\theta = 50 \times 10 \times 0.6 = 300$ [Var]

08 직류 $R - C$ 직렬회로에서 회로의 시정수 값은?

① $\frac{R}{C}$ ② $\frac{C}{R}$ ③ RC ④ $\frac{1}{RC}$

◆ 풀이 $R - C$ 직렬 과도현상

$i(t) = \frac{E}{R}e^{-\frac{1}{RC}t}$ $\therefore$ 시정수 $\tau = RC$ [s] 답 ③

09 4단자 회로에서 4단자 정수를 A, B, C, D 라 하면 영상 임피던스 Z_{01}, Z_{02} 는?

① $Z_{01} = \sqrt{\frac{AB}{CD}}, Z_{02} = \sqrt{\frac{BD}{AC}}$

② $Z_{01} = \sqrt{AB}, Z_{02} = \sqrt{CD}$

③ $Z_{01} = \sqrt{\frac{CD}{AB}}, Z_{02} = \sqrt{\frac{BD}{AC}}$

④ $Z_{01} = \sqrt{\frac{DB}{AC}}, Z_{02} = \sqrt{ABCD}$

◆ 풀이 영상 임피던스 $Z_{01} = \sqrt{\frac{AB}{CD}}, Z_{02} = \sqrt{\frac{DB}{CA}}$ 답 ①

10 $F(s) = \frac{2s+3}{s^2+3s+2}$ 의 라플라스 함수를 시간 함수로 고치면 어떻게 되는가?

① $F(t) = e^{-t} - 2e^{-2t}$

② $F(t) = e^{-t} + te^{-2t}$

③ $F(t) = e^{-t} + e^{-2t}$

④ $F(t) = 2t + e^{-t}$

◆ 풀이 $F(s) = \frac{2s+3}{s^2+3s+2}$ 를 인수분해하면 답 ③

$$= \frac{2s+3}{(s+1)(s+2)} = \frac{k_1}{s+1} + \frac{k_2}{s+2}$$

$k_1 = F(s) \times (s+1) \mid_{s=-1} = 1, \ k_2 = F(s) \times (s+2) \mid_{s=-2} = 1$

$$\therefore F(s) = \frac{1}{s+1} + \frac{1}{s+2}$$

$$\therefore f(t) = e^{-t} + e^{-2t}$$

11 $\frac{1}{s^2+2s+5}$ 의 라플라스 역변환 값은?

① $\frac{1}{2}e^{-t}\sin 2t$

② $\frac{1}{2}e^{-t}\sin t$

③ $e^{-2t}\cos 2t$

④ $\frac{1}{2}e^{-t}\cos 2t$

◆ 풀이 $F(s) = \frac{1}{s^2+2s+5}$ ⇒ 인수분해가 안된다. 따라서 완전제곱꼴로 변환한다. 답 ①

$$= \frac{1}{(s+1)^2+2^2} = \frac{1}{2} \cdot \frac{2}{(s+1)^2+2^2}$$

$$f(t) = \frac{1}{2} \cdot e^{-t} \cdot \sin 2t$$

12 R[Ω]의 저항 3개를 Y로 접속하고 이것을 200[V]의 평형 3상 교류 전원에 연결할 때 선전류가 20[A] 흘렀다. 이 3 개의 저항을 △ 로 접속하고 동일전원에 연결하였을 때의 선전류는 몇 [A]인가?

① 30 ② 40 ③ 50 ④ 60

◆ 풀이 Y → △ 결선으로 변경시 선전류는 3배 답 ④

$\therefore I_\ell = 20$ [A] → 60 [A]

13 비정현파의 성분을 표시한 것이다. 일반적인 표현으로 가장 바르게 나타낸 것은?

① 직류분 + 고조파 ② 교류분 + 고조파

③ 기본파 + 고조파 + 직류분 ④ 교류분 + 고조파 + 기본파

◆ 풀이 비정현파의 표현 답 ③

$$f(t) = a_0 + \sum_{n=1}^{\infty} a_n \cos n\omega t + \sum_{n=1}^{\infty} b_n \sin n\omega t$$: 기본파 + 고조파 + 직류분

14 대칭 3상 전압이 a상 V_a[V], b상 $V_b = a^2 V_a$ [V], c상 $V_c = a V_a$ [V] 일 때 a 상을 기준으로 한 대칭분 전압 중 정상분 V_1 은 어떻게 표시되는가?

① 0 ② V_a ③ $a V_a$ ④ $a^2 V_a$

◆ 풀이 $V_1 = \frac{1}{3}(V_a + a V_b + a^2 V_c) = \frac{1}{3}(V_a + a^3 V_a + a^3 V_a)$ 답 ②

: $a^3 = 1$

$\therefore V_1 = \frac{1}{3} \times 3 V_a = V_a$

15 그림과 같은 회로는?

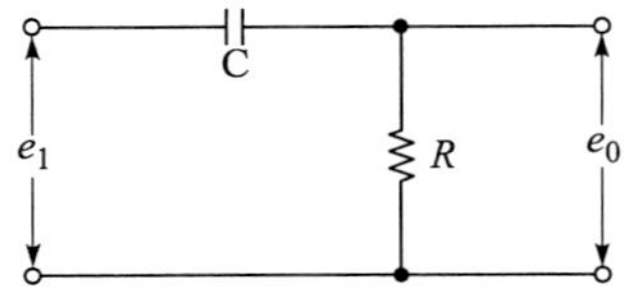

① 가산회로
② 승산회로
③ 미분회로
④ 적분회로

◆ 풀이 미분회로 답 ③

16 그림과 같은 회로의 전달함수는? (단, 초기조건은 0이다.)

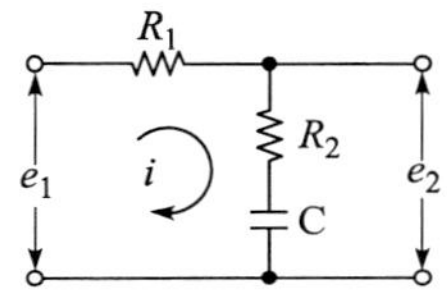

① $\dfrac{R_2+Cs}{R_1+R_2+Cs}$

② $\dfrac{R_1+R_2+Cs}{R_1+Cs}$

③ $\dfrac{R_2Cs+1}{R_2Cs+R_1Cs+1}$

④ $\dfrac{R_1Cs+R_2Cs+1}{R_2Cs+1}$

◆ 풀이 $G(s)=\dfrac{e_2}{e_1}=\dfrac{\text{출력측 } Z}{\text{입력측 } Z}=\dfrac{R_2+\dfrac{1}{Cs}}{R_1+R_2+\dfrac{1}{Cs}}\times Cs=\dfrac{R_2Cs+1}{(R_1+R_2)Cs+1}$ 답 ③

17 대칭 다상 교류에 의한 회전자계 중 설명이 잘못된 것은?

① 대칭 3상 교류에 의한 회전자계는 원형 회전자계이다.
② 대칭 2상 교류에 의한 회전자계는 타원형 회전자계이다.
③ 3상 교류에서 어느 두 코일의 전류의 상순을 바꾸면 회전자계의 방향도 바꾸어진다.
④ 회전자계의 회전속도는 일정한 각속도이다.

◆ 풀이 대칭 2상은 존재하지 않는다. 답 ②

18 그림과 같은 회로에서 단자 a, b 사이의 전압은 몇 [V]인가?

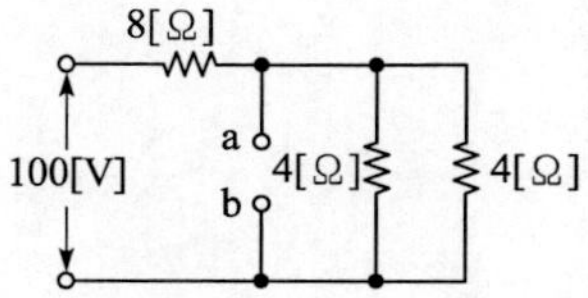

① 20
② 40
③ 60
④ 80

◆ 풀이 병렬 4 [Ω] 두 개를 합성하면 2 [Ω]
따라서 8 [Ω]과 2 [Ω] 직렬에서의 전압 분배

$$V_{ab} = \frac{2}{8+2} \times 100 = 20 \quad [V]$$

답 ①

19 그림과 같은 회로가 정 저항 회로가 되기 위한 L 은 몇 [H]인가?

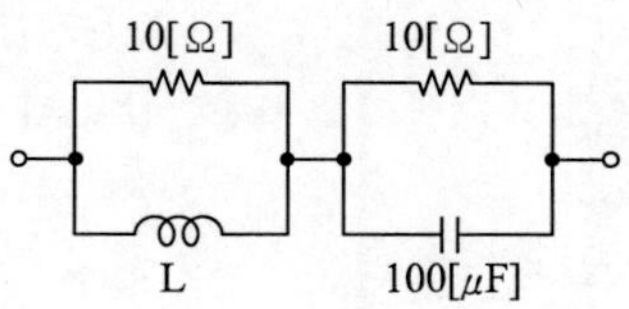

① 0.01
② 0.1
③ 2
④ 10

◆ 풀이 정저항 회로

$$R^2 = \frac{L}{C}$$

$$\therefore L = R^2 C = 10^2 \times 100 \times 10^{-6} = 10^{-2} = 0.01 \quad [H]$$

답 ①

20 어떤 회로의 전압 및 전류가 $V = 10 \angle 60°$, $I = 5 \angle 30°$ 일 때 이 회로의 임피던스 Z[Ω] 값은?

① $\sqrt{3} + j$ ② $\sqrt{3} - j$ ③ $1 + j\sqrt{3}$ ④ $1 - j\sqrt{3}$

◆ 풀이 $Z = \frac{V}{I} = \frac{10 \angle 60°}{5 \angle 30°} = 2 \angle 30°$

$$= 2(\cos 30° + j\sin 30°) = 2\left(\frac{\sqrt{3}}{2} + j\frac{1}{2}\right) = \sqrt{3} + j1$$

답 ①

19회 실전응용문제

01 그림에서 저항 0.2[Ω]에 흐르는 전류는 몇 [A]인가?

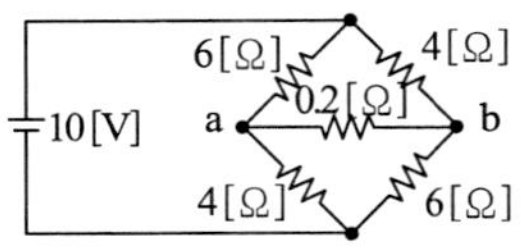

① 0.1
② 0.2
③ 0.3
④ 0.4

◆ 풀이 테브난의 정리 답 ④

$$V_{ab} = V_a - V_b = \frac{6}{6+4} \times 10 - \frac{4}{4+6} \times 10 = 6 - 4 = 2\ [V]$$

$$Z_{ab} = 2 \times \frac{6 \cdot 4}{6+4} = 4.8\ [\Omega]$$ (∵ 등가변환하면 6과 4의 저항이 2개 병렬이므로)

$$\therefore I = \frac{V_{ab}}{Z_{ab} + Z_L} = \frac{2}{4.8 + 0.2} = \frac{2}{5} = 0.4\ [A]$$

(Tip : 그림을 기억하시고, $V = 10$ [V] 이면 $I = 0.4$ [A] $V = 5$ [V] 이면 $I = 0.2$ [A])

02 그림과 같은 회로에서 15[Ω]에 흐르는 전류는 몇 [A]인가?

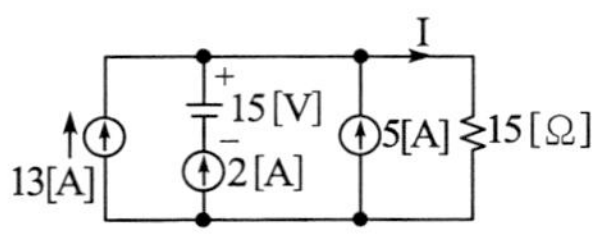

① 4
② 8
③ 10
④ 20

◆ 풀이 중첩의 원리 답 ④

$I = 13 + 2 + 5 = 20$ [A] (∵ 전압원에 의한 전류는 존재하지 않는다.)

03 그림과 같은 회로에서 단자 ab 사이의 합성 저항은 몇 [Ω]인가?

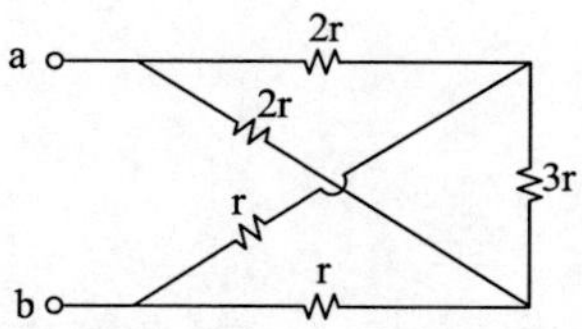

① r
② $\frac{3}{2}r$
③ $\frac{1}{2}r$
④ $3r$

◆ 풀이 휘스톤 브리지의 평형 조건 **답** ②

$$\therefore Z_{ab} = \frac{3r \cdot 3r}{3r + 3r} = \frac{3}{2}r \ [\Omega]$$

04 $i = 3000(2t + 3t^2)$ [A]로 표시되는 전류가 어떤 도선을 2초간 지나갔다. 통과한 전 전기량은 몇 [Ah]인가?

① 3.6 ② 10 ③ 36 ④ 100

◆ 풀이 $q(t) = \int i(t)\,dt = \int_0^2 \{3000(2t + 3t^2)\}\,dt$ **답** ②

$$= 3000[t^2 + t^3]_0^2 = 3000(4 + 8) = 36000[\text{A} \cdot \text{s}] = 36000 / 3600 = 10 \ [\text{Ah}]$$

05 그림과 같이 접속된 회로의 단자 a, b에서 본 등가임피던스는 어떻게 표현되는가?

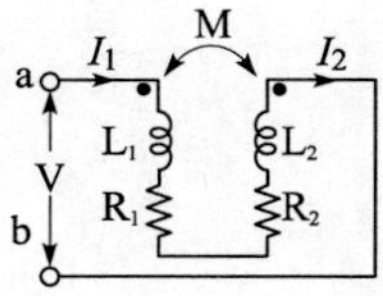

① $R_1 + R_2 + j\omega(L_1 + L_2)$
② $R_1 + R_2 + j\omega(L_1 - L_2)$
③ $R_1 + R_2 + j\omega(L_1 + L_2 + 2M)$
④ $R_1 + R_2 + j\omega(L_1 + L_2 - 2M)$

◆ 풀이 $L_0 = L_1 + L_2 - 2M$ (차동 결합) **답** ④

$Z_{ab} = R_1 + R_2 + j\omega(L_1 + L_2 - 2M)$

06 비접지 3상 Y 부하에서 각 선전류를 I_a, I_b, I_c 라 할 때 전류의 영상분 I_0 는 얼마인가?

① $I_a + I_b$ ② $I_b + I_c$ ③ $I_c + I_a$ ④ 0

◆ 풀이 비접지 선로에서는 영상분이 존재하지 않는다. 답 ④

07 대칭 3상 Y 결선 부하에서 각 상의 임피던스가 $Z = 16 + j12$ [Ω]이고, 부하전류가 10[A]일 때, 이 부하의 선간전압은 약 몇 [V]인가?

① 152.6 ② 229.1 ③ 346.4 ④ 445.1

◆ 풀이 3ϕ (Y), $Z = 16 + j12$, $I_\ell = 10$ 답 ③

$V_p = I_p \cdot Z = 10 \times 20 = 200$ [V]

(∵ Y 결선이므로 $I_p = I_\ell = 10$ [A], $Z = \sqrt{16^2 + 12^2} = 20$)

$\therefore V_\ell = \sqrt{3}\, V_p$ (∵ Y 결선)

$= \sqrt{3} \times 200 = 200\sqrt{3} = 346.4$

08 대칭좌표법에 관한 설명 중 잘못된 것은?

① 대칭좌표법은 일반적인 비대칭 n상 교류회로의 계산에도 이용된다.
② 대칭 3상 전압의 영상분과 역상분은 0이고, 정상분만 남는다.
③ 비대칭 n상 교류회로는 영상분, 역상분 및 정상분의 3성분으로 해석된다.
④ 비대칭 3상 회로의 접지식 회로에는 영상분이 존재하지 않는다.

◆ 풀이 접지식 회로에는 영상분이 존재한다. 답 ④

09 비정현파에서 정현 대칭의 조건은 어느 것인가?

① $f(t) = f(-t)$ ② $f(t) = -f(t)$
③ $f(t) = -f(-t)$ ④ $f(t) = -f\left(t + \frac{T}{2}\right)$

◆ 풀이 정현대칭(sin 파가 대표적) : 원점 대칭 답 ③

$\therefore f(t) = -f(-t)$ or $-f(t) = f(-t)$

10 그림과 같은 π 형 회로의 4단자 정수 중 D 의 값은?

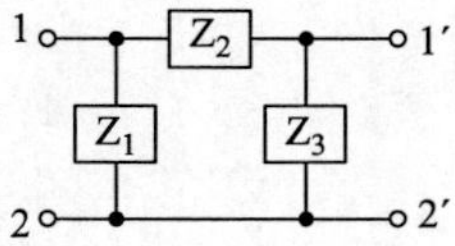

① Z_2　　② $1+\dfrac{Z_2}{Z_1}$

③ $\dfrac{1}{Z_1}+\dfrac{1}{Z_2}$　　④ $1+\dfrac{Z_2}{Z_3}$

◆ 풀이　$D = 1 + \swarrow = 1 + \dfrac{Z_2}{Z_1}$　　답 ②

11 대칭 5상 기전력의 선간전압과 상기전력의 위상차는 약 얼마인가?

① 27°　　② 36°　　③ 54°　　④ 72°

◆ 풀이　$\theta = \dfrac{\pi}{2}\left(1-\dfrac{2}{n}\right) = \dfrac{\pi}{2}\left(1-\dfrac{2}{5}\right) = \dfrac{\pi}{2}\times\dfrac{3}{5} = \dfrac{3}{10}\pi = \dfrac{3}{10}\times 180 = 54^{\circ}$　　답 ③

12 변압비 33 : 1 의 단상변압기 3개를 1차는 △, 2차는 Y 로 결선하고 1차 선간에 3,300[V]를 가할 때의 무부하 2차 선간전압은 약 몇 [V]인가?

① 100　　② 120　　③ 141.4　　④ 173.2

◆ 풀이　$n = \dfrac{E_1}{E_2}$　　$\therefore E_2 = \dfrac{E_1}{n} = \dfrac{3300}{33} = 100$ [V]　　답 ④

$\therefore V\ell_2 = \sqrt{3}\,E_2 = 100\sqrt{3}$ [V]

13 저항 30[Ω], 용량성 리액턴스 40[Ω]의 병렬회로에 120[V]의 정현파 교번 전압을 가할 때 전 전류는 몇 [A]인가?

① 3　　② 4　　③ 5　　④ 6

◆ 풀이　$R-C$ 병렬 회로　　답 ③

$I = I_R + I_c = \dfrac{V}{R} + j\dfrac{V}{X_c} = \dfrac{120}{30} + j\dfrac{120}{40} = 4 + j3 = 5$ [A]

14 교류전압 100[V], 전류 20[A] 로서 1.2[kW]의 전력을 소비하는 회로의 리액턴스는 몇 [Ω] 인가?

① 3 ② 4 ③ 5 ④ 10

◆ 풀이 $V = 100$ [V], $I = 20$ [A], $P = 1.2$ [kW]　　답 ②

$\therefore Z = \dfrac{V}{I} = \dfrac{100}{20} = 5\,[\Omega] = 5(\cos\theta + j\sin\theta) = 5(0.6 + j0.8)$

$(\because \cos\theta = \dfrac{P}{VI} = \dfrac{1200}{100\times 20} = 0.6,\ \sin\theta = \sqrt{1-\cos^2\theta} = 0.8)$

$= 3 + j4$

$\therefore R = 3,\ X = 4$

15 어떤 코일에 흐르는 전류를 0.5[msec] 동안에 5[A] 변화시키면 20[V]의 전압이 생긴다. 자기 인덕턴스는 몇 [mH]인가?

① 2 ② 4 ③ 6 ④ 8

◆ 풀이 페러데이 법칙 $e = L\dfrac{di}{dt}$　　답 ①

$\therefore L = e \times \dfrac{dt}{di} = 20 \times \dfrac{0.5\times 10^{-3}}{5} \times 10^{3}$ [mH] $= 2$ [mH]

16 $f(t) = \sin t \cos t$ 를 라플라스 변환하면?

① $\dfrac{1}{s^2+4}$ ② $\dfrac{1}{s^2+2}$ ③ $\dfrac{1}{(s+2)^2}$ ④ $\dfrac{1}{(s+4)^2}$

◆ 풀이 가법정리　　답 ①

$\sin(t+t) = \sin t\cos t + \cos t\sin t = 2\sin t\cos t$

$\therefore \sin t\cos t = \dfrac{1}{2} sin\, 2t$

$f(t) = \dfrac{1}{2}\sin 2t$

$F(s) = \dfrac{1}{s^2+4}$

17 그림과 같은 회로에서 스위치 S 를 $t=0$ 에서 닫았을 때 $(V_L)_{t=0}=100$ [V], $\left(\dfrac{di}{dt}\right)_{t=0}=400$ [A/sec]이다. L 의 값은 몇 [H]인가?

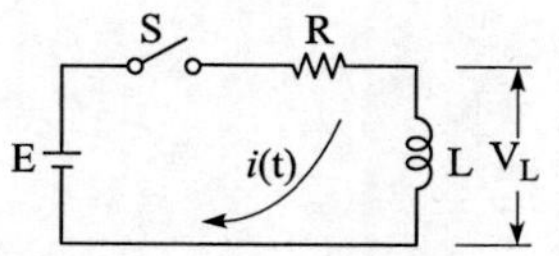

① 0.1
② 0.5
③ 0.25
④ 7.5

◆ 풀이 $R-L$ 직렬 과도현상에서 패러데이 법칙의 응용 **답** ③

$$V_L=L\frac{di}{dt} \qquad \therefore L=\frac{V_L}{\frac{di}{dt}}=\frac{100}{400}=0.25 \ \text{[H]}$$

18 출력이 $F(s)=\dfrac{3s+2}{s(s^2+2s+6)}$ 로 표시되는 제어계가 있다. 이 계의 시간 함수 $f(t)$ 의 정상값은?

① 3　② 2　③ $\dfrac{1}{3}$　④ $\dfrac{1}{6}$

◆ 풀이 (정상값 = 최종값) **답** ③

최종값 정리 $\lim\limits_{t\to\infty}f(t)=\lim\limits_{s\to 0}s\cdot F(s)$

$$\therefore \lim_{s\to 0}s\cdot\frac{3s+2}{s(s^2+2s+6)}=\lim_{s\to 0}\frac{3s+2}{s^2+2s+6}=\frac{2}{6}=\frac{1}{3}$$

19 저항 R_1, R_2 및 인덕턴스 L의 직렬 회로가 있다. 이 회로의 시정수는?

① $-\dfrac{R_1+R_2}{L}$　② $\dfrac{R_1+R_2}{L}$　③ $-\dfrac{L}{R_1+R_2}$　④ $\dfrac{L}{R_1+R_2}$

◆ 풀이 $R-L$ 직렬 과도현상 **답** ④

$i(t)=\dfrac{E}{R}\left(1-e^{-\frac{R}{L}t}\right)$ 에서 시정수

$$\tau=\frac{L}{R_0}=\frac{L}{R_1+R_2}$$

20 그림과 같은 회로의 2단자 임피던스 $Z(s)$ 는? (단, $S=j\omega$ 라 한다.)

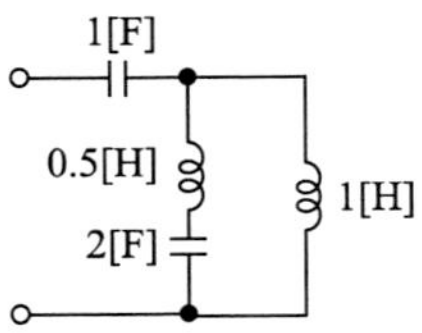

① $\dfrac{S^3+1}{3S^2(S+1)}$　② $\dfrac{3S^2(S+1)}{S^3+1}$

③ $\dfrac{3S^2(S+1)}{S^4+2S^2+1}$　④ $\dfrac{S^4+4S^2+1}{S(3S^2+1)}$

◆ 풀이　모든 소자를 Z 로 변경　　답 ④

$1\,[\mathrm{F}] = \dfrac{1}{s}$, $1\,[\mathrm{H}] = s$, $2\,[\mathrm{F}] = \dfrac{1}{2s}$,

$0.5\,[\mathrm{H}] = \dfrac{s}{2}$

$$Z(s) = \frac{1}{s}\frac{\left(\frac{s}{2}+\frac{1}{2s}\right)\times s}{\left(\frac{s}{2}+\frac{1}{2s}\right)+s} = \frac{1}{s}+\frac{\frac{s^2+1}{2}}{\frac{3s^2+1}{2s}} = \frac{1}{s}+\frac{s^3+s}{3s^2+1} = \frac{s^4+4s^2+1}{s(3s^2+1)}$$

20회 실전응용문제

01 그림과 같은 회로에서 E_1, E_2, E_3를 대칭 3상 전압이라 할 때 전압 E_0 값은 얼마인가?

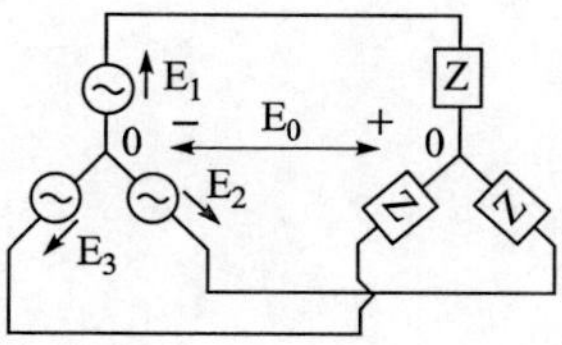

① 0　② $\frac{E_1}{3}$　③ $\frac{2}{3}E_1$　④ E_1

답 ①

02 전류 순시값 $i = 30\sin\omega t + 50\sin(3\omega t + 60°)$ [A]의 실효값은 약 몇 [A]인가?

① 29.1　② 41.2　③ 50.4　④ 58.3

◆ 풀이　비정현파의 실효값 $I = \sqrt{\left(\frac{30}{\sqrt{2}}\right)^2 + \left(\frac{50}{\sqrt{2}}\right)^2} = 41.2$

답 ②

03 전달함수의 성질 중 틀린 것은?

① 어떤 계의 전달 함수는 그 계에 대한 임펄스 응답의 Laplace 변환과 같다.
② 전달함수 $P(s)$인 계의 입력이 임펄스 함수(δ 함수) 이고 모든 초기치가 0 이면 그 계의 출력변환은 P(s) 와 같다.
③ 계의 전달함수는 계의 미분방정식을 Laplace 변환하고 초기치에 의하여 생긴 항을 무시하면 $P(s) = \mathcal{L}^{-1}\left[\frac{Y^2}{X^2}\right]$ 와 같이 얻어진다.
④ 어떤 계의 전달함수의 분모를 0으로 놓으면 이것이 곧 특성방정식이 된다.

답 ③

04 한 상의 직렬임피던스가 $R=6\ [\Omega]$, $X_L=8\ [\Omega]$인 △결선 평형 부하가 있다. 여기에 선간 전압 100[V]인 대칭 3상 교류전압을 가하면 선전류는 몇 [A]인가?

① $\dfrac{10\sqrt{3}}{3}$　　② $3\sqrt{3}$　　③ 10　　④ $10\sqrt{3}$

◆ 풀이 $3\phi(\triangle)$, $Z=6+j8$, $V_\ell=100$ 　　답 ④

$$I_p=\frac{V_p}{Z}=\frac{100}{10}=10\ [\text{A}]$$

$$\therefore\ I_\ell=\sqrt{3}\,I_p=10\sqrt{3}\ [\text{A}]$$

05 기본파의 30[%]인 제 3 고조파와 20[%]인 제 5 고조파를 포함하는 전압파의 왜형률은 몇 [%]인가?

① 27　　② 30　　③ 33　　④ 36

◆ 풀이 　　답 ④

$$\text{왜형률}=\frac{\text{전고조파의실효값}}{\text{기본파의실효값}}=\frac{\sqrt{0.3^2+0.2^2}}{1}=0.36$$

∴ 36[%]

06 어떤 $R-L-C$ 병렬회로가 병렬공진 되었을 때 합성 전류는 어떻게 되는가?

① 최대가 된다.
② 최소가 된다.
③ 전류는 흐르지 않는다.
④ 전류는 무한대가 된다.

◆ 풀이 $I=Y\cdot V$ (Y는 최소) 　　답 ②

∴ Y가 최소일 때 I도 최소가 된다.

07 회로의 영상 임피던스 Z_{01} 과 Z_{02} 의 값[Ω]은?

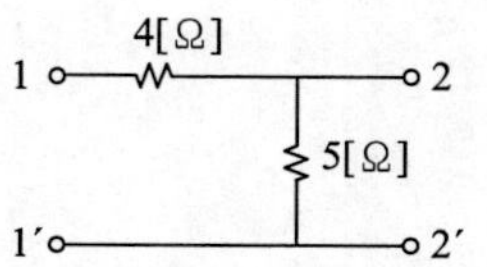

① $Z_{01}=9,\ Z_{02}=5$

② $Z_{01}=4,\ Z_{02}=5$

③ $Z_{01}=6,\ Z_{02}=\frac{10}{3}$

④ $Z_{01}=5,\ Z_{02}=\frac{11}{3}$

◆ 풀이 $A=1+\frac{4}{5}=\frac{9}{5},\ \ B=4,\ \ C=\frac{1}{5},\ \ D=1$ 답 ③

i) $Z_{01}=\sqrt{\frac{AB}{CD}}=\sqrt{\frac{\frac{9}{5}\times 4}{\frac{1}{5}\times 1}}=6$

ii) $Z_{02}=\sqrt{\frac{DB}{CA}}=\sqrt{\frac{1\times 4}{\frac{1}{5}\times\frac{9}{5}}}=\sqrt{\frac{100}{9}}=\frac{10}{3}=3.33$

08 $f(t)=\sin t\cos t$ 를 라플라스 변환하면?

① $\frac{1}{S^2+4}$ ② $\frac{1}{S^2+2}$ ③ $\frac{1}{(S+2)^2}$ ④ $\frac{1}{(S^2+4)^2}$

◆ 풀이 가법정리 이용 답 ①

$\sin(t+t)=\sin t\cos t+\cos t\sin t=2\sin t\cos t$

$\therefore \sin 2t=2\sin t\cos t$

$\therefore f(t)=\frac{1}{2}\sin 2t,\quad F(s)=\frac{1}{2}\cdot\ \frac{2}{s^2+2^2}=\frac{1}{s^2+4}$

09 어떤 회로망 함수가 Z(s) 로 표시될 때 0 점은 다음 중 무엇을 결정하는가?

① 크기 ② 주파수 ③ 파형 ④ 파형의 크기

답 ①

10 최대값이 100[V]인 사인파 교류의 평균값은 약 몇 [V]인가?

① 141 ② 70.7 ③ 63.7 ④ 52.8

◆ 풀이 정현파의 평균값

$$V_a = \frac{2}{\pi} V_m = 0.637 \times 100 = 63.7 \ [V]$$

답 ③

11 대칭 3상 Y 결선에서 선간전압이 $100\sqrt{3}$ [V] 이고 각 상의 임피던스 Z = 30+j40[Ω]의 평형부하일 때 선전류는 몇 [A]인가?

① 2 ② $2\sqrt{3}$ ③ 5 ④ $5\sqrt{3}$

◆ 풀이 $3\phi(Y)$

답 ①

$Z = 30 + j40$

$V_\ell = 100\sqrt{3}$

$$I_p = \frac{V_p}{Z} = \frac{\frac{100\sqrt{3}}{\sqrt{3}}}{50} = 2$$

$\therefore I_\ell = I_p = 2$ [A]

12 평형 3상 부하에 전력을 공급할 때 선전류 값이 20[A] 이고 부하의 소비전력이 4[kW] 이다. 이 부하의 등가 Y 회로에 대한 각 상의 저항값은 약 몇 [Ω]인가?

① 3.3 ② 5.7 ③ 7.2 ④ 10

◆ 풀이 $P = 3I_p^2 \cdot R$

답 ①

$$\therefore R = \frac{P}{3I_p^2} = \frac{4000}{3 \times 20^2} = 3.3 \ [\Omega]$$

13 R-C 회로의 입력단자에 계단전압을 인가하면 출력 전압은 어떻게 되는가?

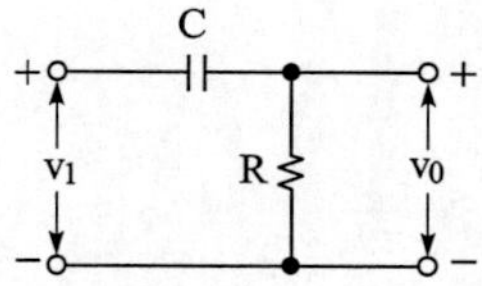

① 0부터 지수적으로 증가한다.
② 처음에는 입력과 같이 변했다가 지수적으로 감쇠한다.
③ 같은 모양의 계단전압이 나타난다.
④ 아무 것도 나타나지 않는다.

답 ②

14 "몇 개의 전압원과 전류원이 동시에 존재하는 회로망에서 회로전류는 각 전압원이나 전류원이 각각 단독으로 가해졌을 때 흐르는 전류를 합한 것과 같다."는 법칙(정리는?

① 노오튼의 정리　② 중첩의 원리
③ 키르히호프의 법칙　④ 데브난의 정리

답 ②

15 $i_1 = \sqrt{72}\sin(\omega t - \phi)$ 와 $i_2 = \sqrt{32}\sin(\omega t - \phi - 180^\circ)$ [A] 와의 차에 상당하는 전류값은 몇 [A]인가?

① 2　② 6　③ 10　④ 12

◆ 풀이 $i_1 = 6\angle(\cos 0 + j\sin 0) = 6$

답 ③

$i_2 = 4\angle -180 = 4(\cos -180 + j\sin -180) = -4$

$\therefore i_1 - i_2 = 6 - (-4) = 10$ [A]

16 3상 불평형 전압에서 불평형이란?

① $\dfrac{\text{영상전압}}{\text{정상전압}} \times 100$　② $\dfrac{\text{정상전압}}{\text{역상전압}} \times 100$

③ $\dfrac{\text{정상전압}}{\text{영상전압}} \times 100$　④ $\dfrac{\text{역상전압}}{\text{정상전압}} \times 100$

답 ④

17 그림과 같은 회로의 전달함수는?

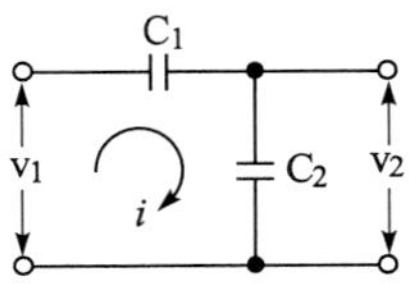

① $C_1 + C_2$ ② $\dfrac{C_2}{C_1}$

③ $\dfrac{C_1}{C_1 + C_2}$ ④ $\dfrac{C_2}{C_1 + C_2}$

◆ 풀이 $$G(s) = \frac{\dfrac{1}{C_2 s}}{\dfrac{1}{C_1 s} + \dfrac{1}{C_2 s}} \times \frac{C_1 C_2 s}{C_1 C_2 s} = \frac{C_1}{C_1 + C_2}$$

답 ③

18 그림과 같은 회로에서 R_2 양단의 전압 E_2[V]는?

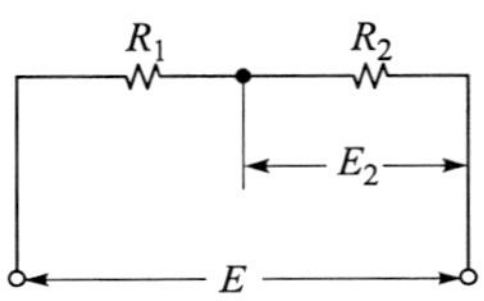

① $\dfrac{R_1}{R_1 + R_2} \cdot E$ ② $\dfrac{R_2}{R_1 + R_2} \cdot E$

③ $\dfrac{R_1 \cdot R_2}{R_1 + R_2} \cdot E$ ④ $\dfrac{R_1 + R_2}{R_1 \cdot R_2} \cdot E$

답 ②

19 $F(s) = \dfrac{s}{s^2 + \pi^2} \cdot e^{-2s}$ 함수를 시간추이정리에 의해서 역변환하면?

① $\sin \pi(t-2) \cdot u(t-2)$ ② $\sin \pi(t+a) \cdot u(t+a)$

③ $\cos \pi(t-2) \cdot u(t-2)$ ④ $\cos \pi(t+2) \cdot u(t+2)$

답 ③

20 $R-L-C$ 직렬회로에서 $L = 8 \times 10^{-3}$ [H], $C = 2 \times 10^{-7}$ [F]이다. 임계진동이 되기 위한 R값은 몇 [Ω 인가?

① 0.01 ② 100 ③ 200 ④ 400

◆ 풀이 $$R = 2\sqrt{\frac{L}{C}} = 2\sqrt{\frac{8 \times 10^{-3}}{2 \times 10^{-7}}} = 2 \times \sqrt{4 \times 10^4} = 400[\Omega]$$

답

21회 실전응용문제

01 저항 R_1, R_2 및 인덕턴스 L의 직렬회로의 시정수는?

① $-\dfrac{R_1+R_2}{L}$　② $\dfrac{R_1+R_2}{L}$　③ $-\dfrac{L}{R_1+R_2}$　④ $\dfrac{L}{R_1+R_2}$

◆ 풀이 $R-L$ 직렬 과도현상 　답 ④

$i(t)=\dfrac{E}{R}\left(1-e^{-\frac{R}{L}t}\right)$ 에서 시정수

$\tau=\dfrac{L}{R_0}=\dfrac{L}{R_1+R_2}$ [s]

02 회로에서 저항 15[Ω]에 흐르는 전류는 몇 [A]인가?

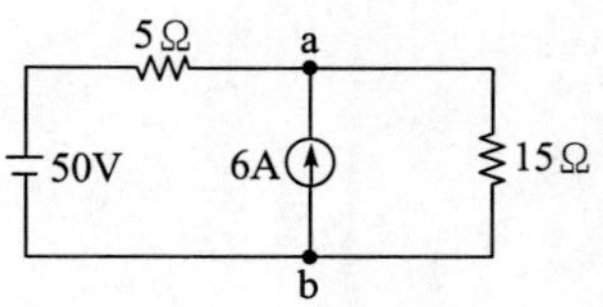

① 0.5
② 2
③ 4
④ 6

◆ 풀이 중첩의 원리 　답 ③

1) 전류원 개방 $I'=\dfrac{50}{5+15}=2.5$ [A]

2) 전압원 단락 $I''=\dfrac{5}{5+15}\times 6=1.5$ [A]

$\therefore\ I=I'+I''=2.5+1.5=4$ [A]

03 선형회로와 가장 관계가 있는 것은?

① 중첩의 원리　② 테브낭의 정리
③ 키프히호프의 법칙　④ 패러데이의 전자유도법칙

◆ 풀이 중첩의 원리는 선형회로에만 적용된다. 　답 ①

04 다음 중 그림에서 단자 a, b에 나타나는 전압 V_{ab}는 약 몇 [V]인가?

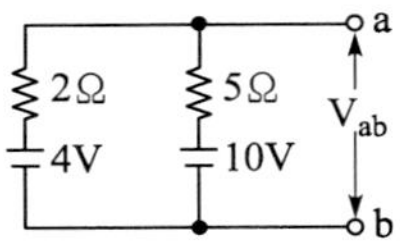

① 3.4
② 4.3
③ 5.7
④ 6.5

◆ 풀이 밀만의 정리 답 ③

$$V_{ab} = \frac{\frac{V_1}{R_1} + \frac{V_2}{R_2}}{\frac{1}{R_1} + \frac{1}{R_2}} = \frac{\frac{4}{2} + \frac{10}{5}}{\frac{1}{2} + \frac{1}{5}} \times 10 = \frac{20+20}{5+2} = \frac{40}{7} = 5.7\,[\text{V}]$$

05 T형 4단자 회로망에서 영상 임피던스가 $Z_{01} = 50\,[\Omega]$, $Z_{02} = 2\,[\Omega]$이고, 전달 정수가 0일 때 이 회로의 4단자 정수 D의 값은 얼마인가?

① 10 ② 5 ③ 0.2 ④ 0

◆ 풀이 답 ③

$$\frac{Z_{02}}{Z_{01}} = \frac{2}{50} = \frac{1}{25} = \frac{D}{A}$$

$\therefore A = 25D$ ——① 식

$\theta = \cosh^{-1}\sqrt{AD} = 0^\circ$ 이면 $AD = 1$ ——② 식

① 식을② 식에 대입 $25D^2 = 1$

$D^2 = \frac{1}{25}$, $D = \frac{1}{5}$, $A = 5$

06 정전용량의 [F]와 같은 단위는 무엇인가? (단, C는 쿨롱, N은 뉴턴, F는 패럿, V는 볼트, m는 미터 이다.)

① $\frac{\text{V}}{\text{C}}$ ② $\frac{\text{N}}{\text{C}}$ ③ $\frac{\text{C}}{\text{m}}$ ④ $\frac{\text{C}}{\text{V}}$

◆ 풀이 답 ④

$Q = CV\,[\text{Q}]$

$C = \frac{Q}{V}\,[\text{F}] = \left[\frac{\text{C}}{\text{V}}\right]$

07 대칭 3상 Y 결선에서 선간전압이 $100\sqrt{3}$ [V]이고 각 상의 임피던스 $Z=30+j40$ [Ω]의 평형 부하일 때 선전류는 몇 [A]인가?

① 2　② $2\sqrt{3}$　③ 5　④ $5\sqrt{3}$

◆ 풀이 3ϕ (Y), $Z=30+j40$ 　**답** ①

$$V_\ell = 100\sqrt{3}\ ,\quad I_p = \frac{V_p}{Z} = \frac{\frac{100\sqrt{3}}{\sqrt{3}}}{50} = 2\ \text{[A]}$$

($\because Z=\sqrt{30^2+40^2}=50$, Y 결선시 $V_\ell = \sqrt{3}\,V_p$)

$\therefore I_\ell = I_p = 2$ [A]

08 구형파의 파고율은 얼마인가?

① 1.0　② 1.414　③ 1.732　④ 2.0

◆ 풀이 파고율 $=\dfrac{\text{최대값}}{\text{실효값}}$ (구형파는 $I_m = I = I_a$ 이므로) $=1$ 　**답** ①

09 다음 중 1차 지연요소의 전달함수는?

① K　② $\dfrac{K}{1+Ts}$　③ $\dfrac{1}{Ts}$　④ Ts

답 ②

10 주기적인 구형파의 신호는 그 주파수 성분이 어떻게 되는가?

① 무수히 많은 주파수의 성분을 가진다.
② 주파수 성분을 갖지 않는다.
③ 직류분 만으로 구성된다.
④ 교류합성을 갖지 않는다.

◆ 풀이 푸리에의 급수에 의하여 　**답** ①

$\sum_{n=1}^{\infty} n\omega t$ 이므로 무수히 많은 주파수 성분을 가진다.

11 4단자 정수 A, B, C, D에서 어드미턴스의 차원을 가진 정수는?

① A ② B ③ C ④ D

◆ 풀이 C(어드미턴스 차원)

답 ③

12 $R-L-C$ 직렬 회로에서 진동 조건은 어느 것인가?

① $R < 2\sqrt{\frac{L}{C}}$ ② $R < 2\sqrt{\frac{C}{L}}$

③ $R < 2\sqrt{LC}$ ④ $R < \frac{1}{2\sqrt{LC}}$

◆ 풀이 $R-L-C$ 직렬 과도현상

〈윈비오진〉

$R^2 \gtreqless 4\frac{L}{C}$

$R \gtreqless 2\sqrt{\frac{L}{C}}$

답 ①

13 $t\sin\omega t$ 의 라플라스 변환은?

① $\frac{\omega}{(s^2+\omega^2)^2}$ ② $\frac{\omega s}{(s^2+\omega^2)^2}$ ③ $\frac{\omega^2}{(s^2+\omega^2)^2}$ ④ $\frac{2\omega s}{(s^2+\omega^2)^2}$

답 ④

14 전류 $i = 30\sin\omega t + 40\sin(3\omega t + 60^\circ)$ [A]의 실효값은 몇 [A]인가?

① $25\sqrt{2}$ ② $30\sqrt{2}$ ③ $40\sqrt{2}$ ④ $50\sqrt{2}$

◆ 풀이 비정현파의 실효값 = 각 고조파의 실효값의 제곱의 합의 제곱근

$$I = \sqrt{\left(\frac{30}{\sqrt{2}}\right)^2 + \left(\frac{40}{\sqrt{2}}\right)^2} = \frac{50}{\sqrt{2}} = 25\sqrt{2}$$

답 ①

15 전류 $i = 5 + 10\sqrt{2}\sin 100t + 5\sqrt{2}\sin 200t$ [A]가 1[H]의 인덕터에 흐르고 있을 때 인덕터에 축적되는 에너지는 몇 [J]인가?

① 75 ② 100 ③ 150 ④ 200

◆ 풀이 비정현파의 인덕턴스 축적에너지 답 ①

$I = \sqrt{5^2 + 10^2 + 5^2}$

$L = 1$

$\therefore W_L = \frac{1}{2}LI^2 = 75$ [J]

16 $R-L$ 직렬회로에서 시정수의 값이 클수록 과도현상의 소멸되는 시간에 대한 설명으로 옳은 것은?

① 짧아진다. ② 과도기가 없어진다.
③ 길어진다. ④ 변화가 없다.

답 ③

17 9[Ω]과 3[Ω]의 저항 각 3개를 그림과 같이 연결하였을 때 A, B 사이의 합성저항은 몇 [Ω]인가?

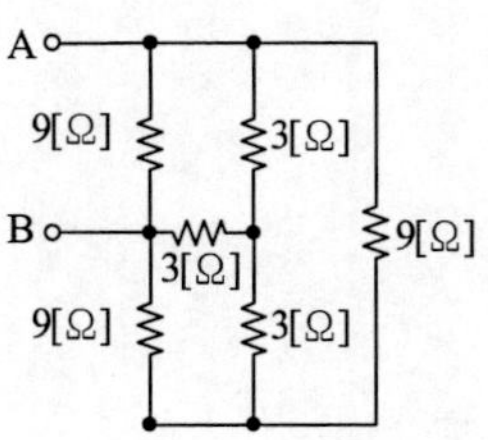

① 2
② 3
③ 4
④ 6

◆ 풀이 회로를 등가 변환하면 답 ②

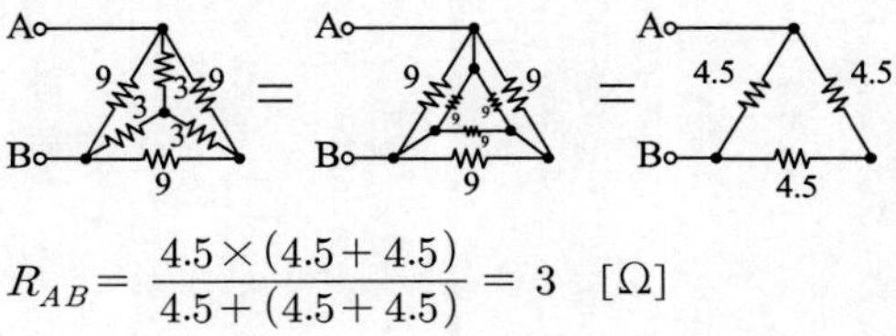

$R_{AB} = \frac{4.5 \times (4.5 + 4.5)}{4.5 + (4.5 + 4.5)} = 3$ [Ω]

18 두 개의 코일 a, b 가 있다. 두 개를 직렬로 접속하였더니 합성 인덕턴스가 119[mH] 이었고, 극성을 반대로 접속하였더니 합성 인덕턴스가 11[mH]이었다. 코일 a의 자기 인덕턴스가 20[mH] 라면 결합계수 K는 얼마인가?

① 0.6　　② 0.7　　③ 0.8　　④ 0.9

◆ 풀이　직렬 가동 : $L_1 + L_2 + 2M = 119$ ——① 식　　답 ④

병렬 가동 : $L_1 + L_2 - 2M = 11$ ——② 식

$\therefore M = 27$ 를① 식에 대입

$20 + L_2 + 2 \times 27 = 119 \qquad \therefore L_2 = 45$

$$\therefore k = \frac{M}{\sqrt{L_1 L_2}} = \frac{27}{\sqrt{20 \times 45}} = 0.9$$

19 $F(s) = \dfrac{2}{(S+1)(S+3)}$ 의 역 Laplace 변환은?

① $e^{-t} - e^{-3t}$　　② $e^{t} - e^{3t}$　　③ $e^{-t} - e^{3t}$　　④ $e^{t} - e^{-3t}$

◆ 풀이　$F(s) = \dfrac{2}{(s+1)(s+3)} = \dfrac{k_1}{s+1} + \dfrac{k_2}{s+3}$　　답 ①

$k_1 = F(s) \times (s+1)\}$, $k_2 = F(s) \times (s+3)\}$

$$\therefore F(s) = \frac{1}{s+1} - \frac{1}{s+3}$$

$\therefore f(t) = e^{-t} - e^{-3t}$

20 $V_a = 3$ [V], $V_b = 2 - j3$ [V],
$V_c = 4 + j3$ [V]를 3상 불평형 전압이라고 할 때 영상전압은 몇 [V]인가?

① 0　　② 3　　③ 9　　④ 27

◆ 풀이　$V_0 = \dfrac{1}{3}(V_a + V_b + V_c) = \dfrac{1}{3}(3 + 2 - j3 + 4 + j3) = 3$　　답 ②

22회 실전응용문제

01 다음 중 테브난의 정리와 쌍대의 관계가 있는 것은?

① 밀만의 정리　　② 중첩의 원리　　③ 노튼의 정리　　④ 보상의 정리

◆ 풀이　테브난과 쌍대 관계는 노튼의 정리　　답 ③

02 전원과 부하가 다 같이 △ 결선된 3상 평형 회로가 있다. 전원 전압이 200 [V], 부하 임피던스가 $6+j8$ [Ω]인 경우 선전류는 몇 [A]인가?

① 20　　② $\dfrac{20}{\sqrt{3}}$　　③ $20\sqrt{3}$　　④ $10\sqrt{3}$

◆ 풀이　3ϕ (△), $Z = 6+j8$, $V_\ell = 200$　　답 ③

$$I_p = \frac{V_p}{Z} = \frac{200}{10} = 20 \ \text{[A]}$$

($\because$ $Z = \sqrt{6^2+8^2} = 10$ [Ω] △ 결선이므로 $V_\ell = V_p = 200$ [V])

$\therefore$ $I_p = \sqrt{3}\, I_p$ (△ 결선)$= \sqrt{3} \times 20 = 20\sqrt{3}$ [A]

03 정현파 교류의 실효값을 구하는 식이 잘못된 것은?

① $\sqrt{\dfrac{1}{T}\displaystyle\int_0^T i^2 dt}$　　② 파고율 × 평균치

③ $\dfrac{\text{최대치}}{\sqrt{2}}$　　④ $\dfrac{\pi}{2\sqrt{2}} \times$ 평균치

◆ 풀이　파형율 $= \dfrac{\text{실효값}}{\text{평균치}}$　　답 ②

$\therefore$ 실효값 $=$ 파형율 × 평균치

04 2개의 교류 전압 $v_1 = 100\sin\left(377t + \frac{\pi}{6}\right)$ [V] 와 $v_2 = 100\sqrt{2}\sin\left(377t + \frac{\pi}{3}\right)$ [V]가 있다. 옳게 표시된 것은?

① v_1 과 v_2 의 주기는 모두 1/60[sec] 이다.

② v_1 과 v_2 의 주파수는 377[Hz] 이다.

③ v_1 과 v_2 는 동상이다.

④ v_1 과 v_2 의 실효값은 100[V], $100\sqrt{2}$ [V] 이다.

◆ 풀이 $\omega t = 377t$ 답 ①

$\therefore\ \omega = 377 = 2\pi f \qquad \therefore\ f = \frac{377}{2\pi} = 60$ [Hz]

$\therefore\ T = \frac{1}{f} = \frac{1}{60}$ [sec]

05 $R = 10$ [Ω], $L = 0.045$ [H]의 직렬 회로에 실효값 140[V], 주파수 25[Hz]의 정현파 교류 전압을 가했을 때 임피던스[Ω]의 크기는 얼마인가?

① 17.25 ② 15.31 ③ 12.25 ④ 10.41

◆ 풀이 $R-L$ 직렬 회로

$Z = \sqrt{R^2 + (\omega L^2)} = \sqrt{10^2 + (2\pi \times 25 \times 0.045)^2} = 12.25$ [Ω] 답 ③

06 그림의 사다리꼴 회로에서 출력전압 V_L 은 몇 [V]인가?

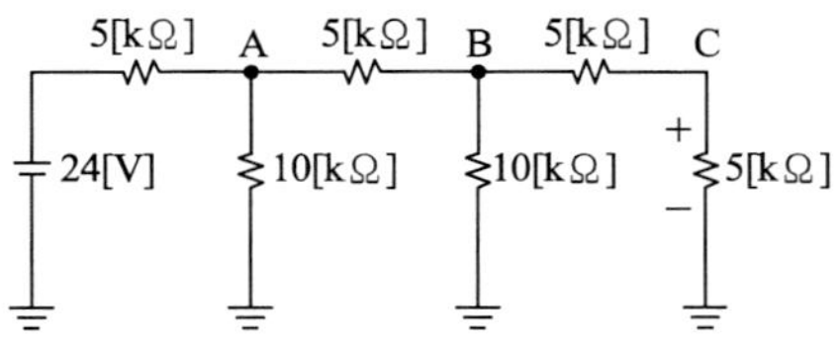

① 2

② 3

③ 4

④ 6

◆ TIP 전원 24[V]가 병렬회로로 분기될 때마다 $\frac{1}{2}$ 배를 줄어든다. 답

07 그림 ab 간에 40[V]의 전압을 가할 때 10[A]의 전류가 흐른다. r_1 및 r_2 에 흐르는 전류비를 1 : 2 로 하려면 r_1 및 r_2의 저항[Ω] 은 각각 얼마인가?

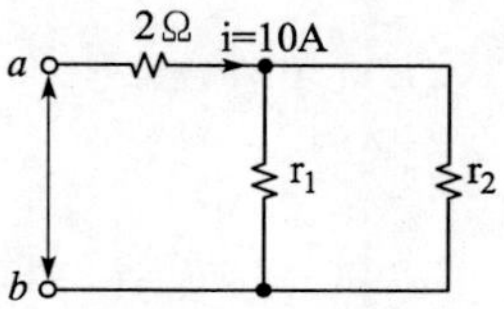

① $r_1 = 6, r_2 = 3$

② $r_1 = 3, r_2 = 6$

③ $r_1 = 4, r_2 = 2$

④ $r_1 = 2, r_2 = 4$

◆ 풀이 $r_1 : r_2 = 2 : 1$, $r_1 = 2r_2$ -① 식 　답 ①

$$R_0 = \frac{V}{I} = \frac{40}{10} = 4 \ [\Omega] = 2 + \frac{r_1 \cdot r_2}{r_1 + r_2}$$

$\therefore \frac{r_1 \cdot r_2}{r_1 + r_2} = 2$ 에① 식 대입

$$\therefore \frac{2r_2^2}{3r_2} = 2$$

$$\therefore r_2 = 3, r_1 = 6$$

08 파고율의 관계식이 바르게 표시된 것은?

① $\frac{최대값}{실효값}$ ② $\frac{실효값}{최대값}$ ③ $\frac{평균값}{실효값}$ ④ $\frac{실효값}{평균값}$

◆ 풀이 파고율 $= \frac{최대값}{실효값}$ 　답 ①

09 주기적인 구형파 신호의 성분은 어떻게 되는가?

① 성분 분석이 불가능하다. ② 직류분만으로 합성된다.

③ 무수히 많은 주파수의 합성이다. ④ 교류 합성을 갖지 않는다.

◆ 풀이 푸리에의 급수에 의하여 $\sum_{n=1}^{\infty} n\omega t$ 이므로 무수히 많은 주파수 성분을 가진다. 　답 ③

10 $R-L-C$ 직렬회로에서 $L=0.1\times10^{-3}$ [H], $R=100$ [Ω], $C=0.1\times10^{-6}$ [F] 일 때 이 회로는?

① 비진동적이다.
② 진동적이다.
③ 정현파로 진동한다.
④ 진동과 비진동을 반복한다.

◆ 풀이 $R-L-C$ 직렬 과도현상 **답** ①

$$R^2 \gtrless 4\frac{L}{C}$$

$$\therefore\ R^2=10^4\ ,\ 4\frac{L}{C}=4\times\frac{0.1\times10^{-3}}{0.1\times10^{-6}}=4\times10^3$$

$$\therefore\ R^2>4\frac{L}{C}\quad (\text{비진동})$$

11 비사인파의 실효값은 어떻게 되는가?

① 각 고조파의 실효값의 합
② 각 고조파의 실효값 제곱의 합의 제곱근
③ 기본파와 3고조파 성분의 합
④ 각 고조파의 실효값의 합의 평균

◆ TIP 오답지우고 정답을 5번 반복해서 큰소리로 읽어준다. **답** ②

12 불평형 3상 전류 $I_a=10+j2$ [A], $I_b=-20-j24$ [A], $I_c=-5+j10$ [A]일 때의 영상전류 I_0 값은 얼마인가?

① $15+j2$ [A]
② $-5-j4$ [A]
③ $-15-j12$ [A]
④ $-45-j36$ [A]

◆ 풀이 **답** ②

$$I_0=\frac{1}{3}(I_a+I_b+I_c)$$

$$=\frac{1}{3}\{10+j2+(-20-j24)+(-5+j10)\}$$

$$=\frac{1}{3}(-15-j12)=-5-j4$$

13 이상적인 변압기로 구성된 4단자 회로에서 정수 D를 구하면?

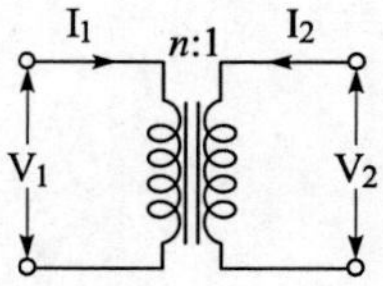

① 1 ② 0

③ n ④ $\frac{1}{n}$

◆ 풀이 변압기 정합 $n:1$ 답 ④

$$\begin{bmatrix} n & 0 \\ 0 & \frac{1}{n} \end{bmatrix} \quad A = n,\ B = 0,\ C = 0,\ D = \frac{1}{n}$$

14 회로에서 단자 1-1′에서 본 구동점 임피던스 Z_{11}은 몇 [Ω] 인가?

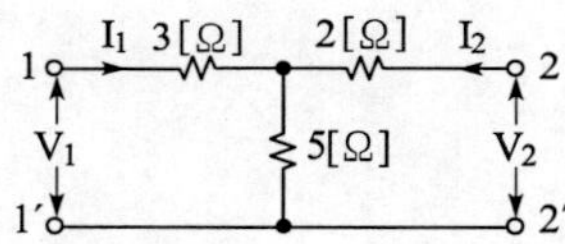

① 5 ② 8

③ 10 ④ 15

◆ 풀이 $Z-P$ (T형) 답 ②

$Z_{11} = \searrow = 3+5 = 8$ [Ω], $Z_{12} = Z_{21} = \downarrow = 5$ [Ω]

$Z_{22} = \swarrow = 2+5 = 7$ [Ω]

15 $e_i(t) = Ri(t) + L\frac{di}{dt}i(t) + \frac{1}{C}\int i(t)\,dt$ 에서 모든 초기조건을 0 으로 하고 라플라스 변환 하면 어떻게 되는가?

① $\frac{Cs}{LCs^2 + RCs + 1}Ei(s)$ ② $\frac{1}{LCs^2 + RCs + 1}Ei(s)$

③ $\frac{LCs}{LCs^2 + RCs + 1}Ei(s)$ ④ $\frac{C}{LCs^2 + RCs + 1}Ei(s)$

◆ 풀이 $ei(t) = Ri(t) + L\frac{di(t)}{dt} + \frac{1}{C}\int i(t)\,dt$ 를 라플라스 변환 답 ①

$$E(s) = \left(R + Ls + \frac{1}{Cs}\right)I(s)$$

$$I(s) = \frac{E(s)}{Ls + R + \frac{1}{Cs}} \times Cs = \frac{Cs}{LCs^2 + RCs + 1} \cdot E(s)$$

16 $F(s) = \dfrac{3S+10}{S^3+2S^2+5S}$ 일 때 $f(t)$의 최종값은?

① 0 ② 1 ③ 2 ④ 3

◆ 풀이 최종값(=정상값) 정리 답 ③

$$\lim_{t\to\infty} f(t) = \lim_{s\to\infty} s\cdot\ F(s) = \lim_{s\to 0}\frac{3s+10}{s^2+2s+5}$$

($s\to 0$ 대입) $\therefore\ \dfrac{10}{5} = 2$

17 그림과 같은 피드백 회로의 전달함수는?

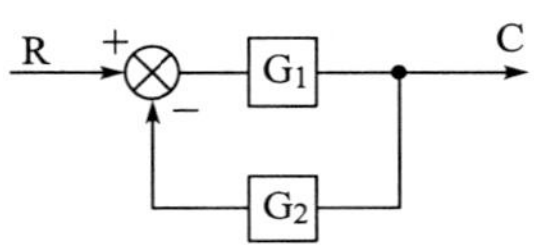

① $\dfrac{1}{G_1} + \dfrac{1}{G_2}$

② $\dfrac{G_1}{1-G_1G_2}$

③ $\dfrac{G_1}{1+G_1G_2}$

④ $\dfrac{G_1G_2}{1+G_1G_2}$

◆ 풀이 피드백 전달함수 답 ③

$$G(s) = \frac{P}{1-L} = \frac{G_1}{1-(G_1G_2)} = \frac{G_1}{1+G_1G_2}$$

(Tip : 궤환 부호를 꼭 확인할 것!)

18 $R-C$ 직렬회로의 시정수는 RC이다. 시정수의 단위는 어떻게 되는가?

① Ω ② ΩμF ③ sec ④ Ω/F

◆ 풀이 $R-C$ 직렬 과도현상 답 ③

$\tau = R\cdot\ C$ [sec]

19 회로방정식의 특성근과 회로의 시정수에 대하여 바르게 서술된 것은?

① 특성근과 시정수는 같다.
② 특성근의 역(逆)과 회로의 시정수는 같다.
③ 특성근의 절대값의 역과 회로의 시정수는 같다.
④ 특성근과 회로의 시정수는 서로 상관되지 않는다.

◆ 풀이 시정수 $\tau = \dfrac{1}{|\infty|}$: 특성근의 절대값의 역과 시정수는 같다. 답 ③

20 어느 3상 회로의 선간전압을 측정하니 $V_a = 120\,[\mathrm{V}]$, $V_b = -60 - j80\,[\mathrm{V}]$, $V_c = -60 + j80\,[\mathrm{V}]$이었다. 불평형률[%] 은?

① 13 ② 27 ③ 34 ④ 41

◆ 풀이 불평형율 $= \dfrac{\text{역상분}}{\text{정상분}}$ 답 ①

(Tip : $V_a = 120$, $V_b = 100$, $V_c = 100$ 인 문제이므로 13일 밤의 금요일 기억)

23회 실전응용문제

01 100[Ω]의 저항에 흐르는 전류가 $i = 5 + 14.14\sin t + 7.07\sin 2t$ [A]일 때 저항에서 소비하는 평균 전력은 몇 [W]인가?

① 20000 ② 15000 ③ 10000 ④ 7500

◆ 풀이 비정현파 답 ②

$I = \sqrt{5^2 + 10^2 + 5^2} = \sqrt{150}$

$R = 100$

$P = I^2 \cdot R = (\sqrt{150})^2 \times 100 = 15000$ [W]

02 다음과 같은 비정현파 기전력 및 전류에 의한 전력[W]은? (단, 전압 및 전류의 순시 식은 다음과 같다.)

$$e = 100\sqrt{2}\sin(\omega t + 30^\circ) + 50\sqrt{2}\sin(5\omega t + 60^\circ) \text{ [V]}$$
$$i = 15\sqrt{2}\sin(3\omega t + 30^\circ) + 10\sqrt{2}\sin(5\omega t + 30^\circ) \text{ [A]}$$

① $250\sqrt{3}$ ② 1000 ③ $1000\sqrt{3}$ ④ 2000

◆ 풀이 비정현파에서 제 5 고조파에서만 전력이 존재 답 ①

$P = 50 \times 10\cos 30^\circ = 500 \times \frac{\sqrt{3}}{2} = 250\sqrt{3}$ [W]

03 한 상의 임피던스 $Z = 6 + j8$ [Ω]인 평형 Y 부하에 평형 3상 전압 200[V]를 인가할 때 무효전력[Var] 은 약 얼마인가?

① 1330 ② 1848 ③ 2381 ④ 3200

◆ 풀이 3ϕ (Y) 답 ④

$Z = 6 + j8$

$V_\ell = 200$ [V]

$$I_p = \frac{V_p}{Z} = \frac{\frac{200}{\sqrt{3}}}{10} = \frac{20}{\sqrt{3}} \text{ [A]}$$

$(\because Z = \sqrt{6^2+8^2} = 10$, Y 결선시 $V_\ell = \sqrt{3}\,V_p \quad \therefore V_p = \frac{V_\ell}{\sqrt{3}} = \frac{20}{\sqrt{3}})$

$$\therefore P = 3I_p^{3} \cdot X = 3 \times \left(\frac{20}{\sqrt{3}}\right)^2 \times 8 = 3200 \text{[Var]}$$

04 1차 지연 요소의 전달함수는?

① K ② $\frac{K}{S}$ ③ KS ④ $\frac{K}{1+Ts}$

답 ④

05 그림과 같은 펄스의 라플라스 변환은 어느 것인가?

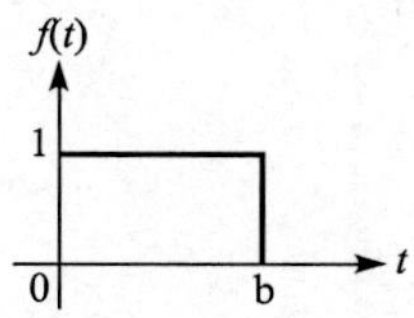

① $\frac{1}{b}\left(\frac{1-e^{-bs}}{s}\right)$ ② $\frac{1}{b}\left(\frac{1+e^{-bs}}{s}\right)$

③ $\frac{1}{s}(1-e^{-bs})$ ④ $\frac{1}{s}(1+e^{-bs})$

◆ 풀이 회로의 시간의 함수 $f(t) = 1u(t) - 1u(t-b)$ 답 ③

$$\therefore F(s) = \frac{1}{s} - \frac{1}{s}e^{-bs} = \frac{1}{s}(1-e^{-bs})$$

06 대칭분을 I_0, I_1, I_2 라 하고, 선전류를 I_a, I_b, I_c 라 할 때 역상분 전류는?

① $\frac{1}{3}(I_0 + aI_1 + a^2 I_2)$ ② $\frac{1}{3}(I_a + aI_b + a^2 I_c)$

③ $\frac{1}{3}(I_0 + a^2 I_1 + aI_2)$ ④ $\frac{1}{3}(I_a + a^2 I_b + aI_c)$

◆ 풀이 $I_2 = \frac{1}{3}(I_a + a^2 I_b + aI_c)$ 답 ④

07 대칭 3상 교류에서 순시전압의 벡터 합은?

① 0　　② 40　　③ 0.577　　④ 86.6

◆ 풀이　a상을 기준으로 변환　　　답 ①

$V_a + V_b + V_c = V_a + a^2 V_a + a V_a = V_a(1 + a^2 + a) = 0$

$(\because\ 1 + a^2 + a = 0\ )$

08 $\frac{di(t)}{dt} + 4i(t) + 4\int i(t)\,dt = 50u(t)$ 를 라플라스 변환하여 전류 $i(t)$ 의 값을 구하면?

(단, $t = 0$ 에서 $i(0) = 0,\ \int_{-\infty}^{0} i(t)\,dt = 0$ 이다.)

① $-50\epsilon^{-2t}$　　② $-50\epsilon^{2t}$　　③ $50t\,\epsilon^{2t}$　　④ $50t\,\epsilon^{-2t}$

◆ 풀이　$\frac{di(t)}{dt} + 4i(t) + 4\int i(t)\,dt = 50u(t)$　　　답 ④

$$\left(s + 4 + \frac{4}{s}\right) I(s) = \frac{50}{s}$$

$$\therefore\ I(s) = \frac{50}{s^2 + 4s + 4} \xrightarrow{\ \mathcal{L}\ } 5$$

$$= \frac{50}{(s+2)^2} \xrightarrow{\ \mathcal{L}^{-1}\ } i(t) = 50e^{-2t}\cdot\ t$$

09 그림과 같은 회로에서 Z_1 의 단자전압 $V_1 = \sqrt{3} + jy$ [V], Z_2 의 단자전압 $V_2 = |V| \angle 30^\circ$ [V] 일 때 y 및 $|V|$ 의 값은?

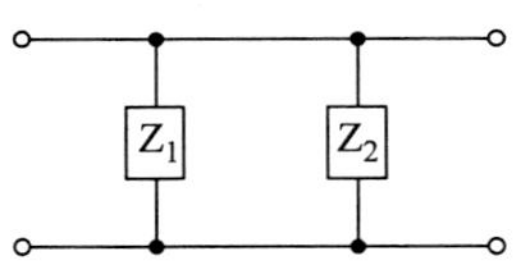

① $1,\ \sqrt{3}$

② $2\sqrt{3},\ 1$

③ $\sqrt{3},\ 2$

④ $1,\ 2$

◆ 풀이　병렬 연결시 전압 일정　$\therefore\ V_1 = V_2$　　　답 ④

$$\sqrt{3} + jy = |V| \angle (\cos 30^\circ + j\sin 30^\circ) = \frac{\sqrt{3}}{2}|V| + j\frac{|V|}{2}$$

10 단상 전력계 2개로 평형 3상 부하의 전력을 측정하였더니 각각 300[W]와 600[W]를 나타내었다. 부하역률은 약 얼마인가? (단, 전압과 전류는 정현파이다.)

① 0.5 ② 0.577 ③ 0.637 ④ 0.866

◆ 풀이 2전력계법 $\cos\theta = \dfrac{P_1 + P_2}{2\sqrt{P_1^2 + P_2^2 - P_1P_2}}$ 에서

$P_2 = 2P_1$ 이므로 $\cos\theta = 0.866$

답 ④

11 그림에서 a, b 단자에 200[V]를 가할 때 저항 2[Ω]에 흐르는 전류 I는 몇 [A]인가?

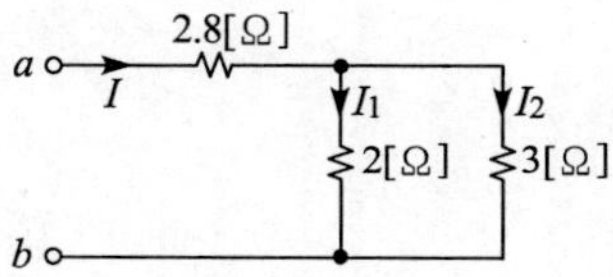

① 40 ② 30 ③ 20 ④ 10

◆ 풀이 $R_0 = 2.8 + \dfrac{2\cdot 3}{2+3} = 4$ [Ω]

$I = \dfrac{V}{R_0} = \dfrac{200}{4} = 50$ [A]

$I_1 = \dfrac{3}{2+3} \times 50 = 30$ [A]

답 ②

12 $V = 96 + j28$ [V], $Z = 4 - j3$ [Ω] 이다. 전류 I[A]는? (단, $\alpha = \tan^{-1}\dfrac{4}{3}$, $\beta = \tan^{-1}\dfrac{3}{4}$ 이다.)

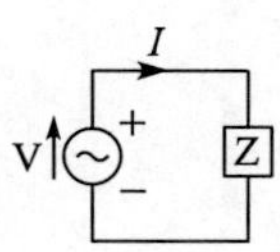

① $20\epsilon^{j\alpha}$ ② $10\epsilon^{j\alpha}$ ③ $20\epsilon^{j\beta}$ ④ $10\epsilon^{j\beta}$

◆ 풀이 $I = \dfrac{V}{Z} = \dfrac{96 + j28 \ (4+j3)}{4 - j3 \ \ (4+j3)} = \dfrac{384 - 84 + j(288 + 112)}{25} = \dfrac{300 + j400}{25}$

$= 12 + j16 = \sqrt{12^2 + 16^2} \angle\theta = \tan^{-1}\dfrac{16}{12} = 20\angle\tan^{-1}\dfrac{4}{3} = 20\epsilon^{j\alpha}$

답 ①

13 부동작 시간(dead time) 요소의 전달함수는?

① K ② $\frac{K}{S}$ ③ Ke^{-Ls} ④ Ks

◆ 풀이 부동작 시간요소 e^{-Ls} (Tip : 에라 모르겠다. L 초 만큼 늦게 스타트하자) 답 ③

14 그림과 같은 회로는?

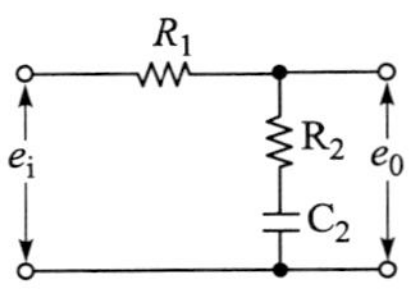

① 미분회로
② 적분회로
③ 가산회로
④ 미분 적분회로

답 ②

15 그림과 같은 고역 여파기에서 공칭 임피던스 $K[\Omega]$ 및 차단 주파수 f_c [kHz]는 얼마인가?

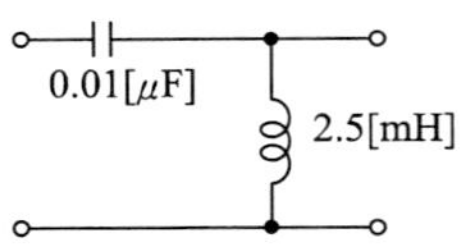

① 400, 약 25.9
② 460, 약 20.9
③ 480, 약 18.9
④ 500, 약 15.9

◆ 풀이 공칭 임피던스 $Z_s = \sqrt{\frac{L}{C}} = \sqrt{\frac{2.5\times10^{-3}}{0.01\times10^{-6}}} = 500\,[\Omega]$ 답 ④

차단 주파수 $f_c = \frac{Z_s}{4\pi\ell} = \frac{500}{4\pi\times2.5\times10^{-3}} = 15.9\times10^3\,[\text{Hz}]$

16 기본파의 20[%]인 제 3 고조파와 30[%]인 제 5 고조파를 포함한 전류의 왜형율은?

① 0.50 ② 0.36 ③ 0.33 ④ 0.26

◆ 풀이 왜형률 $= \frac{\text{나머지 전 고조파의 실효값}}{\text{기본파의실효값}} = \frac{\sqrt{I_3^2+I_5^2}}{1} = 0.36$ 답 ②

17 그림과 같은 회로가 정상 상태로 있을 때 $t=0$ 에서 S를 닫은 후 인덕턴스의 전위차 V_L은 몇 [V]인가?

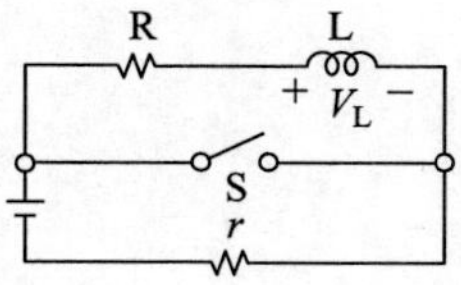

① $\frac{(R-r)E}{R}e^{-\frac{R}{L}t}$

② $\frac{CR+rE}{R}e^{-\frac{R}{L}t}$

③ $\frac{RE}{R+r}e^{-\frac{R}{L}t}$

④ $-\frac{RE}{R+r}e^{-\frac{R}{L}t}$

답 ④

18 그림과 같은 전류 파형에 있어서 0 으로부터 π 까지의 사이는 $i=I_m \sin\omega t$ [A] 로 π로부터 2π까지는 $-\frac{I_m}{2}$으로 주어진다. $I_m=5$ [A] 라 할 때 전류의 평균치는 약 몇 [A]인가?

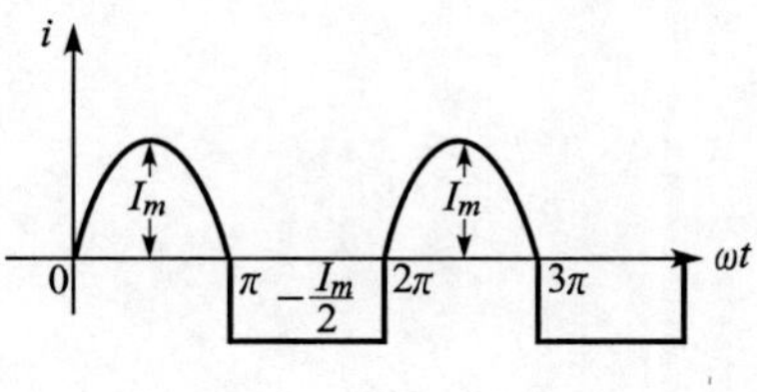

① 0.234
② 0.342
③ 0.432
④ 0.512

◆ 풀이 정현파의 평균값 $I_a=\frac{2}{\pi}I_m=\frac{2\times 5}{\pi}=\frac{10}{\pi}$ [A] 답 ②

구형파의 평균값 $I_a=\frac{I_m}{2}=2.5$

전체 평균값 $I_a=\frac{\frac{10}{\pi}-2.5}{2}=0.342$ [A]

19 RC 저역 필터회로의 전달함수 $G(j\omega)$ 는 $\omega = 0$ 일 때 얼마인가?

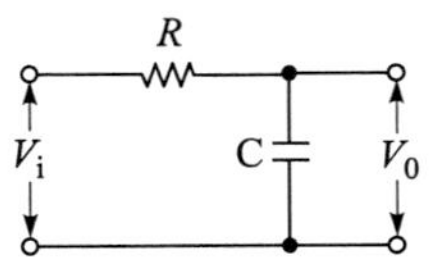

① 0
② 1
③ 0.5
④ 0.707

◆ 풀이 $G(j\omega) = \dfrac{V_2(j\omega)}{V_1(j\omega)} = \dfrac{1}{j\omega RC+1} \quad (\omega = 0) = \dfrac{1}{1} = 1$

답 ②

20 3 대의 단상변압기를 △ 결선으로 하여 운전하던 중 변압기 1대가 고장으로 제거하여 V 결선으로 한 경우 공급할 수 있는 전력과 고장전 전력과의 비율[%]은 약 얼마인가?

① 57.7 ② 50 ③ 60 ④ 67

◆ 풀이 고장 전 · 고장 후 전력 비

$= \dfrac{P_v}{P_\triangle} = \dfrac{\sqrt{3}P}{3P} = \dfrac{\sqrt{3}}{3} = 0.577 = 57.7 \quad [\%]$

답 ①

24회 실전응용문제

01 전류의 대칭분을 I_0, I_1, I_2 유기 기전력 및 단자 전압의 대칭분을 E_a, E_b, E_c 및 V_0, V_1, V_2 라 할 때 교류 발전기의 기본식 중 역상분 V_2 값은? (단, 임피던스의 대칭분은 Z_0, Z_1, Z_2 라 한다.)

① $-Z_0 I_0$　　② $-Z_2 I_2$　　③ $E_a - Z_1 I_1$　　④ $E_b - Z_2 I_2$

답 ②

02 주기적인 구형파의 신호는 그 성분이 어떻게 되는가?

① 교류합성을 갖지 않는다.　　② 직류분만으로 합성된다.
③ 무수히 많은 주파수의 합성이다.　　④ 성분분석이 불가능하다.

답 ③

03 저항 R_1, R_2 및 인덕턴스 L 이 직렬로 접속된 회로가 있다. 이 회로에 전압을 갑자기 인가할 때 흐르는 전류의 시정수는?

① $\frac{R_1+R_2}{L}$　　② $\frac{L}{R_1+R_2}$　　③ $\frac{R_1(R_1+R_2)}{L}$　　④ $\frac{R_1 L}{R_2(R_1+R_2)}$

답 ②

04 그림과 같은 단위 계단함수는?

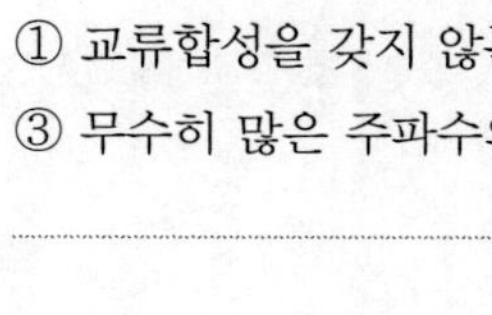

① $u(t)$
② $u(t-a)$
③ $u(a-t)$
④ $-u(t-a)$

답 ②

05 회로에서 전압비 전달함수 $\frac{V_2(s)}{V_1(s)}$ 를 구하면?

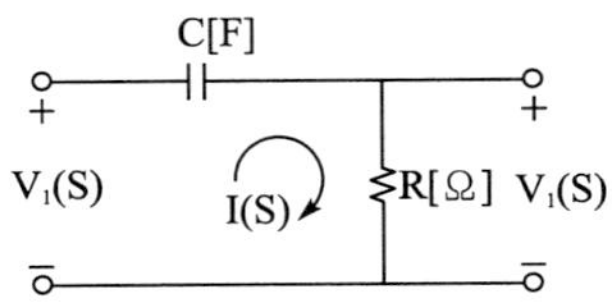

① $\frac{R}{1+RCs}$

② $\frac{RCs}{1-RCs}$

③ $\frac{RCs}{1+RCs}$

④ $\frac{R}{1-RCs}$

◆ 풀이 $G(s)=\frac{R}{\frac{1}{Cs}+R}\times\frac{Cs}{Cs}=\frac{RCs}{1+RCs}$

답 ③

06 인덕턴스 L 인 코일에 전류 $i=I_m\sin\omega t$ [A] 가 흐르고 있다. L 에 축적된 에너지의 첨두(Peak) 값은?

① $\frac{1}{\sqrt{2}}LI_m^2$ ② $\frac{1}{\sqrt{3}}LI_m^2$ ③ $\frac{1}{2}LI_m^2$ ④ $\frac{1}{2}L^2I_m^2$

답 ③

07 그림과 같은 파형을 갖는 맥류전류의 평균치가 10[A]이라면 전류의 실효치[A]는 약 얼마인가?

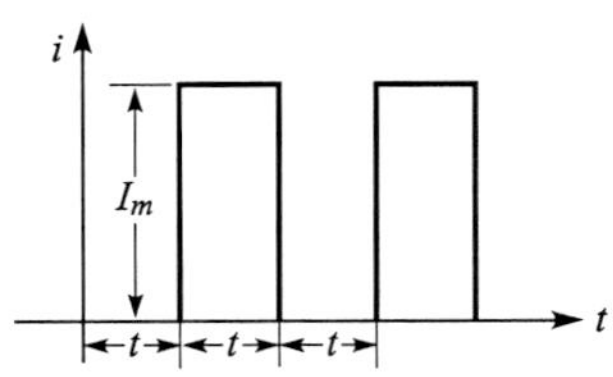

① 10

② 14

③ 20

④ 28

◆ 풀이 구형반파 $I_a=10=\frac{I_m}{2}$ $\therefore I_m=20$

답 ②

$$I=\frac{I_m}{\sqrt{2}}=\frac{20}{\sqrt{2}}=10\sqrt{2}=14.14 \quad [A]$$

08 3상 회로의 선간 전압이 각각 80[V], 50[V], 50[V] 일 때의 전압 불평형률[%]은?

① 39.6　　② 57.3　　③ 73.6　　④ 86.7

◆ 풀이　$불평형률 = \frac{역상분}{정상분}$　　답 ①

09 5[μF] 와 3[μF]의 콘덴서 2개를 직렬로 연결하였을 때와 병렬로 연결하였을 때의 합성용량을 각각 C_s 및 C_p 라 하면 $\frac{C_p}{C_s}$ 는?

① 약 8　　② 약 1.9　　③ 약 4.3　　④ 약 15

◆ 풀이　$C_p = 5+3 = 8,\quad C_s = \frac{5\cdot 3}{5+3} = \frac{15}{8}$　　답 ③

$$\therefore \frac{C_p}{Cs} = \frac{8}{\frac{15}{8}} = \frac{64}{15} = 4.27$$

10 그림과 같은 T형 회로에서 4단자 정수가 아닌 것은?

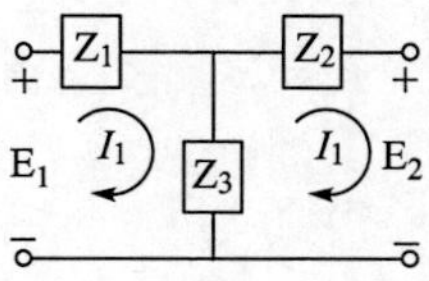

① $1+\frac{Z_1}{Z_3}$　　② $1+\frac{Z_2}{Z_3}$

③ $\frac{Z_1 Z_2}{Z_3} + Z_2 + Z_1$　　④ $1+\frac{Z_3}{Z_2}$

◆ TIP　병렬파트인 Z_3는 분자로 갈 수 없다!　　답 ④

11 $R.L.C$ 병렬 공진회로에 관한 설명 중 옳지 않은 것은?

① 공진시 입력 어드미턴스는 매우 작아진다.
② 공진 주파수 이하에서의 입력전류는 전압보다 위상이 뒤진다.
③ R이 작을수록 Q 가 높다.
④ 공진시 L 또는 C를 흐르는 전류는 입력전류 크기의 Q배가 된다.

◆ 풀이　$R-L-C$ 병렬 공진시 $Q = R\sqrt{\frac{C}{L}}$　∴ R이 작으면 Q도 작아진다.　　답 ③

12 그림과 같이 고주파 브리지를 가지고 상호 인덕턴스를 측정하고자 한다. 그림 (a)와 같이 접속하면 합성자기인덕턴스는 30[mH]이고, (b)와 같이 접속하면 14[mH]이다. 상호 인덕턴스 [mH]는?

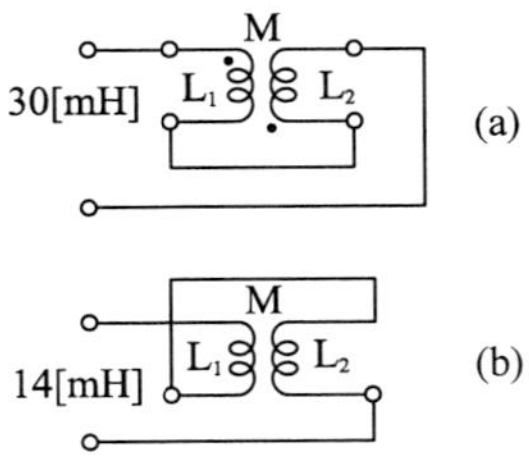

① 2
② 4
③ 8
④ 16

◆ 풀이 i) 직렬 가동결합 $L_0 = L_1 + L_2 + 2M = 30$ 답 ②

ii) 직렬 차동결합 $- L_0 = L_1 + L_2 - 2M = 14$, $4M = 16$

$\therefore\ M = 4$ [mH]

13 $f(t) = 5\sin 2t$ 를 라플라스 변환하면?

① $\dfrac{10}{S^2+4}$ ② $\dfrac{10}{S^2-4}$ ③ $\dfrac{5}{S^2+4}$ ④ $\dfrac{5}{S^2-4}$

◆ 풀이 $f(t) = 5\sin 2t$ 답 ①

$$F(s) = 5 \cdot \frac{2}{s^2+2^2} = \frac{10}{s^2+4}$$

14 어느 소자에 전압 $e = 125\sin 377t$ [V]를 가하니 전류 $i = 50\cos 377t$ [A]가 흘렀다. 이 회로의 소자는?

① 순저항 ② 저항과 유도 리액턴스
③ 용량 리액턴스 ④ 유도 리액턴스

◆ 풀이 전류 $i = 50\sin(377t + 90°)$ 로서
전압 v 보다 위상이 90°앞서므로 C만 회로이다. 답 ③

15 $F(s) = \dfrac{S^2+S+3}{S^3+2S^2+5S}$ 일 때 $f(t)$ 의 초기값은 얼마인가?

① 1 ② 2 ③ 3 ④ 5

◆ 풀이 초기값 정리 답 ①

$$\lim_{t\to 0} f(t) = \lim_{s\to\infty} s\cdot\ F(s) = \lim_{s\to\infty} s\cdot\ \frac{s^2+s+3}{s^3+2s^2+5s}$$
$$= \lim_{s\to\infty}\frac{s^2+s+3}{s^2+2s+5}\times\frac{1}{s^2} = 1$$

16 그림과 같은 순저항만의 회로에 3상 전압을 가했을 때 각 선에 흐르는 전류가 같게 될 때 R 의 값은 몇 [Ω]인가?

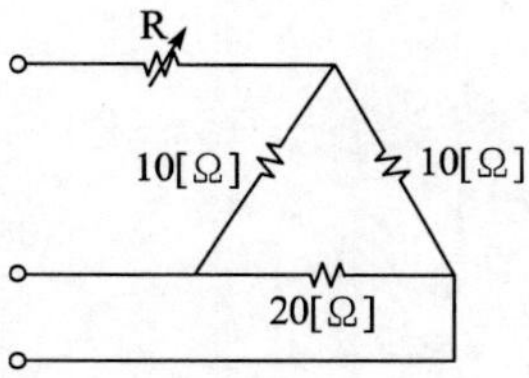

① 2.5
② 5
③ 7.5
④ 10

◆ 풀이 △ 결선의 Y 결선 변환시 답 ①

$Z_a = \dfrac{100}{40} = 2.5\ [\Omega],\ Z_b = Z_c = \dfrac{200}{40} = 5\ \ [\Omega]$

$\therefore\ R = 2.5\ [\Omega]$

17 코일에 100[V]의 교류전압을 가하니 10[A]의 전류가 흘렀고, 전압과 전류의 위상차는 $\dfrac{\pi}{3}$ [rad]가 되었다. 이 코일의 저항[Ω] 값은?

① 15 ② 12 ③ 8 ④ 5

◆ 풀이 $Z = \dfrac{V}{I} = \dfrac{100\angle 0°}{10\angle -60°} = 10\angle 60°$ 답 ④

$= 10(\cos 60° + j\sin 60°) = 5 + j5\sqrt{3}$ Y

$\therefore\ R = 5\ [\Omega]$

$X_L = 5\sqrt{3}\ [\Omega]$

18 회로의 영상 임피던스 Z_{01}과 Z_{02}의 값[Ω]은?

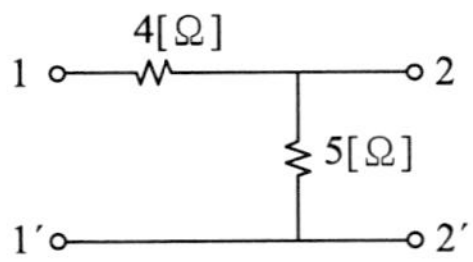

① $Z_{01}=9,\ Z_{02}=5$ ② $Z_{01}=4,\ Z_{02}=5$

③ $Z_{01}=6,\ Z_{02}=\dfrac{10}{3}$ ④ $Z_{01}=5,\ Z_{02}=\dfrac{11}{3}$

◆ 풀이 $A=1+\dfrac{4}{5}=\dfrac{9}{5},\quad B=4,\quad C=\dfrac{1}{5},\quad D=1$ 답 ③

$$\text{i) } Z_{01}=\sqrt{\frac{AB}{CD}}=\sqrt{\frac{\frac{9}{5}\times 4}{\frac{1}{5}\times 1}}=6$$

$$\text{ii) } Z_{02}=\sqrt{\frac{DB}{CA}}=\sqrt{\frac{1\times 4}{\frac{1}{5}\times\frac{9}{5}}}=\sqrt{\frac{100}{9}}=\frac{10}{3}=3.33$$

19 그림과 같이 주파수 f [Hz]인 교류회로에 있어서 전류 I와 I_R이 같은 값으로 되는 조건은? (단, R은 저항[Ω], C는 정전용량[F], L은 인덕턴스[H]이다.)

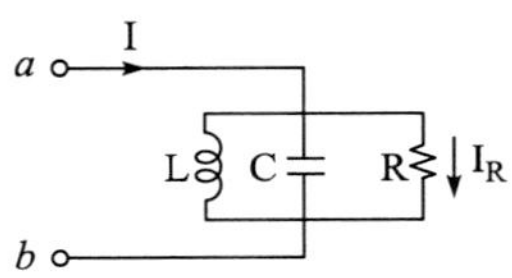

① $f=\dfrac{1}{\sqrt{LC}}$ ② $f=\dfrac{2\pi}{\sqrt{LC}}$

③ $f=\dfrac{1}{2\pi\sqrt{LC}}$ ④ $f=2\pi(LC)^2$

◆ 풀이 공진 : 허수부 = 0 답 ③

$$\omega L=\frac{1}{\omega C},\ \omega^2 LC=1,\quad \omega=\frac{1}{\sqrt{LC}},\ f=\frac{1}{2\pi\sqrt{LC}}$$

20 이상 변압기에 대한 설명 중 옳은 것은?

① 단자전압의 비 V_2/V_1는 코일의 권수비와 같다.

② 단자전류의 비 I_2/I_1는 권수비와 같다.

③ 1차 단자에서 본 전체 임피던스는 부하 임피던스에 권수비의 자승의 역수를 곱한 것과 같다.

④ 1차측의 복소전력은 2차측 부하의 복소전력과 같다.

◆ 풀이 $n=\dfrac{n_1}{n_2}=\dfrac{V_1}{V_2}=\dfrac{I_2}{I_1}=\sqrt{\dfrac{L_1}{L_2}}=\sqrt{\dfrac{Z_1}{Z_2}}$ 답 ②

25회 실전응용문제

01 정현파 교류 $i=10\sqrt{2}\sin\left(\omega t+\frac{\pi}{3}\right)$ [A]를 복소수의 극좌표 형식으로 표시하면?

① $10\sqrt{2}\angle\frac{\pi}{3}$ ② $10\angle 0$ ③ $10\angle\frac{\pi}{3}$ ④ $10\angle-\frac{\pi}{3}$

답 ③

02 어떤 교류회로에 $e=100\sin\omega t+20\sin\left(3\omega t+\frac{\pi}{3}\right)$ [V]의 전압을 가할 때 회로에 흐르는 전류가 $i=40\sin\left(\omega t-\frac{\pi}{6}\right)+5\sin\left(3\omega t+\frac{\pi}{12}\right)$ [A]라 한다. 이 회로에서 소비되는 전력[W]은?

① 4254 ② 3256 ③ 2267 ④ 1767

◆ 풀이 $P=\frac{V_{m1}I_{m1}}{2}\cos\theta_1+\frac{V_{m3}I_{m3}}{2}\cos\theta_3=\frac{100\times 40}{2}\cos 30°+\frac{20\times 5}{2}\cos 45°$ 답 ④

$=1000\sqrt{3}+\frac{50}{\sqrt{2}}=1767.4\,[\mathrm{W}]$

03 그림의 RLC 직렬회로에서 입력을 전압 $e_i(t)$ 출력을 전류 $i(t)$로 할 때 이 계의 전달함수는?

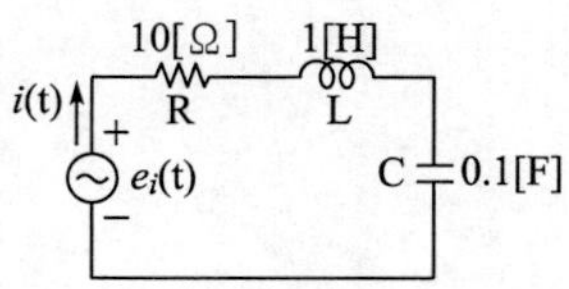

① $\frac{s}{s^2+10s+10}$ ② $\frac{10s}{s^2+10s+10}$

③ $\frac{s}{s^2+s+1}$ ④ $\frac{10s}{s^2+s+1}$

◆ 풀이 $G(s)=\frac{I(s)}{V(s)}=\frac{1}{Z(s)}=\frac{1}{R+Ls+\frac{1}{Cs}}$ 답 ①

$=\frac{1}{10+s+\frac{10}{s}}\times\frac{s}{s}=\frac{s}{s^2+10s+10}$

04 그림과 같은 회로에서 $t=0$ 인 순간에 스위치 S 를 닫았다. 이 순간에 인덕턴스 L에 걸리는 전압은? (단, L의 초기 전류는 0 이다.)

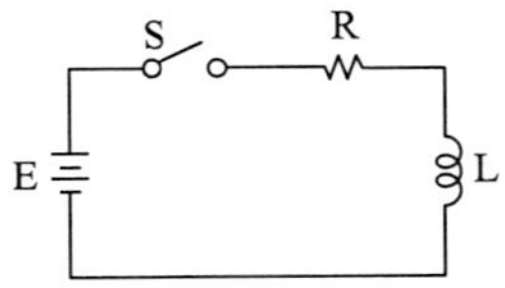

① 0　　② E

③ $\frac{LE}{R}$　　④ $\frac{E}{R}$

◆ 풀이　$R-L$ 직렬 과도현상시 $t=0$ 일 경우 전압은 모두 L에 걸린다.

$\therefore\ V_L = E$

답 ②

05 그림과 같은 톱니파형의 실효값은?

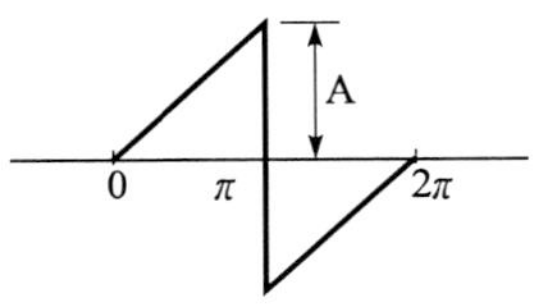

① $\frac{A}{\sqrt{3}}$　　② $\frac{A}{\sqrt{2}}$

③ $\frac{A}{3}$　　④ $\frac{A}{2}$

◆ 풀이　톱니파 = 삼각파의 실효값

$I = \frac{A}{\sqrt{3}}$

답 ①

06 그림과 같은 이상변압기에 대하여 성립되지 아니하는 관계식은? (단, n_1, n_2는 1차 및 2차 코일의 권수, n은 권수비 : $n = n_1 / n_2$)

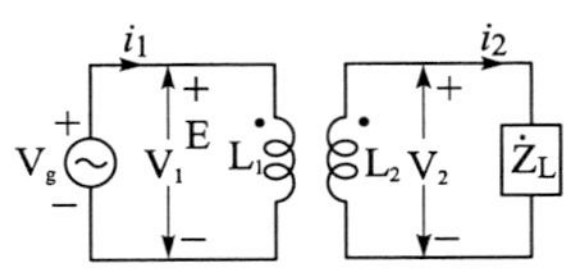

① $V_1 i_1 = V_2 i_2$　　② $\frac{i_2}{i_1} = \frac{n_1}{n_2} = n$

③ $\frac{V_2}{V_1} = \frac{n_2}{n_1} = \frac{1}{n}$　　④ $n = \sqrt{\frac{L_2}{L_1}}$

◆ 풀이　$n = \frac{n_1}{n_2} = \frac{V_1}{V_2} = \frac{I_2}{I_1} = \sqrt{\frac{L_1}{L_2}} = \sqrt{\frac{Z_1}{Z_2}}$

답 ④

07 그림과 같은 회로에서 선형저항 3[Ω] 양단의 전압은 몇 [V]인가?

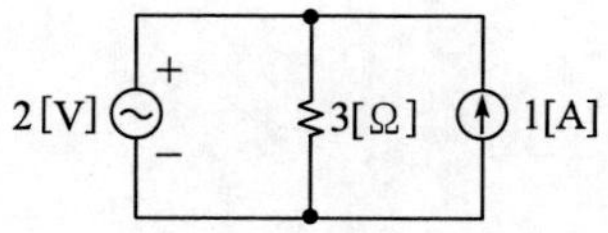

① 4.5 ② 3 ③ 2.5 ④ 2

◆ 풀이 중첩의 원리 i) 전류원 개방시 3[Ω] 에 흐르는 전류 $I' = \frac{2}{3}$ [A]

ii) 전압원 단락시 3[Ω] 에 흐르는 전류 $I'' = 0$

$\therefore I = I' + I'' = \frac{2}{3}$ [A]

$\therefore V = I \cdot R = \frac{2}{3} \times 3 = 2$ [V]

답 ④

08 그림과 같은 2단자 망에서 구동점 임피던스를 구하면?

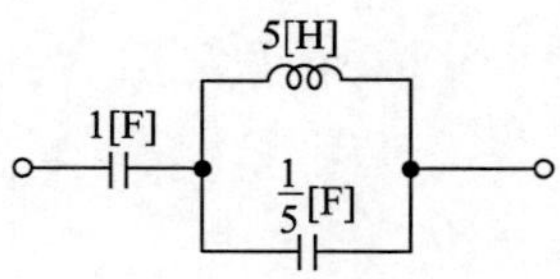

① $\frac{6s^2+1}{s(s^2+1)}$ ② $\frac{6s+1}{6s^2+1}$ ③ $\frac{6s^2+1}{(s+1)(s+2)}$ ④ $\frac{s+2}{6s(s+1)}$

◆ 풀이

$$Z(s) = \frac{1}{s} + \frac{5s \cdot \frac{5}{s}}{5s + \frac{5}{s}} = \frac{1}{s} + \frac{25}{\frac{5s^2+5}{s}}$$

$$= \frac{1}{s} + \frac{25s}{5s^2+5} = \frac{5s^2+25s^2+5}{s(5s^2+5)} = \frac{6s^2+1}{s(s^2+1)}$$

답 ①

09 리액턴스 2단자 회로망의 임피던스 함수 $Z(j\omega)$를 $Z(j\omega) = jX(\omega)$ 라 놓을 때 $\frac{dx(\omega)}{d\omega}$는 어떻게 되는가?

① $\frac{dx(\omega)}{d\omega} = 0$ ② $\frac{dx(\omega)}{d\omega} = \infty$ ③ $\frac{dx(\omega)}{d\omega} < 0$ ④ $\frac{dx(\omega)}{d\omega} > 0$

◆ 풀이 포스터의 리액턴스 정리

미분함수 $\frac{dx(\omega)}{d\omega}$는 항상 0보다 큰 증가함수이다.

답 ④

10 $R[\Omega]$의 3개의 저항을 전압 E[V]의 3상 교류 선간에 그림과 같이 접속할 때 선전류[A]는 얼마인가?

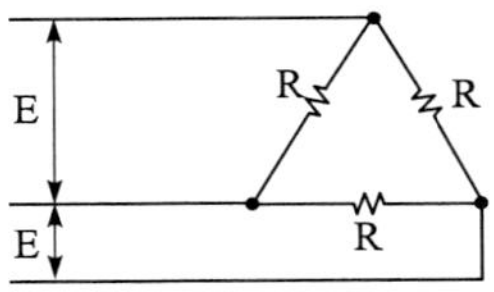

① $\dfrac{E}{\sqrt{3}\,R}$ ② $\dfrac{\sqrt{3}\,E}{R}$

③ $\dfrac{E}{3R}$ ④ $\dfrac{3E}{R}$

답 ②

11 단자전압의 각 대칭분 $\dot{V}_0$, $\dot{V}_1$, $\dot{V}_2$가 0이 아니고 같게 되는 고장의 종류는?

① 1선지락 ② 선간단락 ③ 2선지락 ④ 3선지락

답 ③

12 다음 회로에서 부하 R_L에 최대 전력이 공급될 때의 전력값이 5[W] 라고 할 때 $R_L + R_i$ 의 값은 몇 [Ω]인가? (단, R_i 는 전원의 내부저항이다.)

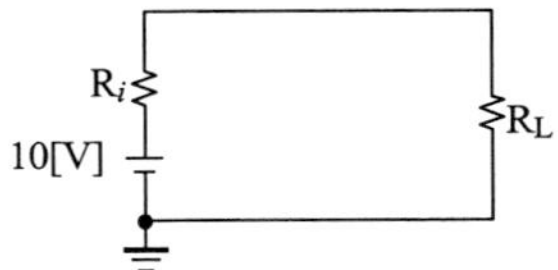

① 5 ② 10

③ 15 ④ 20

◆ 풀이 $P_{\max} = \dfrac{V^2}{4R_L} = 5$ [W] 답 ②

$\therefore\ R_L = \dfrac{10^2}{4\times 5} = \dfrac{100}{20} = 5$ [Ω]

13 그림과 같은 L형 회로의 4단자 ABCD 정수 중 A 는?

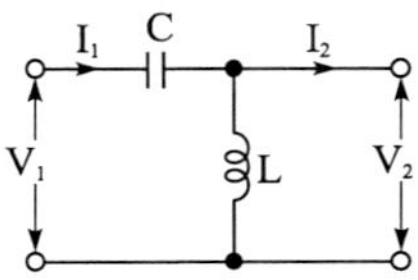

① $1+\dfrac{1}{\omega LC}$ ② $1-\dfrac{1}{\omega^2 LC}$

③ $1+\dfrac{1}{j\omega L}$ ④ $\dfrac{1}{2\sqrt{LC}}$

◆ 풀이 $A = 1 + ↘ = 1 + \dfrac{\dfrac{1}{j\omega C}}{j\omega L} = 1 + \dfrac{1}{j^2\omega^2 LC} = 1 - \dfrac{1}{\omega^2 LC}$ 답 ②

14 전달함수 $C(s) = G(s)R(s)$에서 입력함수를 단위 임펄스 즉, $\delta(t)$로 가할 때 계의 응답은?

① $C(s) = G(s)\delta(s)$ ② $C(s) = \dfrac{G(s)}{\delta(s)}$

③ $C(s) = \dfrac{G(s)}{s}$ ④ $C(s) = G(s)$

◆ 풀이 $G(s) = \dfrac{C(s)}{R(s)} = \dfrac{C(s)}{\mathcal{L}[\delta(t)]} = \dfrac{C(s)}{1}$ $\therefore G(s) = C(s)$ 답 ④

15 $R-L$ 직렬회로에서 스위치 S 를 닫아 직류전압 E[V]를 회로 양단에 급히 가한 후 $\dfrac{L}{R}$(초) 후의 전류 I[A] 값은?

① $0.632\dfrac{E}{R}$ ② $0.5\dfrac{E}{R}$ ③ $0.368\dfrac{E}{R}$ ④ $\dfrac{E}{R}$

◆ 풀이 $t = \tau = \dfrac{L}{R}$ 답 ①

대입 $i(t) = \dfrac{E}{R}\left(1-e^{-\frac{R}{L}t}\right) = 0.632\dfrac{E}{R}$

16 그림과 같은 캠벨브리지(Campbell bridge) 회로에 있어서 I_2가 0 이 되기 위한 C의 값은?

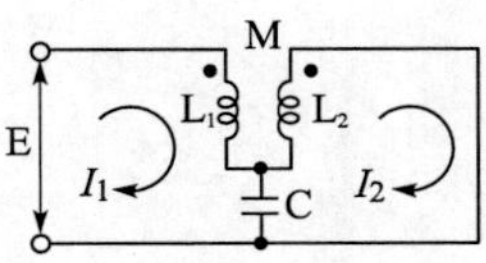

① $\dfrac{1}{\omega L}$ ② $\dfrac{1}{\omega^2 L}$

③ $\dfrac{1}{\omega M}$ ④ $\dfrac{1}{\omega^2 M}$

◆ TIP 캠벨브리지는 공진회로이나 $L \rightarrow M$을 쓴다. 답 ④

17 파형이 반파 정류파일 때 파고율은?

① 1.0 ② 1.57 ③ 1.73 ④ 2.0

◆ 풀이 반파 정류파(=정현반파)의 파고율$=\dfrac{\text{최대값}}{\text{실효값}}=\dfrac{I_m}{\dfrac{I_m}{2}}=2$ 답 ④

18 $\dfrac{S\sin\theta+\omega\cos\theta}{S^2+\omega^2}$ 의 역 Laplace 변환을 구하면 어떻게 되는가?

① $\sin(\omega t+\theta)$　② $\sin(\omega t+\theta)$　③ $\cos(\omega t-\theta)$　④ $\cos(\omega t+\theta)$

답 ②

19 대칭 3상 Y 결선 부하에서 1상당의 부하 임피던스가 $\dot{Z}=16+j12$ [Ω]이다. 부하전류가 10[A] 일 때 이부하의 선간전압은 약 몇 [V]인가?

① 200　② 245　③ 346　④ 375

◆ 풀이 $3\phi(Y)$, $Z=16+j12$, $I_\ell=10=I_p$　　답 ③

$V_p=I_p\cdot Z=10\cdot 20=200$

$V_\ell=\sqrt{3}\,V_p=200\sqrt{3}=346$ V]

20 $f(t)=\sin t+2\cos t$ 를 라플라스 변환하면?

① $\dfrac{2s}{s^2+1}$　② $\dfrac{2s+1}{(s+1)^2}$　③ $\dfrac{2s+1}{s^2+1}$　④ $\dfrac{2s}{(s+1)^2}$

◆ 풀이 $f(t)=\sin t+2\cos t$　　답 ③

$$F(s)=\frac{1}{s^2+1}+\frac{2s}{s^2+1}=\frac{2s+1}{s^2+1}$$

26회 실전응용문제

01 $R = 15\,[\Omega]$, $X_L = 12\,[\Omega]$, $X_c = 30\,[\Omega]$이 병렬로 접속된 회로에 120[V]의 교류전압을 가하면 전원에 흐르는 전류[A]와 역률[%]은 각각 얼마인가?

① 22, 85 ② 22, 80 ③ 22, 60 ④ 10, 80

◆ 풀이 • $I = I_R + I_L + I_C = \dfrac{V}{R} - j\dfrac{V}{X_L} + j\dfrac{V}{X_C} = \dfrac{120}{15} - j\dfrac{120}{12} + j\dfrac{120}{30}$ 답 ④

$= 8 - j10 + j4 = 8 - j6 = 10\,[\text{A}]$

• $\cos\theta = \dfrac{I_R}{|I|} = \dfrac{8}{10} = 0.8 = 80\,[\%]$

02 대칭 좌표법에 관한 설명 중 잘못된 것은?

① 불평형 3상 회로 비접지식 회로에서는 영상분이 존재한다.
② 대칭 3상 전압에서 영상분은 0 이 된다.
③ 대칭 3상 전압은 정상분만 존재한다.
④ 불평형 3상 회로의 접지식 회로에서는 영상분이 존재한다.

◆ 풀이 비접지식 회로에서는 영상분이 존재하지 않는다. 답 ①

03 구동점 임피던스에 있어서 영점(Zero) 은?

① 전류가 흐르지 않는 경우이다.
② 회로를 개방한 것과 같다.
③ 전압이 가장 큰 상태이다.
④ 회로를 단락한 것과 같다.

◆ 풀이 영단 극개 : 영점은 회로의 단락 상태, 극점은 회로의 개방 상태 답 ④

04 다음 파형의 라플라스 변환은?

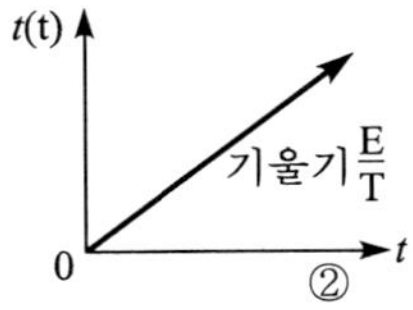

① $\frac{E}{s}$　② $\frac{E}{s^2}$　③ $\frac{E}{Ts}$　④ $\frac{E}{Ts^2}$

◆ 풀이 $f(t) = \frac{E}{T} t\,u(t)$ 　　답 ④

$$F(s) = \frac{E}{Ts^2}$$

05 저항과 콘덴서를 병렬로 접속한 회로에 직류 100[V]를 가하면 5[A]가 흐르고, 교류 300[V]를 가하면 25[A]가 흐른다. 이 때 콘덴서의 리액턴스는 몇 [Ω]인가?

① 7　② 10　③ 14　④ 15

◆ 풀이 직류인가시 R만 존재 　　답 ④

$$\therefore R = \frac{V}{I} = \frac{100}{5} = 20 \ [\Omega],$$

$$I = \frac{V}{R} + j\frac{V}{X_c} = \frac{300}{20} + j\frac{300}{X_c} = 25$$

$$\therefore X_c = \frac{60}{4} = 15 \ [\Omega]$$

06 전류 $i = 30\sin\omega t + 40\sin(3\omega t + 45^\circ)$ [A]의 실효값은 몇 [A]인가?

① 25　② $25\sqrt{2}$　③ 50　④ $50\sqrt{2}$

◆ 풀이 비정현파의 실효값 　　답 ②

$$I = \sqrt{\left(\frac{30}{\sqrt{2}}\right)^2 + \left(\frac{40}{\sqrt{2}}\right)^2} = 25\sqrt{2}$$

07 그림과 같은 회로에서 정전용량 C[F]를 충전한 후 스위치 S를 닫아서 이것을 방전할 때 과도전류는? (단, 회로에는 저항이 없다.)

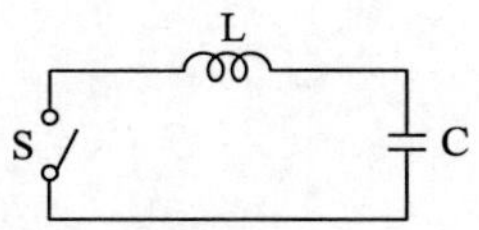

진동전류

① 불변의 진동전류
② 감쇠하는 전류
③ 감쇠하는 진동전류
④ 일정값까지 증가하고 그 후 감쇠하는 전류

◆ 풀이 $L-C$ 직렬 과도전류는 sin파임으로 불변의 진동전류로 표현

답 ①

68 그림과 같은 회로에서 $t=0$ 의 순간 S를 열었을 때 L의 양단에 발생하는 역기전력은 인가 전압의 몇 배가 발생하는가? (단, 스위치 S가 열기전에 회로는 정상 상태에 있었다.)

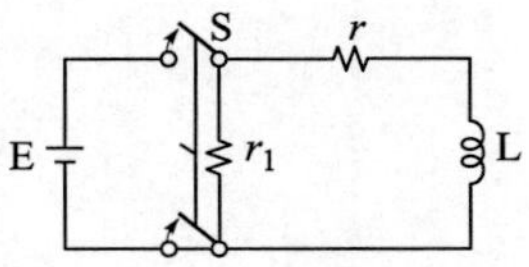

① $\dfrac{r}{r+r_1}$ ② $\dfrac{r_1 r}{r+r_1}$

③ $\dfrac{r+r_1}{r_1 r}$ ④ $\dfrac{r+r_1}{r}$

답 ④

09 그림과 같은 회로의 전달함수는? (단, 초기조건은 0 이다.)

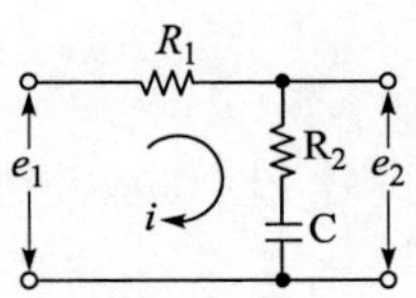

① $\dfrac{R_2+Cs}{R_1+R_2+Cs}$ ② $\dfrac{R_1+R_2+Cs}{R_1+Cs}$

③ $\dfrac{R_2Cs+1}{R_2Cs+R_1Cs+1}$ ④ $\dfrac{R_1Cs+R_2Cs+1}{R_2Cs+1}$

◆ 풀이 $G(s)=\dfrac{R_2+\dfrac{1}{Cs}}{R_1+R_2+\dfrac{1}{Cs}}\times\dfrac{Cs}{Cs}=\dfrac{R_2Cs+1}{R_1Cs+R_2Cs+1}$

답 ③

10 두 코일의 자기 인덕턴스가 L_1[H], L_2[H]이고 상호인덕턴스가 M 일 때 결합계수 k는?

① $\dfrac{\sqrt{L_1 L_2}}{M}$　② $\dfrac{M}{\sqrt{L_1 L_2}}$　③ $\dfrac{M^2}{L_1 L_2}$　④ $\dfrac{L_1 L_2}{M^2}$

◆ 풀이 인덕턴스의 직렬 연결시

상호인덕턴스 $M = k\sqrt{L_1 \cdot L_2}$ ∴ $k = \dfrac{M}{\sqrt{L_1 \cdot L_2}}$

답 ②

11 비정현파의 일그러짐의 정도를 표시하는 양으로서 왜형률이란?

① $\dfrac{평균치}{실효치}$　② $\dfrac{실효치}{최대치}$

③ $\dfrac{고조파만의실효치}{기본파의실효치}$　④ $\dfrac{기본파의실효치}{고조파만의실효치}$

답 ③

12 3상 불평형 전압에서 역상전압이 10[V], 정상전압이 50[V], 영상전압이 200[V]라고 한다. 전압의 불평형률은 얼마인가?

① 0.1　② 0.05　③ 0.2　④ 0.5

◆ 풀이 $불평형률 = \dfrac{역상분}{정상분} = \dfrac{10}{50} = 0.2$

답 ③

13 $R = 10\,[\Omega]$, $\omega L = 5\,[\Omega]$, $\dfrac{1}{\omega C} = 30\,[\Omega]$이 직렬로 접속된 회로에서 기본파에 대한 합성임피던스(Z_1)와 제3고조파에 대한 합성임피던스(Z_3)는 각각 몇 [Ω]인가?

① $Z_1 = \sqrt{725}$, $Z_3 = \sqrt{125}$　② $Z_1 = \sqrt{461}$, $Z_3 = \sqrt{461}$

③ $Z_1 = \sqrt{461}$, $Z_3 = \sqrt{125}$　④ $Z_1 = \sqrt{125}$, $Z_3 = \sqrt{461}$

◆ 풀이 i) $Z_1 = R + j\left(\omega L - \dfrac{1}{\omega C}\right)$

답 ①

ii) $Z_3 = R + j\left(3\omega L - \dfrac{1}{3\omega C}\right) = 10 + j(5 - 30)$

$= 10 + j(15 - 10) = 10 - j25 = \sqrt{725} = 10 + j5$

14 그림의 회로에서 단자 a, b 에 걸리는 전압 V_{ab}는 몇 [V]인가?

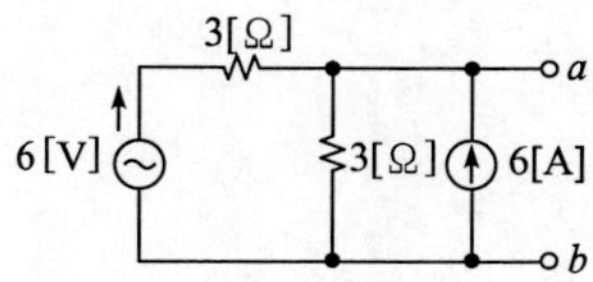

① 12　② 18　③ 24　④ 36

◆ 풀이　병렬저항 3[Ω]에 흐르는 전류를 구한다.　답 ①

i) 전류원 개방 $I' = \frac{6}{6} = 1$ [A]

ii) 전압원 단락 $I'' = \frac{3}{3+3} \times 6 = 3$ [A]

$\therefore I = 4$ [A]

$\therefore V = I \cdot R = 4 \times 3 = 12$ [V]

15 R[Ω] 저항 3개를 Y 로 접속하고 이것을 선간전압 200[V]의 평형 3상 교류 전원에 연결할 때 선전류가 20[A] 흘렀다. 이 3개의 저항을 △ 로 접속하고 동일 전원에 연결하였을 때의 선전류는 약 몇 [A]인가?

① 30　② 40　③ 50　④ 60

◆ 풀이　Y 결선의 △ 결선 변환시 소비전력, 임피던스, 선전류는 3 배가 된다.

$I_\triangle = 3I_Y$　　$\therefore I_\triangle = 60$ [A]　답 ④

16 다음 그림에서 $V_1 = 24$ [V] 일 때 V_0[V]의 값은?

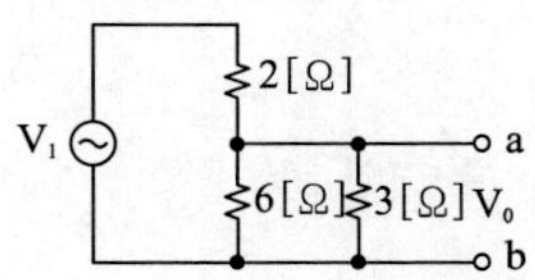

① 8　② 12　③ 16　④ 24

◆ 풀이　병렬연결시 전압 일정하므로　답 ②

병렬연결저항 6[Ω]과 3[Ω]의 합성을 구하면 2[Ω]

따라서 V_1의 분전압 V_0는 V_1의 $\frac{1}{2}$이 된다.

$\therefore V_0 = 12$ [V]

17 평형 3상 부하에 전력을 공급할 때 선전류 값이 20[A] 이고 부하의 소비전력이 4[kW] 이다. 이 부하의 등가 Y 회로에 대한 각 상의 저항값은 약 몇 [Ω]인가?

① 3.3　　② 5.7　　③ 7.2　　④ 10]

◆ 풀이　3ϕ Y 결선이므로 $I_\ell = I_p$

$\therefore P = 3I_p^2 \cdot R$ 에서

$$R = \frac{P}{3I_p^2} = \frac{4000}{3\times 20^2} = \frac{4000}{1200} = \frac{10}{3} = 3.3 \quad [\Omega]$$

답 ①

18 그림과 같은 π형 4단자 회로의 어드미턴스 파라미터 중 Y_{11}은?

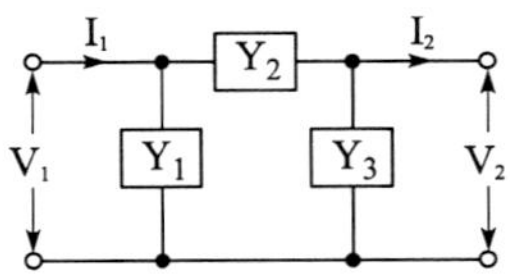

① Y_1　　② Y_2

③ Y_1+Y_2　　④ Y_2+Y_3

◆ 풀이　$Y_{11} = \swarrow = Y_1 + Y_2$

답 ③

19 저항 40[Ω], 임피던스 50[Ω]의 직렬 유도부하에서 소비 되는 무효전력[var] 은 얼마인가? (단, 인가전압은 100[V] 이다.)

① 120　　② 160　　③ 200　　④ 250

◆ 풀이　i) $Z = R + jX \quad \therefore X = \sqrt{Z^2 - R^2} = \sqrt{50^2 - 40^2} = 30[\Omega]$

답 ①

ii) $I = \frac{V}{Z} = \frac{100}{50} = 2[A] \quad \therefore P = I^2 \cdot X = 2^2 \times 30 = 120[Var]$

20 $f(t) = \delta(t) - be^{-bt}$ 의 라플라스 변환은? (단, $\delta(t)$는 임펄스 함수이다.)

① $\frac{b}{s+b}$　　② $\frac{s(1-b)+5}{s(s+b)}$　　③ $\frac{1}{s(s+b)}$　　④ $\frac{s}{s+b}$

◆ 풀이　$f(t) = \delta(t) - be^{-bt}$

답 ④

$$F(s) = 1 - \frac{b}{s}\Big|_{s=s+b} = 1 - \frac{b}{s+b} = \frac{s}{s+b}$$

27회 실전응용문제

01 회로에서 저항 15[Ω]에 흐르는 전류 I는 몇 [A]인가?

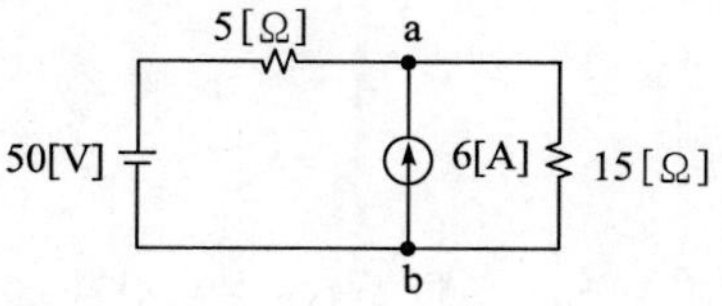

① 0.5 ② 2 ③ 4 ④ 6

◆ 풀이 중첩의 원리 답 ③

i) 전류원 개방 $I' = \frac{50}{5+15} = 2.5$ [A]

ii) 전압원 단락 $I'' = \frac{5}{5+15} \times 6 = 1.5$ [A] $\therefore I = I' + I'' = 4$ [A]

02 키르히호프의 전압법칙의 적용에 대한 서술 중 잘못된 것은?

① 이 법칙은 집중 정수회로에 적용된다.
② 이 법칙은 회로소자의 선형, 비선형에는 관계 받지 않고 적용된다.
③ 이 법칙은 회로소자의 시변, 시불변성에 구애받지 아니한다.
④ 이 법칙은 선형소자로만 이루어진 회로에 적용된다.

◆ 풀이 키르히호프의 법칙은 회로소자의 선형・비선형・시변・시불변성에 관계 받지 않고 모두 적용된다. 단, 중첩의 원리는 선형소자로만 이루어진 회로에 적용된다. 답 ④

03 전원과 부하가 모두 △ 결선된 3상 평형 회로가 있다. 전원 전압이 200[V], 부하 임피던스가 $6+j8$[Ω]인 경우 선전류는 몇 [A]인가?

① 20 ② $\frac{20}{\sqrt{3}}$ ③ $20\sqrt{3}$ ④ $10\sqrt{3}$

◆ 풀이 $3\phi(\triangle)$, $Z = 6+j8$, $V_\ell = 200$ 답 ③

$\therefore I_p = \frac{V_p}{Z} = \frac{200}{10} = 20$, $I_\ell = \sqrt{3}\,I_p = \sqrt{3} \times 20 = 20\sqrt{3}$

04 두 코일이 있다. 한 코일의 전류가 매초 40[A]의 비율로 변화할 때 다른 코일에는 20[V]의 기전력이 발생하였다면 두 코일의 상호인덕턴스는 몇 [H]인가?

① 0.2　　② 0.5　　③ 0.8　　④ 1.0

◆ 풀이　$e_2 = +M\dfrac{di}{dt}$　　답 ②

$\therefore\ M = +e_2 \times \dfrac{dt}{di} = +20\dfrac{\times 1}{40} = \dfrac{1}{2} = 0.5[\text{H}]$

05 어떤 회로에 $e = 50\sin(\omega t + \theta)$ [V]를 인가했을 때 $i = 4\sin(\omega t + \theta - 30^\circ)$ [A]가 흘렀다면 유효전력은 약 몇 [W]인가?

① 50　　② 57.7　　③ 86.6　　④ 100

◆ 풀이　$P = VI\cos\theta = \dfrac{V_m \cdot\ I_m}{2} cos\theta = \dfrac{50\times 4}{2}\cos 30°$　　답 ③

$= 100\times\dfrac{\sqrt{3}}{2} = 50\sqrt{3} = 86.6\ [\text{W}]$

06 3상 유도전동기의 출력 10[HP], 선간전압 200[V], 효율 90[%], 역률 85[%]일 때 이 전동기에 유입되는 선전류는 약 몇 [A]인가?

① 16　　② 20　　③ 28　　④ 48

◆ 풀이　$P = \sqrt{3}\ V_\ell I_\ell \cos\theta \cdot\ \eta$　　$\therefore\ I_\ell = \dfrac{10\times 746}{\sqrt{3}\times 200\times 0.85\times 0.9} = 28.15\ [\text{A}]$　　답 ③

07 주기적인 구형파의 신호는 그 주파수 성분이 어떻게 되는가?

① 무수히 많은 주파수의 성분을 갖는다.　② 주파수 성분을 갖지 않는다.
③ 직류분만으로 구성된다.　④ 교류 합성을 갖지 않는다.

◆ 풀이　$f(t) = a_0 + \sum_{n=1}^{\infty} a_n \cos n\omega t + \sum_{n=1}^{\infty} b_n \sin n\omega t$ 이므로　　답 ①

무수히 많은 주파수 성분을 가진다.

08 파형의 파형률 값이 잘못된 것은?

① 정현파의 파형률은 1.414이다.
② 구형파의 파형률은 1.0이다.
③ 전파 정류파의 파형률은 1.11이다.
④ 반파 정류파의 파형률은 1.571이다.

◆ 풀이 정현파의 파형률 $= \dfrac{실효값}{평균값} = \dfrac{\dfrac{1}{\sqrt{2}}I_m}{\dfrac{2}{\pi}I_m} = \dfrac{\pi}{2\sqrt{2}} = 1.11$

답 ①

09 그림과 같은 회로에서 각 계기들의 지시값은 다음과 같다. Ⓥ는 240[V], Ⓐ는 5[A], Ⓦ는 720[W]이다. 이 때 인덕턴스 L[H]는 얼마인가? (단, 전원주파수는 60[Hz]라 한다.)

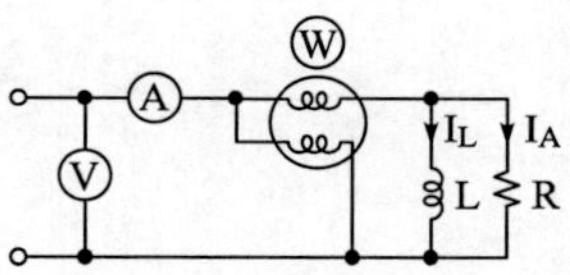

① $\dfrac{1}{\pi}$ ② $\dfrac{1}{2\pi}$
③ $\dfrac{1}{3\pi}$ ④ $\dfrac{1}{4\pi}$

◆ 풀이 $P = \dfrac{V^2}{R}$ 에서 $R = \dfrac{V^2}{P} = \dfrac{240^2}{720} = 80[\Omega]$

답 ②

병렬회로이므로 전압일정

$I = I_R + I_L$

$I = \dfrac{V}{R} - j\dfrac{V}{X_L}$

$5 = \dfrac{240}{80} - j\dfrac{240}{X_L}$

$X_L = \dfrac{240}{4} = 60 = \omega L = 2\pi f \cdot L$

$\therefore L = \dfrac{60}{2\pi f} = \dfrac{6}{2\pi \times 60} = \dfrac{1}{2\pi}$

10 불평형 3상전류 $I_a = 10 + j2$ [A], $I_b = -20 - j24$ [A], $I_c = -5 + j10$ [A]일 때의 영상전류 I_0 값은 얼마인가?

① $15 + j2$ [A]
② $-5 - j4$ [A]
③ $-15 - j12$ [A]
④ $-45 - j36$ [A]

◆ 풀이 $I_0 = \frac{1}{3}(I_a + I_b + I_c) = \frac{1}{3}(10 + j2 - 20 - j24 - 5 + j10)$

$= \frac{1}{3}(-15 - j12) = -5 - j4$

답 ②

11 그림에서 a, b 단자의 전압이 100[V], a, b에서 본 능동 회로망 N 의 임피던스가 15[Ω]일 때, 단자 a, b 에 10[Ω]의 저항을 접속하면 a, b 사이에 흐르는 전류는 몇 [A]인가?

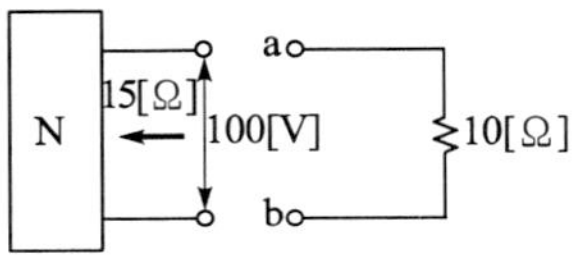

① 2
② 4
③ 6
④ 8

◆ 풀이 테브난의 정리

$$I = \frac{V_{ab}}{Z_{ab} + Z_L} = \frac{100}{15 + 10} = \frac{100}{25} = 4[\text{A}]$$

답 ②

12 L형 4단자 회로망에서 4 단자 정수가 $B = \frac{5}{3}$, $C = 1$ 이고, 영상임피던스 $Z_{01} = \frac{20}{3}$ [Ω] 일 때 영상임피던스 Z_{02}[Ω]의 값은?

① $\frac{1}{4}$
② $\frac{100}{9}$
③ 4
④ $\frac{9}{100}$

◆ 풀이 $Z_{01} \cdot Z_{02} = \frac{B}{C}$

$\therefore Z_{02} = \frac{1}{Z_{01}} \cdot \frac{B}{C} = \frac{3}{20} \times \frac{5}{3} = \frac{1}{4}$

답 ①

13 T형 4단자 회로망에서 영상임피던스가 $Z_{01} = 50\ [\Omega]$, $Z_{02} = 2\ [\Omega]$이고, 전달정수가 0일 때 이 회로의 4단자 정수 D의 값은?

① 10　　② 5　　③ 0.2　　④ 0.1

◆ 풀이 i) $\theta = \cosh^{-1}\sqrt{AD} = 0 \quad \therefore AD = 1$

답 ③

ii) $\dfrac{Z_{02}}{Z_{01}} = \dfrac{D}{A}$

$\therefore D = \dfrac{Z_{02}}{Z_{01}} \times A, \quad D^2 = \dfrac{Z_{02}}{Z_{01}} = \dfrac{2}{50}$

$\therefore D = \sqrt{\dfrac{1}{25}} = \dfrac{1}{5} = 0.2$

14 전달함수의 성질 중 틀린 것은?

① 어떤 계의 전달함수는 그 계에 대한 임펄스 응답의 Laplace 변환과 같다.

② 전달함수 $P(s)$ 인 계의 압력이 임펄스 함수(δ함수) 이고 모든 초기치가 0이면 그 계의 출력변환은 $P(s)$ 와 같다.

③ 계의 전달함수는 계의 미분방정식을 Laplace 변환하고 초기치에 의하여 생긴 항을 무시하면 $P(s) = L^{-1}\left[\dfrac{Y^2}{X^2}\right]$ 와 같이 얻어진다.

④ 어떤 계의 전달함수의 분모를 0 으로 놓으면 이것이 곧 특성방정식이 된다.

답 ③

15 그림과 같은 회로에 대한 서술에서 잘못된 것은?

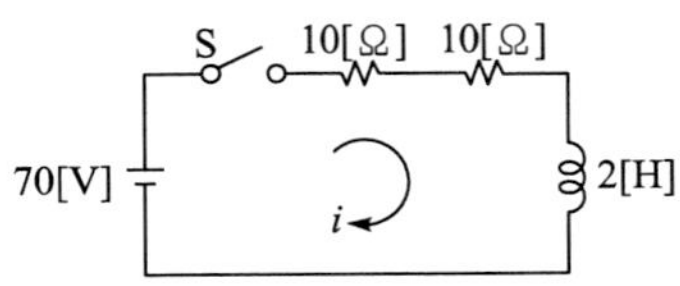

① 이 회로의 시정수는 0.1 초이다.
② 이 회로의 특성근은 −10 이다.
③ 이 회로의 특성근은 +15 이다.
④ 정상 전류값은 3.5[A] 이다.

◆ 풀이 $R-L$ 직렬 과도현상 **답** ③

$$i(t) = \frac{E}{R}\left(1-e^{-\frac{R_1+R_2}{L}t}\right)$$

$$\text{특성근 } \alpha = -\frac{R_1+R_2}{L} = -\frac{10+10}{2} = -10$$

$$\text{시정수 } \tau = \frac{L}{R_1+R_2} = \frac{2}{10+10} = 0.1\,[\text{sec}]$$

16 전기회로의 입력을 V_1, 출력을 V_2라고 할 때 전달함수는? (단, $s = j\omega$ 이다.)

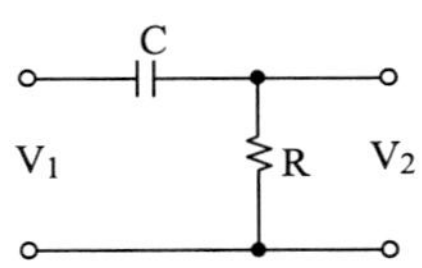

① $\dfrac{1}{R+\dfrac{1}{SC}}$ ② $\dfrac{1}{j\omega+\dfrac{1}{RC}}$

③ $\dfrac{j\omega}{j\omega+\dfrac{1}{RC}}$ ④ $\dfrac{S}{R+\dfrac{1}{SC}}$

◆ 풀이 **답** ③

$$G(j\omega) = \frac{R}{\frac{1}{j\omega C}+R}\times\frac{j\omega C}{j\omega C} = \frac{jR\omega C}{1+jR\omega C}\times\frac{\frac{1}{RC}}{\frac{1}{RC}}$$

$$= \frac{j\omega}{j\omega+\frac{1}{RC}}$$

17 그림과 같은 회로에서 스위치 S를 $t=0$ 에서 닫았을 때 $(V_L)_{t=0}=100$ [V], $\left(\frac{di}{dt}\right)_{t=0}=400$ [A/sec]이다. L의 값은 몇 [H]인가?

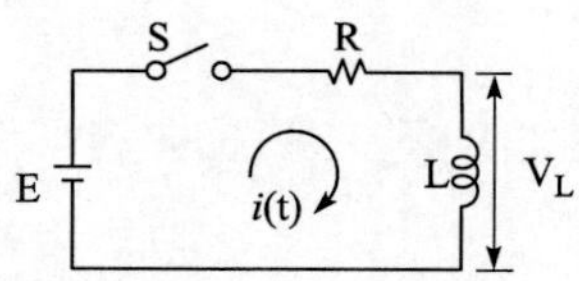

① 0.1　② 0.5　③ 0.25　④ 7.5

◆ 풀이　$V_L = e = L\dfrac{di}{dt}$　답 ③

$$\therefore L = \frac{V_L}{\frac{di}{dt}} = \frac{100}{400} = \frac{1}{4} = 0.25[\text{H}]$$

18 주어진 시간함수 $f(t) = 3u(t) + 2e^{-t}$ 일 때 라플라스 변환한 함수 $F(S)$은?

① $\dfrac{S+3}{S(S+1)}$　② $\dfrac{5S+3}{S(S+1)}$　③ $\dfrac{3S}{S^2+1}$　④ $\dfrac{5S+1}{(S+1)S^2}$

◆ 풀이　$f(t) = 3u(t) + 2\cdot\ e^{-t}$　답 ②

$$F(s) = \frac{3}{S} + \frac{2}{S+1} = \frac{3S+3+2S}{S(S+1)} = \frac{5S+3}{S(S+1)}$$

19 3상 불평형 전압에서 역상전압이 25[V] 이고, 정상전압이 100[V], 영상전압이 10[V] 라고 할 때 전압의 불평형률은 얼마인가?

① 0.25　② 0.4　③ 4　④ 10

◆ 풀이　$\text{불평형률} = \dfrac{\text{역상분}}{\text{정상분}} = \dfrac{25}{100} = \dfrac{1}{4} = 0.25$　답 ①

20 단위계단 함수 $u(t)$의 라플라스 변환은?

① 1　② $\dfrac{1}{s}$　③ $\dfrac{1}{s^2}$　④ $\dfrac{1}{s^2}e^{-t}$

◆ 풀이　$f(t) = 1\cdot\ u(t) \rightarrow F(s) = \dfrac{1}{s}$　답 ②

28회 실전응용문제

01 $3r\,[\Omega]$인 6개의 저항을 그림과 같이 접속하고 평형 3상 전압[V]를 가했을 때 전류 I는 몇 [A]인가? (단, $r=2\,[\Omega]$, $V=200\sqrt{3}$ 이다.)

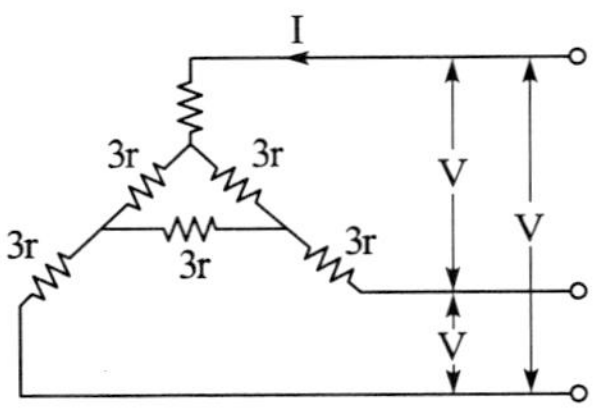

① 10
② 15
③ 20
④ 25

◆ 풀이 △ 결선의 Y 결선 변환 답 ④

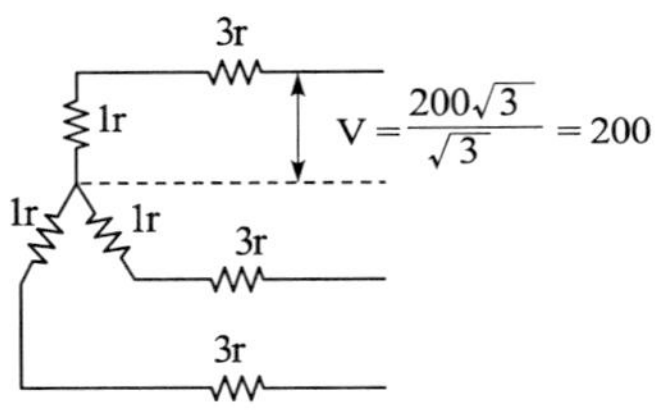

$$I=\frac{V}{Z}=\frac{200}{4r}=\frac{50}{r}=\frac{50}{2}=25\quad[\text{A}]$$

02 그림과 같은 H형 회로의 4단자 정수에서 A값은?

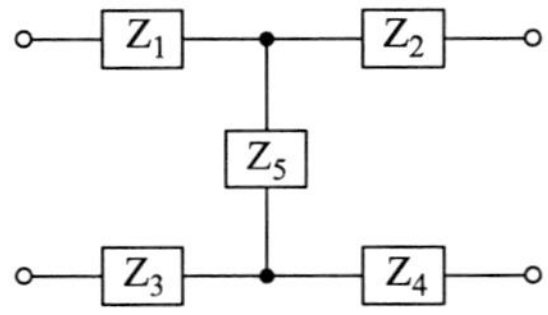

① $\dfrac{Z_1+Z_3+Z_5}{Z_5}$　② $\dfrac{Z_1+Z_3+Z_5}{2Z_5}$

③ $\dfrac{2(Z_1+Z_3+Z_5)}{Z_5}$　④ $\dfrac{Z_1+Z_3+Z_5}{Z_4+Z_5}$

◆ 풀이 $A=\left.\dfrac{V_1}{V_2}\right|_{I_2=0}=\dfrac{I_1\cdot\,(Z_1+Z_3+Z_5)}{I_1\cdot\,Z_5}=\dfrac{Z_1+Z_3+Z_5}{Z_5}$ 답 ①

03 그림에서 저항 20[Ω]에 흐르는 전류는 몇 [A]인가?

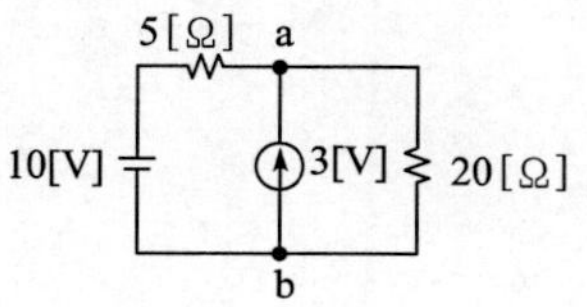

① 0.5
② 1.0
③ 1.5
④ 2.0

◆ 풀이 중첩의 원리 답 ②

i) 전류원 개방 $I' = \frac{10}{5+20} = 0.4$

ii) 전압원 단락 $I'' = \frac{5}{5+20} \times 3 = 0.6$ $\therefore I = I' + I'' = 1$ [A]

04 저항 $R=6$[Ω]과 유도 리액턴스 $X_L=8$[Ω]이 직렬로 접속된 회로에서 $v = 200\sqrt{2}\sin\omega t$ [V]인 전압을 인가하였다. 이 회로의 소비되는 전력[kW]은?

① 3.2 ② 2.2 ③ 1.2 ④ 2.4

◆ 풀이 답 ④

$Z = 6 + j8 = 10$

$V = 200$

$\therefore I = \frac{V}{Z} = 20$ [A]

$\therefore P = I^2 \cdot R = 20^2 \times 6 = 2400$[W] $= 2.4$[kW]

05 정현파 사이클의 수학적인 평균값은?

① 0.637×최대값 ② 0.707×최대값 ③ 1.414×rms ④ 0

◆ 풀이 정현파의 수학적인 1 주기 동안의 평균값(=평균 면적)은 0이다. 답 ④

cf) 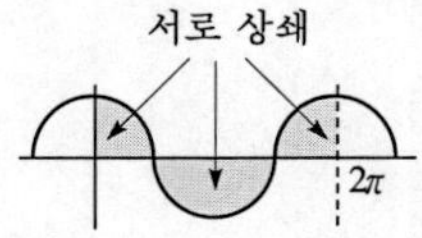

주기적인 파(sin파, cos파)의 1주기까지의 적분은 '0' 이다.

06 다음 그림의 등가 인덕턴스는 몇 [H]인가?

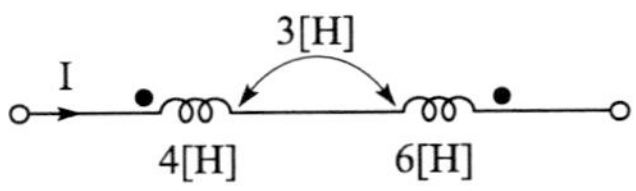

① 4　　② 6　　③ 10　　④ 13

◆ 풀이　직렬 차동결합

$L_0 = L_1 + L_2 - 2M = 4 + 6 - 2\times 3 = 4$ [H]

답 ①

07 그림과 같은 회로의 영상임피던스 Z_{01}의 값[Ω]은?

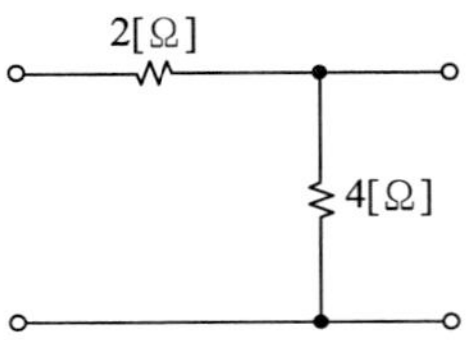

① $\sqrt{\frac{4}{3}}$　　② $\sqrt{4}$

③ $\sqrt{\frac{8}{3}}$　　④ $\sqrt{12}$

◆ 풀이　$A = 1 + \frac{2}{4} = \frac{3}{2}$, $B = 2$, $C = \frac{1}{4}$, $D = 1$

답 ④

$$\therefore Z_{01} = \sqrt{\frac{AB}{cd}} = \sqrt{\frac{\frac{3}{2}\times 2}{\frac{1}{4}\times 1}} = \sqrt{12}$$

08 직류전압인가시 저항 R, 인덕턴스 L, 콘덴서 C의 직렬회로에서 발생되는 과도현상이 비진동적이 되는 조건은?

① $\left(\frac{R}{2L}\right)^2 - \frac{1}{LC} > 0$　　② $\left(\frac{R}{2L}\right)^2 - \frac{1}{LC} < 0$

③ $\left(\frac{R}{2L}\right)^2 - \frac{1}{LC} = 0$　　④ $R < 2\sqrt{\frac{L}{C}}$

◆ 풀이　『왼비오진』: 등호를 보고 결정할 것.

답 ①

09 그림과 같은 파형의 Laplace 변환식은?

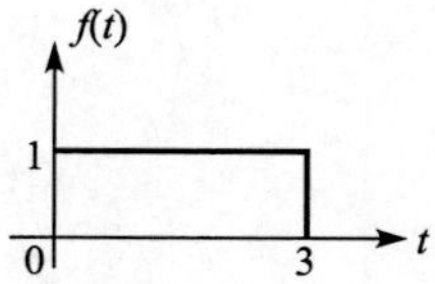

① $\frac{1}{s}(1+e^{-3s})$ ② $\frac{1}{s}(1-e^{-3s})$

③ $\frac{3}{s}(1+e^{-3s})$ ④ $\frac{3}{s}(1-e^{-3s})$

◆ 풀이 $f(t) = 1 - 1u(t-3)$

$F(s) = \frac{1}{s} - \frac{1}{s}e^{-3s} = \frac{1}{s}(1-e^{-3s})$

답 ②

10 그림과 같은 정상상태에 있을 때 시간 $t=0$ 에서 스위치 S를 열 때 흐르는 전류는?

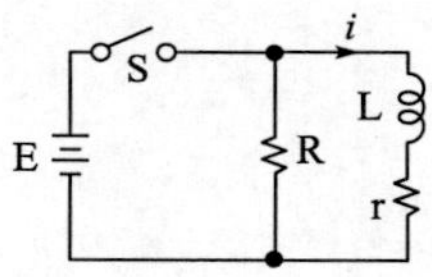

① $\frac{E}{R}e^{-\frac{R+r}{L}t}$ ② $\frac{E}{r}e^{-\frac{R+r}{L}t}$

③ $\frac{E}{r}e^{-\frac{L}{R+r}t}$ ④ $\frac{E}{R}e^{-\frac{L}{R+r}t}$

답 ②

11 3상 회로에 있어서 대칭분 전압이 $\dot{V}_0 = -8+j3$ [V], $\dot{V}_1 = 6-j8$ [V], $\dot{V}_2 = 8+j12$ [V] 일 때 a 상의 전압[V] 은?

① $6+j7$ ② $8+j6$ ③ $3+j12$ ④ $6+j12$

◆ 풀이 $V_a = V_0 + V_1 + V_2 = -8+j3+6-j8+8+j12 = 6+j7$

답 ①

12 기본파의 60[%]인 제3고조파와 80[%]인 제5 고조파를 포함하는 전압파의 왜형률은?

① 1 ② 10 ③ 5 ④ 0.

◆ 풀이 $D = \frac{\text{전고조파의실효값}}{\text{기본파의실효값}} = \frac{\sqrt{0.6^2+0.8^2}}{1} = 1$

답 ①

13 주어진 시간함수 $f(t)=3u(t)+2e^{-t}$ 일 때 라플라스 변환한 함수 $F(s)$는?

① $\dfrac{s+3}{s(s+1)}$　② $\dfrac{5s+3}{s(s+1)}$　③ $\dfrac{3s}{s^2+1}$　④ $\dfrac{5s+1}{(s+1)s^2}$

◆ 풀이 $f(t)=3u(t)+2e^{-t}$

$$F(s)=\frac{3}{s}+\frac{2}{s}\bigg|_{s=s+1}=\frac{3}{s}+\frac{2}{s+1}=\frac{3s+3+2s}{s(s+1)}=\frac{5s+3}{s(s+1)}$$

답 ②

14 그림과 같은 회로에서 단자 ab 사이의 합성 저항은 몇 [Ω]인가?

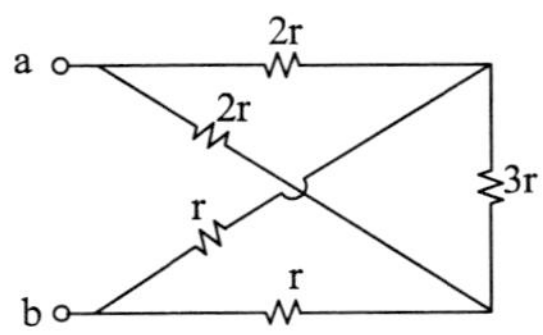

① r　② $\dfrac{3}{2}r$　③ $\dfrac{1}{2}r$　④ $3r$

◆ 풀이 $Z_{ab}=\dfrac{3r\cdot 3r}{3r+3r}=\dfrac{9r^2}{6r}=\dfrac{3}{2}r$

답 ②

15 전압 200[V]의 3상 회로에 그림과 같은 평형부하를 접속했을 때 선전류는 몇 [A]인가? (단, $r=9\,[\Omega]$, $\dfrac{1}{\omega C}=4\,[\Omega]$ 이다.)

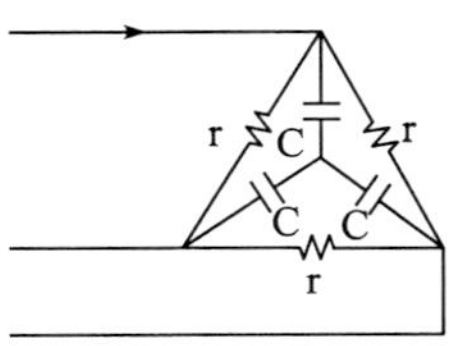

① 48.1　② 38.5　③ 28.9　④ 115.5

◆ 풀이 $I_\ell=YV=\dfrac{V}{\sqrt{3}}\left(\dfrac{3}{r}+j\omega C\right)$

$$=\frac{200}{\sqrt{3}}\left(\frac{3}{9}+j\frac{1}{4}\right)=\frac{200}{\sqrt{3}}\sqrt{\left(\frac{1}{3}\right)^2+\left(\frac{1}{4}\right)^2}=48.1\ [\mathrm{A}]$$

답 ①

16 다음의 대칭 다상 교류에 의한 회전 자계 중 잘못된 것은?

① 대칭 3상 교류에 의한 회전자계는 원형 회전자계이다.
② 회전자계의 회전속도는 일정 각속도이다.
③ 대칭 2상 교류에 의한 회전자계는 타원형 회전자계이다.
④ 3상 교류에서 어느 두 코일의 전류의 상순을 바꾸면 회전자계의 방향도 바뀐다.

답 ③

17 파고율 및 파형률이 모두 1.0인 파형은?

① 구형파 ② 삼각파 ③ 정현파 ④ 반원파

◆ 풀이 구형파에서는 $I_m = I = I_a$ 의 값을 갖는다.

답 ①

18 그림과 같은 R과 C의 병렬회로에서 C가 변화할 때의 임피던스 $\dot{Z}$의 벡터 궤적은 어떻게 되는가?

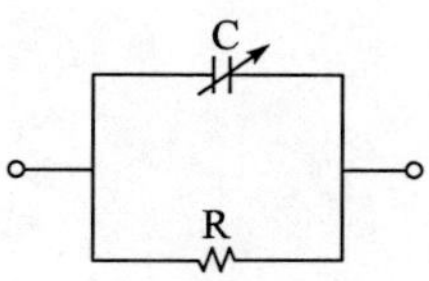

① 원점을 통하는 반원이 된다.
② 원점을 통하지 않는 반원이 된다.
③ 원점을 통하는 직선이 된다.
④ 원점을 통하지 않는 직선이 된다.

답 ①

19 $F(s) = \dfrac{2(S+1)}{S^2+2S+5}$ 의 시간함수 $f(t)$는 어느 것인가?

① $2e^{-t}\cos 2t$ ② $2e^{t}\cos 2t$ ③ $2e^{-t}\sin 2t$ ④ $2e^{t}\sin 2t$

◆ 풀이 $F(s) = \dfrac{2(s+1)}{(s+1)^2+2^2}$

$\therefore f(t) = 2\cdot\ e^{-t}\cdot\ \cos 2t$

답 ①

20 그림과 같은 회로에서 입력을 $V_1(s)$, 출력을 $V_2(s)$라 할 때 전압비 전달함수는?

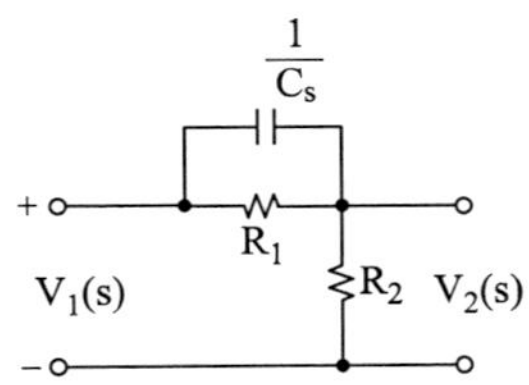

① $\dfrac{R_1}{R_1 Cs + 1}$

② $\dfrac{S+1}{S+(R_1+R_2)+R_1R_2C}$

③ $\dfrac{R_1R_2S+RCs}{R_1Cs+R_1R_2S^2+C}$

④ $\dfrac{R_1+R_1R_2Cs}{R_1+R_2+R_1R_2Cs}$

◆ 풀이

$$G(s)=\frac{V_2(s)}{V_1(s)}=\frac{R_2}{\dfrac{R_1\cdot\dfrac{1}{Cs}}{R_1+\dfrac{1}{Cs}}+R_2}$$

$$=\frac{R_2}{\dfrac{\dfrac{R_1}{Cs}+R_1R_2+\dfrac{R_2}{Cs}}{R_1+\dfrac{1}{Cs}}}\times\frac{Cs}{Cs}=\frac{R_1+R_1R_2Cs}{R_1+R_2+R_1R_2Cs}$$

답 ④

29회 실전응용문제

01 $\dot{Z}=8+j6\,[\Omega]$인 평형 Y 부하에 선간 전압이 200 [V]인 대칭 3상 전압을 가할 때 선전류는 약 몇 [A]인가 ?

① 0.08 ② 11.5 ③ 17.8 ④ 19.5

◆ 풀이 • $3\phi\,(\mathrm{Y})$ $\quad Z=8+j6 \quad V_\ell=200$ 답 ②

$$I_p=\frac{V_p}{Z}=\frac{\frac{200}{\sqrt{3}}}{10}=20\sqrt{3} \qquad \therefore\ I_\ell=I_p=\frac{200}{\sqrt{3}}$$

02 $F(s)=\dfrac{2}{(s+1)(s+3)}$ 의 역 Laplace 변환은 ?

① $e^{-t}-e^{-3t}$ ② $e^{t}-e^{3t}$ ③ $e^{-t}-e^{3t}$ ④ $e^{t}-e^{-3t}$

◆ 풀이 • $F(s)=\dfrac{2}{(s+1)(s+3)}=\dfrac{k_1}{s+1}+\dfrac{k_2}{s+3}$ 답 ①

$$k_1=F(s)\times(s+1)\,|_{s=-1}=1$$

$$k_2=F(s)\times(s+3)\,|_{s=-3}=-1$$

$$\therefore\ F(s)=\frac{1}{s+1}-\frac{1}{s+3}$$

$$\therefore\ f(t)=e^{-t}-e^{-3t}$$

03 어떤 회로망의 4단자 정수가 $\dot{A}=8, \dot{B}=j2, \dot{D}=3+j2$이면 이 회로망의 $\dot{C}$는 얼마인가 ?

① $2+j3$ ② $3+j3$ ③ $24+j14$ ④ $8-j11.5$

◆ 풀이 • $AD-BC=1$ 답 ④

$$BC=AD-1$$

$$C=\frac{AD-1}{B}=\frac{8(3+j2)-1}{j2}=\frac{23+j16}{j2}\times\frac{-j2}{-j2}=\frac{32-j46}{4}=8-j11.5$$

04 $R = 10\,[\Omega]$, $L = 0.045\,[\text{H}]$의 직렬 회로에 실효값 140 [V], 주파수 25 [Hz]의 정현파 교류 전압을 가했을 때 임피던스[Ω]의 크기는 약 얼마인가 ?

① 17.25 ② 15.31 ③ 12.25 ④ 10.41

◆ 풀이 • $Z = R + j\omega L = 10 + j2\pi \times 25 \times 0.045 = 10 + j7.07$ 답 ③

$|Z| = \sqrt{10^2 + 7.07^2} = 12.25\ [\Omega]$

05 비정현파에 있어서 정현 대칭의 조건은 ?

① $f(t) = f(-t)$ ② $f(t) = -f(t)$

③ $f(t) = -f(-t)$ ④ $f(t) = -f(t+\pi)$

◆ 풀이 • 원점 대칭의 조건 답 ③

$f(t) = -f(-t)$

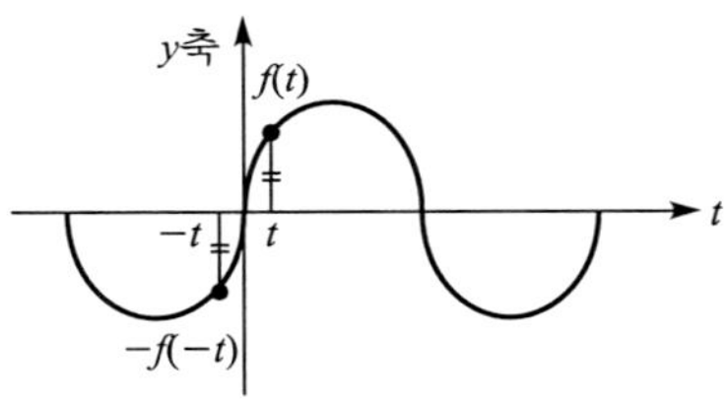

06 어떤 정현파 교류전압의 실효값이 314 [V]일 때 평균값 [V]은 약 얼마인가 ?

① 142 ② 283 ③ 365 ④ 382

◆ 풀이 • 정현파일 때 답 ②

$$V = \frac{V_m}{\sqrt{2}} = 314 \qquad \therefore\ V_m = 314\sqrt{2}$$

$$\therefore\ V_a = \frac{2}{\pi} V_m = \frac{2}{\pi} \times 314\sqrt{2} = 282.8 \fallingdotseq 283\,[\text{V}]$$

07 비정현파 $v = 100\sin\left(\omega t + \dfrac{\pi}{18}\right) + 50\sin\left(3\omega t + \dfrac{\pi}{3}\right) + 25\sin\left(5\omega t + \dfrac{7\pi}{18}\right)$ [V]인 경우 실효치 전압 [V]은 ?

① 71　　② 81　　③ 91　　④ 101

◆ 풀이　• 비정현파의 실효값 : 각 고조파 실효값의 제곱의 합의 제곱근　　답 ②

$$V = \sqrt{\left(\frac{100}{\sqrt{2}}\right)^2 + \left(\frac{50}{\sqrt{2}}\right)^2 + \left(\frac{25}{\sqrt{2}}\right)^2} = 81 \text{ [V]}$$

08 그림과 같은 4단자 회로의 4단자 정수 중 D의 값은 ?

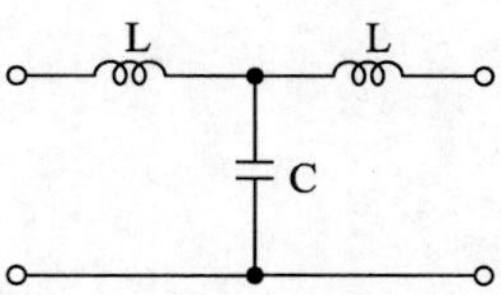

① $1 - \omega^2 LC$
② $j\omega L(2 - \omega^2 LC)$
③ $j\omega C$
④ $j\omega L$

◆ 풀이　• $D = 1 + \swarrow = 1 + \dfrac{j\omega L}{\dfrac{1}{j\omega C}} = 1 + j^2\omega^2 LC = 1 - \omega^2 LC$　　답 ①

09 다음과 같은 회로가 정저항 회로로 되기 위해서는 C [μF]를 얼마로 하면 좋은가 ?
(단, $R = 10$ [Ω], $L = 100$ [mH] 이다)

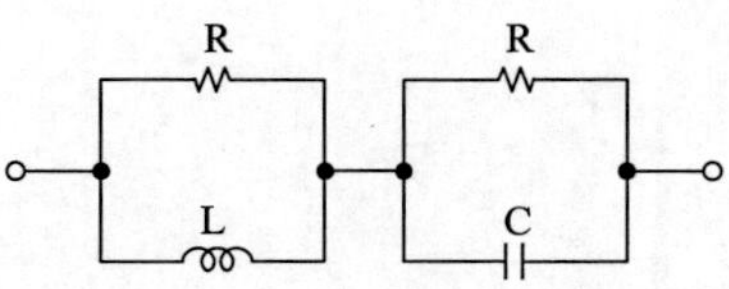

① 1
② 10
③ 100
④ 1000

◆ 풀이　• 정저항 회로 $R^2 = \dfrac{L}{C}$　　답 ④

$$\therefore\ C = \frac{L}{R^2} = \frac{100 \times 10^{-3}}{10^2} \times 10^6 [\mu\text{F}] = 10^3 = 1000\ [\mu\text{F}]$$

10 그림에서 저항 R이 접속되고 여기에 3상 평형 전압 V가 가해져 있다. 지금 ×표의 곳에서 1선이 단선되었다고 하면 소비 전력은 처음의 몇 배로 되는가 ?

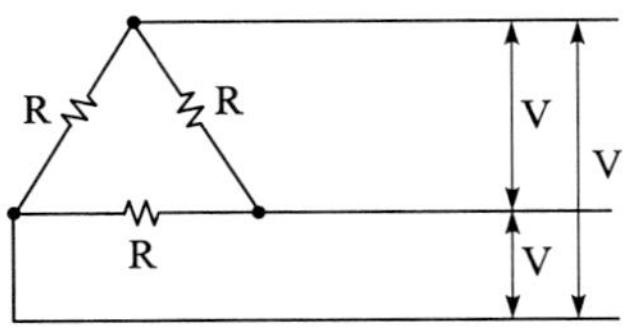

① 1.0
② 0.7
③ 0.5
④ 0.25

◆ 풀이 • 1선 단락시 소비전력은 $\frac{1}{2}$배로 줄어든다. 답 ③

11 회로에서 저항 0.5 [Ω]에 걸리는 전압 [V]은 ?

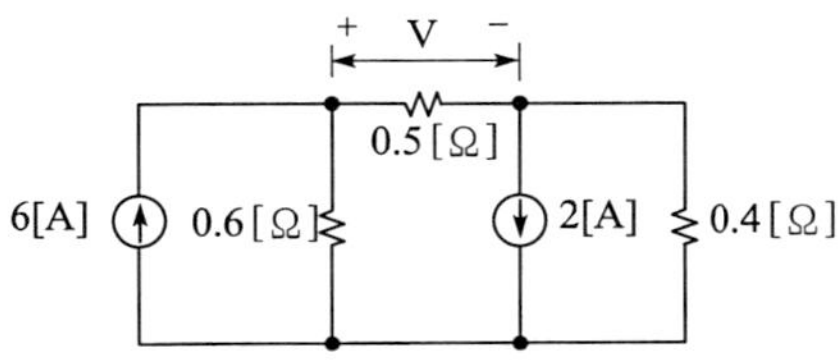

① 0.62
② 0.93
③ 1.47
④ 1.6

◆ 풀이 • 그림을 보고 일사천리로 답을 찾을 것 답 ③
(1 4 7 2)

12 그림과 같은 단위 계단함수는 ?

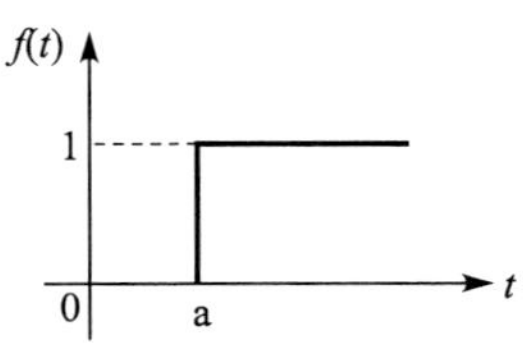

① $u(t)$
② $u(t-a)$
③ $u(a-t)$
④ $-u(t-a)$

◆ 풀이 • 시간 지연 함수 답 ②

$$f(t) = 1 \cdot u(t-a) \qquad F(s) = \frac{1}{s}e^{-as}$$

13 코일의 권수 $N=1000$, 저항 $R=20\,[\Omega]$이다. 전류 $I=10[\mathrm{A}]$를 흘릴 때 자속 $\phi=3\times10^{-2}\,[\mathrm{Wb}]$이다. 이 회로의 시정수 [s]는 얼마인가 ?

① 0.15　　② 0.4　　③ 3.0　　④ 4.0

◆ 풀이　• $LI=N\phi$　　　답 ①

$$L=\frac{N\phi}{I}=\frac{10^3\times3\times10^{-2}}{10}=3$$

$R-L$ 직렬시 시정수 $\tau=\dfrac{L}{R}=\dfrac{3}{20}=0.15[\mathrm{s}]$

14 이상적인 전압원과 전류원의 내부저항 [Ω]은 각각 얼마인가 ?

① 전압원과 전류원의 내부저항은 모두 0이다.
② 전압원과 내부저항은 ∞이고, 전류원의 내부저항은 0이다.
③ 전압원과 전류원의 내부저항은 모두 ∞이다.
④ 전압원의 내부저항은 0이고, 전류원의 내부저항은 ∞이다.

◆ 풀이　• 내부저항　　　답 ①

	전압원	전류원
회로 연결	직렬	병렬
이상적 연결	0 (작을수록)	∞ (클수록)

15 그림과 같은 파형의 교류전압 V와 전류 i간의 등가역률은 얼마인가 ?
[단, $v=V_m\sin\omega t\,[\mathrm{V}]$, $i=I_m\left(\sin\omega t-\dfrac{1}{\sqrt{3}}\sin3\omega t\right)[\mathrm{A}]$이다]

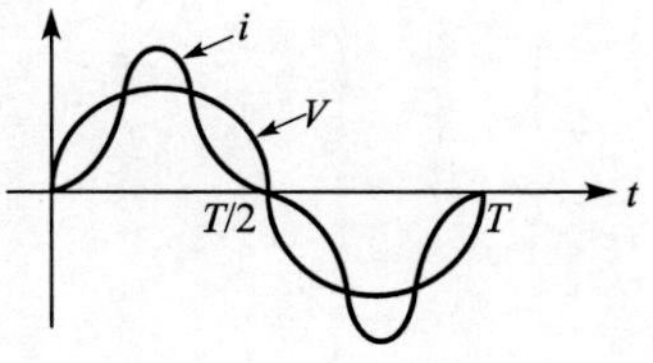

① $\dfrac{\sqrt{3}}{2}$　　② $\dfrac{\sqrt{4}}{2}$　　③ 0.8　　④ 0.9

◆ 풀이　• 비정현파의 역률　　　답 ①

$$\cos\theta=\frac{P}{VI}=\frac{\dfrac{V_mI_m}{2}\cos0^\circ}{\dfrac{V_m}{\sqrt{2}}\times\sqrt{\left(\dfrac{I_m}{\sqrt{2}}\right)^2+\left(\dfrac{I_m}{\sqrt{2}\,\sqrt{3}}\right)^2}}=\frac{\sqrt{3}}{2}=0.87$$

16 $f(t) = \frac{d}{dt}\cos\omega t$ 를 라플라스 변환하면 ?

① $\frac{\omega^2}{s^2+\omega^2}$ ② $\frac{-s^2}{s^2+\omega^2}$ ③ $\frac{s}{s^2+\omega^2}$ ④ $\frac{-\omega^2}{s^2+\omega^2}$

◆ 풀이 • $f(t) = \frac{d}{dt}\cos\omega t = -\omega\sin\omega t$ 답 ④

$\therefore\ F(s) = \frac{-\omega^2}{s^2+\omega^2}$

17 $R = 40\,[\Omega]$, $L = 80\,[\text{mH}]$ 의 코일이 있다. 이 코일에 100 [V], 60 [Hz]의 전압을 가할 때에 소비되는 전력 [W]은 ?

① 200 ② 160 ③ 120 ④ 100

◆ 풀이 • $R-L$ 직렬 답 ②

$P = I^2 \cdot R = \left(\frac{V}{Z}\right)^2 \cdot R = \left(\frac{100}{50}\right)^2 \times 40 = 160\,[\text{W}]$

$\because Z = \sqrt{R^2+(\omega L)^2} = \sqrt{40^2+(2\pi\times 60\times 80\times 10^{-3})^2} = 50\,[\Omega]$

18 그림과 같은 회로에서 인가 전압에 의한 전류 i를 입력, V_0를 출력이라 할 때 전달 함수는 ? (단, 초기조건은 모두 0이다)

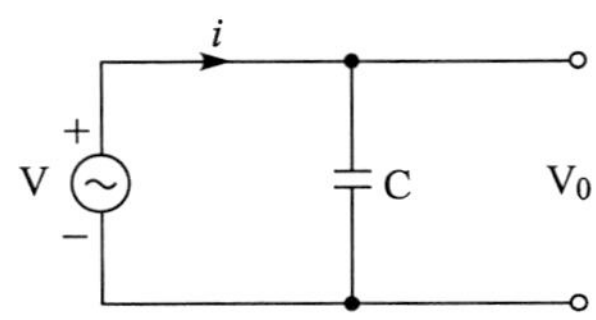

① $\frac{1}{Cs}$ ② Cs ③ $\frac{1}{1+Cs}$ ④ $1+Cs$

◆ 풀이 • $G(s) = \frac{\text{출력}}{\text{입력}} = \frac{V}{I} = Z$ 답 ①

$\therefore\ G(s) = Z = \frac{1}{Cs}$

19 $R-C$ 직렬 회로의 과도상태현상에 관한 설명 중 옳게 표현된 것은 ?

① 과도 전류값은 RC 값에 상관이 없다.

② RC 값이 클수록 회로의 과도값도 빨리 사라진다.

③ RC 값이 클수록 과도 전류값은 천천히 사라진다.

④ $\frac{1}{RC}$ 의 값이 클수록 과도 전류값은 천천히 사라진다.

◆ 풀이 • 시정수값이 크면 과도현상은 천천히 사라진다. 답 ③

$R-C$ 직렬시 $\tau = RC$ [s]

20 한 상의 임피던스 $\dot{Z} = 6 + j8\,[\Omega]$ 인 평형 Y 부하에 평형 3상 전압 200 [V]를 인가할 때 무효전력 [var]은 약 얼마인가 ?

① 1330 ② 1848 ③ 2381 ④ 3200

◆ 풀이 • 3ϕ(Y), $Z = 6 + j8$, $V_\ell = 200$ 답 ④

$$I_p = \frac{V_p}{Z} = \frac{\frac{200}{\sqrt{3}}}{10} = \frac{20}{\sqrt{3}}$$

$$\therefore P_r = 3I_p^2 \cdot X = 3 \times \left(\frac{20}{\sqrt{3}}\right)^2 \times 8 = 3200\,[\text{var}]$$

30회 실전응용문제

01 다음과 같은 회로의 구동점 임피던스는 ? (단, ω는 회로의 각 주파수이다)

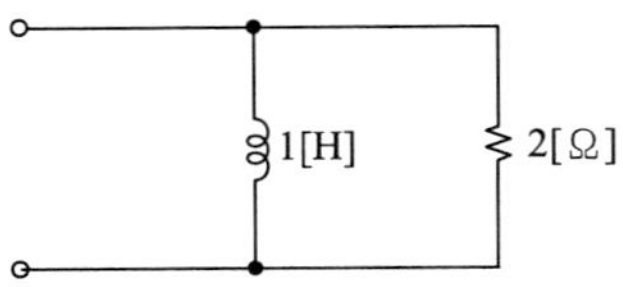

① $2+j\omega$ ② $\frac{2\omega^2+j4\omega}{3}$

③ $\frac{\omega^2+j8\omega}{4+\omega^2}$ ④ $\frac{2\omega^2+j4\omega}{4+\omega^2}$

◆ 풀이 • $Z(j\omega)=\frac{2\cdot j\omega}{2+j\omega}\times\frac{2-j\omega}{2-j\omega}=\frac{2\omega^2+j4\omega}{4+\omega^2}$ 답 ④

02 정전용량 C만의 회로에서 100 [V]. 60 [Hz]의 교류를 가했을 때 60 [mA]의 전류가 흐른다면 C는 몇 [μF]인가 ?

① 5.26 [μF] ② 4.32 [μF] ③ 3.59 [μF] ④ 1.59 [μF]

◆ 풀이 • $I=\frac{V}{Z}=\frac{V}{\frac{1}{\omega C}}=\omega CV$ 답 ④

$$\therefore\ C=\frac{I}{\omega V}=\frac{I}{2\pi fV}=\frac{60\times10^{-3}}{2\pi\times60\times100}\times10^6=\frac{10}{2\pi}=1.59[\mu\text{F}]$$

03 대칭 6상 기전력의 선간 전압과 상기전력의 위상차는 ?

① 120° ② 60° ③ 30° ④ 15°

◆ 풀이 • $\theta=\frac{\pi}{2}\left(1-\frac{2}{n}\right)$, $n=6$ 이면 답 ②

$$\theta=\frac{\pi}{2}\left(1-\frac{2}{6}\right)=\frac{\pi}{3}=60^\circ$$

04 어떤 회로에서 $i = 10\sin\left(314t - \frac{\pi}{6}\right)$ [A]의 전류가 흐른다. 이를 복소수로 표시하면 ?

① $6.12 - j3.54$ [A]
② $17.32 - j5$ [A]
③ $3.54 - j6.12$ [A]
④ $5 - j17.32$ [A]

◆ 풀이 • $I = \frac{10}{\sqrt{2}}\angle -30° = \frac{10}{\sqrt{2}}\{\cos(-30°) + j\sin(-30°)\}$

$= \frac{10}{\sqrt{2}}\left(\frac{\sqrt{3}}{2} - j\frac{1}{2}\right) = 6.12 - j3.54$ [A]

(실효값 표현에 유의할 것. 즉, 10은 최대값이므로 $\sqrt{2}$로 나누어야 실효값이 된다)

답 ①

05 어느 회로에서 전압과 전류의 실효값이 각각 60 [V], 10 [A]이고 역률이 0.8일 때 무효전력은 몇 [var]인가 ?

① 360 [var] ② 300 [var] ③ 200 [var] ④ 100 [var]

◆ 풀이 • $\sin\theta = \sqrt{1 - \cos^2\theta} = \sqrt{1 - 0.8^2} = 0.6$

$\therefore P_r = VI\sin\theta = 60 \times 10 \times 0.6 = 360$ [var]

(무효전력이므로 역률을 통해 무효율을 구해서 대입할 것)

답 ①

06 기본파의 30 [%]인 제 3 고조파와 기본파의 20 [%]인 제 5 고조파를 포함하는 전압파의 왜형률은 약 얼마인가 ?

① 0.21 ② 0.33 ③ 0.36 ④ 0.42

◆ 풀이 • $D = \frac{\text{나머지 전고조파의 실효값}}{\text{기본파의 실효값}} = \frac{\sqrt{0.3^2 + 0.2^2}}{1} = 0.36$

답 ③

07 A, B, C, D 4단자 정수의 관계를 올바르게 나타낸 것은 ?

① AD + BD = 1　　② AB − CD = 1
③ AB + CD = 1　　④ AD − BC = 1

답 ④

08 $R[\Omega]$의 3개의 저항을 전압 E[V]의 3상 교류 선간에 그림과 같이 접속할 때 선전류 [A]는 얼마인가 ?

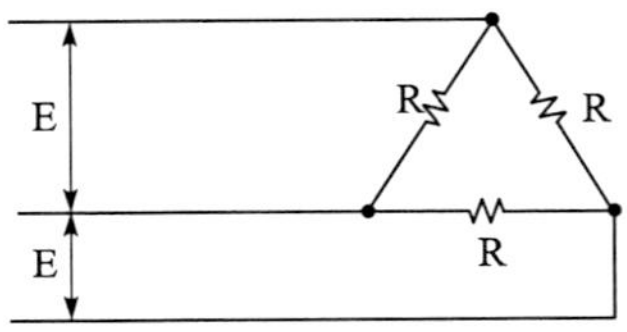

① $\dfrac{E}{\sqrt{3}R}$　　② $\dfrac{\sqrt{3}E}{R}$
③ $\dfrac{E}{3R}$　　④ $\dfrac{3E}{R}$

◆ 풀이 • Y결선으로 등가변환　　답 ②

$$\therefore\ I\ell = \frac{\frac{E}{\sqrt{3}}}{\frac{R}{3}} = \frac{3E}{\sqrt{3}R} = \frac{\sqrt{3}E}{R}\text{[A]}$$

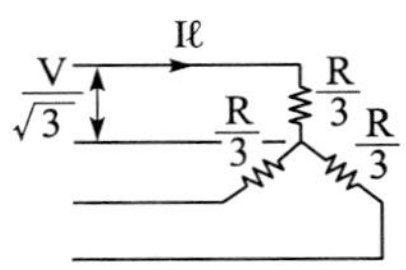

09 어떤 교류의 평균값이 566 [V]일 때 실효값은 몇 [V]인가 ?

① $\dfrac{\pi \cdot 566}{\sqrt{2}}$[V]　② $\dfrac{566}{2\pi}$[V]　③ $\dfrac{566}{2}$[V]　④ $\dfrac{\pi \cdot 566}{2\sqrt{2}}$[V]

◆ 풀이 • 정현파의 평균값 $V_a = \dfrac{2}{\pi}V_m = 566$　　답 ④

$$\therefore\ V_m = \frac{566\pi}{2}$$

따라서 실효값 $V = \dfrac{V_m}{\sqrt{2}} = \dfrac{\frac{566\pi}{2}}{\sqrt{2}} = \dfrac{566\pi}{2\sqrt{2}}\text{[V]} = 628.66$

10 $\cos\omega t$의 라플라스 변환은 ?

① $\dfrac{s}{s^2+\omega^2}$ ② $\dfrac{-s}{s^2+\omega^2}$ ③ $\dfrac{\omega}{s^2+\omega^2}$ ④ $\dfrac{\omega}{s^2-\omega^2}$

◆ 풀이 • cos 인 경우는 코~스. 즉, 분자가 s(스)가 나오는 것 명심

답 ①

11 다음과 같은 회로에서 a, b 양단의 전압은 몇 [V]인가 ?

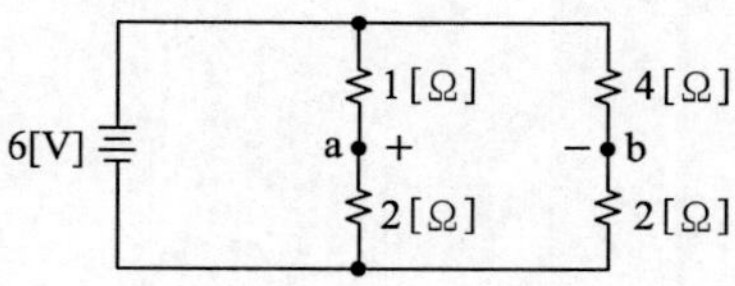

① 1 [V]
② 2 [V]
③ 2.5 [V]
④ 3.5 [V]

◆ 풀이 • $V_{ab}=V_b-V_a=\dfrac{4}{4+2}\times 6-\dfrac{1}{1+2}\times 6=4-2=2$ [V]

답 ②

12 저항 $R_1[\Omega]$, $R_2[\Omega]$ 및 인덕턴스 L[H]이 직렬로 연결되어 있는 회로의 시정수 [s]는 ?

① $-\dfrac{R_1+R_2}{L}$ ② $\dfrac{R_1+R_2}{L}$

③ $-\dfrac{L}{R_1+R_2}$ ④ $\dfrac{L}{R_1+R_2}$

◆ 풀이 • $R-L$ 직렬시 시정수 $\tau=\dfrac{L}{R_0}=\dfrac{L}{R_1+R_2}$

답 ④

13 8 [Ω]인 저항과 6 [Ω]의 용량 리액턴스 직렬회로에 $\dot{E} = 28 - j4$ [V]인 전압을 가했을 때 흐르는 전류는 몇 [A]인가 ?

① $3.5 - j0.5$ [A]　　② $2.48 + j1.36$ [A]
③ $2.8 - j0.4$ [A]　　④ $5.3 + j2.21$ [A]

◆ 풀이 • $E = 28 - j4$　　답 ②

$Z = 8 - j6$

$$\therefore I = \frac{E}{Z} = \frac{28 - j4}{8 - j6} \times \frac{8 + j6}{8 + j6} = \frac{224 + 24 + j168 - j32}{64 + 36}$$

$$= \frac{248 + j136}{100} = 2.48 + j1.36$$

14 대칭 3상 Y 결선에서 선간전압이 $100\sqrt{3}$ [V]이고 각 상의 임피던스 $Z = 30 + j40$ [Ω]의 평형부하일 때 선전류는 몇 [A]인가 ?

① 2[A]　　② $2\sqrt{3}$ [A]　　③ 5 [A]　　④ $5\sqrt{3}$ [A]

◆ 풀이 • 3ϕ(Y)　$Z = 30 + j40$　$V_\ell = 100\sqrt{3}$　　답 ①

$$I_p = \frac{V_p}{Z} = \frac{\frac{100\sqrt{3}}{\sqrt{3}}}{50} = 2 \quad \therefore I_\ell = I_p = 2 \text{ [A]}$$

15 테브난의 정리를 사용하여 다음의 (a) 회로를 (b)와 같은 등가 회로로 바꾸려 한다. V [V]와 R [Ω]의 값은 ?

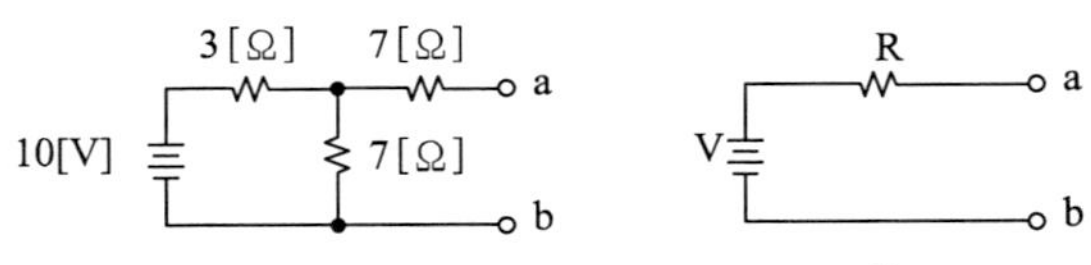

(a)　　(b)

① 7 [V], 9.1 [Ω]
② 10 [V], 9.1 [Ω]
③ 7 [V], 6.5 [Ω]
④ 10 [V], 6.5 [Ω]

◆ 풀이 • $V = V_{ab} = \frac{7}{3+7} \times 10 = 7$ [V]　　답 ①

• $R = Z_{ab} = 7 + \frac{3 \cdot 7}{3+7} = 9.1$ [Ω]

16 두 개의 코일 a, b가 있다. 두 개를 직렬로 접속 하였더니 합성 인덕턴스가 119 [mH]이었고, 극성을 반대로 접속하였더니 합성 인덕턴스가 11 [mH]이었다. 코일 a의 자기인덕턴스가 20 [mH]라면 결합계수 K 는 얼마인가 ?

① 0.6　　② 0.7　　③ 0.8　　④ 0.9

◆ 풀이 • $L_a = 20$ [mH]　　답 ④

i)
$$L_0 = 20 + L_b + 2M = 119 \quad (\text{가동})$$
$$-\ L_0 = 20 + L_b - 2M = 11 \quad (\text{차동})$$
$$40 + 2L_b = 130$$
$$\therefore L_b = 45$$

ii)
$$L_0 = 20 + L_b + 2M = 119 \quad (\text{가동})$$
$$-\ L_0 = 20 + L_b - 2M = 11 \quad (\text{차동})$$
$$4M = 108$$
$$\therefore M = 27$$
$$\therefore M = k\sqrt{L_1 \cdot L_2}$$
$$k = \frac{M}{\sqrt{L_1 \cdot L_2}} = \frac{27}{\sqrt{20 \times 45}} = 0.9$$

17 위상정수 $\beta = 10$ [rad/km], 위상속도 $v = 20$ [m/s]일 때 각주파수 ω는 몇 [rad/s]인가 ?

① 0.1 [rad/s]　　② 0.2 [rad/s]　　③ 14.1 [rad/s]　　④ 200 [rad/s]

◆ 풀이 • $\omega = \beta v = 10 \times 20 \times 10^{-3} = 0.2$ [rad/s]　　답 ②

18 그림과 같은 회로에서 출력전압 V_2의 위상은 입력전압 V_1보다 어떠한가 ?

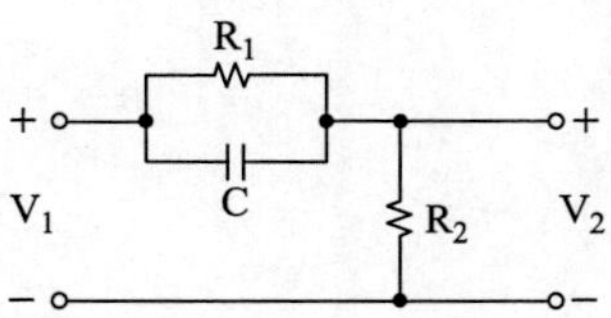

① 같다.　　② 앞선다.
③ 뒤진다.　　④ 전압과 관계없다.

◆ 풀이 • 미분회로이므로 출력전압이 입력전압보다 앞선다.　　답 ②

19 다음과 같은 전기회로의 입력을 e_i, 출력을 e_0라고 할 때 전달함수는 ? (단, $T=\frac{L}{R}$ 이다)

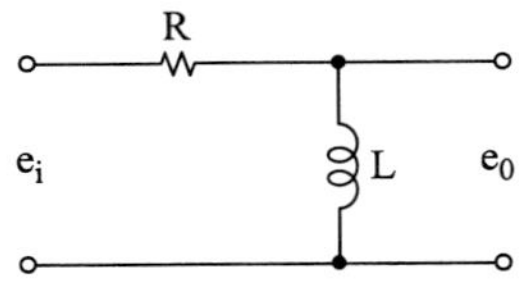

① $TS+1$

② TS^2+1

③ $\frac{1}{TS+1}$

④ $\frac{TS}{TS+1}$

◆ 풀이 • $G(s)=\frac{e_0}{e_i}=\frac{Ls}{R+Ls}\times\frac{1}{R}=\frac{\frac{L}{R}s}{\frac{L}{R}s+1}=\frac{Ts}{Ts+1}$ 답 ④

20 다음과 같은 회로에서 $t=0$ 인 순간에 스위치 S를 닫았다. 이 순간에 인덕턴스 L에 걸리는 전압은 ? (단, L의 초기 전류는 0이다)

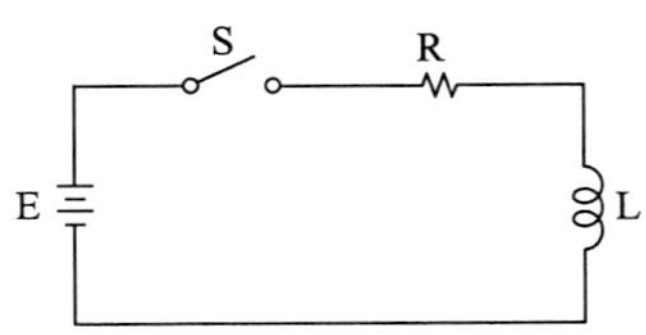

① 0

② E

③ $\frac{LE}{R}$

④ $\frac{E}{R}$

◆ 풀이 • $t=0$ 인 순간에는 모터가 기동하여야 하므로 전압은 모두 L에 걸린다. 답 ②

31회 실전응용문제

01 $R-L$ 직렬회로에 직류전압을 가했을 때 흐르는 전류가 정상 전류 $I=\dfrac{E}{R}$의 70 [%]에 도달하는 데 요하는 시간은 ? (단, τ 는 시정수이다)

① $t=0.7\tau$ ② $t=1.1\tau$ ③ $t=1.2\tau$ ④ $t=1.4\tau$

◆ 풀이 • 정상값에 70[%]에 도달하는 시간은

답 ③

$$t=1.2\frac{L}{R}=1.2\tau$$

$$i=\frac{E}{R}\left(1-e^{-\frac{R}{L}t}\right)=0.7\frac{E}{R}$$

$$e^{-\frac{R}{L}t}=1-0.7=0.3$$ (양변에 $\log_e$를 취한다)

$$\log_e e^{-\frac{R}{L}t}=\log_e 0.3$$

$$-\frac{R}{L}t=\log_e 0.3$$

$$\therefore\ t=-\log_e 0.3\times\frac{L}{R}=1.2\frac{L}{R}=1.2\tau$$

02 $v=141\sin 377t$ [V]인 정현파 전압의 주파수는 약 몇 [Hz]인가 ?

① 40 [Hz] ② 50 [Hz] ③ 60 [Hz] ④ 120 [Hz]

◆ 풀이 • $\omega=2\pi f=377 \quad \therefore\ f=\dfrac{377}{2\pi}=60$ [Hz]

답 ③

03 $R-L-C$ 직렬 회로에서 공진시의 전류는 공급 전압에 대하여 어떤 위상차를 갖는가 ?

① 0° ② 90° ③ 180° ④ 270°

◆ 풀이 • 공진시의 전압 · 전류 위상차는 0°

답 ①

04 $i = 3\sqrt{2}\sin(377t - 30^\circ)$ [A]의 평균값은 약 몇 [A]인가 ?

① 5.4 [A] ② 4.35 [A] ③ 2.7 [A] ④ 1.35 [A]

◆ 풀이 • $I_m = 3\sqrt{2}$ 답 ③

정현파이므로 $I_a = \frac{2}{\pi} I_m = \frac{2}{\pi} \times 3\sqrt{2} = 2.7$[A]

05 저항 5 [Ω], 인덕턴스 10 [H]의 직렬회로에 기전력 20 [V]를 인가하는데 스위치를 닫고 나서 2 [s] 후의 전류는 약 몇 [A] 인가 ?

① 0.25 [A] ② 2.53 [A] ③ 5.32 [A] ④ 10.02 [A]

◆ 풀이 • $R-L$ 직렬 과도전류 답 ②

$$i(t) = \frac{E}{R}\left(1 - e^{-\frac{R}{L}t}\right) = \frac{20}{5}\left(1 - e^{-\frac{5}{10}\times 2}\right) = 0.637 \times \frac{20}{5} = 2.528 \fallingdotseq 2.53[\text{A}]$$

06 다음과 같은 회로에서 2 [Ω] 양단에 걸리는 전압 V_{ab}는 몇 [V]인가 ?

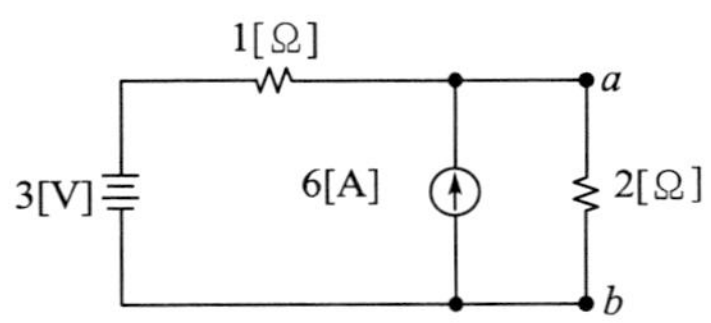

① 2 [V]
② 4 [V]
③ 5 [V]
④ 6 [V]

◆ 풀이 • 중첩의 원리 답 ④

i) 전류원 개방 $I' = \frac{3}{3} = 1$ [A]

ii) 전압원 단락 $I'' = \frac{1}{1+2} \times 6 = 2$ [A]

$\therefore V_{ab} = I \times R = 3 \times 2 = 6$ [V]

07 다음과 같은 회로가 정저항 회로가 되기 위한 $R\,[\Omega]$의 값은 얼마인가 ?

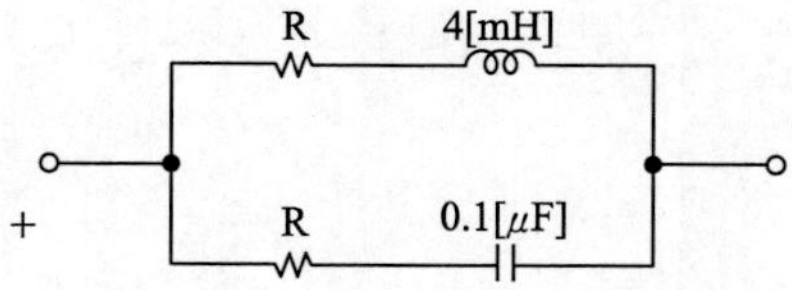

① $200[\Omega]$

② $2[\Omega]$

③ $2\times10^{-2}[\Omega]$

④ $2\times10^{-4}[\Omega]$

◆ 풀이 • 정저항 회로 $R=\sqrt{\frac{L}{C}}=\sqrt{\frac{4\times10^{-3}}{0.1\times10^{-6}}}=200\ \ [\Omega]$

답 ①

08 $f(t)=te^{at}$ 의 라플라스 변환은 ?

① $\frac{1}{s-a}$ ② $\frac{1}{(s-a)^2}$ ③ $-\frac{1}{s-a}$ ④ $-\frac{1}{(s-a)^2}$

◆ 풀이 • $f(t)=t\cdot e^{at}$

$$F(s)=\frac{1}{s^2}\bigg|_{s=s-a}=\frac{1}{(s-a)^2}$$

답 ②

09 $F(s)=\frac{s}{(s+1)(s+2)}$ 일 때 $f(t)$를 구하면 ?

① $1-2e^{-2t}-e^{-t}$

② $e^{-2t}-2e^{-t}$

③ $2e^{-2t}+e^{-t}$

④ $2e^{-2t}-e^{-t}$

◆ 풀이 • $F(s)=\frac{s}{(s+1)(s+2)}=\frac{k_1}{s+1}+\frac{k_2}{s+2}$

$$k_1=F(s)\times(s+1)\,|_{s=-1}=-1$$

$$k_2=F(s)\times(s+2)\,|_{s=-2}=2$$

$$F(s)=\frac{2}{2+2}-\frac{1}{s+1}$$

$$f(t)=2\cdot e^{-2t}-e^{-t}$$

답 ④

10 다음의 4단자 회로에서 단자 ab에서 본 구동점 임피던스 $\dot{Z}_{11}$는 몇 [Ω]인가 ?

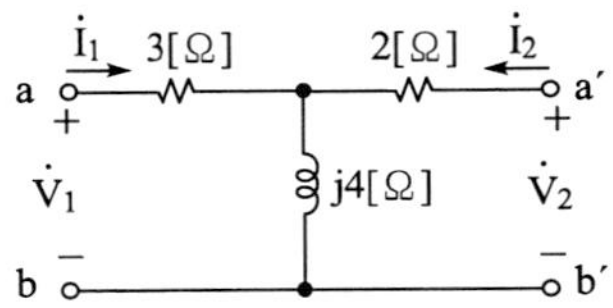

① $2+j4$ [Ω]
② $2-j4$ [Ω]
③ $3+j4$ [Ω]
④ $3-j4$ [Ω]

◆ 풀이 • $Z-P$ (T형), $Z_{11} = \searrow = 3+j4$ 답 ③

11 대칭 3상 Y 부하에서 각 상의 임피던스가 $\dot{Z}=3+j4$ [Ω]이고 부하전류가 20 [A]일 때 피상전력은 얼마인가 ?

① 1800 [VA] ② 2000 [VA] ③ 2400 [VA] ④ 2800 [VA]

◆ 풀이 • 3ϕ(Y) $Z=3+j4$ $I_\ell = 20$ [A] 답 ②

$P_a = 3\cdot I_p^2 \cdot Z = 3\times 20^2 \times 5 = 6000$ [VA]

※ 문제 자체에 오류가 있어 답없음. 공단답은 ②

12 $R-L$ 직렬 회로에 $v=10+141.4\sin\omega t+70.7\sin(3\omega t+60°)$ [V]인 전압을 가할 때 제 3 고조파 전류의 실효값은 약 몇 [A]인가 ? (단, $R=8$ [Ω], $\omega L=2$ [Ω]이다)

① 1 [A] ② 3 [A] ③ 5 [A] ④ 7 [A]

◆ 풀이 • $I_3 = \dfrac{V_3}{Z_3}$ $(Z_3 = R+j3\omega L = 8+j6) = \dfrac{50}{10} = 5$ [A] 답 ③

13 $R=15$ [Ω], $X_L=12$ [Ω], $X_c=30$ [Ω]이 병렬로 접속된 회로에 120 [V]의 교류전압을 인가하면 전원에 흐르는 전류는 몇 [A]인가 ?

① 5 [A] ② 7 [A] ③ 10 [A] ④ 22 [A]

◆ 풀이 • $I = I_R + I_L + I_C = \dfrac{V}{R} - j\left(\dfrac{V}{X_L} - \dfrac{V}{X_C}\right)$ 답 ③

$$= \frac{120}{15} - j\left(\frac{120}{12} - \frac{120}{30}\right) = 8 - j6 = 10 \text{ [A]}$$

14 3상 불평형 전압에서 역상 전압이 50 [V]이고 정상 전압이 200 [V], 영상전압이 10 [V]라고 할 때 전압의 불평형률은 ?

① 1 [%] ② 5 [%] ③ 25 [%] ④ 50 [%]

◆ 풀이 • 불평형률 $= \dfrac{\text{역상분}}{\text{정상분}} \times 100 = \dfrac{50}{200} \times 100 = 25$ [%]

답 ③

15 4단자 정수 A, B, C, D 중에서 전압 이득의 차원을 가지는 것은 ?

① A ② B ③ C ④ D

◆ 풀이 • A = 전압이득(전압비), B = Z, C = Y,
D = 전류이득(전류비)의 성분을 가진다.

답 ①

16 어떤 회로에 흐르는 전류가 $i = 5 + 14.1\sin\omega t$인 경우 실효값은 약 몇 [A]인가 ?

① 11.2 [A] ② 12.5 [A] ③ 14.4[A] ④ 16.1[A]

◆ 풀이 • 비정현파의 실효값 $I = \sqrt{5^2 + 10^2} = 11.2$

답 ①

17 다음의 회로에서 전류 I_2는 몇 [A]인가 ?

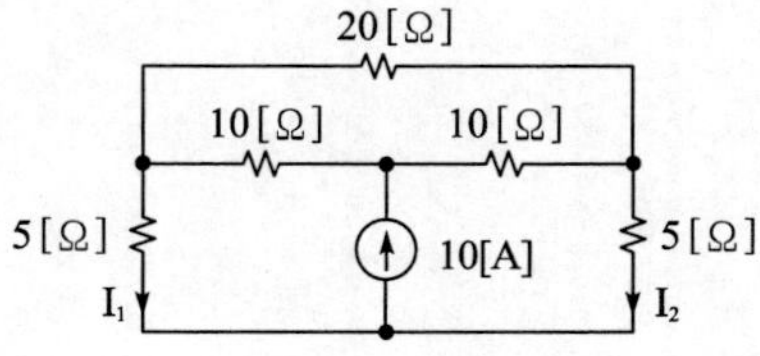

① 1[A]
② 2[A]
③ 3[A]
④ 5[A]

◆ 풀이 • 좌우 대칭이므로 전류원 $I = I_1 + I_2 = 10$ 이고,
$I_1 = I_2$ 이다. $\therefore I_2 = 5$ [A]

답 ④

18 100 [V] 전원에 1 [kW]의 선풍기를 접속하니 12 [A]의 전류가 흘렀다. 선풍기의 무효율은 약 몇 [%]인가 ?

① 50 [%] ② 55 [%] ③ 83 [%] ④ 91 [%]

◆ 풀이 • $V = 100$ [V], $I = 12$ [A], $P = 1000$ [W] 답 ②

$$\cos\theta = \frac{P}{VI} = \frac{1000}{100 \times 12} = 0.83$$

$$\therefore \sin\theta = \sqrt{1 - \cos^2\theta} = 0.55 = 55[\%]$$

19 실효값이 100 [V], 주파수가 50 [Hz]인 교류 전압을 저항 100 [Ω], 용량 [μF]인 $R-C$ 직렬회로에 가했을 때 역률은 약 얼마인가 ?

① 0.3 ② 0.5 ③ 0.6 ④ 0.8

◆ 풀이 • $R-C$ 직렬시 답 ①

$$\cos\theta = \frac{R}{|Z|} = \frac{R}{\sqrt{R^2 + \left(\frac{1}{\omega C}\right)^2}} = \frac{100}{\sqrt{100^2 + 318^2}} = 0.3$$

$$\left(\because \frac{1}{\omega C} = \frac{1}{2\pi \times 50 \times 10 \times 10^{-6}} = 318[\Omega]\right)$$

20 무손실 분포정수 선로에서 인덕턴스가 1 [μH /m]이고, 정전 용량이 400 [pF/m]일 때 특성 임피던스는 몇 [Ω]인가 ?

① 25 [Ω] ② 30 [Ω] ③ 40 [Ω] ④ 50 [Ω]

◆ 풀이 • 무손실 선로 조건시 답 ④

$$\text{특성임피던스 } Z_0 = \sqrt{\frac{L}{C}} = \sqrt{\frac{1 \times 10^{-6}}{400 \times 10^{-12}}} = 50[\Omega]$$

32회 실전응용문제

01 한 상의 임피던스가 $8+j6\,[\Omega]$인 평형 △부하에 상전압 200[V]를 인가할 때 3상 전력[kW]은 ?

① 3.2[kW] ② 4.8[kW] ③ 9.6[kW] ④ 10.2[kW]

◆ 풀이 • $3\phi(\triangle)$ $Z=8+j6$ $V_p=200$ **답** ③

$$I_p=\frac{V_p}{Z}=\frac{200}{10}=20$$

$$\therefore P_{3\phi}=3I_p^2\cdot R=3\times 20^2\times 8=9600\ [\text{W}]$$

$\therefore$ 9.6[kW]

02 그림과 같은 회로에서 스위치 S를 닫았을 때 시정수[s]의 값은 ? (단, $L=10\,[\text{mH}]$, $R=20\,[\Omega]$이다.)

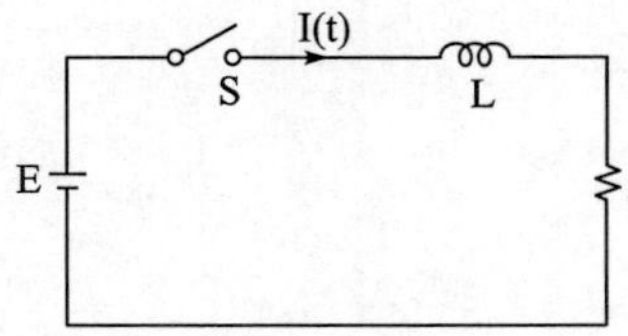

① 2000[S]
② 5×10^{-4}[S]
③ 200[S]
④ 5×10^{-3}[S]

◆ 풀이 • $R-L$ 직렬시 시정수 $\tau=\dfrac{L}{R}$ **답** ②

$$\therefore \tau=\frac{10\times10^{-3}}{20}=5\times10^{-4}\ [\text{s}]$$

03 $Z = 8 + j6$ [Ω]인 평형 Y 부하에 선간전압 200[V] 인 대칭 3상 전압을 가할 때 선전류는 약 몇 [A] 인가 ?

① 20[A] ② 11.5[A] ③ 7.5[A] ④ 5.5[A]

◆ 풀이 • 3ϕ(Y) $Z = 8 + j6$ $V_\ell = 200$ 답 ②

$$I_p = \frac{V_p}{Z} = \frac{\frac{200}{\sqrt{3}}}{10} = \frac{20}{\sqrt{3}}$$

$$\therefore I_\ell = I_p = \frac{20}{\sqrt{3}} = 11.5 \text{ [A]}$$

04 라플라스 변환함수 $\frac{1}{s(s+1)}$에 대한 역라플라스 변환은 ?

① $1 + e^{-t}$ ② $1 - e^{-t}$ ③ $\frac{1}{1 - e^{-t}}$ ④ $\frac{1}{1 + e^{-t}}$

◆ 풀이 • $F(s) = \frac{1}{s(s+1)} = \frac{k_1}{s} + \frac{k_2}{s+1}$ 답 ②

$$k_1 = F(s) \times s\}$$

$$k_2 = F(s) \times (s+1) \mid_{s=-1} = -1$$

$$\therefore F(s) = \frac{1}{s} - \frac{1}{s+1}$$

$$\therefore f(t) = 1 - e^{-t}$$

05 시간함수 $1 - \cos\omega t$ 를 라플라스 변환하면 ?

① $\frac{s}{s^2 + \omega^2}$ ② $\frac{\omega^2}{s(s^2 + \omega^2)}$ ③ $\frac{s}{s(s^2 - \omega^2)}$ ④ $\frac{\omega^2}{s(s - \omega^2)}$

◆ 풀이 • $f(t) = 1 - \cos\omega t$ 답 ②

$$F(s) = \frac{1}{s} - \frac{s}{s^2 + \omega^2} = \frac{s^2 + \omega^2 - s^2}{s(s^2 + \omega^2)} = \frac{\omega^2}{s(s^2 + \omega^2)}$$

06 3상 부하가 Y 결선으로 되었다. 각 상의 임피던스가 각각 $Z_a = 3\,[\Omega]$, $Z_b = 3\,[\Omega]$, $Z_c = j3\,[\Omega]$이다. 이 부하의 영상 임피던스[Ω] 는 ?

① $3+j3\,[\Omega]$ ② $3+j6\,[\Omega]$ ③ $6+j3\,[\Omega]$ ④ $2+j\,[\Omega]$

◆ 풀이 • $Z_0 = \frac{1}{3}(Z_a + Z_b + Z_c) = \frac{1}{3}(3+3+j3) = \frac{1}{3}(6+j3) = 2+j$ 답 ④

07 전압 $v = 141\sin\left(377t - \frac{\pi}{6}\right)$ [V] 의 파형의 주파수는 ?

① 50[Hz] ② 60[Hz] ③ 100[Hz] ④ 377[Hz]

◆ 풀이 • $\omega = 377 = 2\pi f$ 답 ②

$\therefore f = \frac{377}{2\pi} = 60$ [Hz]

08 $i = 10\sin\left(\omega t - \frac{\pi}{3}\right)$ [A] 로 표시되는 전류파형보다 위상이 30° 앞서고, 최대치가 100[V] 인 전압파형을 식으로 나타내면 ?

① $100\sin\left(\omega t - \frac{\pi}{2}\right)$ ② $100\sqrt{2}\sin\left(\omega t - \frac{\pi}{6}\right)$

③ $100\sin\left(\omega t - \frac{\pi}{6}\right)$ ④ $100\sqrt{2}\cos\left(\omega t - \frac{\pi}{6}\right)$

◆ 풀이 • i 보다 위상이 30° 앞서고 최대치가 100[V] 인 전압은 순시값 답 ③

$v(t) = 100\sin\left(\omega t - \frac{\pi}{3} + \frac{\pi}{6}\right) = 100\sin\left(\omega t - \frac{\pi}{6}\right)$

09 저항과 콘덴서를 병렬로 접속한 회로에 직류 100[V]를 가하면 5[A]가 흐르고, 교류 300[V]를 가하면 25[A]가 흐른다. 이 때 콘덴서의 리액턴스[Ω]는 ?

① 7[Ω] ② 10[Ω] ③ 14[Ω] ④ 15[Ω]

◆ 풀이 • 직류시 $R = \dfrac{V}{I} = \dfrac{100}{5} = 20 \ [\Omega]$ 답 ④

$R-C$ 병렬 회로시

$$I = I_R + I_C = \frac{V}{R} + j\frac{V}{X_c}$$

$$25 = \frac{300}{20} + j\frac{300}{X_c} \qquad \therefore X_c = 15$$

10 다음 회로에서 $t=0$ 일 때 스위치 K를 닫았다. $i_1(0_+)$, $i_2(0_+)$ 의 값은 ? (단, $t<0$ 에서 C전압과 L 전압은 각각 0 이다.)

① $\dfrac{V}{R_1}$, 0 ② 0, $\dfrac{V}{R_2}$ ③ 0, 0 ④ $-\dfrac{V}{R_1}$, 0

◆ 풀이 • $t=0$ 일 때 (L = 개방, C = 단락) 답 ①

$$\therefore i_1 = \frac{V}{R_1},\ i_2 = 0$$

11 다음과 같은 회로에서 선형저항 3[Ω] 양단의 전압은 ?

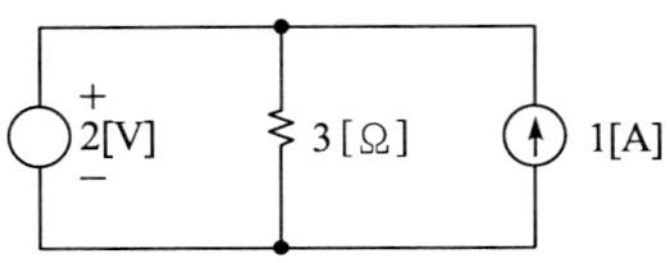

① 4.5[V]
② 3[V]
③ 2.5[V]
④ 2[V]

◆ 풀이 • 중첩의 원리 i) 전류원 개방시 3[Ω] 에 흐르는 전류 $i_1 = \dfrac{2}{3}$ [A] 답 ④

ii) 전압원 단락시 3[Ω] 에 흐르는 전류 $i_2 = 0$

$$\therefore i = i_1 + i_2 = \frac{2}{3} \ [A]$$

$$\therefore V = i \times R = \frac{2}{3} \times 3 = 2 \ [V]$$

12 100[V], 800[W], 역률 80[%]인 교류회로의 리액턴스는 몇 [Ω] 인가 ?

① 12[Ω] ② 10[Ω] ③ 8[Ω] ④ 6[Ω]

◆ 풀이 • $P = 800$ [W], $\cos\theta = 0.8$ 답 ④

$$\therefore P_a = \frac{P}{\cos\theta} = \frac{800}{0.8} = 1000 \text{ [VA]} = V \cdot I$$

$$\therefore I = \frac{P_a}{V} = \frac{1000}{100} = 10 \text{ [A]}$$

$$\therefore P_r = \sqrt{P_a^2 - P^2} = 600 \text{ [Var]} = I^2 \cdot X$$

$$\therefore X = \frac{P_r}{I^2} = \frac{600}{10^2} = 6 \text{ [Ω]}$$

13 다음의 사다리꼴 회로에서 출력전압 V_L은 몇 [V] 인가 ?

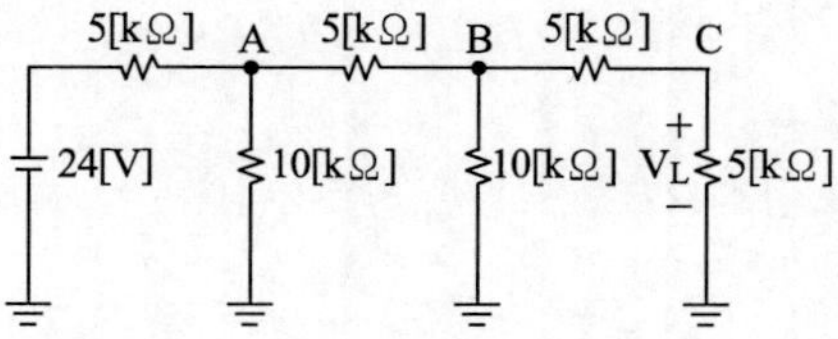

① 2[V]
② 3[V]
③ 4[V]
④ 6[V]

◆ 풀이 • 전압은 사다리꼴 회로이므로 $\frac{1}{2}$씩 감소하며 전압강하가 일어난다. 답 ②

$\therefore V_L = 3$ [V]

14 어떤 코일에 흐르는 전류를 0.5[ms] 동안에 5[A] 로 변화시킬 때 20[V] 의 전압이 발생한다. 자기 인덕턴스[mH] 는 ?

① 2[mH] ② 4[mH] ③ 6[mH] ④ 8[mH]

◆ 풀이 • $e = L\frac{di}{dt}$ 답 ①

$$\therefore L = e \times \frac{dt}{di} = 20 \times \frac{0.5 \times 10^3}{5} \times 10^3 \text{ [mH]} = 2\text{[mH]}$$

15 임피던스 함수 $Z(s) = \dfrac{S+50}{S^2+28S+5}$ 으로 주어진 2단자 회로망에 직류전압 100[V] 를 인가했을 때 이 회로에 흐르는 전류[A] 는 ?

① 1[A]　　② 2[A]　　③ 5[A]　　④ 10[A]

◆ 풀이 • 직류 인가시 $Z(s) = \dfrac{s+50}{s^2+28s+5}$ 에서　　답 ④

$s=0$ 이므로

$Z(s) = R = 10[\Omega]$　　$\therefore I = \dfrac{V}{R} = \dfrac{100}{10} = 10[A]$

16 $R-L-C$ 직렬회로에 $t=0$ 에서 직류전압 E 를 가할 때 $R^2-4\dfrac{L}{C}>0$ 이면 이 회로는 ?

① 진동적이다.　　② 비진동적이다.

③ 임계적이다.　　④ 비감쇠진동이다.

◆ 풀이 • $R-L-C$ 직렬 과도현상시 〈왼 비 오 진〉이므로 회로는 비진동적이다.　　답 ②

17 다음 파형의 파형률과 파고률을 더한 값은 ?

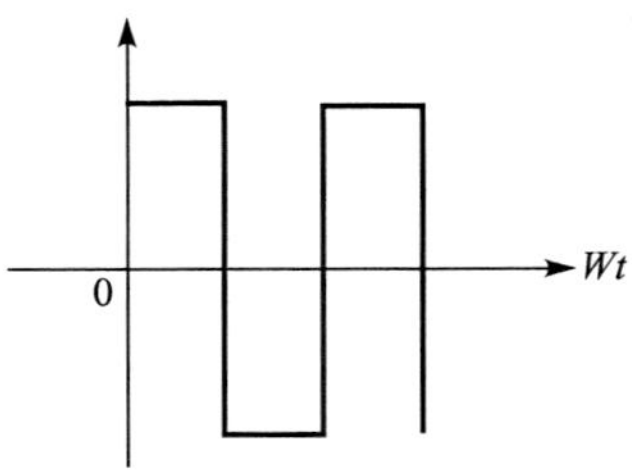

① 1

② 2

③ 2.51

④ 3.57

◆ 풀이 • 구형파에서 $I_m = I = I_a$ 이므로　　답 ②

파고율 = 파형률 = 1 이므로 $1+1=2$ 이다.

18 전류 $I = 30\sin\omega t + 40\sin(3\omega t + 45°)$ [A] 의 실효값은 약 몇 [A] 인가 ?

① 25[A] ② 35.4[A] ③ 50[A] ④ 70.7[A]

◆ 풀이 • $I = \sqrt{I_1^{\,2} + I_3^{\,2}} = \sqrt{\left(\frac{30}{\sqrt{2}}\right)^2 + \left(\frac{40}{\sqrt{2}}\right)^2} = 35.4$[A]

답 ②

19 선형 회로망에서 4단자 정수 A, B, D 의 크기가 각각 1.02, 2[Ω], 1.02 이면 C는 약 얼마인가 ?

① 0.52[Ω] ② 0.52[℧] ③ 0.02[Ω] ④ 0.02[℧]

◆ 풀이 • $AD - BC = 1 \qquad BC = AD - 1$

$$C = \frac{AD - 1}{B} = \frac{1.02^2 - 1}{2} = 0.02\ [℧]$$

답 ④

20 기본파의 전압이 100[V] 이고, 제 3 고조파 전압이 30[V], 전압파의 왜형률이 50[%] 이면 제 5 고조파 전압은 몇 [V] 인가 ?

① 10[V] ② 20[V] ③ 30[V] ④ 40[V]

◆ 풀이 • 왜형률

$$D = \frac{\sqrt{V_3^{\,2} + V_5^{\,2}}}{V_1} = \frac{\sqrt{30^2 + V_5^{\,2}}}{100} = 0.5$$

$$V_5 = \sqrt{50^2 - 30^2} = 40[V]$$

답 ④

참고문헌

1. 한국산업인력공단.
2. *전기이론*, 김용하 외 1인, 한국산업인력공단, 1994.
3. *전기이론*, 양태원 외 2인, 교육부, 1996.
4. *전기회로*, 정완섭 외 3인, 교육부, 2002.
5. *회로이론*, 박건작, ㈜북스힐, 2002.
6. *최신회로이론*, 한경희 외 3인, 한올출판사, 1996.
7. *전기자기학*, 조현래 외 2인, OHM사, 1996.
8. *기초 전기자기학*, 조강석 외 1인, 도서출판 광명, 2001.
9. *6060 알기쉬운 전기기능사*, 김수용 외 1인, 미림원출판사, 2017.
10. *알기쉬운 전력공학*, 김수용, 웅보출판사, 2017.
11. *알기쉬운 송배전공학*, 김수용, 웅보출판사, 2017.
12. *안전교육학*, 김수용, 홍릉과학출판사, 2019.
13. *알기쉬운 전기설비*, 김수용, 화수목출판사, 2020.
14. *알기쉬운 전기기기*, 김수용 · 김근수, 화수목출판사, 2020.
15. *개념을 잡아주는 전기자기학*, 김수용, 화수목출판사, 2020.

찾아보기

ㅂ

ㅅ

ㅇ

ㅈ

0-9

A-Z

저자 소개

김수용

교육학 / 공학박사 / 기술자(특급)

김근수

공학박사

알기 쉬운 전기회로 정가 25,000원

저자 : 김수용 · 김근수

발행인 : 임정대
발행처 : 도서출판 화수목

인쇄 : 2020년 8월 10일
발행 : 2020년 8월 14일

등록 : 제2014-000166호

주소 : 서울시 마포구 신촌로 2길 5-15
전화 : 02-338-9119
팩스 : 02-335-2201

ISBN 979-11-89933-12-8 (93530)